Martin Hermann
Numerische Mathematik
De Gruyter Studium

Weitere empfehlenswerte Titel

Numerische Mathematik
Band 2: Polynom-Approximation, Ausgleichsprobleme, Numerische
Differentiation und Integration
Martin Hermann, 2026
ISBN 978-3-11-220555-6, e-ISBN (PDF) 978-3-11-220563-1,
e-ISBN (EPUB) 978-3-11-220570-9

Numerik gewöhnlicher Differentialgleichungen
Band 1: Anfangswertprobleme und lineare Randwertprobleme
Martin Hermann, 2017
ISBN 978-3-11-050036-3, e-ISBN (PDF) 978-3-11-049888-2,
e-ISBN (EPUB) 978-3-11-049773-1
Band 1 und 2 als Set erhältlich (Set-ISBN: 978-3-11-055582-0)

Numerik gewöhnlicher Differentialgleichungen
Band 2: Nichtlineare Randwertprobleme
Martin Hermann, 2018
ISBN 978-3-11-051488-9, e-ISBN (PDF) 978-3-11-051558-9,
e-ISBN (EPUB) 978-3-11-051496-4
Band 1 und 2 als Set erhältlich (Set-ISBN: 978-3-11-055582-0)

Numerische Methoden
Ein Lehr- und Übungsbuch
Hermann Friedrich, Frank Pietschmann, 2020
ISBN 978-3-11-066532-1, e-ISBN (PDF) 978-3-11-066560-4,
e-ISBN (EPUB) 978-3-11-066567-3

Diskrete Mathematik kompakt.
Von Logik und Mengenlehre bis Zahlen, Algebra, Graphen und
Wahrscheinlichkeit
Bernd Baumgarten, 2024
ISBN 978-3-11-133572-8, e-ISBN (PDF) 978-3-11-133610-7,
e-ISBN (EPUB) 978-3-11-133665-7

Martin Hermann

Numerische Mathematik

Band 1: Lineare Gleichungssysteme, Eigenwertprobleme,
Nichtlineare Gleichungen

5. Auflage

DE GRUYTER

Mathematics Subject Classification 2020
65L10

Autor
Prof. Dr. Martin Hermann
Friedrich-Schiller-Universität
Inst. f. Angewandte Mathematik
Ernst-Abbe-Platz 2
07743 Jena
Germany
martin.hermann@uni-jena.de

ISBN 978-3-11-220545-7
e-ISBN (PDF) 978-3-11-220562-4
e-ISBN (EPUB) 978-3-11-220569-3

Library of Congress Control Number: 2025941716

Bibliografische Information der Deutschen Nationalbibliothek
Die Deutsche Nationalbibliothek verzeichnet diese Publikation in der Deutschen Nationalbibliografie;
detaillierte bibliografische Daten sind im Internet über
http://dnb.dnb.de abrufbar.

© 2025 Walter de Gruyter GmbH, Berlin/Boston, Genthiner Straße 13, 10785 Berlin
Coverabbildung: Prof. Dr. Martin Hermann
Satz: VTeX UAB, Lithuania

www.degruyterbrill.com
Fragen zur allgemeinen Produktsicherheit:
productsafety@degruyterbrill.com

$\pi = 3.141\,592\,653\,589\,793\,238\,462\,64\,\ldots$

3   1   4   1
Wie, o dies π

5   9   2   6   5   3
Macht ernstlich so vielen viel Müh'

5   8   9   7   9
Lernt immerhin, Jünglinge, leichte Verslein,

3   2   3   8   4   6   2   6   4
Wie so zum Beispiel dies dürfte zu merken sein!

UNBEKANNTER DICHTER
19. Jahrhundert

Vorwort zur ersten Auflage

Die Numerische Mathematik beschäftigt sich mit der Entwicklung, Analyse, Implementierung und Testung von numerischen Rechenverfahren, die für die Lösung mathematischer Problemstellungen auf einem Computer geeignet sind. Im Vordergrund steht dabei nicht die Diskussion von Existenz und Eindeutigkeit der entsprechenden Lösungen, sondern deren konkrete Berechnung in Form von Maschinenzahlen. Die Existenz mindestens einer Lösung wird deshalb stets als nachgewiesen vorausgesetzt. Im allgemeinen erhält man als Ergebnis einer numerischen Rechnung nur eine Approximation für die (unbekannte) exakte Lösung. Diese Näherung kann durch die Anhäufung der unvermeidbaren Rundungsfehler völlig verfälscht sein, da auf einem Computer nicht der Körper der reellen Zahlen, sondern nur eine endliche Zahlenmenge, die sogenannten Maschinenzahlen, zur Verfügung steht. Somit gehören zu einer numerischen Rechnung auch stets Fehlerabschätzungen. Unterschiedlich genaue Näherungen für ein und dieselbe exakte Lösung werden als qualitativ gleichwertig angesehen, wenn deren Fehler durch die Erhöhung des technischen Aufwandes beliebig klein gemacht werden können.

Durch die gegenwärtige Entwicklung extrem schneller Rechner mit großen Speichermedien und neuer leistungsfähiger mathematischer Methoden wird es zunehmend möglich, mathematische Problemstellungen einer Lösung zuzuführen, denen immer komplexere und realitätsnähere Modelle aus den konkreten Anwendungen zugrundeliegen. Heute ist man bereits in der Lage, durch numerische Simulationen auf dem Rechner ganze technische Abläufe vor der eigentlichen Fertigung zu verstehen und zu beherrschen. Dies trifft auch auf die sehr umfangreichen und extrem kostenaufwendigen Experimente in den Naturwissenschaften zu. An der Nahtstelle zwischen Numerischer Mathematik, Informatik sowie den Natur- und Ingenieurwissenschaften hat sich bereits eine neue Wissenschaftsdisziplin entwickelt, das Wissenschaftliche Rechnen (Scientific Computing). Wichtige Komponenten dieser neuen Disziplin müssen deshalb in der Ausbildung auf dem Gebiet der Numerischen Mathematik berücksichtigt werden.

Das vorliegende Lehrbuch über die Grundlagen der Numerischen Mathematik ist aus Manuskripten zu Vorlesungen und Seminaren, die der Verfasser seit etwa 15 Jahren an der Friedrich-Schiller-Universität Jena abgehalten hat, hervorgegangen. Es richtet sich an Studierende der Mathematik (einschließlich Lehramt für Gymnasien), Informatik und Physik. Die Themen wurden so ausgewählt, dass anhand dieses Buches der für die deutschen Universitäten typische Grundkurs „Numerische Mathematik" studiert werden kann. Dieser findet je nach Universitätsprofil und Studiengang im 2. bis 4. Semester statt. Die numerische Behandlung gewöhnlicher und partieller Differentialgleichungen bleibt deshalb unberücksichtigt. Der Text sollte in den Grundzügen schon mit geringen Vorkenntnissen der Linearen Algebra und Analysis verständlich sein.

Schwerpunktmäßig werden im Buch diejenigen numerischen Techniken betrachtet, die auf den heute üblichen Computern in Form von Software-Paketen implementiert vorliegen und in den Anwendungen tatsächlich auch zum Einsatz kommen. Eine häu-

https://doi.org/10.1515/9783112205624-203

fig genutzte Bibliothek für numerische Software ist die *Netlib*, die im World Wide Web unter der URL bzw. E-mail Adresse

http://www.netlib.org   bzw.   netlib@netlib.org

zu erreichen ist. Um die Studenten schon sehr schnell mit der numerischen Software vertraut zu machen, wird an der Friedrich-Schiller-Universität Jena das Software-Paket MATLAB®[1] im Grundkurs zur Numerischen Mathematik eingesetzt. Im vorliegenden Buch sind die angegebenen numerischen Algorithmen in einem einfachen Pseudo-code formuliert, so dass ihre Implementierung in den Sprachelementen von MATLAB® einfach zu realisieren ist, darüber hinaus aber auch andere moderne Programmiersprachen Verwendung finden können. Es gehört zu den Zielen des Verfassers, neben den theoretischen Grundlagen auch die experimentelle Seite der Numerischen Mathematik zur Geltung zu bringen. Numerische Demonstrationen unter Verwendung moderner Multimedia-Techniken auf einem Computer zeigen dem Studierenden die vielfältigen Steuerungsmöglichkeiten der numerischen Algorithmen besonders einprägsam auf. Sie führen gleichzeitig in die experimentelle Numerik ein, die die Grundlage der neuen Wissenschaftsdisziplin Wissenschaftliches Rechnen ist.

Am Ende eines jeden Kapitels sind Aufgaben zur Übung der gewonnenen theoretischen und praktischen Fertigkeiten angegeben. Auch hier wird häufig der Bezug zur MATLAB® hergestellt. Für weitergehende interessante Übungsaufgaben, auch zur Vorbereitung auf die (leider oftmals nicht zu umgehenden) Prüfungen, sei auf die im gleichen Verlag erschienene zweibändige Aufgabensammlung von N. Herrmann [32] verwiesen.

Meinem Kollegen, Herrn Dr. Dieter Kaiser möchte ich für die Hilfe bei der Erstellung der Abbildungen meinen Dank aussprechen. Gleichfalls möchte ich allen meinen Übungsassistenten für gelegentliche wertvolle Hinweise sowie dem Verlag für die Unterstützung bei der Herausgabe des Lehrbuches danken.

Jena, im Juli 2000   Martin Hermann

---

1 MATLAB® ist eine registrierte Handelsmarke der Firma *The MathWorks Inc.*, Natick, MA, U. S. A.

Vorwort zur zweiten Auflage

Der Autor möchte zuerst seine Freude zum Ausdruck bringen, dass die erste Auflage der *Numerischen Mathematik* bei vielen Studenten und Hochschullehrern auf eine positive Resonanz gestoßen ist. Ihnen allen sei für ihre Bemerkungen und Kommentare ganz herzlich gedankt.

Die vorliegende zweite Auflage stellt eine wesentliche Überarbeitung und Erweiterung des ursprünglichen Textes dar. So sind jetzt wichtige numerische Verfahren auch als MATLAB®-Programme dargestellt. Hierdurch wird dem Leser ein Werkzeug in die Hand gegeben, mit dem er die Algorithmen direkt am Computer erproben und eigenständig numerische Experimente durchführen kann. Augenfällig ist auch das neu aufgenommene 9. Kapitel, das sich mit überbestimmten linearen Gleichungssystemen und deren Lösung mittels Kleinste-Quadrate-Techniken beschäftigt. Neu hinzugekommen sind des weiteren die Abschnitte *Singulärwertzerlegung einer beliebigen rechteckigen Matrix* (Abschnitt 2.5.2), *Transformationsmatrizen: Schnelle Givens-Transformationen* (Abschnitt 3.3.3) sowie *Trigonometrische Interpolation, DFT und FFT* (Abschnitt 6.7).

Schließlich wurde dem Text eine Liste von Monographien und Lehrbüchern hinzugefügt, anhand derer sich der Leser in der umfangreichen Literatur zur Numerischen Mathematik orientieren kann und die ihm eine Hilfe bei dem weiterführenden Studium sein soll.

Abschließend möchte ich die Gelegenheit nutzen, allen denjenigen herzlich zu danken, die zur Entstehung dieser zweiten Auflage beigetragen haben. An erster Stelle ist wieder Herr Dr. Dieter Kaiser zu nennen, der mir bei der Anfertigung und der Erprobung der MATLAB®-Programme sowie bei der Überarbeitung einiger Abbildungen geholfen hat. Herrn Dipl. Math. Thomas Milde sei für die Überlassung eines Manuskriptes zur trigonometrischen Interpolation sowie für das Korrekturlesen einiger Abschnitte des Textes gedankt. Mein Dank geht auch an Frau Margit Roth vom Oldenbourg Wissenschaftsverlag, die mein Projekt stets fachkundig begleitet hat.

Jena, im Januar 2006   Martin Hermann

https://doi.org/10.1515/9783112205624-204

Vorwort zur dritten Auflage

Seit dem Erscheinen der ersten Auflage vor genau zehn Jahren hat sich dieses Lehrbuch zu einem Standardtext der Numerischen Mathematik im deutschsprachigen Raum entwickelt. Es wird sowohl im Bachelor- als auch im Masterstudium mathematisch-naturwissenschaftlicher und technischer Fachrichtungen verwendet. Auch in der Ausbildung von Regelschul- und Gymnasiallehrern konnte es mit Erfolg eingesetzt werden. Ich freue mich, dass dieses Lehrbuch auf so große Resonanz unter den Studierenden und Lehrenden gestoßen ist.

Die nun vorliegende dritte Auflage stellt wieder eine Überarbeitung und Erweiterung der Vorgängerversion dar. Auf Wunsch einiger Rezensenten habe ich im Kapitel zur numerischen Behandlung nichtlinearer Gleichungssysteme einen Abschnitt über nichtlineare Ausgleichsprobleme neu aufgenommen. Im Mittelpunkt stehen hier das Gauß-Newton-Verfahren, allgemeine Abstiegsverfahren, die Trust-Region-Strategie und das Levenberg-Marquardt-Verfahren.

In den einzelnen Kapiteln sind weitere MATLAB®-Programme hinzugekommen und die bereits vorhandenen Codes wurden noch einmal überarbeitet. Ich habe des weiteren versucht, die biografischen Angaben von Wissenschaftlern, die heute zu den Pionieren der Numerischen Mathematik und des Wissenschaftlichen Rechnens zählen, zu ergänzen. Dieses Vorhaben hat sich jedoch bei einigen Personen als extrem schwierig herausgestellt, da trotz intensiver Recherche an Universitäten des In- uns Auslands keine Informationen über sie erhältlich waren, was ich sehr bedaure. In diesem Zusammenhang möchte ich den Herren Gerald De Mello, John Dennis, Mike Powell, Stefan Wild, Arieh Iserles, Hans Josef Pesch, Klaus Schittkowski, Garry Tee, Mike Osborne, Alexander Ramm, David Miller und Philip Wolfe danken, die mir wichtige Hinweise bei dieser Recherche gegeben haben.

Abschließend möchte ich die Gelegenheit nutzen, allen Studierenden und Kollegen herzlich zu danken, die mich auf Schreibfehler aufmerksam gemacht haben. Mein ganz besonderer Dank geht wieder an Herrn Dr. Dieter Kaiser, der mich bei der Anfertigung und der Erprobung der MATLAB®-Programme mit seinen hervorragenden Programmierkenntnissen unterstützt hat. Mein Dank geht auch an Frau Kathrin Mönch vom Oldenbourg Wissenschaftsverlag, die mein Projekt stets fachkundig begleitet hat.

Jena, im Juli 2011 Martin Hermann

https://doi.org/10.1515/9783112205624-205

Vorwort zur vierten Auflage

Das Erscheinen der dritten Auflage liegt nun schon wieder acht Jahre zurück. Mit der hier vorliegenden Überarbeitung ist der Text erstmals in zwei Bände aufgeteilt. Der erste Band beschäftigt sich mit erprobten numerischen Verfahren zur Lösung algebraischer Probleme. Im Mittelpunkt stehen lineare Gleichungssysteme, Eigenwertprobleme sowie nichtlineare Geichungen in einer und mehreren Variablen. Das Kapitel 4 über nichtlineare Gleichungen in einer Variablen wurde weitgehend neu verfaßt. Insbesondere findet der Leser hier auch moderne numerische Verfahren mit einer hohen Konvergenzordnung. Die Mehrzahl der im Buch vorgestellten Algorithmen sind als MATLAB®-Programme implementiert, die sich der Leser auch von der Webseite des Verlages herunterladen kann. Die bereits in der dritten Auflage enthaltenen Programme wurden alle überarbeitet und in ihrer Struktur vereinheitlicht. Schließlich wurden viele neue Beispiele aufgenommen, anhand derer sich der Leser mit der Arbeitsweise der numerischen Verfahren vertraut machen kann. Mit den MATLAB®-Programmen ist es möglich, eigene Experimente auf einem Rechner durchzuführen.

Der zweite Band enthält die wichtigsten numerische Verfahren zur Behandlung analytischer Problemstellungen.

Wie bereits bei den vorangegangenen Auflagen hat mich Herr Dr. Dieter Kaiser auch bei der Arbeit an der vierten Auflage im Hinblick auf die Anfertigung und Erprobung der MATLAB®-Programme mit seinen hervorragenden Programmierkenntnissen unterstützt. Da er in meinen Lehrveranstaltungen zur Numerische Mathematik seit vielen Jahren als Übungsassistent tätig ist, konnte er mir viele Informationen und Hinweise geben, wie die Darstellung des Textes für die Studenten verbessert werden kann. Für sein großes Engagement möchte ich ihm meinen Dank aussprechen. Gleichfalls danken möchte ich auch Frau Nadja Schedensack vom Wissenschaftsverlag De Gruyter in Berlin für die freundliche Zusammenarbeit.

Jena, im Juli 2019   Martin Hermann

https://doi.org/10.1515/9783112205624-206

Vorwort zur fünften Auflage

Mit dem vorliegenden Text liegt nun die fünfte Auflage der „Numerischen Mathematik"
in zwei Bänden vor. Ich freue mich, dass sich in den zurückliegenden 25 Jahren seit dem
Erscheinen der ersten (einbändigen) Auflage im Jahr 2000 so viele Leser anhand dieses
Buches mit der Numerischen Mathematik beschäftigt haben. Insbesondere konnten die
vorgestellten numerischen Verfahren in vielen praktischen Anwendungen erfolgreich
eingesetzt werden. Es wäre schön, wenn das Buch auch viele Studierende der Mathematik dazu animiert hat, die Numerische Mathematik als Spezialdisziplin auszuwählen.
Auch ich wurde während meines Mathematikstudiums in den Jahren 1967–1972 durch
ein Buch, das ich in der Universitätsbibliothek der Martin-Luther Universität Halle ent-
deckte, auf die Numerische Mathematik aufmerksam. Dabei handelte es sich um das
von James B. Scarborough, einem Pionier auf dem Gebiet der Numerischen Mathematik,
verfasste Buch *„Numerical Mathematical Analysis"* aus dem Jahre 1930 (siehe [68], bis
einschließlich 2024 wurden noch mehrere Nachdrucke herausgegeben), das auf hervorragende Weise die theoretischen Grundlagen mit instruktiven Beispielen kombiniert.
Es sollte noch angemerkt werden, dass es an den Universitäten der ehemaligen DDR
nur sehr wenige Bücher aus dem sogenannten „kapitalistischen Ausland" gab, die wegen der großen Nachfrage nur für kurze Zeit ausgeliehen werden konnten. Mir blieb
damals nicht anderes übrig, als nächtelang eine handschriftliche Kopie dieses Buches
anzufertigen. Dies war der Beginn meiner beruflichen Tätigkeit mit der Numerischen
Mathematik, einer großartigen mathematischen Disziplin, die nicht nur danach fragt, ob
ein mathematisches Problem lösbar ist, sondern auch Techniken bereitstellt, mit deren
Hilfe auf einem Computer zumindest eine Approximation der als existent vorausgesetz-
ten Lösungen bestimmt werden kann.

Der hier vorliegende erste Band der *„Numerischen Mathematik"* beschäftigt sich
mit den wichtigsten und in der Praxis häufig verwendeten numerischen Algorithmen
zur approximativen Lösung linearer und nichtlinearer Gleichungssysteme sowie von
algebraischen Eigenwertproblemen. Der Text wurde durchgehend überarbeitet und eine Vielzahl neuer Beispiele mit den zugehörigen Lösungen aufgenommen. Wie in den
vorherigen Auflagen spielt die Verwendung der Programmier- und numerischen Re-
chenplattform MATLAB® eine wichtige Rolle. Fast alle vorgestellten numerischen Algorithmen sind in sogenannten m-Files für die MATLAB® (Version 2024b) implementiert
und in den Text integriert. Es besteht aber auch die Möglichkeit, diese Programme von
der Webseite des Verlages herunterzuladen. Es freut mich ganz besonders, dass mich
die Firma MathWorks (der Entwickler von MATLAB® und Simulink® wieder in ihr Buch-
programm aufgenommen hat und mir hierzu alle Werkzeuge für die MATLAB bereitgestellt hat. Des Weiteren werden auch meine Texte zur Numerischen Mathematik auf
der Webseite https://de.mathworks.com/academia/books präsentiert. Ich möchte hierfür MathWorks meinen Dank aussprechen. Gleichfalls möchte ich mich wieder bei Frau
Nadja Schedensack vom Wissenschaftsverlag De Gruyter in Berlin für die freundliche
Zusammenarbeit am Manuskript bedanken. Schließlich geht mein Dank auch an den Er-

https://doi.org/10.1515/9783112205624-207

werbungsredakteur des Verlages Dr. Damiano Sacco für sein Interesse an diesem Buchprojekt. Für das kommende Jahr ist mit dem Verlag De Gruyter geplant, eine englischsprachige Ausgabe dieses zweibändigen Buches herauszugeben.

Jena, im Mai 2025   Martin Hermann

Inhalt

Vorwort zur ersten Auflage —— VII

Vorwort zur zweiten Auflage —— IX

Vorwort zur dritten Auflage —— XI

Vorwort zur vierten Auflage —— XIII

Vorwort zur fünften Auflage —— XV

1   **Wichtige Phänomene des numerischen Rechnens —— 1**
1.1   Numerische Algorithmen und Fehler —— 2
1.2   Fehlerfortpflanzung, Kondition und numerische Instabilität —— 8
1.3   Rundungsfehler bei Gleitpunkt-Arithmetik —— 24
1.4   Aufgaben —— 39

2   **Lineare Gleichungssysteme —— 47**
2.1   Auflösung gestaffelter Systeme —— 47
2.2   *LU*-Faktorisierung und Gauß-Elimination —— 52
2.3   Pivot-Strategien und Nachiteration —— 60
2.4   Systeme mit speziellen Eigenschaften —— 85
2.4.1   Positiv definite Systeme —— 85
2.4.2   Tridiagonale Gleichungssysteme —— 91
2.4.3   Die Formel von Sherman und Morrison —— 95
2.5   Genauigkeitsfragen, Fehlerabschätzungen —— 99
2.5.1   Normen —— 99
2.5.2   Singulärwertzerlegung (SVD) —— 104
2.5.3   Fehlerabschätzungen, Kondition —— 110
2.5.4   Rundungsfehleranalyse der Gauß-Elimination —— 117
2.6   Iterative Verfahren —— 125
2.6.1   Konvergenz der Nachiteration —— 125
2.6.2   Spektralradius und Konvergenz einer Matrix —— 126
2.6.3   Spezielle Iterationsverfahren —— 129
2.6.4   Ausblick: Entwicklung neuer Iterationsverfahren —— 146
2.7   Aufgaben —— 155

3   **Eigenwertprobleme —— 164**
3.1   Eigenwerte und Eigenvektoren —— 164
3.1.1   Stetigkeitsaussagen —— 165
3.1.2   Eigenschaften symmetrischer Matrizen —— 168

3.1.3   Gerschgorin-Kreise —— **170**
3.2   Nichtsymmetrisches Eigenwertproblem: die Potenzmethode —— **174**
3.2.1   Das Grundverfahren —— **174**
3.2.2   Inverse Potenzmethode —— **179**
3.2.3   Deflationstechniken —— **183**
3.3   Symmetrisches Eigenwertproblem: **QR**-Methode —— **187**
3.3.1   Transformationsmatrizen: Givens-Rotationen —— **187**
3.3.2   Transformationsmatrizen: Householder-Reflexionen —— **195**
3.3.3   Transformationsmatrizen: Schnelle Givens-Transformationen —— **201**
3.3.4   **QR**-Algorithmus für symmetrische Eigenwertprobleme —— **207**
3.4   Aufgaben —— **213**

4   Nichtlineare Gleichungen in einer Variablen —— 219
4.1   Problemstellung —— **219**
4.2   Fixpunkt-Iteration —— **222**
4.3   Newton-Verfahren und Sekanten-Verfahren —— **231**
4.4   Das Verfahren von Müller —— **241**
4.5   Intervall-Verfahren —— **244**
4.6   Fehleranalyse der Iterationsverfahren —— **248**
4.7   Techniken zur Konvergenzbeschleunigung —— **259**
4.8   Ausblick: Verfahren höherer Konvergenzordnung —— **266**
4.9   Globalisierung lokal konvergenter Verfahren —— **268**
4.9.1   Dämpfungsstrategien —— **269**
4.9.2   Homotopieverfahren —— **273**
4.10   Nullstellen reeller Polynome —— **279**
4.10.1   Anwendung des Newton-Verfahrens —— **279**
4.10.2   Das QD-Verfahren —— **291**
4.11   Aufgaben —— **298**

5   Nichtlineare Gleichungen in mehreren Variablen —— 305
5.1   Fixpunkte von Funktionen mehrerer Variablen —— **305**
5.2   Newton-Verfahren —— **308**
5.3   Quasi-Newton-Verfahren —— **319**
5.4   Das Verfahren von Brown —— **325**
5.5   Nichtlineares Ausgleichsproblem —— **331**
5.5.1   Problemstellung —— **331**
5.5.2   Gauß-Newton-Verfahren —— **333**
5.5.3   Abstiegsverfahren —— **338**
5.5.4   Levenberg-Marquardt-Verfahren —— **342**
5.6   Deflationstechniken —— **347**
5.7   Zur Kondition nichtlinearer Gleichungen —— **352**
5.8   Aufgaben —— **355**

Literatur —— **361**

Liste der verwendeten Symbole —— **365**

Stichwortverzeichnis —— **367**

1 Wichtige Phänomene des numerischen Rechnens

Über den Umgang mit ausgedruckten Ergebnissen einer numerischen Rechnung:

Der (naive) Anfänger **glaubt** an jede einzelne Ziffer.
Der (erfahrene) Programmierer **vertraut** auf die Hälfte der Stellen.
Der (wissende) Pessimist **mißtraut** sogar dem Vorzeichen.

Karl Nickel

Die Numerische Mathematik stellt heute eine eigenständige Fachdisziplin innerhalb der Mathematik dar. Die Entwicklung der modernen Numerischen Mathematik begann mit der richtungsweisenden Arbeit *„Numerical inverting of matrices of high order"* [54] von John von Neumann[1] und Herman Goldstine.[2] Dabei handelt es sich um eine der ersten Publikationen, die sich mit dem Einfluss von Rundungsfehlern auf die Ergebnisse numerischer Berechnungen beschäftigten. Die Entwicklung numerischer Techniken (die i. allg. noch Hand-Rechenverfahren waren) lässt sich über Jahrhunderte zurückverfolgen. Für die heutige Numerische Mathematik ist jedoch die Synergie charakteristisch, die sich aus dem Einsatz programmierbarer elektronischer Hochleistungsrechner, die moderne mathematische Analysis sowie das Erfordernis, hochdimensionale und komplexe Probleme aus den Anwendungen lösen zu müssen, ergibt.

Über die letzten zwei Jahrzehnte hat sich eine neue interdisziplinäre Fachrichtung, das *Wissenschaftliche Rechnen* (engl. *scientific computing, computational science*) herausgebildet, die zwischen der Numerischen Mathematik, der Informatik und den angewandten Wissenschaften angesiedelt ist. Hochleistungsrechner sowie Methoden der Informatik und Numerischen Mathematik werden hier genutzt, um komplexe natur- und ingenieurwissenschaftliche Problemstellungen zu lösen. Beruhte die traditionelle Wissenschaft noch auf den zwei Pfeilern Theorie und Experiment, dann stellt das Wissenschaftliche Rechnen den dritten Pfeiler dar. Das oftmals sehr teure Experiment kann nun durch eine viel preiswertere Computersimulation ersetzt werden. Viele Forschungsergebnisse, wie etwa die Entschlüsselung des menschlichen Genoms, die Berechnung grundlegender physikalischer Größen in der Teilchenphysik, die Weiterentwicklung elektronischer Bauteile sowie die moderne Krebstherapie sind ohne das Wissenschaftliche Rechnen nicht denkbar. Die Numerische Mathematik spielt in diesem

---

1 János Neumann Margittai (1903–1957), österreichisch-ungarischer Mathematiker. Er nannte sich auch Johann von Neumann (von Margitta); heute ist er vor allem unter seinem in den USA gewählten Namen John von Neumann bekannt. Er gilt als Begründer der Informatik. Auf seinen Ideen beruhen fast alle modernen Rechner.

2 Hermann Heine Goldstine (1913–2004), US-amerikanischer Mathematiker und Informatiker. Er gilt als der Erfinder des Flussdiagramms. Er entwickelte mit anderen Kollegen an der University of Pennsylvania den Electronical Numerical Integrator and Computer (ENIAC), einen der ersten elektronischen Rechner.

https://doi.org/10.1515/9783112205624-001

Umfeld eine zentrale Rolle. Sie stellt geeignete numerische Algorithmen zur Verfügung, die auf den modernen Hochleistungsrechnern zum Einsatz kommen.

Das vorliegende Buch soll den Leser mit den Grundbegriffen des numerischen Rechnens vertraut machen und ihm die grundlegenden Techniken und Algorithmen der Numerischen Mathematik in die Hand geben.

Ein wichtiges Hilfsmittel in diesem Text sind Programme, die in der Sprache der MATLAB geschrieben sind. Sie lassen sich jedoch recht einfach so umformulieren, dass sie auch mit den *nichtkommerziellen* Matlab-Clones SCILAB und GNU OCTAVE verwendet werden können.

Die MATLAB stellt eine numerische Rechenumgebung bereit und gehört zu den Programmiersprachen der 4. Generation. Der Name wurde ursprünglich aus den Worten *Matr*izen *Lab*oratorium (engl.: *matr*ix *lab*oratory) gebildet, wobei heute *Math*ematisches *Lab*oratorium (engl.: *math*ematical *lab*oratory) besser zutrifft. Cleve Moler[3] begann etwa 1977 mit der Entwicklung der MATLAB. Seine Intention war, seinen Studenten einen einfachen Zugang zu den wichtigen Programmpaketen der Numerischen Mathematik LINPACK und EISPACK zu ermöglichen, ohne dass diese die Programmiersprache FORTRAN erlernen müssen. Seine neue mathematisch-orientierte Programmierumgebung wurde von den Mathematikern und Anwendern in aller Welt begeistert aufgenommen, sodass er mit den Wissenschaftlern Jack Little und Steve Bangert im Jahre 1984 die Firma MathWorks, Inc. gründen konnte. Im Jahr 2024 hatte sie weltweit etwa 6500 Mitarbeiter, wobei die Mehrzahl von ihnen am Stammsitz der Firma in Natick, Massachusetts ansässig ist. Dazu kommen noch weltweit 34 Büros.

Die MATLAB ermöglicht Manipulationen mit Vektoren und Matrizen, das Plotten von Funktionen und Daten, die einfache Implementierung von Algorithmen sowie die Integration von Programmen, die in den Computersprachen C, C++, JAVA oder FORTRAN geschrieben sind. Für spezielle Problemstellungen der Mathematik und den Anwendungen stehen eine Vielzahl von sogenannten Toolboxen zur Verfügung.

1.1 Numerische Algorithmen und Fehler

Unter dem Begriff *numerisches Rechnen* versteht man heute die Verwendung eines Computers, um mathematische Problemstellungen in einer endlichen Teilmenge der reellen Zahlen, den sogenannten *Maschinenzahlen*, näherungsweise zu lösen. Diejenige mathematische Fachdisziplin, die sich vorrangig mit dem numerischen Rechnen beschäftigt, heißt *Numerische Mathematik*.

Den Ausgangspunkt für das numerische Rechnen stellt ein gegebenes *mathematisches Problem* dar. Dieses ist durch eine vorzugebende Eingangsinformation (den *Eingabedaten*) und eine gesuchte Ausgangsinformation (den *Ausgabedaten* bzw. *Resultaten*) charakterisiert. Bei den hier interessierenden Fragestellungen bestehen diese Informa-

---

3 Cleve Barry Moler (geb. 1939), US-amerikanischer Mathematiker und Informatiker.

tionen aus Zahlen und Funktionen. Wir wollen dies an einigen einfachen und instruktiven Beispielen erläutern:

1. Wir betrachten als Erstes die Berechnung von $y = 5 + \sqrt{4 + x^2}$. Die Eingabedaten bestehen aus der Zahl x, die Ausgabedaten aus dem Funktionswert y.

2. Meist treten jedoch mehrere Eingabe- und Ausgabedaten auf. Ein Beispiel hierfür stellt das lineare Gleichungssystem

$$Ax = b, \quad A \in \mathbb{R}^{n \times n}, \quad \det(A) \neq 0, \quad b \in \mathbb{R}^n$$

dar. Die Eingabedaten sind jetzt $\{A, b\} = \{a_{ij}, b_i : i, j = 1, \ldots, n\}$, also $n^2 + n$ Zahlen. Die Ausgabedaten sind $\{x\} = \{x_i : i = 1, \ldots, n\}$, die n Komponenten der gesuchten Lösung x.

3. Die zur Beschreibung eines mathematischen Problems erforderliche Eingangsinformation kann auch Funktionen enthalten. Ist beispielsweise das bestimmte Integral

$$I = \int_a^b f(x) dx$$

zu berechnen, dann benötigt man die Eingabedaten $\{a, b, f\}$, d.h., die Eingangsinformation besteht hier aus den beiden Integrationsgrenzen a und b sowie der Integrandenfunktion $f(x)$. Die Ausgangsinformation enthält nur den Zahlenwert I.

4. Schließlich kann die Ausgangsinformation ebenfalls aus Funktionen bestehen. Ein Beispiel hierfür ist das Anfangswertproblem

$$y'(t) = f(t, y(t)), \quad t \geq a, \quad y(a) = y_a.$$

Die Eingangsinformation $\{a, y_a, f\}$ setzt sich aus den Zahlen a und y_a, die die Anfangsbedingung bestimmen, sowie der Funktion $f(t, y)$ als rechter Seite der Differentialgleichung zusammen. Die Ausgangsinformation ist die Lösungsfunktion $y(t)$.

Im Folgenden beschränken wir uns auf den Fall, dass sich das mathematische Problem nur durch endlich viele Eingabe- und Ausgabedaten sowie Problemfunktionen beschreiben lässt.

Der zentrale Gegenstand der Numerischen Mathematik ist der numerische Algorithmus. Dieser kommt zur näherungsweisen Bestimmung der Ausgangsinformation (Lösung) eines gegebenen mathematischen Problems zum Einsatz und lässt sich wie folgt charakterisieren.

Definition 1.1. Unter einem *numerischen Algorithmus* versteht man eine Vorschrift, die endlich vielen Eingabedaten und Problemfunktionen in eindeutiger Weise einen Satz von endlich vielen Ausgabedaten (Resultate) zuordnet, wobei nur endlich viele arithmetische und logische Operationen und Auswertungen der Problemfunktionen zulässig sind. □

Implementiert man nun einen numerischen Algorithmus auf einem beliebigen Computer, dann hat man stets die Genauigkeit der resultierenden numerischen Lösung zu untersuchen. Computer sind nämlich *endliche Maschinen*, d. h., jede beliebige reelle Zahl lässt sich auf einem Computer mit nur endlich vielen Ziffern darstellen. Die genaue Anzahl hängt vom speziellen Rechner ab. Somit ist die Menge der Zahlen, auf die beim numerischen Rechnen tatsächlich zurückgegriffen werden kann, vergleichbar klein. Insbesondere hat man es bei den Computerzahlen mit einer *endlichen* Menge zu tun und nicht mit einem Zahlkörper. Folglich sind auch solche wichtigen Rechengesetze wie das Assoziativ- und Distributivgesetz i. allg. nicht mehr gültig. Das Ergebnis einer numerischen Rechnung ist also stets *fehlerbehaftet*.

Im Weiteren betrachten wir die wichtigsten Fehlerquellen, die beim numerischen Rechnen zu beachten sind.

Voraussetzung 1.1. Ein numerischer Algorithmus werde durch einen funktionalen Zusammenhang der Form

$$z_i = f_i(x_1, \ldots, x_n), \quad i = 1, \ldots, m, \tag{1.1}$$

zwischen einem Vektor $x = (x_1, \ldots, x_n)^T$ gegebener *Eingabedaten* und einem Vektor $z = (z_1, \ldots, z_m)^T$ gesuchter *Resultate* beschrieben. □

Der funktionale Zusammenhang zwischen dem Eingabedaten- und dem Resultatevektor werde an einem einfachen Beispiel erläutert.

Beispiel 1.1.

1. Gegeben seien die Koeffizienten x_1 und x_2 eines reellen quadratischen Polynoms $P(t)$ der Form

$$P(t) = t^2 + x_1 t + x_2, \quad t \in \mathbb{R}. \tag{1.2}$$

Gesucht sind die Nullstellen z_1 und z_2 von $P(t)$, die sich nach der bekannten Formel

$$z_{1/2} = \frac{1}{2}(-x_1 \pm \sqrt{d}) \tag{1.3}$$

bestimmen lassen, sofern $x_1^2 - 4x_2 \equiv d \geq 0$ gilt.
Im Falle $d < 0$ ergeben sich die konjugiert komplexen Nullstellen zu:

$$\hat{z}_{1/2} = \frac{1}{2}(-x_1 \pm i\sqrt{-d}). \tag{1.4}$$

Ein funktionaler Zusammenhang zwischen den Eingabedaten und den Resultaten wird hier also durch die Funktionen

$$f_i : \mathbb{R}^2 \to \mathbb{R} : (x_1, x_2)^T \to z_i, \quad \text{falls } d \geq 0, \ (i = 1, 2)$$
$$g_i : \mathbb{R}^2 \to \mathbb{C} : (x_1, x_2)^T \to \hat{z}_i, \quad \text{falls } d < 0, \ (i = 1, 2) \tag{1.5}$$

beschrieben.

2. Es seien umgekehrt z_1 und z_2 die vorgegebenen reellen Nullstellen eines quadratischen Polynoms $P(t)$,

$$P(t) = t^2 + x_1 t + x_2.$$

Gesucht sind die Koeffizienten x_1 und x_2. Aus

$$P(t) = t^2 + x_1 t + x_2 = (t - z_1)(t - z_2) = t^2 - (z_1 + z_2)\, t + z_1 z_2 \tag{1.6}$$

folgt (siehe auch die *Vietaschen*[4] *Wurzelsätze*):

$$x_1 = -(z_1 + z_2), \quad x_2 = z_1 z_2. \tag{1.7}$$

Der funktionale Zusammenhang wird in diesem Falle durch folgende Funktionen beschrieben:

$$f_1 : \mathbb{R}^2 \to \mathbb{R} : (z_1, z_2)^T \to x_1 = -(z_1 + z_2),$$
$$f_2 : \mathbb{R}^2 \to \mathbb{R} : (z_1, z_2)^T \to x_2 = z_1 \cdot z_2. \tag{1.8}$$
$\square$

Das Tupel der Resultate kann durch unterschiedliche *Fehlerarten* beeinflusst (genauer *verfälscht*) werden: Eingabefehler, Approximationsfehler, Rundungsfehler, menschlicher Irrtum sowie Software- und Hardwarefehler. Im Folgenden sollen die einzelnen Fehlerquellen kurz beschrieben werden.

Eingabefehler. Diese liegen zu Beginn der Rechnung fest. Sie entstehen einerseits bei der Übertragung der Eingabedaten auf den Computer durch die dabei oftmals erforderliche Rundung. Zum Beispiel muss die *irrationale* Zahl π auf einem Rechner durch eine t-stellige *rationale* Zahl ersetzt werden, wenn t die vom Computer bzw. der Software verwendete Mantissenlänge bezeichnet (siehe Abschnitt 1.3). Eingabefehler treten andererseits auf, wenn das Tupel der Eingabedaten $x_1, \ldots, x_n$ bereits fehlerbehaftet ist, also wenn z. B.

1. die Eingabedaten aus anderen numerischen Berechnungen resultieren, oder
2. die Eingabedaten durch praktische Messungen im Labor entstanden sind und deshalb nur im Rahmen der Messgenauigkeit bestimmt werden konnten.

---

4 François Viète oder Franciscus Vieta, wie er sich in latinisierter Form nannte (1540–1603), französischer Advokat und Mathematiker.

Notation. Den Näherungswert für eine exakte Größe x kennzeichnen wir im Folgenden mit einer Tilde, d. h., $x \approx \tilde{x}$. $\qquad\qquad\qquad\qquad\qquad\qquad\qquad\qquad\qquad\qquad\qquad\quad$ □

Eingabefehler sind, vom Standpunkt der Numerischen Mathematik aus gesehen, unvermeidbare (probleminhärente) Fehler, die sich nicht mit numerischen Techniken eliminieren lassen.

Approximationsfehler. Mit diesen Fehlern muss man immer dann rechnen, wenn ein unendlicher oder kontinuierlicher mathematischer Prozess durch einen endlichen oder diskreten Ausdruck ersetzt wird.

Als Beispiele hierfür können genannt werden:

1. Es sei $\{x_i\}_{i=1}^{\infty}$ eine unendliche Folge, die gegen den Grenzwert x^* konvergiert. Als Approximation für den Grenzwert verwendet man das N-te Glied der Folge, d. h., $x^* \approx x_N$, N groß.

2. Es sei die konvergente Reihe $s = \sum_{i=1}^{\infty} s_i$ gegeben. Die N-te Partialsumme wird als Approximation für diese Reihe verwendet, d. h., $s \approx \sum_{i=1}^{N} s_i$, N groß.

3. Es ist die erste Ableitung einer Funktion $f(x)$ an einer Stelle x_0 durch den Grenzwert

$$f'(x_0) \equiv \lim_{h \to 0} \frac{f(x_0 + h) - f(x_0)}{h}$$

definiert. Als Approximation für den Ableitungswert verwendet man den Differenzenquotienten, d. h.,

$$f'(x_0) \approx \frac{f(x_0 + h) - f(x_0)}{h}, \quad h \text{ klein.}$$

4. Zu berechnen ist das bestimmte Integral

$$I = \int_a^b f(x) \, dx.$$

Gilt $f(x) \geq 0$ für alle $x \in [a, b]$, dann bestimmt dieses Integral den Inhalt der Fläche, die durch die Funktion $f(x)$ und die x-Achse auf dem Intervall $[a, b]$ begrenzt wird. Als Approximation für I verwendet man den Flächeninhalt des Trapezes mit den vier Eckpunkten $(a, 0)$, $(b, 0)$, $(a, f(a))$ und $(b, f(b))$, d. h., es ist $I \approx \frac{h}{2}(f(a) + f(b))$, $h \equiv b - a$ klein.

Rundungsfehler. Führt man die arithmetischen Grundrechenoperationen $\{+, -, \times, /\}$ auf der Menge der Computerzahlen (Zahlen mit einer begrenzten Anzahl von Stellen, siehe Abschnitt 1.3) aus, dann müssen die Ergebnisse i. allg. gerundet werden. Die dadurch resultierenden Rundungsfehler sind zwar sehr klein, sie dürfen aber keinesfalls unterschätzt werden. Da moderne Rechenanlagen in kurzer Zeit eine gewaltige Anzahl von arithmetischen Operationen abarbeiten, können sich diese Fehler derart aufaddieren, dass tatsächlich selbst das Vorzeichen von dem Ergebnis einer numerischen Rechnung nicht mehr stimmen muss! Eine genaue Analyse der Rundungsfehler in einem numerischen Algorithmus stellt in den meisten Fällen ein schwieriges und aufwendiges Problem dar, wenn man sich nicht mit groben Fehlerschranken begnügt.

Menschlicher Irrtum, Software- und Hardwarefehler. Die Fehler in einem gegebenen mathematischen Modell müssen möglichst vor den numerischen Berechnungen gefunden und beseitigt werden. Fehlerhafte Software lässt sich i. allg. nur anhand umfangreicher Testprobleme erkennen. Der vor einigen Jahren gefundene Bug im Pentium-Prozessor zeigt, dass man auch bei der Hardware stets mit Fehlern rechnen muss. Die Behandlung der letztgenannten Fehlerarten kann jedoch nicht durch die Numerische Mathematik erfolgen.

Es ist üblich, Fehler auf zweierlei Arten zu messen.

Definition 1.2. Es sei $\tilde{x} \equiv (\tilde{x}_1, \ldots, \tilde{x}_n)^T \in \mathbb{R}^n$ eine Näherung für den Vektor der exakten Eingabedaten $x \equiv (x_1, \ldots, x_n)^T \in \mathbb{R}^n$. Man unterscheidet:

1. *absolute Fehler:* $\delta(\tilde{x}_k) \equiv \tilde{x}_k - x_k, k = 1, \ldots, n,$

2. *relative Fehler:* $\varepsilon(\tilde{x}_k) \equiv \frac{\tilde{x}_k - x_k}{x_k} = \frac{\delta(\tilde{x}_k)}{x_k}, k = 1, \ldots, n, (x_k \neq 0).$ □

Mit der Angabe des relativen Fehlers einer Näherung hat man indirekt eine Normierung der Zahlen vorgenommen, sodass die Größenordnung des exakten Wertes bei der Fehlerbetrachtung keine Rolle mehr spielt.

Die Genauigkeit eines Näherungswertes $\tilde{x}$ wird oftmals wie folgt angegeben.

Definition 1.3. Die Zahl $\tilde{x}$ nähert den exakten Wert x auf *d signifikante (geltende)* Ziffern (Stellen) an, wenn d die größte positive ganze Zahl bezeichnet, mit

$$\left| \varepsilon(\tilde{x}) \right| = \frac{|\tilde{x} - x|}{|x|} \approx \frac{1}{2} 10^{-d}. \tag{1.9}$$

□

Beispiel 1.2.
1. Es seien $x = 3.141592$ und $\tilde{x} = 3.14$. Dann ist $\frac{|\tilde{x}-x|}{|x|} = 0.000507 \approx \frac{1}{2} 10^{-3}$. Folglich nähert $\tilde{x}$ den exakten Wert x auf 3 signifikante Ziffern an.
2. Es seien $y = 1{,}000{,}000$ und $\tilde{y} = 999{,}996$. Dann ist $\frac{|\tilde{y}-y|}{|y|} = 0.000004 \approx \frac{1}{2} 10^{-5}$. Somit nähert $\tilde{y}$ den exakten Wert y auf 5 signifikante Ziffern an. □

Bemerkung 1.1. Eine Alternative zu der hier betrachteten Vorgehensweise stellt die sogenannte *Intervall-Analyse* dar. In den meisten praktischen Problemstellungen sind untere und obere Schranken für die Komponenten des Eingabedatenvektors bekannt: $\alpha_i \leq x_i \leq \beta_i, 1 \leq i \leq n$. Des Weiteren lässt sich nachvollziehen, wie man aus diesen Einschließungen Fehlerschranken für die Resultate z_i (einschließlich aller Zwischenergebnisse) bekommt: $\gamma_i \leq z_i \leq \tau_i$ ($1 \leq i \leq m$). Die Analyse, in welcher Weise $[\gamma_i, \tau_i]$ von den Intervallen $[\alpha_i, \beta_i]$ abhängt, ist einfach durchzuführen, wenn die f_i monotone

Funktionen sind. Probleme treten jedoch dann auf, wenn für jedes Zwischenergebnis qualitativ andersartige Betrachtungen angestellt werden müssen.

Es gibt heute anspruchsvolle *Software-Pakete*,[5] die mit Intervallen anstelle von Zahlen arbeiten. Man muss dabei jedoch beachten, dass für sehr große Intervalle $[y_i, \tau_i]$ die Resultate z_i oftmals irrelevant sind. □

1.2 Fehlerfortpflanzung, Kondition und numerische Instabilität

In diesem Abschnitt wollen wir von einer gegebenen mathematischen Problemstellung ausgehen. Wie bei der Beschreibung des numerischen Algorithmus (1.1) möge ein solches Problem formal durch einen funktionalen Zusammenhang

$$z_i = f_i(x_1, \ldots, x_n), \quad i = 1, \ldots, m, \tag{1.10}$$

zwischen dem Vektor der Eingabedaten $x \equiv (x_1, \ldots, x_n)^T$ und dem Vektor der zugehörigen Resultate $z \equiv (z_1, \ldots, z_m)^T$ dargestellt werden. Wir wollen des Weiteren annehmen, dass ein korrekt gestelltes Problem im Sinne der folgenden Definition vorliegt.

Definition 1.4. Ein Problem heißt *korrekt gestellt* (engl.: *well-posed*), falls
1. zu jedem Satz x von zulässigen Eingabedaten genau ein Satz z von Resultaten existiert, und
2. die Resultate stetig von den Eingabedaten abhängen. □

Die Korrektheit eines mathematischen Problems ist eine der Grundvoraussetzungen, damit es auch einer numerischen Behandlung zugeführt werden kann, d. h., nur für korrekt gestellte Probleme lassen sich vernünftige numerische Lösungsstrategien entwickeln.

Eine weitere, für die Numerische Mathematik extrem wichtige Eigenschaft des zu lösenden mathematischen Problems ist dessen Kondition. Die Diskussion dieser Problemeigenschaft basiert auf der folgenden Fragestellung: Wie wirken sich (sehr kleine) Störungen in den Eingabedaten auf das *exakte* Resultat aus? Diese Frage ist insofern von Interesse für die Numerische Mathematik, da in einem ersten Schritt die Eingabedaten auf den Computer zu übertragen sind. Da der Computer nur mit einer endlichen Zahl von Nachkommastellen arbeitet, müssen bei dieser Übertragung die Eingabedaten i. allg. gerundet werden (so können z. B. nur Näherungen mit endlich vielen Stellen für die irrationalen Zahlen π und e bereitgestellt werden). Damit steht anstelle des gegebenen Problems auf dem Rechner ein geringfügig abgeändertes Problem zur Verfügung, dessen Eingabedaten sich nur im Rahmen der Rechengenauigkeit von den Eingabedaten

---

5 Software für Intervallrechnungen, zusammengestellt von Vladik Kreinovich (https://web.archive.org/web/20060302095039/http://www.cs.utep.edu/interval-comp/main.html), University of Texas, El Paso.

des ursprünglichen Problems unterscheiden. Betrachtet man nun die exakten Lösungen des gegebenen und des abgeänderten Problems, dann kann es durchaus vorkommen, dass sich beide signifikant unterscheiden. Trifft dies zu, dann ergibt es natürlich keinen Sinn, die bereits bedeutungslos gewordene exakte Lösung des (leicht) abgeänderten Problems mit numerischen Verfahren zu approximieren. Die im Folgenden erklärte Problemeigenschaft *Kondition* sowie die zugehörigen *Konditionszahlen* geben an, ob ein mathematisches Problem anfällig gegenüber sehr kleinen Störungen in den Eingabedaten ist. Wir treffen hierzu zwei Vereinbarungen.

Voraussetzung 1.2.
1. Die Funktionen $f_i(x)$, $i = 1, \ldots, m$, seien in einer hinreichend großen Umgebung des Vektors x der Eingabedaten differenzierbar.
2. Alle arithmetischen Operationen zur Auswertung der $f_i(x)$, $i = 1, \ldots, m$, mögen ohne Fehler, d. h. rundungsfehlerfrei ausführbar sein. □

Zuerst wollen wir die Anfälligkeit der vier arithmetischen Grundrechenoperationen gegenüber Fehlern in den Eingabedaten untersuchen. Die Fragestellung lautet präziser formuliert:

GEGEBEN: Für die Eingabedaten $x = (x_1, x_2)^T$ liegen die Näherungen $\tilde{x} = (\tilde{x}_1, \tilde{x}_2)^T$ vor, die mit den absoluten Fehlern $\delta(\tilde{x}) = (\delta(\tilde{x}_1), \delta(\tilde{x}_2))^T$ und den relativen Fehlern $\varepsilon(\tilde{x}) = (\varepsilon(\tilde{x}_1), \varepsilon(\tilde{x}_2))^T$ versehen sind. Diese Fehler mögen dem Betrag nach in der Größenordnung der Maschinengenauigkeit des verwendeten Rechners liegen und sind demzufolge als sehr klein zu betrachten.

GESUCHT: Schranken, für die bei der Addition (Subtraktion), Multiplikation und Division auftretenden Fehlern in den Resultaten, welche allein aus der Fortpflanzung der Fehler in den Eingabedaten resultieren.

Wir gehen somit von der Vereinfachung aus, dass sich die Grundrechenoperationen exakt, d. h. rundungsfehlerfrei ausführen lassen. Dies ist bei der Realisierung auf einem Rechner natürlich nicht gegeben. Die Fragestellung ist jedoch insofern relevant, als dass bei jeder numerischen Rechnung zuerst die beiden Operanden (Eingabedaten) an die Wortlänge des jeweiligen Rechners anzupassen sind.

Addition (bzw. Subtraktion). Das exakte Resultat z der Addition (Subtraktion) zweier exakter Eingabedaten x_1 und x_2 ist

$$z = f(x_1, x_2) \equiv x_1 + x_2.$$

Für die genäherten Eingabedaten $\tilde{x}_1$ und $\tilde{x}_2$ ergibt sich bei (rundungs-)fehlerfreier Ausführung der Rechenoperation das exakte Resultat $\tilde{z}$:

$$\tilde{z} \equiv f(\tilde{x}_1, \tilde{x}_2) = \tilde{x}_1 + \tilde{x}_2 = x_1 + \delta(\tilde{x}_1) + x_2 + \delta(\tilde{x}_2).$$

Hieraus resultiert für den absoluten Fehler des Resultates $\tilde{z}$ die Darstellung

$$\delta(\tilde{z}) \equiv \tilde{z} - z = \delta(\tilde{x}_1) + \delta(\tilde{x}_2). \quad \text{(ABSOLUTER FEHLER)} \tag{1.11}$$

Der absolute Fehler des Resultates ergibt sich somit unmittelbar aus der Summe der absoluten Fehler der Eingabedaten. Da vor diesen in der Formel (1.11) jeweils der Vorfaktor Eins steht, werden die (unvermeidbaren) Fehler in den Eingabedaten nicht weiter verstärkt. Damit ist die Addition im Hinblick auf den absoluten Fehler unproblematisch.

Wir wollen jetzt den relativen Fehler $\varepsilon(\tilde{z})$ von $\tilde{z}$ untersuchen. Dieser bestimmt sich zu:

$$\varepsilon(\tilde{z}) \equiv \frac{\delta(\tilde{z})}{z} = \frac{\delta(\tilde{x}_1) + \delta(\tilde{x}_2)}{x_1 + x_2}, \quad x_1 \neq -x_2.$$

Verwendet man die Beziehungen $\varepsilon(\tilde{x}_1) \equiv \frac{\delta(\tilde{x}_1)}{x_1}$, $\varepsilon(\tilde{x}_2) \equiv \frac{\delta(\tilde{x}_2)}{x_2}$, $x_1 \neq 0 \neq x_2$, so ergibt sich die Darstellung

$$\varepsilon(\tilde{z}) = \frac{x_1}{x_1 + x_2} \varepsilon(\tilde{x}_1) + \frac{x_2}{x_1 + x_2} \varepsilon(\tilde{x}_2). \quad \text{(RELATIVER FEHLER)} \tag{1.12}$$

Der folgende Sachverhalt ist daraus unschwer zu erkennen:

1. Ist $\text{sign}(x_1) = \text{sign}(x_2)$ (dies entspricht der eigentlichen Addition!), dann gilt

$$\frac{x_i}{x_1 + x_2} \leq 1, \quad i = 1, 2,$$

d. h., die Vorfaktoren in der Formel (1.12) sind beschränkt und es tritt keine Anfachung der relativen Fehler $\varepsilon(\tilde{x}_1)$ und $\varepsilon(\tilde{x}_2)$ auf!

2. Ist $\text{sign}(x_1) \neq \text{sign}(x_2)$ (dies entspricht der eigentlichen Subtraktion!), dann tritt im Falle $x_1 \approx -x_2$ eine gefährliche Verstärkung der (vorliegenden) relativen Fehler $\varepsilon(\tilde{x}_i)$, $i = 1, 2$, auf.

Letzteres Phänomen wird in der Numerischen Mathematik wie folgt bezeichnet.

Definition 1.5. Ist $x_1 \approx -x_2$, dann wird der relative Fehler bei der Addition (eigentliche Subtraktion!) extrem verstärkt. Man nennt diesen Effekt *Auslöschung führender Dezimalstellen*, da beide Zahlen denselben Exponenten und übereinstimmende führende Mantissenstellen haben, die bei der Differenzbildung zu Null werden und eine Re-Normalisierung erforderlich machen (siehe auch Abschnitt 1.3). □

Wir wollen diese Definition mit zwei Beispielen untersetzen.

Beispiel 1.3. Es seien die folgenden zwei Zahlen x_1 und x_2 sowie die zugehörigen Näherungen $\tilde{x}_1$ und $\tilde{x}_2$ gegeben:

$$x_1 = 1.36, \quad \tilde{x}_1 = 1.41 \quad \Rightarrow \quad \delta(\tilde{x}_1) = 0.05, \quad \varepsilon(\tilde{x}_1) = 0.05/1.36 = 0.0367\ldots$$
$$x_2 = -1.35, \quad \tilde{x}_2 = -1.39 \quad \Rightarrow \quad \delta(\tilde{x}_2) = -0.04, \quad \varepsilon(\tilde{x}_2) = 0.0296\ldots$$

Somit gilt:

$$z = x_1 + x_2 = 0.01, \quad \tilde{z} = \tilde{x}_1 + \tilde{x}_2 = 0.02 \quad \Rightarrow \quad \begin{aligned} \delta(\tilde{z}) &= \delta(\tilde{x}_1) + \delta(\tilde{x}_2) = 0.01, \\ \varepsilon(\tilde{z}) &= \delta(\tilde{z})/z = 1. \end{aligned}$$

Obwohl der relative Fehler der Problemdaten weniger als 5 % beträgt, ergibt sich ein relativer Fehler des Resultates von ungefähr 100 %. □

Beispiel 1.4. Zur Berechnung der Kreiszahl π kann das folgende Iterationsverfahren (theoretisch!) verwendet werden (siehe auch [50]). Ausgehend von dem Startwert $x_0 = 2$ werden die Iterierten x_i nach der Vorschrift

$$x_{i+1} = 2^{i+1}\sqrt{0.5\left(1 - \sqrt{1 - (2^{-i}x_i)^2}\right)}, \quad i = 1, 2, \ldots, \tag{1.13}$$

bestimmt. Es kann gezeigt werden, dass die Folge der Iterierten $\{x_i\}$ für $i \to \infty$ gegen π konvergiert. Mit dem m-File 1.1 ist die direkte Umsetzung der Formel (1.13) für die Programmiersprache MATLAB angegeben.

m-File 1.1: piunstable.m

```
1  format long
2  y=2; i=1;
3  while i<32
4      y=2^(i+1)*sqrt(0.5*(1-sqrt(1-(2^(-i)*y)^2)));
5      disp([int2str(i),' ',' ',num2str(y,16)])
6      i=i+1;
7  end
```

Als Übungsaufgabe führe man das m-File *piunstable.m* mit der MATLAB aus. Es zeigt sich dabei, dass die Iterierten bis $i = 13$ gegen den Wert von π konvergieren und von da an sich wieder vom exakten Wert entfernen. So sind zum Beispiel $x_{29} = x_{30} = 0$.

Der Grund für dieses Verhalten ist bei größerem i die Auslöschung führender Dezimalstellen im Ausdruck unter der Wurzel. Durch einen kleinen Trick kann Abhilfe geschaffen werden. Setzt man $a = 1$ und $b = \sqrt{1 - (2^{-i}x_i)^2}$, dann lässt sich mit der dritten binomischen Formel der Radikand in der Form

$$\frac{(2^{-i}x_i)^2}{1 + \sqrt{1 - (2^{-i}x_i)^2}}$$

schreiben. Daraus ergibt sich die modifizierte Iterationsvorschrift

$$x_{i+1} = \sqrt{\frac{2}{1 + \sqrt{1 - (2^{-i}x_i)^2}}} x_i. \tag{1.14}$$

Die Implementierung dieser Iterationsvorschrift ist im m-File 1.2 angegeben.

m-File 1.2: pistable.m

```
1  format long
2  y=2; i=1;
3  while i<32
4      y=sqrt(2/(1+sqrt(1-(2^(-i)*y)^2)))*y;
5      disp([int2str(i),' ',' ', num2str(y,16)])
6      i=i+1;
7  end
```

Als Übungsaufgabe führe man das m-File *pistable.m* mit der MATLAB aus. Offensichtlich konvergieren jetzt die Iterierten x_i gegen den gesuchten Wert von π.

Als Ergänzung soll noch ein weiteres (stabiles) Iterationsverfahren beschrieben werden, mit der die auf der Innenseite dieses Buches angegebene Näherung von π berechnet wurde. Vorzugeben sind als Abbruchkriterien eine Toleranz *tol*, um die sich zwei aufeinanderfolgende Iterierte nicht mehr unterscheiden dürfen, sowie eine Schranke *maxit* für die maximale Anzahl von Iterationsschritten. Die Variable z enthält die Näherung von π. Die Iterationsvorschrift selbst ist unter dem Namen *Algorithmus von Archimedes* bekannt und lautet wie folgt:

$$x_1 = 3, \quad y_1 = 1,$$
$$z_i = x_i y_i,$$
$$x_{i+1} = 2x_i, \quad y_{i+1} = \frac{y_i}{\sqrt{\sqrt{4 - y_i^2} + 2}}, \quad i = 1, 2, \dots \tag{1.15}$$

Die Implementierung des Iterationsverfahrens (1.15) in das m-File *piarchimedes.m* ist im m-File 1.3 angegeben.

m-File 1.3: piarchimedes.m

```
1  format long
2  tol=10^(-10); maxit=100;
3  x=3; y=1;
4  iter=0;
```

```
 5  while abs(y)> tol & iter<maxit;
 6      z=x*y; x=2*x;
 7      y=y/(sqrt(sqrt(4-y^2)+2));
 8      iter=iter+1;
 9      disp([int2str(iter),' ',' ',num2str(z,16)])
10  end
```

Als Übungsaufgabe führe man das m-File *piarchimedes.m* mit der MATLAB unter Verwendung unterschiedlicher Toleranzen *tol* aus und tabelliere die Ergebnisse. ☐

Multiplikation. In diesem Falle ist $z = f(x_1, x_2) \equiv x_1 \cdot x_2$, sodass für gestörte Eingabedaten die Beziehung $\tilde{z} = f(\tilde{x}_1 + \tilde{x}_2) = \tilde{x}_1 \cdot \tilde{x}_2$ gilt. Für den absoluten Fehler des Resultates folgt daraus

$$\delta(\tilde{z}) = \tilde{z} - z = \tilde{x}_1 \tilde{x}_2 - x_1 x_2 = (x_1 + \delta(\tilde{x}_1))(x_2 + \delta(\tilde{x}_2)) - x_1 x_2$$
$$= x_2\, \delta(\tilde{x}_1) + x_1\, \delta(\tilde{x}_2) + \delta(\tilde{x}_1)\delta(\tilde{x}_2).$$

Da vorausgesetzt wird, dass $\delta(\tilde{x}_1)$ und $\delta(\tilde{x}_2)$ betragsmäßig sehr klein sind (jeweils in der Größenordnung der Maschinengenauigkeit), kann der quadratische Term $\delta(\tilde{x}_1)\,\delta(\tilde{x}_2)$ vernachlässigt werden. Man erhält deshalb in linearer Näherung

$$\delta(\tilde{z}) \eqsim x_2\, \delta(\tilde{x}_1) + x_1\, \delta(\tilde{x}_2). \quad \text{(ABSOLUTER FEHLER)} \tag{1.16}$$

Die obige Formel sagt aus, dass bei vernünftig skalierten Eingabedaten x_1 und x_2 die Multiplikation zu keinem extremen Anwachsen des absoluten Resultatefehlers führen kann. Für den relativen Fehler von $\tilde{z}$ ergibt sich aus (1.16) die Darstellung

$$\varepsilon(\tilde{z}) \equiv \frac{\delta(\tilde{z})}{z} \eqsim \frac{\delta(\tilde{x}_1)\, x_2 + \delta(\tilde{x}_2)\, x_1}{x_1\, x_2} = \frac{\delta(\tilde{x}_1)}{x_1} + \frac{\delta(\tilde{x}_2)}{x_2},$$

das heißt, es ist

$$\varepsilon(\tilde{z}) \eqsim \varepsilon(\tilde{x}_1) + \varepsilon(\tilde{x}_2). \quad \text{(RELATIVER FEHLER)} \tag{1.17}$$

Im Gegensatz zur Addition verhält sich die Multiplikation auch hinsichtlich des relativen Fehlers völlig problemlos, da in der Formel (1.17) jeweils eine Eins als Vorfaktor vor den Größen $\varepsilon(\tilde{x}_i)$, $i = 1, 2$, steht.

Division. Als Übungsaufgabe zeige man die folgenden Fehlerfortpflanzungsgesetze für die Division $z = f(x_1, x_2) \equiv x_1/x_2, x_2 \neq 0$:

$$\delta(\tilde{z}) \eqsim \frac{1}{x_2}\, \delta(\tilde{x}_1) - \frac{x_1}{x_2^2}\, \delta(\tilde{x}_2), \quad \text{(ABSOLUTER FEHLER)} \tag{1.18}$$

$$\varepsilon(\tilde{z}) \doteq \varepsilon(\tilde{x}_1) - \varepsilon(\tilde{x}_2). \qquad \text{(RELATIVER FEHLER)} \qquad (1.19)$$

Die Darstellung (1.18) des absoluten Resultatefehlers impliziert, dass es sich bei der Division genau dann um ein schlecht konditioniertes Problem handelt, falls der Divisor betragsmäßig sehr klein ist.

Aus den obigen Untersuchungen ergibt sich nun zusammenfassend die folgende Aussage.

Folgerung 1.1. *Bei numerischen Rechnungen sind unbedingt zu vermeiden:*
1. *die Division durch betragskleine Zahlen, sowie*
2. *die Addition von Zahlen mit umgekehrten Vorzeichen, die sich im Betrag nur wenig unterscheiden.* □

Wir wollen jetzt einen Schritt weitergehen und anstelle der Funktion $f(x_1, x_2)$ eine Funktion $f(x_1, \ldots, x_n)$ betrachten. Dazu werde vorausgesetzt, dass $f : \Omega \to \mathbb{R}$ auf der offenen und konvexen Menge $\Omega \subseteq \mathbb{R}^n$ definiert und stetig differenzierbar ist.

Der Vektor der Eingabegrößen ist

$$x \equiv (x_1, x_2, \ldots, x_n)^T \quad \Rightarrow \quad z = f(x) \quad \text{(Originalproblem)}.$$

Der Vektor der gestörten Eingabegrößen sei

$$\tilde{x} \equiv (\tilde{x}_1, \tilde{x}_2, \ldots, \tilde{x}_n)^T \quad \Rightarrow \quad \tilde{z} = f(\tilde{x}) \quad \text{(gestörtes Problem)}.$$

Der absolute Fehler des Resultates ist $\delta(\tilde{z}) = \tilde{z} - z = f(\tilde{x}) - f(x)$. Um die Funktion f an einer einheitlichen Stelle verwenden zu können, werde diese in eine Taylorreihe entwickelt:

$$f(\tilde{x}) = f(x) + f'(x)^T (\tilde{x} - x) + O(\|\tilde{x} - x\|^2),$$

mit

$$f'(x) = \left(\frac{\partial f(x)}{\partial x_1}, \frac{\partial f(x)}{\partial x_2}, \ldots, \frac{\partial f(x)}{\partial x_n} \right)^T.$$

Somit ist

$$\delta(\tilde{z}) = f(\tilde{x}) - f(x) = f'(x)^T (\tilde{x} - x) + O(\|\tilde{x} - x\|^2).$$

Mit

$$\delta(x) = \tilde{x} - x = \begin{pmatrix} \tilde{x}_1 - x_1 \\ \tilde{x}_2 - x_2 \\ \vdots \\ \tilde{x}_n - x_n \end{pmatrix} = \begin{pmatrix} \delta(\tilde{x}_1) \\ \delta(\tilde{x}_2) \\ \vdots \\ \delta(\tilde{x}_n) \end{pmatrix}$$

berechnet sich daraus

$$\delta(\tilde{z}) = \frac{\partial f(x)}{\partial x_1}\delta(\tilde{x}_1) + \frac{\partial f(x)}{\partial x_2}\delta(\tilde{x}_2) + \cdots + \frac{\partial f(x)}{\partial x_n}\delta(\tilde{x}_n)$$

$$+ O(\|\tilde{x} - x\|^2) \quad \leftarrow \quad \text{sehr klein} \tag{1.20}$$

$$\asymp \frac{\partial f(x)}{\partial x_1}\delta(\tilde{x}_1) + \frac{\partial f(x)}{\partial x_2}\delta(\tilde{x}_2) + \cdots + \frac{\partial f(x)}{\partial x_n}\delta(\tilde{x}_n).$$

Die vor den absoluten Fehlern der Eingabedaten stehenden Faktoren geben Anlass zu der

Definition 1.6. Die Größe

$$\sigma_j \equiv \left|\frac{\partial f(x)}{\partial x_j}\right|, \quad j = 1, 2, \ldots, n \tag{1.21}$$

heißt *absolute Konditionszahl* des Resultates z in Bezug auf die j-te Komponente des Eingabedatenvektors. □

Die Konditionszahl σ_j gibt an, um welchen Faktor verstärkt (oder gedämpft) die Komponente $\delta(\tilde{x}_j)$ in den Fehler $\delta(\tilde{z})$ eingeht.

Wir wollen jetzt den *relativen Fehler* des Resultates analysieren. Hierzu setzen wir $x_j \neq 0, j = 1, \ldots, n$ und $f(x) \neq 0$ voraus. Mit

$$\varepsilon(\tilde{z}) = \frac{\delta(\tilde{z})}{z} = \frac{\delta(\tilde{z})}{f(x)}, \quad \varepsilon(\tilde{x}_i) = \frac{\delta(\tilde{x}_i)}{x_i}$$

folgt nun aus (1.20)

$$\varepsilon(\tilde{z}) \asymp \frac{\partial f(x)}{\partial x_1}\frac{1}{f(x)}\delta(\tilde{x}_1) + \frac{\partial f(x)}{\partial x_2}\frac{1}{f(x)}\delta(\tilde{x}_2) + \cdots + \frac{\partial f(x)}{\partial x_n}\frac{1}{f(x)}\delta(\tilde{x}_n)$$

$$\asymp \frac{\partial f(x)}{\partial x_1}\frac{x_1}{f(x)}\varepsilon(\tilde{x}_1) + \frac{\partial f(x)}{\partial x_2}\frac{x_2}{f(x)}\varepsilon(\tilde{x}_2) + \cdots + \frac{\partial f(x)}{\partial x_n}\frac{x_n}{f(x)}\varepsilon(\tilde{x}_n).$$

Die vor den relativen Fehlern der Eingabedaten auftretenden Faktoren werden nun in Übereinstimmung mit der Definition 1.6 wie folgt genannt.

Definition 1.7. Die Größe

$$\tau_j \equiv \left|\frac{\partial f(x)}{\partial x_j}\frac{x_j}{f(x)}\right|, \quad j = 1, 2, \ldots, n \tag{1.22}$$

heißt *relative Konditionszahl* des Resultates z in Bezug auf die j-te Komponente des Eingabedatenvektors. □

Mithilfe der so definierten absoluten und relativen Konditionszahlen lässt sich ein korrekt gestelltes mathematisches Problem dahingehend analysieren, ob es überhaupt möglich ist, seine exakte Lösung mit numerischen Techniken hinreichend genau zu approximieren.

Definition 1.8. Ein Problem mit relativ großen Konditionszahlen bezeichnet man als *schlecht konditioniert*. Es handelt sich dabei um eine natürliche Instabilität des gegebenen mathematischen Problems in dem Sinne, dass kleine Fehler in den Eingabedaten zu großen Fehlern in den Resultaten führen *können*. Sind dagegen die Konditionszahlen relativ klein, so liegt eine *gut konditionierte* Problemstellung vor.

Unter Verwendung der im Abschnitt 1.3, Formel (1.58), erklärten relativen Maschinengenauigkeit ν lässt sich der obige Sachverhalt auch wie folgt formulieren. Ein mathematisches Problem heißt gut konditioniert bezüglich der relativen Fehler, falls

$$\nu \cdot \max_{1 \le j \le n} \tau_j \ll 1 \tag{1.23}$$

gilt. Anderenfalls wird das Problem als schlecht konditioniert bezeichnet. Für die absoluten Fehler gilt eine zu (1.23) entsprechende Formel bzw. Aussage. □

MAN BEACHTE: Die Kondition eines Problems lässt sich mit den Mitteln der Numerischen Mathematik nicht verändern. Diese spezielle Form der Instabilität bzw. Stabilität ist eine Eigenschaft des gegebenen mathematischen Problems und hängt nicht vom gewählten Rechenprozess ab. Bereits bei der mathematischen Modellierung naturwissenschaftlich-technischer Prozesse sollte man diesem Sachverhalt Rechnung tragen.

Wir wollen nun noch einmal zu den bereits weiter oben diskutierten 4 Grundrechenoperationen kommen. Für die Addition (Subtraktion) $z = f(x_1, x_2) = x_1 + x_2$ berechnen sich nach den Formeln (1.21) und (1.22) die 2 absoluten und 2 relativen Konditionskonstanten zu

$$\sigma_1 = \left| \frac{\partial f(x)}{\partial x_1} \right| = 1, \quad \sigma_2 = \left| \frac{\partial f(x)}{\partial x_2} \right| = 1,$$

$$\tau_1 = \left| \frac{\partial f(x)}{\partial x_1} \frac{x_1}{f(x)} \right| = \left| 1 \cdot \frac{x_1}{x_1 + x_2} \right| = \left| \frac{x_1}{x_1 + x_2} \right|, \tag{1.24}$$

$$\tau_2 = \left| \frac{\partial f(x)}{\partial x_2} \frac{x_2}{f(x)} \right| = \left| 1 \cdot \frac{x_2}{x_1 + x_2} \right| = \left| \frac{x_2}{x_1 + x_2} \right|.$$

Für die Multiplikation $z = f(x_1, x_2) = x_1 \cdot x_2$ ergeben sich:

$$\sigma_1 = \left| \frac{\partial f(x)}{\partial x_1} \right| = |x_2|, \quad \sigma_2 = \left| \frac{\partial f(x)}{\partial x_2} \right| = |x_1|,$$

$$\tau_1 = \left| \frac{\partial f(x)}{\partial x_1} \frac{x_1}{f(x)} \right| = \left| x_2 \cdot \frac{x_1}{x_1 \cdot x_2} \right| = 1, \tag{1.25}$$

$$\tau_2 = \left| \frac{\partial f(x)}{\partial x_2} \frac{x_2}{f(x)} \right| = \left| x_1 \cdot \frac{x_2}{x_1 \cdot x_2} \right| = 1.$$

Die Konditionskonstanten für die Division $z = f(x_1, x_2) = \frac{x_1}{x_2} = x_1 \cdot x_2^{-1}$, $x_2 \neq 0$, sind schließlich:

$$\sigma_1 = \left| \frac{\partial f(x)}{\partial x_1} \right| = \left| \frac{1}{x_2} \right|, \quad \sigma_2 = \left| \frac{\partial f(x)}{\partial x_2} \right| = \left| -\frac{x_1}{x_2^2} \right| = \left| \frac{x_1}{x_2^2} \right|,$$

$$\tau_1 = \left| \frac{\partial f(x)}{\partial x_1} \frac{x_1}{f(x)} \right| = \left| \frac{1}{x_2} \cdot \frac{x_1 \cdot x_2}{x_1} \right| = 1, \tag{1.26}$$

$$\tau_2 = \left| \frac{\partial f(x)}{\partial x_2} \frac{x_2}{f(x)} \right| = \left| -\frac{x_1}{x_2^2} \cdot \frac{x_2 \cdot x_2}{x_1} \right| = |-1| = 1.$$

Wir wollen abschließend das Fehlerfortpflanzungsverhalten für das allgemeine Problem (1.10) untersuchen. Hierzu treffen wir die

Voraussetzung 1.3. Die Funktionen $f_i : \Omega \to \mathbb{R}$, $i = 1, \ldots, m$, seien auf der offenen und konvexen Menge $\Omega \subseteq \mathbb{R}^n$ definiert und stetig differenzierbar. $\square$

Fasst man auch die Funktionen $f_i(x)$ zu einem Vektor $F(x) \equiv (f_1(x), \ldots, f_m(x))^T$ zusammen, dann lässt sich ein gegebenes mathematisches Problem in der Form

$$z = F(x) \tag{1.27}$$

aufschreiben. Verwendet man in der Formel (1.27) anstelle der exakten Eingabedaten $x = (x_1, \ldots, x_n)^T$ die gestörten Daten $\tilde{x} = (\tilde{x}_1, \ldots, \tilde{x}_n)^T$ und wertet die Funktionen $f_i(x)$ *exakt* aus, so ergibt sich $\tilde{z} = F(\tilde{x})$. Der Vektor der absoluten Fehler der Resultate $\delta(\tilde{z}) = (\delta(\tilde{z}_1), \ldots, \delta(\tilde{z}_m))^T$ berechnet sich dann zu

$$\delta(\tilde{z}) = \tilde{z} - z = F(\tilde{x}) - F(x). \tag{1.28}$$

Die Taylor-Entwicklung von $F(\tilde{x})$ an der Stelle x lautet (für $\delta(\tilde{x}) \to 0$)

$$F(\tilde{x}) = F(x) + J(x)(\tilde{x} - x) + O(\|\tilde{x} - x\|^2)$$
$$= F(x) + J(x)\,\delta(\tilde{x}) + O(\|\delta(\tilde{x})\|^2). \tag{1.29}$$

Die in (1.29) auftretende *Jacobi-Matrix*[6] $J(x) \in \mathbb{R}^{m \times n}$ von $F(x)$ ist wie folgt definiert:

$$J(x) \equiv \begin{bmatrix} \frac{\partial f_1}{\partial x_1}(x) & \frac{\partial f_1}{\partial x_2}(x) & \cdots & \frac{\partial f_1}{\partial x_n}(x) \\ \frac{\partial f_2}{\partial x_1}(x) & \frac{\partial f_2}{\partial x_2}(x) & \cdots & \frac{\partial f_2}{\partial x_n}(x) \\ \vdots & \vdots & \ddots & \vdots \\ \frac{\partial f_m}{\partial x_1}(x) & \frac{\partial f_m}{\partial x_2}(x) & \cdots & \frac{\partial f_m}{\partial x_n}(x) \end{bmatrix}. \tag{1.30}$$

---

6 Carl Gustav Jacob Jacobi, eigentlich Jacques Simon (1804–1851), deutscher Mathematiker. Neben der Jacobi-Matrix sind nach ihm u. a. die Jacobi-Polynome, das Jacobi-Verfahren, das Jacobi-Symbol, aber auch ein Mondkrater benannt.

Substituiert man nun (1.29) in (1.28), so resultiert

$$\delta(\tilde{z}) = F(x) + J(x)\,\delta(\tilde{x}) + O(\|\delta(\tilde{x})\|^2) - F(x)$$
$$= J(x)\,\delta(\tilde{x}) + O(\|\delta(\tilde{x})\|^2), \quad \delta(\tilde{x}) \to 0.$$

Da wir davon ausgegangen sind, dass die tatsächlichen Eingabedaten $\tilde{x}$ gegenüber den exakten Eingabedaten x nur geringfügig verändert sind (in der Größenordnung der Maschinengenauigkeit), ist der Summand $O(\|\delta(\tilde{x})\|^2)$ im Vergleich zum ersten Summanden vernachlässigbar. Wir können deshalb in erster Näherung schreiben

$$\delta(\tilde{z}) \doteq J(x)\,\delta(\tilde{x}). \tag{1.31}$$

In komponentenweiser Darstellung erhält man daraus

$$\delta(\tilde{z}_i) \doteq \sum_{j=1}^{n}\left(\frac{\partial f_i}{\partial x_j}(x)\right)\delta(\tilde{x}_j), \quad i = 1,\ldots,m. \tag{1.32}$$

Die in der Formel (1.32) auftretenden Faktoren vor den absoluten Fehlern der Eingabedaten geben Anlass zu der

Definition 1.9. Die Größe

$$\sigma_{ij} \equiv \left|\frac{\partial f_i}{\partial x_j}(x)\right| \tag{1.33}$$

heißt *absolute Konditionszahl* des i-ten Resultates in Bezug auf die j-te Komponente des Eingabedatenvektors.　　　　□

Die Konditionszahl σ_{ij} gibt an, um welchen Faktor verstärkt (oder gedämpft) die Komponente $\delta(\tilde{x}_j)$ in die Fehlerkomponente $\delta(\tilde{z}_i)$ eingeht.

Es werde jetzt der *relative* Fehler der Resultate untersucht. Hierzu wollen wir $x_j \neq 0$, $j = 1,\ldots,n$, und $f_i(x) \neq 0$, $i = 1,\ldots,m$, voraussetzen. Mit $\varepsilon(\tilde{x}_j) = \frac{\delta(\tilde{x}_j)}{x_j}$ folgt nun aus (1.32)

$$\varepsilon(\tilde{z}_i) = \frac{\delta(\tilde{z}_i)}{f_i(x)} \doteq \sum_{j=1}^{n}\left(\frac{x_j}{f_i(x)}\frac{\partial f_i}{\partial x_j}(x)\right)\varepsilon(\tilde{x}_j), \quad i = 1,\ldots,m. \tag{1.34}$$

Beim relativen Fehler treten also andere Faktoren vor den (relativen) Fehlern der Eingabedaten auf.

Definition 1.10. Die Größe

$$\tau_{ij} \equiv \left|\frac{x_j}{f_i(x)}\frac{\partial f_i}{\partial x_j}(x)\right| \tag{1.35}$$

heißt *relative Konditionszahl* des i-ten Resultates in Bezug auf die j-te Komponente des Eingabedatenvektors.　　　　□

MAN BEACHTE: Die Vorfaktoren $x_j/f_i(x)$ wirken sich besonders ungünstig auf den relativen Fehler der Resultate aus, wenn ein betragsmäßig kleines Resultat $f_i(x)$ aus einer betragsmäßig großen Komponente x_j des Eingabedatenvektors berechnet wird!

Nach den Formeln (1.33) und (1.35) ergeben sich für das Problem (1.27) ganze Matrizen $\Sigma(x) \equiv [\sigma_{ij}(x)] \in \mathbb{R}_+^{m \times n}$ und $T(x) \equiv [\tau_{ij}(x)] \in \mathbb{R}_+^{m \times n}$ von Konditionszahlen. Um jeweils nur eine einzige Konditionszahl zu erhalten, kann man ein geeignetes Maß für die Größenordnung der Matrizen $\Sigma(x)$ und $T(x)$ verwenden. Hier bietet sich eine der im Abschnitt 2.5.1 definierten Matrixnormen $\| \cdot \|_p$ an. Man erhält damit

$$
\begin{aligned}
(\text{cond}_p F)(x) &\equiv \|\Sigma(x)\|_p, \quad \Sigma(x) = [\sigma_{ij}(x)], \\
(\text{rcond}_p F)(x) &\equiv \|T(x)\|_p, \quad T(x) = [\tau_{ij}(x)].
\end{aligned}
\tag{1.36}
$$

Die auf diese Weise definierten Konditionszahlen hängen offensichtlich von der verwendeten Matrixnorm ab. Da es aber hier nur auf die Größenordnung ankommt, spielt die spezielle Matrixnorm keine signifikante Rolle. Deshalb wird der Index p in (1.36) häufig auch weggelassen.

Beispiel 1.5. Gegeben sei das mathematische Problem

$$
z = f(x) = 1 - e^{-x}
$$

mit einer Eingabe- und einer Ausgabegröße. Untersucht werden soll die Kondition dieses Problems für $x \in [0,1]$ anhand der absoluten und relativen Konditionszahlen.

1. Die absolute Konditionszahl ist $\sigma = |f'(x)| = e^{-x}$.
   Für $x \in [0,1]$ gilt $\sigma \leq 1$, d. h. das Problem ist bezüglich des absoluten Fehlers gut konditioniert.
2. Die relative Konditionszahl ist $\tau = |\frac{x f'(x)}{f(x)}|$.
   Damit ergibt sich

$$
\tau = \frac{e^{-x} x}{1 - e^{-x}} = \frac{x}{e^x - 1} = \frac{x}{x + \frac{1}{2}x^2 + \frac{1}{6}x^3 + \cdots} = \frac{1}{1 + \frac{1}{2}x + \frac{1}{6}x^2 + \cdots}.
$$

Für $x \in [0,1]$ gilt somit $\tau \leq 1$, d. h. das Problem ist bezüglich des relativen Fehlers ebenfalls gut konditioniert. $\qquad \square$

Im nächsten Beispiel wollen wir ein mathematisches Problem mit zwei Eingabegrößen und einer Ausgabegröße im Hinblick auf dessen Kondition betrachten.

Beispiel 1.6. Gegeben sei das mathematische Problem

$$
z = f(x_1, x_2) = -x_1 + \sqrt{x_1^2 + x_2}
$$

mit einer Ausgabegröße und zwei Eingabegrößen. Zu bestimmen ist die Kondition des gegebenen Problems auf der Basis der relativen Fehler in den Eingabegrößen, d. h. es sind Bedingungen für x_1 und x_2 anzugeben, unter denen das Problem gut bzw. schlecht konditioniert ist. Es gilt:

$$\varepsilon(\tilde{z}) = \tau_1\,\varepsilon(\tilde{x}_1) + \tau_2\,\varepsilon(\tilde{x}_2), \quad \text{mit } \tau_i \equiv \left|\frac{\partial f(x_1,x_2)}{\partial x_i}\,\frac{x_i}{z}\right|, \quad i = 1,2.$$

Man berechnet für die partiellen Ableitungen:

$$\frac{\partial f}{\partial x_1} = -1 + \frac{2x_1}{2\sqrt{x_1^2 + x_2}} = \frac{-z}{\sqrt{x_1^2 + x_2}}$$

$$\frac{\partial f}{\partial x_2} = \frac{1}{2\sqrt{x_1^2 + x_2}}$$

Daraus ergeben sich folgende relative Konditionskonstanten:

$$\tau_1 = \left|\frac{-z\,x_1}{z\,\sqrt{x_1^2 + x_2}}\right| = \left|\frac{x_1}{\sqrt{x_1^2 + x_2}}\right|$$

$$\tau_2 = \left|\frac{x_2}{2z\,\sqrt{x_1^2 + x_2}}\right| = \left|\frac{x_2}{2\,(-x_1 + \sqrt{x_1^2 + x_2})\,\sqrt{x_1^2 + x_2}}\right|$$

$$= \left|\frac{x_2\,(x_1 + \sqrt{x_1^2 + x_2})}{2\,(-x_1 + \sqrt{x_1^2 + x_2})(x_1 + \sqrt{x_1^2 + x_2})\,\sqrt{x_1^2 + x_2}}\right|$$

$$= \left|\frac{x_2\,(x_1 + \sqrt{x_1^2 + x_2})}{2\,(-x_1^2 + x_1^2 + x_2)\,\sqrt{x_1^2 + x_2}}\right| = \left|\frac{x_1 + \sqrt{x_1^2 + x_2}}{2\,\sqrt{x_1^2 + x_2}}\right|.$$

Da für $x_2 > 0$ gilt

$$\tau_1 = \left|\frac{x_1}{\sqrt{x_1^2 + x_2}}\right| \leq 1 \quad \text{und} \quad \tau_2 = \left|\frac{x_1 + \sqrt{x_1^2 + x_2}}{2\,\sqrt{x_1^2 + x_2}}\right| \leq 1,$$

ist z im Falle von $x_2 > 0$ gut konditioniert.

Andererseits ist für $x_2 \approx -x_1^2$ das Problem schlecht konditioniert, da jetzt $|\tau_i| \gg 1$, $i = 1, 2$, gilt. $\qquad\square$

Neben der natürlichen Stabilität/Instabilität (besser: gute/schlechte Kondition) kennt man noch die sogenannte *numerische Stabilität/Instabilität*. Dieser Stabilitätstyp bezieht sich auf den jeweiligen numerischen Algorithmus. Ein Algorithmus wird numerisch instabil genannt, wenn es Eingabedaten gibt, bei denen sich die Rundungsfehler während der Rechnung so akkumulieren, dass ein völlig verfälschtes Ergebnis entsteht.

Damit ist es natürlich möglich, dass durch die Anwendung einer instabilen Berechnungsmethode auf ein gut konditioniertes Problem eine numerische Lösung erzeugt wird, die vollständig von der exakten Lösung des gegebenen Problems abweicht. Wir wollen dies an einem Beispiel demonstrieren.

Beispiel 1.7. Gegeben sei das folgende mathematische Problem:
Das Resultat z ist für $x = 30$ aus der Formel

$$z \equiv f(x) = \ln\left(x - \sqrt{x^2 - 1}\right) \qquad (1.37)$$

zu berechnen. Wir wollen nun die Kondition dieses Problems studieren, wobei wir uns auf den absoluten Fehler des Resultates beschränken. Da nur eine Eingabegröße und auch nur ein Resultat in (1.37) auftreten, können wir in (1.33) die Indizes i und j weglassen. Des Weiteren geht die partielle Ableitung in die gewöhnliche Ableitung über, die sich für das gegebene Problem wie folgt berechnet:

$$f'(x) = \left(1 - \frac{x}{\sqrt{x^2 - 1}}\right)\frac{1}{x - \sqrt{x^2 - 1}} = -\frac{1}{\sqrt{x^2 - 1}}.$$

Somit ergibt sich eine absolute Konditionszahl $\sigma = |f'(30)| \approx 0.033$. Das gestellte Problem ist offensichtlich sehr gut konditioniert. Bei einer absoluten Störung $\delta(\tilde{x})$ der Problemgröße x, mit $\delta(\tilde{x}) \approx 5 \cdot 10^{-2}$, erhält man (bei exakter Rechnung) in erster Näherung für den absoluten Resultatefehler:

$$\delta(\tilde{z}) = \tilde{z} - z = f(x + \delta(\tilde{x})) - f(x) \asymp f'(x)\,\delta(\tilde{x}) \approx -0.00165.$$

Während der numerischen Behandlung des Problems (Rechnung mit einer durch den Computer vorgeschriebenen Wortlänge) treten Rundungsfehler auf, die das Resultat stark verfälschen können. Wegen $\sqrt{x^2 - 1}\,|_{x=30} = \sqrt{899} = 29.9833287\ldots$ liegt bei der Berechnung von $(x - \sqrt{x^2 - 1})|_{x=30}$ das oben beschriebene Phänomen der *Auslöschung* vor. Eine 4-stellige Rechnung ergibt zum Beispiel:

$$\left(x - \sqrt{x^2 - 1}\right)\Big|_{x=30} = 30 - 29.98 = 0.02.$$

Genauer gilt:

$$\left(x - \sqrt{x^2 - 1}\right)\Big|_{x=30} = 30 - 29.9833287\ldots = 0.0166713\ldots$$

Der hier auftretende absolute Fehler $0.02 - 0.0166713\ldots = 0.0033287\ldots$ wird beim Übergang zum Logarithmus verstärkt, da die Konditionszahl $\hat{\sigma}$ von $z = f(x) = \ln(x)$ (in Bezug auf die Eingangsgröße $x = 0.0166713\ldots$) groß ist:

$$\hat{\sigma} = \left|\frac{d}{dx}\ln(x)\right|_{x=0.0166713\ldots}\Bigg| = \left|\frac{1}{x}\right|_{x=0.0166713\ldots}\Bigg| \approx 60.$$

Die Berechnung des Logarithmus ist in diesem Falle ein schlecht konditioniertes Problem, sodass ein sehr großer absoluter Resultatefehler entsteht:

$$\hat{\delta}(\bar{z}) = \ln(0.02) - \ln(0.0166713\ldots) = 0.1820436\ldots$$

Demgegenüber bleibt in exakter Arithmetik, wie wir oben gesehen haben, der absolute Resultatefehler selbst bei einer großen Störung der Eingabegröße (zu $\bar{x} = x + \delta(\bar{x})$, mit $\delta(\bar{x}) \approx 5 \cdot 10^{-2}$) klein. □

Das obige Beispiel liefert die Motivation dafür, das Phänomen der *numerischen Stabilität* (beziehungsweise *numerischen Instabilität*) eingehender zu untersuchen. Wir fassen jetzt die Vorschrift (1.37) nicht nur als mathematisches Problem, sondern auch als numerischen Algorithmus zu dessen Lösung auf. Dies soll heißen, dass jede einzelne Rechenoperation und jede Auswertung der Problemfunktionen nur näherungsweise (gerundet) realisiert werden kann.

Jeder Algorithmus lässt sich in eine Kette aufeinanderfolgender *Elementaralgorithmen* zerlegen. Für unser obiges Beispiel erhält man:

$$g_1 : \mathbb{R} \to \mathbb{R}^2 : x \to (x, x^2)^T, \qquad g_2 : \mathbb{R}^2 \to \mathbb{R}^2 : (y, z)^T \to (y, z - 1)^T,$$
$$g_3 : \mathbb{R}^2 \to \mathbb{R}^2 : (s, t)^T \to (s, \sqrt{t})^T, \quad g_4 : \mathbb{R}^2 \to \mathbb{R} : (u, v)^T \to u - v, \qquad (1.38)$$
$$g_5 : \mathbb{R} \to \mathbb{R} : w \to \ln(w).$$

Es gilt dann:

$$z = f(x) = g_5 \circ g_4 \circ g_3 \circ g_2 \circ g_1(x).$$

Die Berechnung von $z = f(x)$ wird also mithilfe einer *Faktorisierung* der Abbildung f gemäß

$$f = g_5 \circ g_4 \circ g_3 \circ g_2 \circ g_1 \qquad (1.39)$$

durchgeführt.

Bei einer komplexeren Abbildung nimmt man i. allg. keine so detaillierte Faktorisierung vor, da sonst die Anzahl der Elementaralgorithmen zu groß und damit unübersichtlich wird. Deshalb fasst man die Elementaralgorithmen zu (stabilen) Teilalgorithmen zusammen. Für unser Beispiel lässt sich der Prozess etwa folgendermaßen unterteilen:

$$g_1 : \mathbb{R} \to \mathbb{R}^2 : x \to (x, \sqrt{x^2 - 1})^T, \quad g_2 : \mathbb{R}^2 \to \mathbb{R} : (u, v)^T \to u - v,$$
$$g_3 : \mathbb{R} \to \mathbb{R} : y \to \ln(y),$$

und damit $z = f(x) = g_3 \circ g_2 \circ g_1(x)$. Anhand einer solchen Faktorisierung von f,

$$f = g_k \circ g_{k-1} \circ \cdots \circ g_1, \qquad (1.40)$$

lässt sich nun analysieren, ob ein numerischer Algorithmus stabil oder instabil ist. Bei diesen Untersuchungen hat man folgende Sachverhalte zu berücksichtigen:.

1. es ist mit einer Störung der gegebenen (exakten) Eingabedaten $x \equiv x^{(0)}$ in der Form $\tilde{x}^{(0)} = x^{(0)} + \delta(\tilde{x}^{(0)})$ zu rechnen;

2. bei der numerischen Auswertung der Teilalgorithmen g_i, $i = 1, \ldots, k$, treten anstelle der exakten Zwischenresultate

$$x^{(i)} = g_i(x^{(i-1)}) = g_i \circ \cdots \circ g_1(x^{(0)})$$

durch *Rundungsfehler* verfälschte Ergebnisse auf, die wie folgt dargestellt werden können:

$$\tilde{x}^{(i)} = g_i(\tilde{x}^{(i-1)}) + \delta(\tilde{x}^{(i)}). \tag{1.41}$$

Der absolute Fehler $\delta(\tilde{x}^{(i)})$ wird entsprechend der *natürlichen Stabilität* (Kondition) von $g_{i+1}, g_{i+2}, \ldots, g_k$ an das Endresultat weitergegeben. Die natürliche Stabilität von $g_{i+1}, \ldots, g_k$ ist aber gerade durch deren partielle Ableitungen, insbesondere durch die Funktionalmatrizen $Dg_{i+1}, \ldots, Dg_k$, bestimmt. Da sich bei einem Produkt von Abbildungen

$$h_i \equiv g_k \circ \cdots \circ g_{i+1}, \quad i = 0, \ldots, k-1, \tag{1.42}$$

die Funktionalmatrizen nach der Kettenregel multiplizieren, geht der Fehler $\delta(\tilde{x}^{(i)})$ um den Faktor

$$Dh_i = Dg_k \cdots Dg_{i+1} \tag{1.43}$$

verstärkt (oder abgeschwächt) in das Endresultat ein:

$$\begin{aligned} \delta(\tilde{x}^{(k)}) &= \tilde{x}^{(k)} - z \\ &\asymp Df\, \delta(\tilde{x}^{(0)}) + Dh_1\, \delta(\tilde{x}^{(1)}) + \cdots + Dh_{k-1}\, \delta(\tilde{x}^{(k-1)}) + \delta(\tilde{x}^{(k)}). \end{aligned} \tag{1.44}$$

Somit erweist sich ein Algorithmus als gefährlich, wenn die Elemente der Matrizen Dh_i im Vergleich zu den Elementen von Df betragsmäßig groß sind, da dann ein Fehler in den g_i sehr ungünstig in das Endresultat eingeht. Es liegt in diesem Falle *numerische Instabilität* vor.

Bemerkung 1.2. Geht man bei der numerischen Berechnung von $z = f(x)$ davon aus, dass der Eingabedatenvektor mit gewissen Eingabefehlern behaftet ist,

$$\tilde{x}^{(0)} = x^{(0)} + \delta(\tilde{x}^{(0)}) \equiv x + \delta, \tag{1.45}$$

und dass nur mit einer bestimmten endlichen Stellenzahl gerechnet werden kann, so liefert die Faktorisierung von f im günstigsten Fall:

$$\delta(\tilde{x}^{(1)}) = \cdots = \delta(\tilde{x}^{(k-1)}) = 0,$$

$$g_k(\tilde{x}^{(k-1)}) = (g_k \circ \cdots \circ g_1)(x + \delta) = f(x + \delta), \tag{1.46}$$

$$\delta(\tilde{x}^{(k)}) = \mathrm{rd}(f(x + \delta)) - f(x + \delta).$$

In (1.46) bezeichnet $\mathrm{rd}(f)$ den *gerundeten* Wert von f. Diese Rundungsoperation wird im Abschnitt 1.3 genauer untersucht. Damit tritt bei jedem numerischen Algorithmus in erster Näherung mindestens der von der gewählten Faktorisierung unabhängige Fehler

$$Df\,\delta + \mathrm{rd}(f(x + \delta)) - f(x + \delta) \tag{1.47}$$

auf. □

Ausgehend von dem Fehler (1.47), den man bei allen numerischen Berechnungen berücksichtigen muss, definiert man nun wie folgt:

Definition 1.11. Bezeichnen $\| \cdot \|$ eine Vektornorm und $\| \cdot \|_M$ eine dazu verträgliche Matrixnorm (siehe Abschnitt 2.5.1), dann wird die Größe

$$\|Df\|_M \|\delta\| + \|\mathrm{rd}(f(x + \delta)) - f(x + \delta)\| \tag{1.48}$$

unvermeidbarer Fehler genannt. □

Das Problem, einen stabilen numerischen Algorithmus zu entwickeln, beinhaltet damit folgende Zielstellung. Es ist dafür Sorge zu tragen, dass die auf der Basis der vorliegenden Faktorisierung durch Fehlerfortpflanzung in das Endresultat eingehenden Fehler in der Größenordnung des unvermeidbaren Fehlers (1.48) bleiben.

1.3 Rundungsfehler bei Gleitpunkt-Arithmetik

Ein Computer arbeitet i. allg. mit mehreren Typen von Zahlen, die sich durch ihre interne Darstellungs- und Verarbeitungsweise unterscheiden. Die beiden wichtigsten sind:
1. *Festpunktzahlen* (engl.: *fixed point numbers*), in Programmiersprachen meist vom Typ integer. Sie werden zur Angabe von ganzen Zahlen verwendet.
2. *Gleitpunktzahlen* (engl.: *floating point numbers*), in Programmiersprachen meist vom Typ real. Sie werden zur Darstellung von Zahlen mit Angabe eines rationalen Anteils verwendet.

Festpunktzahlen. Jede Zahl wird als ganze Zahl dargestellt. Beträgt beispielsweise die Wortlänge 24 bit, dann ergibt sich der Zahlbereich:

$$\text{Zahlbereich:} \quad \begin{cases} -8{,}388{,}607 & (= -2^{23} + 1), \\ 8{,}388{,}607 & (= 2^{23} - 1). \end{cases}$$

Offensichtlich steht mit dieser Zahlendarstellung auf dem Computer nur ein sehr kleiner Zahlbereich für das numerische Rechnen zur Verfügung. Dieser Zahlbereich lässt sich wesentlich vergrößern durch die Darstellung der Zahlen als Gleitpunktzahlen.

Gleitpunktzahlen. Jede Zahl $x \in \mathbb{R}$ lässt sich in *halblogarithmischer Darstellung* wie folgt angeben:

$$x = \text{Vorzeichen Mantisse} \times \text{Basis}^{\text{Exponent}}. \tag{1.49}$$

Zum Beispiel besitzt die reelle Zahl $x = -8432.1$ die halblogarithmische Darstellung:

$$x = \underbrace{-}_{\text{Vorzeichen}} \underbrace{0.84321}_{\text{Mantisse}} \times \underbrace{10^4}_{\text{Basis}^{\text{Exponent}}}.$$

Da die Mantisse und der Exponent auf einem Computer nicht beliebig große Werte annehmen können, müssen sie entsprechend beschränkt werden. Man kommt damit zu den sogenannten *Gleitpunktzahlen* x_M, die für eine beliebige Basis β wie folgt erklärt sind:

$$x_M \equiv \pm\, 0.x_1 x_2 \ldots x_t \times \beta^e = \pm\left(\frac{x_1}{\beta} + \frac{x_2}{\beta^2} + \cdots + \frac{x_t}{\beta^t}\right) \times \beta^e,$$
$$0 \le x_j \le \beta - 1, \quad j = 1, \ldots, t, \quad x_1 \ne 0, \quad -L \le e \le U. \tag{1.50}$$

Um gewisse Mehrdeutigkeiten bei der Zahlendarstellung auszuschließen, haben wir hier vorausgesetzt, dass die erste Ziffer x_1 der Mantisse nicht verschwindet. Man spricht in diesem Falle von einer *normalisierten* Gleitpunkt-Darstellung.

Die Gleitpunkt-Null „0_M" spielt eine gewisse Ausnahmerolle. Sie wird in den üblichen Modellen wie folgt definiert:

$$0_M \equiv +\, 0.000 \ldots 0 \times \beta^{-L}. \tag{1.51}$$

Definition 1.12. Die Menge $\mathcal{R} = \mathcal{R}(\beta, t, L, U)$ aller in der Form (1.50), (1.51) darstellbaren und normalisierten Zahlen x_M wird als die *Menge der Maschinenzahlen* bezeichnet. $\square$

Bemerkung 1.3. Offensichtlich besteht $\mathcal{R}(\beta, t, L, U)$ nur aus *endlich vielen* Elementen. Exakter formuliert lautet diese Aussage: die Menge der Maschinenzahlen besitzt genau N Elemente, mit

$$N \equiv 2\,(\beta - 1)\,\beta^{t-1}\,(U + L + 1) + 1. \tag{1.52}$$

Diese Anzahl berechnet sich wie folgt:
1. es sind zwei Vorzeichen möglich,
2. die führende Mantissenstelle kann $\beta - 1$ Werte annehmen,
3. für jede der verbleibenden $t - 1$ Mantissenstellen gibt es β Möglichkeiten, und

4. der Exponent kann $U + L + 1$ Werte durchlaufen.
5. Die 1 ist noch zu addieren, um die Maschinen-Null zu berücksichtigen. □

Eine der nachteiligsten Eigenschaften der Maschinenzahlen ist deren ungleichmäßige Verteilung. Dies soll an einem Beispiel demonstriert werden.

Beispiel 1.8. Wir betrachten $\mathcal{R}(2, 3, 1, 2)$, d. h., die Menge aller Zahlen x, die sich in der Form

$$x = \pm\, 0.x_1 x_2 x_3 \times 2^e, \quad -1 \leq e \leq 2, \quad x_i \in \{0, 1\}$$

darstellen lassen. Man erhält:

$$(0.000)_2 \times 2^{-1} = 0$$

$$(0.100)_2 \times 2^{-1} = \frac{1}{2} \cdot \frac{1}{2} = \frac{1}{4}$$

$$(0.101)_2 \times 2^{-1} = \left(\frac{1}{2} + \frac{1}{8}\right) \cdot \frac{1}{2} = \frac{5}{16}$$

$$(0.110)_2 \times 2^{-1} = \left(\frac{1}{2} + \frac{1}{4}\right) \cdot \frac{1}{2} = \frac{3}{8}$$

$$(0.111)_2 \times 2^{-1} = \left(\frac{1}{2} + \frac{1}{4} + \frac{1}{8}\right) \cdot \frac{1}{2} = \frac{7}{16}$$

$$(0.100)_2 \times 2^{0} = \frac{1}{2} \cdot 1 = \frac{1}{2}$$

$$(0.101)_2 \times 2^{0} = \left(\frac{1}{2} + \frac{1}{8}\right) \cdot 1 = \frac{5}{8}$$

$$(0.110)_2 \times 2^{0} = \left(\frac{1}{2} + \frac{1}{4}\right) \cdot 1 = \frac{3}{4}$$

$$(0.111)_2 \times 2^{0} = \left(\frac{1}{2} + \frac{1}{4} + \frac{1}{8}\right) \cdot 1 = \frac{7}{8}$$

$$(0.100)_2 \times 2^{1} = \frac{1}{2} \cdot 2 = 1$$

$$(0.101)_2 \times 2^{1} = \left(\frac{1}{2} + \frac{1}{8}\right) \cdot 2 = \frac{5}{4}$$

$$(0.110)_2 \times 2^{1} = \left(\frac{1}{2} + \frac{1}{4}\right) \cdot 2 = \frac{3}{2}$$

$$(0.111)_2 \times 2^{1} = \left(\frac{1}{2} + \frac{1}{4} + \frac{1}{8}\right) \cdot 2 = \frac{7}{4}, \quad \text{etc.}$$

Da die negativen Maschinenzahlen symmetrisch zum Nullpunkt angeordnet sind, brauchen sie nicht gesondert berechnet zu werden.

Der Abbildung 1.1 ist zu entnehmen, dass sich beispielsweise jede Zahl $x \in \mathbb{R}$ aus dem Intervall $[\frac{1}{4}, \frac{1}{2}]$ relativ genau durch eine Maschinenzahl $x_M \in \mathcal{R}(2, 3, 1, 2)$ approxi-

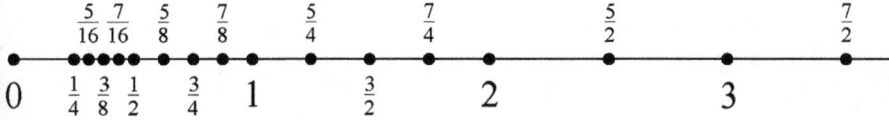

Abb. 1.1: Die positiven Maschinenzahlen aus $\mathcal{R}(2,3,1,2)$.

mieren lässt. Andererseits können die reellen Zahlen aus dem Intervall $[2,3]$ wesentlich ungenauer durch diese Maschinenzahlen angenähert werden.

Ein Blick auf die Abbildung 1.1 lehrt, dass es in $\mathcal{R}(2,3,1,2)$ genau 16 positive Maschinenzahlen gibt. Addiert man hierzu die 16 negativen Zahlen sowie die Maschinen-Null, so kommt man auf eine Gesamtanzahl von $N = 33$ Maschinenzahlen. Dies lässt sich auch mit der Formel (1.52) berechnen:

$$N = 2\,(\beta - 1)\,\beta^{t-1}\,(U + L + 1) + 1 = 2 \cdot 1 \cdot 2^2 \cdot (2 + 1 + 1) + 1 = 8 \cdot 4 + 1 = 33. \qquad \square$$

Damit nun eine Zahl $y \in \mathbb{R}, y \neq 0$, im Computer verarbeitet werden kann, muss sie durch eine solche Maschinenzahl

$$x_M \equiv \mathrm{rd}(y) \in \mathcal{R}(\beta, t, L, U) \qquad (1.53)$$

(„rd" als Abkürzung des engl. Wortes: *rounded value*) dargestellt werden, für die die Norm des relativen Fehlers $|\varepsilon_{\mathrm{rd}}| \equiv (|\,\mathrm{rd}(y) - y|)/(|y|)$ möglichst klein ist. Diese Maschinenzahl $\mathrm{rd}(y)$ wird nun üblicherweise mittels der folgenden Prozedur bestimmt.

1. $y = 0$: es wird $\mathrm{rd}(y) \equiv 0_M$ gesetzt.
2. $y \neq 0$: zuerst wird y in eine normalisierte halblogarithmische Darstellung überführt

$$y = \pm\, 0.y_1 y_2 \cdots y_t y_{t+1} \cdots \times \beta^e, \quad y_1 \neq 0.$$

In Abhängigkeit vom Exponenten e sind jetzt 3 Fälle zu unterscheiden:

2.1. $e < -L$: Es liegt ein sogenannter *Exponentenunterlauf* (engl.: *underflow*) vor. Üblicherweise wird hier $\mathrm{rd}(y) \equiv 0_M$ gesetzt. Man beachte, dass die meisten Computer einen Exponentenunterlauf nicht standardmäßig anzeigen! Für den relativen Fehler $|\varepsilon_{\mathrm{rd}}| = |\,\mathrm{rd}(y) - y|/|y|$ ergibt sich

$$|\varepsilon_{\mathrm{rd}}| = \frac{|0 - y|}{|y|} = 1,$$

d. h., er beträgt 100 %. Dies ist nicht verwunderlich, da beim Übergang von y zu x_M sämtliche Informationen verloren gehen.

2.2. $-L \leq e \leq U$: In diesem Fall sind 2 verschiedene Rundungsvorschriften üblich, um die Mantisse auf t Stellen zu verkürzen.

   i. Die Mantisse wird nach der t-ten Stelle *abgebrochen*:

$$\mathrm{rd}(y) \equiv \pm\, 0.y_1 y_2 \cdots y_t \times \beta^e. \qquad (1.54)$$

Aus $y \neq 0$ folgt $0.y_1 y_2 \cdots y_t \geq \beta^{-1}$. Somit lässt sich der relative Fehler wie folgt abschätzen:

$$|\varepsilon_{rd}| = \frac{|\mathrm{rd}(y) - y|}{|y|} \leq \frac{\beta^{-t} \beta^e}{\beta^{-1} \beta^e} = \beta^{1-t}. \tag{1.55}$$

Da für den relativen Fehler bei der obigen Rundungsvorschrift die Abschätzung $0 \geq \varepsilon_{rd} \geq -\beta^{1-t}$ gilt, spricht man von einer *unsymmetrischen Rundung*. Auch der Begriff *Abbrechen* (engl.: *chopping*) ist gebräuchlich.

ii. Günstiger für numerische Rechnungen ist jedoch die nach dem Vorbild der Schulmathematik ausgeführte *symmetrische Rundung*. Häufig spricht man in diesem Fall auch nur von *Runden* (engl.: „rounding"). Die Vorschrift lautet:

$$\mathrm{rd}(y) \equiv \begin{cases} \pm \, 0.y_1 y_2 \cdots y_t \times \beta^e & \text{für } y_{t+1} < \frac{1}{2}\beta, \\ \pm \, [(0.y_1 y_2 \cdots y_t) + \beta^{-t}] \times \beta^e & \text{für } y_{t+1} \geq \frac{1}{2}\beta. \end{cases} \tag{1.56}$$

Für den relativen Fehler gilt dann:

$$|\varepsilon_{rd}| = \frac{|\mathrm{rd}(y) - y|}{|y|} \leq \frac{\frac{1}{2}\beta^{-t} \beta^e}{\beta^{-1} \beta^e} = \frac{1}{2}\beta^{1-t}. \tag{1.57}$$

2.3. $U < e$: Es liegt ein sogenannter *Exponentenüberlauf* (engl.: *overflow*) vor. In diesem Falle ist keine vernünftige Festlegung von $\mathrm{rd}(y)$ möglich. Im Allgemeinen reagiert der Computer mit dem Abbruch der Rechnung und einer Fehlermitteilung.

Tritt kein Unter- oder Überlauf ein, dann folgt aus (1.55) und (1.57):

$$|\varepsilon_{rd}| = \frac{|\mathrm{rd}(y) - y|}{|y|} \leq \nu \equiv \begin{cases} \beta^{1-t} & \text{bei unsymmetrischer Rundung,} \\ \frac{1}{2}\beta^{1-t} & \text{bei symmetrischer Rundung.} \end{cases} \tag{1.58}$$

Die Konstante ν wird *relative Maschinengenauigkeit* genannt. Für weitergehende Untersuchungen ist es zweckmäßig, die Abschätzung (1.58) in einer etwas modifizierten Form anzugeben:

$$\mathrm{rd}(y) = y\,(1 + \varepsilon), \quad \text{mit } |\varepsilon| \leq \nu. \tag{1.59}$$

Bemerkung 1.4. Die Formel (1.59) kann wie folgt interpretiert werden. Die Computerdarstellung $\mathrm{rd}(y)$ einer reellen Zahl y ist *exakt* gleich dem etwas veränderten Zahlwert $y' \equiv y\,(1 + \varepsilon(y'))$, wobei $\varepsilon(y') = (y' - y)/y = (\mathrm{rd}(y) - y)/y$ klein im Sinne von $|\varepsilon(y')| \leq \nu$ ist. Somit wird bei der Projektion einer reellen Zahl y in die Menge der Maschinenzahlen $\mathcal{R}(\beta, t, L, U)$ nur ein sehr kleiner relativer Fehler erzeugt. Im Folgenden werden wir deshalb die beim numerischen Rechnen zwangsläufig auftretenden Einzelfehler stets als sehr klein voraussetzen. □

Beispiel 1.9. Wir wollen jetzt die folgende Aufgabenstellung betrachten. Gegeben sei die Dezimalzahl $y = 1.9$. Man stelle y unter Verwendung des unsymmetrischen Rundens (Abbrechen) durch die zugehörige Maschinenzahl $x \in \mathcal{R}(\beta, t, L, U)$ dar, mit $\beta = 2$, $t = 6, L = 20, U = 20$. Des Weiteren bestimme man den relativen Fehler für diese Approximation und vergleiche diesen Wert mit der theoretischen Abschätzung (relative Maschinengenauigkeit ν).

Lösung: Es ist $y = 1.9_{10}$ in eine Dualzahl (mit 6 Mantissenstellen – da Abbrechen!) zu überführen. Dabei gilt

	1	**1**	**1**	**1**	**0**	**0**		
$x = 0.$	t_1	t_2	t_3	t_4	t_5	t_6	$\times$	2^1
	2^{-1}	2^{-2}	2^{-3}	2^{-4}	2^{-5}	2^{-5}		
	0.5	0.25	0.125	0.0625	0.03125	0.015625		

Eine Nebenrechnung ergibt:

$$(0.5 + 0.25 + 0.125 + 0.062) \times 2 = 0.9375 \times 2 = 1.875.$$

Damit ist

$$y = 1.9_{10} \approx x = 0.111100_2 \times 2^1.$$

Für den relativen Fehler gilt:

$$\frac{y - x}{y} = \frac{1.9 - 1.875}{1.9} \approx 0.01316 \quad \text{und} \quad \nu = \beta^{1-t} = 2^{1-6} = 2^{-5} = 0.03125. \qquad \square$$

Es sollen jetzt die bereits im vorangegangenen Abschnitt untersuchten *arithmetischen Grundrechenoperationen* noch einmal betrachtet werden. Diese erzeugen i. allg. keine Maschinenzahlen, selbst dann nicht, wenn als Operanden Maschinenzahlen auftreten. Damit ergibt sich die Notwendigkeit, ein Modell für die Realisierung der Grundrechenoperationen auf einem Computer aufzustellen und anhand dieses Modells entsprechende Fehleruntersuchungen durchzuführen. Die maschinenintern erzeugten Resultate der arithmetischen Grundrechenoperationen stellen nur gewisse Näherungen (aus der Menge der Maschinenzahlen) für die exakten Ergebnisse dar. Wir wollen sie wie folgt kennzeichnen:

$$\text{fl}(x_M \,\square\, y_M), \quad \text{mit } x_M, y_M \in \mathcal{R}(\beta, t, L, U), \quad \square \in \{+, -, \times, /\}. \tag{1.60}$$

Die Bezeichnung „fl" soll auf eine maschinenintern realisierte Gleitpunkt-Operation (engl.: „floating point operation") hinweisen. Für einen speziellen Rechner wird die Genauigkeit der jeweiligen *Gleitpunkt-Arithmetik* üblicherweise durch die Angabe eines *Maschinenepsilon* beschrieben:

$$\varepsilon_{mach} \equiv \min_{n>0}\{\varepsilon = 2^{-n} : \mathrm{fl}(1 + \varepsilon) > 1\}. \tag{1.61}$$

Dieses kann mit dem Algorithmus 1.1 größenordnungsmäßig berechnet werden.

Algorithmus 1.1: Maschinenepsilon.

$\varepsilon = 1; \quad t = 2;$
while $t > 1$
$\qquad \varepsilon = \varepsilon/2; \quad t = 1 + \varepsilon;$
end
$\varepsilon_{mach} = 2 \cdot \varepsilon.$

Während die Summe aus zwei Gleitpunktzahlen $x_M, y_M \in \mathcal{R}(\beta, t, L, U)$ i. allg. wieder in $\mathcal{R}(\beta, t, L, U)$ liegt, ist das bei der Multiplikation nicht zu erwarten, da das Resultat stets $2t$ (oder $2t - 1$) signifikante Stellen aufweist. Die Ergebnisse der Gleitpunkt-Operationen müssen somit wieder in die Menge der Maschinenzahlen abgebildet werden. Für die folgenden Betrachtungen wollen wir deshalb ein einfaches Modell für die maschinen-interne Realisierung der Gleitpunkt-Operationen verwenden, das die Arbeitsweise zahl-reicher Computer recht gut beschreibt:
1. Aus je zwei Operanden einer arithmetischen Grundrechenoperation wird zunächst ein Zwischenresultat *mit doppelter Wortlänge* gebildet,
2. anschließend wird dieses Ergebnis auf die *einfache Wortlänge* gerundet.

Für $\beta = 10$ wollen wir beispielhaft die Gleitpunkt-Addition bzw. die Gleitpunkt-Subtrak-tion diskutieren. Hierzu seien zwei normalisierte Gleitpunktzahlen gegeben:

$$x_M = \mathrm{sign}(x_M) \cdot \bar{x}_M \cdot 10^{b_1}, \quad \bar{x}_M = \sum_{k=1}^{t} \alpha_k 10^{-k},$$

$$y_M = \mathrm{sign}(y_M) \cdot \bar{y}_M \cdot 10^{b_2}, \quad \bar{y}_M = \sum_{k=1}^{t} \beta_k 10^{-k}. \tag{1.62}$$

Ohne Beschränkung der Allgemeinheit möge $|x_M| \geq |y_M|$ gelten. Wir setzen weiter $\mathrm{sign}(x_M) = 1$ voraus und untersuchen zunächst den Fall

$$d \equiv b_1 - b_2 \leq t.$$

Der Exponent von y_M wird nun durch Verschieben der Mantisse $\bar{y}_M$ nach rechts um d Stellen dem Exponenten von x_M angeglichen:

$$y_M = \text{sign}(y_M) \cdot \hat{y}_M \cdot 10^{b_1}, \quad \hat{y}_M = \sum_{k=1}^{t} \beta_k 10^{-d-k} = \sum_{k=d+1}^{d+t} \beta_{k-d} 10^{-k}.$$

Mit den Koeffizienten $\alpha_k \equiv 0$ für $k = t+1, \ldots, 2t$ sowie $\beta_{k-d} \equiv 0$ für $k = 1, \ldots, d$ und $k = t+d+1, \ldots, 2t$ erhält man bei $2t$-stelliger Addition von x_M und y_M:

$$\sum_{k=1}^{2t} \alpha_k 10^{-k} + \text{sign}(y_M) \cdot \sum_{k=1}^{2t} \beta_{k-d} 10^{-k} \equiv \gamma_0 + \sum_{k=1}^{2t} \gamma_k 10^{-k},$$

mit $\gamma_0 \in \{0, 1\}$ und $\gamma_k \in \{0, \ldots, 9\}$ für $k = 1 \ldots, 2t$. Es ist $\gamma_0 = 1$ nur möglich für $\text{sign}(y_M) = 1, \bar{x}_M + \hat{y}_M \geq 1$.

Dieser Sachverhalt lässt sich nun, wie in der Tabelle 1.1 angegeben, veranschaulichen.

Tab. 1.1: Modell Gleitpunkt-Addition (bzw. Subtraktion).

	10^0	10^{-1}	$\cdots$	10^{-d}	10^{-d-1}	$\cdots$	10^{-t}	10^{-t-1}	$\cdots$	10^{-t-d}	10^{-t-d-1}	$\cdots$	10^{-2t}
$\bar{x}_M$		α_1	$\cdots$	α_d	α_{d+1}	$\cdots$	α_t	0	$\cdots$	0	0	$\cdots$	0
$\hat{y}_M$		0	$\cdots$	0	β_1	$\cdots$	β_{t-d}	β_{t-d+1}	$\cdots$	β_t	0	$\cdots$	0
$\bar{x}_M \pm \hat{y}_M$	γ_0	γ_1	$\cdots$	γ_d	γ_{d+1}	$\cdots$	γ_t	γ_{t-d+1}	$\cdots$	γ_{t+d}	γ_{t+d+1}	$\cdots$	γ_{2t}

Die Addition ist exakt, da alle Summanden $\beta_{k-d} 10^{-k}$ von $\hat{y}_M$ in die Rechnung eingehen:

$$\bar{x}_M + \text{sign}(y_M)\hat{y}_M = \gamma_0 + \sum_{k=1}^{2t} \gamma_k 10^{-k}.$$

Dieses Ergebnis wird jetzt auf t Stellen gerundet und man definiert vereinbarungsgemäß

$$\text{fl}(x_M + y_M) \equiv \text{rd}(\bar{x}_M + \text{sign}(y_M)\hat{y}_M) \cdot 10^{b_1}.$$

Wegen $10^{b_1} \text{rd}(\bar{x}_M \pm \hat{y}_M) = \text{rd}(\bar{x}_M 10^{b_1} \pm \hat{y}_M 10^{b_1})$ gilt

$$\text{fl}(x_M + y_M) = \text{rd}(x_M + y_M). \tag{1.63}$$

Es ist dann nach (1.59)

$$\text{fl}(x_M + y_M) = \text{rd}(x_M + y_M) = (x_M + y_M) \cdot (1 + \varepsilon), \quad |\varepsilon| \leq \nu.$$

Wir betrachten jetzt den anderen Fall

$$d \equiv b_1 - b_2 > t.$$

Hier gilt $|\hat{y}_M| < 10^{-d} \leq 10^{-t-1}$. Unser Modell liefert daher $\mathrm{fl}(x_M + y_M) \equiv x_M$, und man erkennt unschwer, dass $\mathrm{rd}(x_M + y_M) = x_M$ ist. Somit haben wir auch in dieser Situation

$$\mathrm{fl}(x_M + y_M) = \mathrm{rd}(x_M + y_M) = (x_M + y_M) \cdot (1 + \varepsilon), \quad |\varepsilon| \leq \nu.$$

Für $x_M < 0$ geht man entsprechend vor.

Als Übungsaufgabe untersuche man entsprechend die Gleitpunkt-Operationen $\mathrm{fl}(x_M * y_M)$ und $\mathrm{fl}(x_M/y_M)$ für $x_M, y_M \in \mathcal{R}(\beta, t, L, U)$.

Bemerkung 1.5. Bei dem vereinbarten Modell für die Realisierung der Gleitpunkt-Operationen besteht zwischen dem exakten Ergebnis a einer arithmetischen Grundrechenoperation und dem maschinenintern realisierten Ergebnis $\tilde{a}$ die Beziehung

$$\tilde{a} = \mathrm{rd}(a) = a \cdot (1 + \varepsilon), \quad \text{mit } |\varepsilon| \leq \nu. \tag{1.64}$$

Aus den Darstellungen

$$\left.\begin{aligned}
\mathrm{fl}(x_M + y_M) &= (x_M + y_M)(1 + \varepsilon_1) = x_M(1 + \varepsilon_1) + y_M(1 + \varepsilon_1), \\
\mathrm{fl}(x_M * y_M) &= x_M(1 + \varepsilon_2) * y_M, \\
\mathrm{fl}(x_M/y_M) &= x_M(1 + \varepsilon_3)/y_M
\end{aligned}\right\} \quad |\varepsilon_i| \leq \nu$$

erkennt man unmittelbar:

Das maschinenintern realisierte Resultat lässt sich als das exakte Ergebnis der Grundrechenoperationen für etwas gestörte Eingabedaten interpretieren.

Diese Erkenntnis bildet die Grundlage der sogenannten *Rückwärtsanalyse* (engl.: *backward error analysis*) von Wilkinson,[7] der folgende Idee zugrunde liegt. Arbeitet man mit Daten, die schon durch Eingabefehler verfälscht sind, dann können auftretende Rundungsfehler als unerheblich angesehen werden, wenn

1. sich das maschinenintern realisierte Resultat als exaktes Resultat für nur geringfügig gestörte Eingabedaten deuten lässt, und
2. diese Störungen größenordnungsmäßig unterhalb der Fehler in den Eingabedaten liegen. □

Die obige Bemerkung weist schon darauf hin, dass eine ausführliche Rundungsfehleranalyse komplexer Algorithmen sehr aufwendig und keineswegs einfach ist. Die Situation wird darüber hinaus noch dadurch erschwert, dass jede Rechenanlage Unterschiede bei der Ausführung der Gleitpunkt-Operationen aufweist.

Das Konzept der Gleitpunkt-Operationen wollen wir anhand zweier Beispiele noch einmal verdeutlichen.

---

7 James „Jim" Hardy „Wilkie" Wilkinson (1919–1986), englischer Mathematiker.

Beispiel 1.10. Es bezeichne x eine reelle Zahl und $\mathrm{fl}(x) \in \mathcal{R}(10, 4, 10, 10)$ ihre 4-stellige Gleitpunkt-Darstellung. Die Gleitpunkt-Operationen Addition, Subtraktion, Multiplikation und Division seien wie folgt erklärt:

$$x \oplus y \equiv \mathrm{fl}\big(\mathrm{fl}(x) + \mathrm{fl}(y)\big), \quad x \ominus y \equiv \mathrm{fl}\big(\mathrm{fl}(x) - \mathrm{fl}(y)\big),$$

$$x \otimes y \equiv \mathrm{fl}\big(\mathrm{fl}(x) \times \mathrm{fl}(y)\big), \quad x \oslash y \equiv \mathrm{fl}\left(\frac{\mathrm{fl}(x)}{\mathrm{fl}(y)}\right).$$

Man berechne den absoluten und den relativen Fehler der obigen Operationen für $x = 1/3$ und $y = 4/7$. Bei welcher Gleitpunkt-Operation tritt der größte relative Fehler auf? Dabei werde die Rundungsoperation *Abbrechen* (*chopping*) verwendet.

Lösung: Es ist

$$x = \frac{1}{3} \quad \Rightarrow \quad \mathrm{fl}(x) = 0.3333 \times 10^0,$$

$$y = \frac{4}{7} \quad \Rightarrow \quad \mathrm{fl}(y) = 0.5714 \times 10^0.$$

Die Zwischenresultate sind in den Tabellen 1.2 und 1.3 angegeben.

Tab. 1.2: Operationen.

Operation	Resultat	exakter Wert
$x \oplus y$	0.9047×10^0	$\frac{19}{21}$
$x \ominus y$	-0.2381×10^0	$-\frac{5}{21}$
$x \otimes y$	0.1904×10^0	$\frac{4}{21}$
$x \oslash y$	0.5833×10^0	$\frac{7}{12}$

Tab. 1.3: Fehler.

Operation	absoluter Fehler	relativer Fehler
$x \oplus y$	0.6190×10^{-4}	0.6842×10^{-4}
$x \ominus y$	0.4762×10^{-5}	0.2000×10^{-4}
$x \otimes y$	0.7619×10^{-4}	0.4000×10^{-3}
$x \oslash y$	0.3333×10^{-4}	0.5714×10^{-4}

Der maximale relative Fehler tritt somit bei $x \otimes y$ auf! $\qquad\square$

Beispiel 1.11. Man berechne den Wert der Funktion

$$f(x) = x^3 - 4x^2 + 2x - 2.2$$

an der Stelle $x = 2.41$ unter Verwendung

1. exakter Arithmetik,
2. der Maschinenzahlen $\mathcal{R}(3, 10, -2, 2)$ mit Abbrechen (unsymmetrische Rundung), sowie
3. der Maschinenzahlen $\mathcal{R}(3, 10, -2, 2)$ mit Runden (symmetrische Rundung).

Man berechne die zugehörigen relativen Fehler der numerischen Resultate. Um diese Fehler zu reduzieren, führe man die obige Berechnung für das gleiche Polynom, jedoch in einer günstigeren Darstellung, durch.

Lösung: Die zur Berechnung erforderlichen Daten sind in der Tabelle 1.4 angegeben.

Tab. 1.4: Zwischenresultate.

	x	x^2	x^3	$4x^2$	$2x$
exakt	2.41	5.8081	13.997521	23.2324	4.82
Abbrechen	$0.241 \cdot 10^1$	$0.580 \cdot 10^1$	$0.139 \cdot 10^2$	$0.232 \cdot 10^2$	$0.482 \cdot 10^1$
Runden	$0.241 \cdot 10^1$	$0.581 \cdot 10^1$	$0.140 \cdot 10^2$	$0.232 \cdot{}^1 0^2$	$0.482 \cdot 10^2$

Es ergeben sich nun

$$f(2.41)_{\text{exakt}} = 13.997521 - 23.2324 + 4.82 - 2.2 = -6.614879$$

$$f(2.41)_{\text{abgebrochen}} = 0.139 \cdot 10^2 - 0.232 \cdot 10^2 + 0.482 \cdot 10^1 - 0.220 \cdot 10^1$$

$$= -0.669 \cdot 10^1$$

$$f(2.41)_{\text{gerundet}} = 0.140 \cdot 10^2 - 0.232 \cdot 10^2 + 0.482 \cdot 10^1 - 0.220 \cdot 10^1$$

$$= -0.658 \cdot 10^1.$$

Die zugehörigen relativen Fehler sind:

$$\left| \varepsilon(f(2.41)_{\text{abgebrochen}}) \right| = \left| \frac{-6.68 + 6.614879}{-6.614879} \right| = 0.0098.$$

$$\left| \varepsilon(f(2.41)_{\text{gerundet}}) \right| = \left| \frac{-6.58 + 6.614879}{-6.614879} \right| = 0.0052.$$

Um kleinere relative Fehler zu erhalten, werde das gegebene Polynom in der modifizierten Form

$$f(x) = x(x(x - 4) + 2) - 2.2$$

geschrieben. Der exakte Wert an der Stelle $x = 2.41$ ändert sich hierdurch natürlich nicht. Es ergeben sich aber:

$$f(2.41)_{\text{abgebrochen}} = 0.241 \cdot 10^1 (0.242 \cdot 10^1 (0.242 \cdot 10^1 - 0.400 \cdot 10^1)$$
$$+ 0.200 \cdot 10^1) - 0.220 \cdot 10^1$$
$$= 0.241 \cdot 10^1 (-0.383 \cdot 10^1 + 0.200 \cdot 10^1) - 0.220 \cdot 10^1$$
$$= -0.661 \cdot 10^1$$

$$f(2.41)_{\text{gerundet}} = 0.241 \cdot 10^1 (0.242 \cdot 10^1 (0.242 \cdot 10^1 - 0.400 \cdot 10^1) + 0.200 \cdot 10^1)$$
$$- 0.220 \cdot 10^1$$
$$= -0.661 \cdot 10^1.$$

Der relative Fehler für beide Resultate ergibt sich jetzt zu:

$$\left| \frac{-6.61 + 6.614879}{-6.614879} \right| = 0.00073. \qquad \square$$

Abschließend wollen wir anhand einiger Beispiele demonstrieren, dass die für den Körper der reellen Zahlen geltenden Rechengesetze in der endlichen Menge der Maschinenzahlen ihre Gültigkeit verloren haben. So sind zum Beispiel die beiden Gleitpunkt-Operationen $\text{fl}(x_M + y_M)$ und $\text{fl}(x_M * y_M)$ noch kommutativ, das Assoziativitäts- und das Distributivitätsgesetz gelten jedoch nicht mehr, wie die folgende Rechnung zeigt.

Beispiel 1.12. Wir gehen von folgender Problemstellung aus:

Zu berechnen ist die Summe $s^* = x + y + z$ für $x, y, z \in \mathbb{R}$. Dies soll auf einem Rechner realisiert werden, der mit der Menge der Maschinenzahlen $\mathcal{R}(10,3,20,20)$ sowie der zugehörigen Rundungsvorschrift (1.54) arbeitet.

1. Gegeben seien die Zahlen

$$x_M = 0.123 \cdot 10^0, \quad y_M = 0.456 \cdot 10^{-3} \quad \text{und} \quad z_M = 0.789 \cdot 10^{-2}.$$

Man berechnet

$$s_1 = \text{fl}(\text{fl}(x_M + y_M) + z_M) = 0.130 \cdot 10^0,$$
$$s_2 = \text{fl}(x_M + \text{fl}(y_M + z_M)) = 0.131 \cdot 10^0.$$

Das exakte Ergebnis lautet: $s^* = 0.131346 \cdot 10^0$. Somit wirkt sich hier die unterschiedliche Reihenfolge der Gleitpunkt-Additionen nur unwesentlich auf das Resultat aus.

2. Gegeben seien die Zahlen

$$x_M = -0.123 \cdot 10^0, \quad y_M = 0.124 \cdot 10^0 \quad \text{und} \quad z_M = 0.987 \cdot 10^{-3}.$$

Man berechnet

$$s_1 = \text{fl}(\text{fl}(x_M + y_M) + z_M) = 0.198 \cdot 10^{-2},$$
$$s_2 = \text{fl}(x_M + \text{fl}(y_M + z_M)) = \text{fl}(-0.123 \cdot 10^0 + 0.124 \cdot 10^0) = 0.100 \cdot 10^{-2}.$$

Das exakte Resultat ist $s^* = 0.1987 \cdot 10^{-2}$. Damit ergibt sich für die relativen Fehler

$$|\varepsilon(s_1)| \equiv \left|\frac{s_1 - s^*}{s^*}\right| \approx 0.0035, \quad |\varepsilon(s_2)| \equiv \left|\frac{s_2 - s^*}{s^*}\right| \approx 0.50.$$

Somit ist der relative Fehler für die zweite Summationsfolge etwa 140 mal so groß wie für die erste. Der Grund dafür ist offensichtlich die bei der zweiten Summationsfolge auftretende Auslöschung! $\qquad\square$

Beispiel 1.13. Berechnet man auf einem herkömmlichen Computer in doppelter Genauigkeit (zum Beispiel mit der MATLAB, 16 geltende Stellen) die theoretisch gleichwertigen Ausdrücke

$$
\begin{array}{llllll}
1) & 10^{20} & +17 & -10 & +130 & -10^{20}, \\
2) & 10^{20} & +17 & -10^{20} & -10 & +130, \\
3) & 10^{20} & -10^{20} & +17 & -10 & +130, \\
4) & 10^{20} & +17 & +130 & -10^{20} & -10,
\end{array}
$$

so erhält man für 1)–4) entsprechend die Resultate 0, 120, 137, –10. $\qquad\square$

Beispiel 1.14. Gegeben sei der (einfache) arithmetische Ausdruck

$$z = 333.75\, x_2^6 + x_1^2\left(11\, x_1^2 x_2^2 - x_2^6 - 121\, x_2^4 - 2\right) + 5.5\, x_2^8 + x_1/(2\, x_2),$$

der für die Eingabedaten $x_1 = 77617$ und $x_2 = 33096$ berechnet werden soll. Die mit MATHEMATICA berechnete exakte Lösung ist $z = -54767/66192$. Man erhält wiederum auf einem herkömmlichen Rechner unter Verwendung der MATLAB (16 geltende Stellen) das Resultat $\tilde{z} = -1.1806 \cdot 10^{21}$. Von Kulisch [41] wurde mittels Intervallarithmetik gefunden, dass der mathematisch korrekte Wert von z in dem Intervall

$$[z_-, z_+] = [-0.8273960599468214, -0.8273960599468213]$$

liegt. Zumindest stimmt bei dem mit der üblichen Computerarithmetik berechneten Ergebnis noch das Vorzeichen! $\qquad\square$

Beispiel 1.15. Der Einfluss der Rundungsfehler auf das Ergebnis einer numerischen Rechnung lässt sich sehr schön an dem folgenden Problem veranschaulichen. In Gleitpunkt-Arithmetik mit vorgegebener Genauigkeit (Länge der Mantisse in Bit) wird eine Punktfolge (x_i, y_i) nach der Vorschrift (siehe [48])

$$x_{i+1} = y_i - \operatorname{sign}(x_i)\sqrt{|Bx_i - C|}, \quad y_{i+1} = A - x_i, \quad x_0 = 0, \quad y_0 = 0$$

berechnet und in ein Koordinatensystem eingezeichnet. Insgesamt wurden 640,000 Iterationen durchgeführt. Nach jeweils 10,000 Punkten wurde der Grauwert nach einem vorher zufällig festgelegten Schema geändert. Für die Parameterwerte (siehe [41])

$$A = 12, \quad B = -3, \quad C = 36$$

sind die resultierenden Punktmengen für eine 17-Bit-Rechnung sowie eine 33-Bit-Rechnung (unter Verwendung der Routine runde, siehe Aufgabe 1.4) in den Abbildungen 1.2 und 1.3 angegeben. Beide Bilder sind offensichtlich qualitativ sehr unterschiedlich. Natürlich erhält man noch interessantere Grafiken, wenn man anstelle der Grautöne unterschiedliche Farben verwenden kann. $\qquad\qquad\qquad\square$

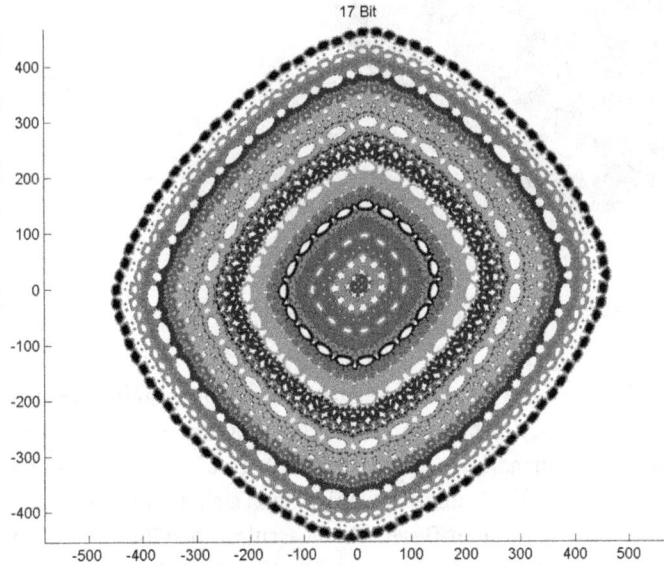

Abb. 1.2: Rechnung mit 17 Bit Genauigkeit.

Eine Sammlung von Beispielen aus der Praxis, bei denen sich Fehler in der Software katastrophal auswirkten, wird u. a. von Th. Huckle[8] im Internet bereitgestellt.

Bemerkung 1.6. Für die Arithmetik mit binären Gleitpunktzahlen in Mikroprozessoren existieren heute international verbindliche Normen. Derartige internationale Normen werden von der Weltnormenorganisation ISO (Abk. für: International Standardization Organization) erarbeitet. Ihr gehören etwa 95 Normungsorganisationen aus aller Welt an. Auf dem Gebiet der Elektrotechnik und Elektronik ist für die Normung jedoch eine eigenständige Organisation, die IEC (Abk. für: International Electrotechnical Commission), zuständig.

Die Bestrebungen, eine Normung von Gleitpunkt-Zahlensystemen zu schaffen, datieren auf die 1970er Jahre zurück. Man verfolgt seit diesem Zeitpunkt die Zielstellung,

---

8 Siehe http://wwwzenger.informatik.tu-muenchen.de/persons/huckle/bugse.html

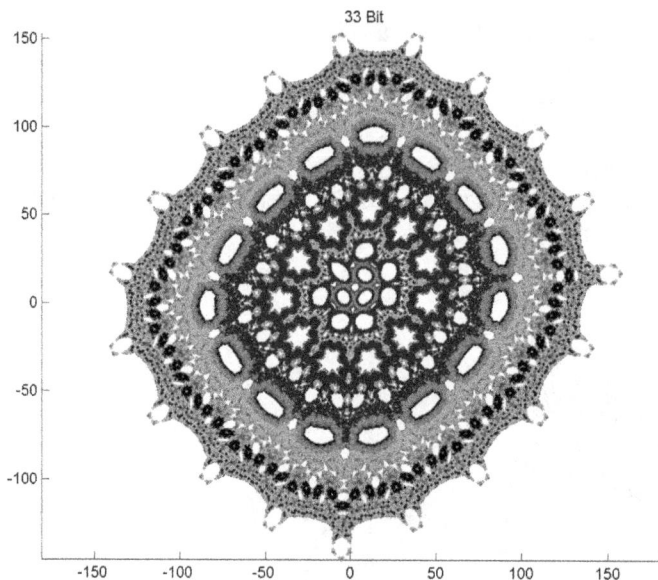

Abb. 1.3: Rechnung mit 33 Bit Genauigkeit.

dass Programme ohne Änderung von einem Computer auf einen anderen übertragen werden können. Insbesondere sollen programmtechnische Maßnahmen gegen Rundungsfehler oder arithmetische Ausnahmen (Exponenten-Überlauf oder -Unterlauf) auf allen Rechnern gleich wirksam sein. Schließlich einigte man sich im Jahre 1985 auf den von der amerikanischen IEEE[9] Computer-Gesellschaft beschlossenen IEEE Standard 754-85 (IEEE Standard for Binary Floating Arithmetic, Abk.: IEEE 754). Diese amerikanische Norm wurde dann 1989 durch die IEC zur internationalen Norm IEC 559:1989 (Binary Floating-Point Arithmetic for Microprocessor Systems) erhoben. Der IEEE 754-Standard enthält Festlegungen zu folgenden Themengebieten:

1. Zahlenformat und Codierung für zwei Typen von Gleitpunkt-Zahlensystemen: *Grundformate* und *erweiterte Formate*. Für jeden Typ gibt es ein Format einfacher Länge und doppelter Länge,
2. verfügbare Grundoperationen und Rundungsvorschriften,
3. Konvertierung zwischen verschiedenen Zahlenformaten und zwischen Dezimal- und Binärzahlen, sowie
4. Behandlung der Ausnahmefälle wie zum Beispiel Exponenten-Überlauf oder Exponenten-Unterlauf und Division durch Null.

Wir haben uns in diesem einführenden Text dazu entschieden, ein einfacheres Modell für die Darstellung der Gleitpunktzahlen auf einem Computer sowie die zugehörige

---

9 Abk. für: Institute of Electrical and Electronics Engineers.

Gleitpunkt-Arithmetik zu verwenden, das aber alle wichtigen Aspekte wiedergibt. Es ist für jede geradzahlige Basis β gültig, während sich der IEEE 754-Standard nur auf die Basis $\beta = 2$ bezieht.

Mit unseren Bezeichnungen sind die beiden Grundformate im IEEE Standard:

– die einfach genaue Menge der Maschinenzahlen $\mathcal{R}(2,24,125,128)$ und
– die doppelt genaue Menge der Maschinenzahlen $\mathcal{R}(2,53,1021,1024)$.

Für die erweiterten Formate werden in dieser Vorschrift nur Unter- bzw. Obergrenzen für die Parameter festgelegt. Die meisten Implementierungen besitzen nur ein erweitertes Format, dem i. allg. die Menge der Maschinenzahlen $\mathcal{R}(2,64,16381,16384)$ entspricht. Für weitergehende Informationen zu diesem Gegenstand siehe zum Beispiel [38, 58, 84]. $\qquad\square$

Bemerkung 1.7. Wir wollen am Schluss dieses Kapitels kurz auf das mögliche Ergebnis *NaN* einer numerischen Computerrechnung (zum Beispiel mit der MATLAB) eingehen. Offensichtlich gilt für jeden endlichen Wert einer Variablen z, dass $z \times 0 = 0$ ist. Des Weiteren ist in den Computersprachen für jeden positiven Wert von z die mathematische Konvention $z/0 = \infty$ umgesetzt. Schließlich gilt für die Multiplikation, dass für jeden positiven Wert von z das Produkt $z \times \infty = \infty$ ist.

Jedoch sind die Ausdrücke $0 \times \infty$ und $0/0$ nicht mathematisch sinnvoll. Die Berechnung einer dieser Ausdrücke wird üblicherweise als *ungültige Operation* bezeichnet. Im Rahmen des in der Bemerkung 1.6 beschriebenen IEEE-Standards wird auf eine solche ungültige Operation reagiert, indem das Resultat auf NaN (Not a Number) gesetzt wird. Tritt bei einer Computerrechnung ein NaN auf, dann ist der Programmierer bzw. Anwender davon informiert, dass etwas schiefgegangen ist und er entsprechend reagieren muss. Schließlich ist die Addition mit ∞ mathematisch sinnvoll und es ist auch $\infty + \infty = \infty$. Für jeden endlichen Wert von z gilt auch $z - \infty = -\infty$. Keinen Sinn ergeben jedoch die Ausdrücke $(+\infty) + (-\infty)$, ∞/∞ und $\sqrt{-1}$, sodass auch in diesen Fällen das Resultat auf NaN gesetzt wird. $\qquad\square$

1.4 Aufgaben

Aufgabe 1.1. Es sei die folgende Rekursionsvorschrift gegeben:

$$x_0 = 1, \quad x_1 = \frac{1}{3}, \quad x_{n+1} = \frac{13}{3}x_n - \frac{4}{3}x_{n-1}, \quad n = 1, 2, \dots \qquad (1.65)$$

Man zeige mittels Induktion, dass diese Rekursion die Folge

$$x_n = \left(\frac{1}{3}\right)^n \qquad (1.66)$$

erzeugt.

Mit der MATLAB berechne man die Folge nach obiger Rekursionsvorschrift und vergleiche die numerisch gewonnenen Folgenglieder mit dem theoretischen Ergebnis. Man argumentiere, warum die Rekursion (1.65) instabil ist, d. h., warum so gewaltige Unterschiede zwischen (1.66) und den numerischen Werten bestehen.

Aufgabe 1.2. Es sei eine ähnliche Rekursionsvorschrift wie in der Aufgabe 1.1 gegeben:

$$x_0 = 1, \quad x_1 = \frac{1}{2}, \quad x_{n+1} = \frac{11}{2}x_n - \frac{5}{2}x_{n-1}, \quad n = 1, 2, \ldots \tag{1.67}$$

Hier erzeugt die Rekursion die Folge

$$x_n = \left(\frac{1}{2}\right)^n. \tag{1.68}$$

Mit der MATLAB berechne man die Folge nach der obigen Rekursionsvorschrift und vergleiche die numerisch gewonnenen Folgenglieder mit dem theoretischen Ergebnis. Man erkennt Übereinstimmung! Die Vorschrift (1.67) stellt aber genau wie (1.65) ein *instabiles* Verfahren dar. Um dies zu erkennen, störe man den Wert von x_0 (oder von x_1) etwas und berechne die Folge neu. Jetzt liegt keine Übereinstimmung mehr vor. Man begründe, warum letzteres Verhalten nicht bei den exakten Startwerten zu beobachten ist.

Aufgabe 1.3. Zu berechnen seien die bestimmten Integrale

$$y_n = \int_0^1 x^n e^x dx, \quad n \geq 0. \tag{1.69}$$

Dazu zeige man mittels partieller Integration, dass die folgende Rekursionsformel y_n bestimmt:

$$y_0 = e - 1, \quad y_{n+1} = e - (n+1)y_n, \quad n = 0, 1 \ldots \tag{1.70}$$

Mit der MATLAB berechne man die Integrale nach der Vorschrift (1.70). Nun zeige man, dass theoretisch

$$\lim_{n \to \infty} y_n = 0 \quad \text{und} \quad \lim_{n \to \infty} (n+1)y_n = e$$

gilt (um den ersten Grenzwert zu bestätigen, untersuche man das Verhalten von x^n im Integral; für den zweiten Grenzwert benutze man die Rekursionsformel!). Wiederum stimmen die theoretischen Resultate nicht mit den numerisch bestimmten Zahlwerten überein. Man begründe diese Instabilität.

Aufgabe 1.4. Schreiben Sie mit möglichst wenig arithmetischen Operationen ein Programm zur Berechnung von

$$f(n) = \left(1 + \frac{1}{n}\right)^n, \quad \text{mit } n \in \mathbb{N},$$

wobei nur die vier Grundrechenoperatoren $+, -, *$ und $/$ benutzt werden dürfen. Vergleichen Sie die so gewonnenen Ergebnisse sowohl mit $f(n) = \exp(n * \ln(1 + \frac{1}{n}))$ als auch mit denjenigen Zahlenwerten, die sich aus dem folgenden primitiven Algorithmus ergeben:

```
f = 1;   p = 1 + 1/n
for i = 1 : n
    f = f * p
end
```

Der obige Algorithmus benötigt offensichtlich n Multiplikationen, Ihr Programm sollte aber nur $O(\log_2 n)$ Multiplikationen erfordern.

Was für ein Verhalten zeigt sich für große n? Welcher Algorithmus ist genauer? Warum ist dies der Fall?

HINWEIS: Man rechne mit verschiedenen Genauigkeiten. In der MATLAB muss dazu nach jeder Operation gerundet werden, um eine kürzere Mantisse zu simulieren. Das im m-File 1.4 dargestellte m-File *runde.m* kann hierzu verwendet werden (t ist die verwendete Mantissenlänge).

m-File 1.4: runde.m

```
1  %
2  % Rundet nach einer Rechenoperation (t ist die
       verwendete
3  % Mantissenlaenge)
4  %
5  function y = runde(x,t);
6      [ma,ex] = log2(x);
7      y = pow2(round(pow2(ma,t)),ex-t)
8  end
```

Aufgabe 1.5. Wie wirken sich Fehler in den Eingabedaten bei der Auswertung folgender Funktion aus?

$$f(x) = \sqrt{1 - x^2}, \quad \text{mit } -1 \le x \le 1.$$

Man verwende sowohl absolute als auch relative Fehler. An welcher Stelle ist der absolute, wo der relative Fehler am größten?

Wie sieht der relative Fehler für die Funktion

$$g(x) = \sqrt{1 - x^2} + 1, \quad \text{mit} \; -1 \le x \le 1$$

im Vergleich zu dem von f aus?

Aufgabe 1.6. Wie verhalten sich absoluter und relativer Fehler bei folgender Funktion:

$$f(x) = \frac{\sin(x)}{x^5} - \frac{1}{x^4} + \frac{1}{6x^2}.$$

Beachten Sie insbesondere die Stelle $x = 0$, an der die Funktion $f(x)$ fortsetzbar ist ($f(0) = 1/120$). Bei der Implementierung dieser Funktion treten in der Nähe der Null Probleme auf, wie Division durch Null bzw. Division durch betragsmäßig kleine Zahlen. Es resultiert ein sehr großer absoluter Fehler (überprüfen!).

Zur Beseitigung der numerischen Schwierigkeiten gebe man eine Näherung $g(x)$ an, die in der Umgebung von Null die Funktion $f(x)$ hinreichend genau approximiert; es soll nicht einfach $g(x) = 1/120$ gesetzt werden.

HINWEIS: Man berücksichtige die Reihe der Sinusfunktion (gilt für alle Punkte der Aufgabe).

Aufgabe 1.7. Im Beispiel 1.1 sind für ein quadratisches Polynom Formeln aufgelistet, welche die Koeffizienten mit den Nullstellen verknüpfen. Man bestimme die zugehörigen absoluten und relativen Konditionszahlen.

Aufgabe 1.8. Für große x bestimme man das Verhalten von $y(x)$ in Abhängigkeit von $\varepsilon > 0$, wenn y die Lösung der Differentialgleichung $y' = y$ beziehungsweise $y' = -y$ ist, mit der *gestörten* Anfangsbedingung $y(0) = 1 + \varepsilon$. Was folgt für die Kondition der *ungestörten* Anfangswertaufgabe ($\varepsilon = 0$)?

Aufgabe 1.9. Gegeben seien die drei Gleitpunktzahlen

$$x_1 = 0.423918 \cdot 10^2, \quad x_2 = 0.767676 \cdot 10^{-2}, \quad x_3 = -0.423835 \cdot 10^2$$

sowie eine 6-stellige Gleitpunkt-Arithmetik. Bei welcher Reihenfolge der Addition von x_1, x_2, x_3 ist der geringste relative Fehler zu erwarten?

Aufgabe 1.10. Gegeben sei die Gleichung $ax^2 + bx + c = 0$. Es werde $a \ne 0$ und $b^2 - 4ac > 0$ vorausgesetzt. Die Wurzeln berechnet man üblicherweise mit den bekannten Formeln:

$$x_1 = \frac{-b + \sqrt{b^2 - 4ac}}{2a} \quad \text{und} \quad x_2 = \frac{-b - \sqrt{b^2 - 4ac}}{2a}.$$

Man zeige, dass sich diese Wurzeln auch nach folgender Vorschrift ermitteln lassen:

$$x_1 = \frac{-2c}{b + \sqrt{b^2 - 4ac}} \quad \text{und} \quad x_2 = \frac{-2c}{b - \sqrt{b^2 - 4ac}}.$$

Wann sollte man welche Formel verwenden?

Aufgabe 1.11. Unter Verwendung der Formeln aus der Aufgabe 1.10 zur Berechnung der Wurzeln einer quadratischen Gleichung löse man die folgenden quadratischen Polynome

1) $x^2 - 1{,}000.001x + 1 = 0,$ 3) $x^2 - 100{,}000.00001x + 1 = 0,$

2) $x^2 - 10{,}000.0001x + 1 = 0,$ 4) $x^2 - 1{,}000{,}000.000001x + 1 = 0.$

Aufgabe 1.12. Man entwickle Strategien, um Genauigkeitsverluste bei der Berechnung der folgenden Funktionen zu vermeiden:

1) $\sqrt{x^2 + 1} - x$ 5) $\log(x) - 1,$

2) $x^{-3}(\sin(x) - x),$ 6) $\dfrac{\cos(x) - e^{-x}}{\sin(x)},$

3) $\sqrt{x + 2} - \sqrt{x},$ 7) $\sinh(x) - \tanh(x),$

4) $e^x - e,$ 8) $\ln(x + \sqrt{x^2 + 1}).$

Aufgabe 1.13. Verwenden Sie Ihren Computer, um die Werte der Funktionen

$$f_1(x) = x^8 - 8x^7 + 28x^6 - 56x^5 + 70x^4 - 56x^3 + 28x^2 - 8x + 1,$$
$$f_2(x) = (((((((x - 8)x + 28)x - 56)x + 70)x - 56)x + 28)x - 8)x + 1,$$
$$f_3(x) = (x - 1)^8$$

an 101 gleichverteilten Stellen aus dem Intervall [0.99,1.01] zu berechnen. Man führe bei der Berechnung keinerlei Umsortierungen etc. durch.

Beachten Sie: Alle drei Funktionen sind identisch und sollten die gleichen Funktionswerte ergeben! Begründen Sie die Beobachtung, dass nicht alle berechneten Werte positiv sind.

Aufgabe 1.14. Es sei die nichtlineare Nullstellenaufgabe $f(x) = 0$ mit der Funktion $f(x) \equiv x \sin(x) - \sigma, 0 \le \sigma \le 1, 0 \le x \le \pi$ gegeben.

Zeigen Sie:

1. $f(x)$ hat auf $[0, \pi]$ zwei reelle Nullstellen $x_0^* < x_1^*$;

2.

$$l_0 \le x_0^* \le u_0, \quad l_0 = \sqrt{\sigma}, \qquad\qquad u_0 = \sqrt{\frac{\pi}{2}\sigma};$$

$$l_1 \le x_1^* \le u_1, \quad l_1 = \frac{\pi}{2} + \sqrt{\frac{\pi}{2}\left(\frac{\pi}{2} - \sigma\right)}, \quad u_1 = \frac{\pi}{2} + \sqrt{\frac{\pi^2}{4} - \sigma}.$$

(HINWEIS: l_j und u_j sind die Nullstellen geeigneter *Minoranten* bzw. *Majoranten* von f).

3. Es seien $\tilde{x}_0 \in [l_0, u_0]$ und $\tilde{x}_1 \in [l_1, u_1]$ Näherungswerte für x_0^* und x_1^*. Schätzen Sie die absoluten Fehler $\delta(\tilde{x}_j)$ und die relativen Fehler $\varepsilon(\tilde{x}_j)$ betragsmäßig ab!

4. Für $\sigma = 0.01$ gebe man unter Verwendung von l_j und u_j sachgemäße Näherungen $\tilde{x}_j$ und möglichst gute Schranken für deren absoluten und relativen Fehler an!

Aufgabe 1.15. Untersuchen Sie, wie sich Datenfehler bei Auswertung der folgenden Funktionen auf den Funktionswert übertragen:

1. $z = f(x) = \frac{x_1}{x_2}, (x_1, x_2)^T \in \mathbb{R}^2, x_2 \neq 0$,
2. $z = f(x) = \sqrt{x}, x \geq 0$,
3. $z = f(x) = \log x, x > 0$,
4. $z = f(x) = x_1^3 - x_2^3, (x_1, x_2)^T \in \mathbb{R}^2$.

Als Maß für die Fehler verwende man sowohl absolute als auch relative Fehlergrößen.

Aufgabe 1.16. Es seien $x = (a, b)^T \in \mathbb{R}^2$, $|a| > |b|$ und $f(x) = a^3 - b^3$. Zur Berechnung von f liegen drei Vorschriften vor:

$$
\begin{array}{lll}
1) \quad u = a^3 & 2) \quad u = a^2 + ab + b^2 & 3) \quad u = a^3 \\[2mm]
\quad\;\; v = b^3 & \quad\;\; v = a - b & \quad\;\; v = 1 - \dfrac{b^3}{u} \\[3mm]
\quad\;\; f = u - v, & \quad\;\; f = uv, & \quad\;\; f = uv.
\end{array}
$$

Geben sie jeweils an, wie sich die Rundungsfehler auf das Resultat f auswirken. Beurteilen Sie die Stabilität der Algorithmen insbesondere für den Fall $a \approx b$, wobei ungünstige Rundungsfehlerkonstellationen zu berücksichtigen sind.

Aufgabe 1.17. Es ist der Ausdruck $f = (\sqrt{2} - 1)^6$ mit dem Näherungswert 1.4 für $\sqrt{2}$ zu berechnen. Dabei kann f auch nach folgenden Vorschriften ermittelt werden:

$$
f = \frac{1}{(\sqrt{2} + 1)^6}, \quad f = 99 - 70\sqrt{2}, \quad f = \frac{1}{99 + 70\sqrt{2}}.
$$

Berechnen Sie den jeweiligen absoluten und relativen Fehler von f. Welche der Vorschriften führt zum besten Resultat?

Aufgabe 1.18. Für das bestimmte Integral $I_n = \int_0^1 (1 - x)^n \sin(x)\, dx$ ist eine Rekursionsformel (Hinweis: partielle Integration!) aufzustellen, und von I_0 aus I_{10} zu berechnen (Taschenrechner, Zwischenresultate auf 4 Mantissenstellen runden). Mithilfe des verallgemeinerten Mittelwertsatzes der Integralrechnung ermittle man untere und obere Schranken für I_{10} und vergleiche diese mit den Rechenresultaten. Zur Klärung der dabei anfallenden Erkenntnisse untersuche man, wie sich ein Fehler, der bei der Berechnung von I_0 entsteht, durch Anwendung der Rekursionsformel fortpflanzt, wobei Rundungsfehler zu vernachlässigen sind. Anschließend wende man ausgehend von $I_{12} = 0$ die Rekursionsformel rückwärts an und untersuche ebenfalls die Fortpflanzung des Fehlers in I_{12}.

Aufgabe 1.19. Es seien

$$a = \frac{\sqrt{8} + \sqrt{18 - 8\sqrt{2}}}{4\sqrt{2}} \quad \text{und} \quad b = \frac{1}{4}(1 + 2\sqrt{2}).$$

Die Auswertung beider Formeln in der MATLAB (format long e) ergibt:

$$a = 9.571067811865475e\text{-}001,$$
$$b = 9.571067811865476e\text{-}001,$$
$$b - a = 1.110223024625157e\text{-}016.$$

In welcher Relation stehen die Zahlen a und b zueinander? Begründen Sie Ihre Antwort mathematisch. Nehmen Sie zu den numerischen Resultaten a und b Stellung.

Aufgabe 1.20. Die Gleitpunkt-Arithmetik eines Computers genügt bekanntlich nicht den Rechengesetzen der reellen Zahlen. Weisen Sie diesen Sachverhalt experimentell mithilfe der MATLAB nach.

Wählen Sie hierzu $n = 100,000$ und bestimmen Sie auf $(0,1)$ gleichverteilte Zufallszahlen (siehe die MATLAB-Funktion rand) a_k, b_k sowie c_k, $k = 1, \ldots, n$. Berechnen Sie dann die relative Häufigkeit, mit der die Gleichheit in der Gleichungskette

$$\underbrace{\left(\frac{a_k}{c_k} b_k\right)}_{r_k} = \underbrace{a_k\left(\frac{b_k}{c_k}\right)}_{s_k} = \underbrace{\frac{a_k b_k}{c_k}}_{t_k} = \underbrace{\left(\frac{a_k}{c_k} b_k\right)}_{r_k}$$

mindestens einmal bzw. genau dreimal verletzt ist.

Weiterhin seien ϱ_k, σ_k und τ_k die Mantissen der MATLAB-Gleitpunkt-Darstellungen von r_k, s_k und t_k. Berechnen Sie die Größe

$$M_n \equiv \max_k\{|\varrho_k - \sigma_k|, |\varrho_k - \tau_k|, |\sigma_k - \tau_k|\}.$$

Bewerten Sie Ihre Ergebnisse!

Aufgabe 1.21. Die Sinusfunktion soll für $x \in [0, 35]$ mithilfe der Sinus-Reihe berechnet werden. Wir bezeichnen die so gewonnenen Näherungen mit $\widetilde{\sin}(x)$. (Diese Näherungen hängen natürlich vom konkreten Algorithmus ab, mit dem die Reihe ausgewertet wird.)

Stellen Sie den relativen Fehler

$$\varepsilon(x) = \frac{\widetilde{\sin}(x) - \sin(x)}{\sin(x)}, \quad \sin(x) \neq 0,$$

für ein hinreichend feines Gitter

$$0 = x_0 < x_1 < \cdots < x_{N-1} < x_N = 35$$

graphisch dar. Geben Sie eine theoretische Begründung für das Verhalten von $\varepsilon(x)$ an. (Fehler in den Eingabedaten, Approximationsfehler, Rundungsfehler).

2 Lineare Gleichungssysteme

2.1 Auflösung gestaffelter Systeme

Gegeben sei ein System von n linearen algebraischen Gleichungen

$$
\begin{aligned}
a_{11}x_1 + a_{12}x_2 + \cdots + a_{1n}x_n &= b_1, \\
a_{21}x_1 + a_{22}x_2 + \cdots + a_{2n}x_n &= b_2, \\
&\vdots \\
a_{n1}x_1 + a_{n2}x_2 + \cdots + a_{nn}x_n &= b_n
\end{aligned}
\tag{2.1}
$$

für die n Unbekannten $x_1, \ldots, x_n$, das wir in Matrizenschreibweise wie folgt darstellen wollen:

$$
A x = b, \quad A \in \mathbb{R}^{n \times n}, \quad b \in \mathbb{R}^n.
\tag{2.2}
$$

Eine Aussage bezüglich der Existenz und Eindeutigkeit von Lösungen $x \in \mathbb{R}^n$ des Systems (2.1) bzw. (2.2) vermittelt der aus den Kursen zur linearen Algebra bekannte Satz 2.1.

Satz 2.1. *Es seien $A \in \mathbb{R}^{n \times n}$ und $b \in \mathbb{R}^n$. Gilt $\det(A) \neq 0$ (reguläre Matrix), dann existiert genau ein $x \in \mathbb{R}^n$ mit $A x = b$.*

Wir wollen im Folgenden stets davon ausgehen, dass die Voraussetzungen des Satzes 2.1 erfüllt sind. Die dann existierende eindeutige Lösung $x = A^{-1}b$ kann (theoretisch) mit der *Cramerschen*[1] *Regel* (auch als *Determinanten-Methode* bekannt) berechnet werden. Untersucht man jedoch den hierzu erforderlichen Rechenaufwand, dann kommt man zu dem Resultat, dass etwa $n^2 n!$ flops erforderlich sind (zur Definition eines *flops* siehe die Bemerkung 2.1).

Bemerkung 2.1. Der Aufwand eines numerischen Verfahrens (asymptotisch für große n) wurde früher in der Anzahl *wesentlicher Operationen* (Multiplikationen, Divisionen) gemessen. Von Golub und van Loan stammt der Vorschlag, an Stelle der wesentli-

---

1 Gabriel Cramer (1704–1752), schweizer Mathematiker.

https://doi.org/10.1515/9783112205624-002

chen Operationen den Begriff des *flops* zu verwenden. In der ersten Auflage ihres richtungsweisenden Buches zur numerischen linearen Algebra [22] verstehen sie unter einem *flop* den Arbeitsaufwand, der zu einer Anweisung der Form

$$a_{ij} = a_{ij} + a_{ik} \cdot a_{kj} \qquad (2.3)$$

gehört (d. h., eine Gleitpunkt-Multiplikation, eine Gleitpunkt-Addition sowie eine Aufdatierung). In der im Jahre 1990 erschienenen zweiten Auflage des Buches definieren die Autoren diesen Begriff jedoch neu. In Anlehnung an die Wissenschaftsdisziplin Supercomputing wollen sie jetzt unter einem *flop* den Arbeitsaufwand verstanden wissen, der zur Realisierung einer beliebigen Gleitpunkt-Operation (engl.: ***floating point operation***) auf einem Computer benötigt wird. Die zuletzt genannte Definition soll auch für unsere weiteren Studien zugrunde gelegt werden. □

Betrachten wir wieder die Cramersche Regel zur Bestimmung der Lösung x des linearen Gleichungssystems (2.2) und nehmen an, dass uns ein extrem schneller Rechner zur Verfügung steht. Ein solcher ist der am Lawrence Livermore National Laboratory entwickelte Supercomputer El Capitan, dessen Spitzenleistung bei 2.746 Exaflops (ein Exaflop sind 10^{18} flops) liegt. Damit steht El Capitan nun an der Spitze der Top500-Liste der Supercomputer, die im November 2024 aktualisiert wurde – mit mehr als 11 Millionen Kernen. Er erreicht derzeit 63 Prozent seiner Maximalleistung mit 1.742 Exaflops, also 1.742 Trillionen Gleitkommaoperationen pro Sekunde. Die Lösung eines Systems der Dimension $n = 30$ mit der Cramerschen Regel würde dann auf einem solchen Supercomputer etwa 4.4×10^9 Jahre in Anspruch nehmen! Dies ist natürlich indiskutabel, wenn man berücksichtigt, dass das Alter der Erde nur 4.6×10^9 Jahre beträgt. Somit müssten wir ein Erdalter warten, bis das Ergebnis auf diesem Computer berechnet ist. Im Vergleich zur Cramerschen Regel benötigen die modernen numerischen Algorithmen der MATLAB zur Lösung eines linearen Gleichungssystems mit $n = 29$ auf einem Intel i7-Prozessor nur 1.5×10^{-4} Sekunden. Alle im Folgenden beschriebenen numerischen Verfahren sind bereits für $n \geq 3$ wesentlich effektiver als die Cramersche Regel. Sie sollte deshalb nur für den Spezialfall $n = 2$ als Rechenverfahren oder aber für theoretische Studien verwendet werden.

Die heute gebräuchlichen numerischen Techniken zur effektiven Lösung von (2.2) lassen sich generell in zwei Verfahrensklassen einteilen:

1. *direkte* (endliche) Verfahren (man nennt sie auch *Eliminationsverfahren*), die in endlich vielen Rechenschritten zu einer Approximation $\tilde{x}$ der exakten Lösung $x = A^{-1}b$ führen, sowie

2. *iterative* Verfahren, die i. allg. eine unendliche Folge $\{x^{(k)}\}_{k=0}^{\infty}$ von Näherungen erzeugen, die unter geeigneten Voraussetzungen an die Systemmatrix A gegen die exakte Lösung $x = A^{-1}b$ konvergiert. Man wird dann nach einer endlichen Anzahl von Iterationsschritten (zum Beispiel nach m Schritten oder wenn sich eine bestimmte Anzahl signifikanter Stellen der Iterierten nicht mehr ändert) abbrechen

und die zuletzt berechnete Iterierte $x^{(m)}$ als Approximation von x verwenden, d. h.,
$\tilde{x} = x^{(m)}$.

Wir wollen uns in den nächsten Abschnitten mit den wichtigsten *direkten* Verfahren beschäftigen. Das klassische direkte Verfahren zur Auflösung von (2.2) stellt die *Gauß-Elimination* dar. Bereits im ältesten erhaltenen chinesischen Mathematikbuch „Neun Bücher über arithmetische Kunst" (Jiu Zhang Suanshu), das zwischen 200 vor und 100 nach Christus geschrieben wurde, findet man für ein dreidimensionales lineares Gleichungssystem einen Algorithmus, der der heutigen Gauß-Elimination sehr nahekommt. Erst im Jahre 1759 wurde von Joseph-Louis Lagrange[2] in Europa ein Verfahren publiziert, welches die grundlegenden Elemente dieser Technik enthält. Carl Friedrich Gauß[3] entwickelte die Methode der Kleinsten Quadrate (siehe Band 2, Kapitel 2) und beschäftigte sich in diesem Rahmen mit der Lösung der Normalgleichungen. In seinen Tagebüchern erwähnt er mehrmals ein Eliminationsverfahren, das er zwischen 1803 und 1809 zur Berechnung der Bahn des Asteroiden Pallas einsetzte. Publiziert wurde diese Methode von ihm erst in seinem astronomischen Hauptwerk „*Theoria motus corporum coelestium in sectionibus conicis solem ambientium*" [1]. In diesem Text entwickelt Gauß eine systematische Methode zur Berechnung der Umlaufbahn eines Planeten, die auf drei Beobachtungen basiert. Mithilfe dieser Methode konnte Gauß den Ort des von einem italienischen Astronomen nur kurze Zeit beobachteten Zwergplaneten Ceres berechnen und diesen Anfang 1802 wieder auffinden. Auf Gauß geht bereits eine Variante der Elimination zurück, die (in der heutigen Terminologie) auf einer Faktorisierung der Systemmatrix basiert, die der *LU*-Faktorisierung (2.14) sehr ähnlich ist. Aber erst die Entwicklung der Matrizen-Algebra und die Konstruktion mechanischer und elektronischer Rechengeräte führte zu einer systematischen Beschäftigung mit den sogenannten Eliminationsverfahren. Der Begriff „Elimination" wurde im Zusammenhang mit der Lösung linearer Gleichungssysteme erstmals von S. de Lacroix[4] verwendet. Die bereits am Anfang des ersten Kapitels erwähnte Arbeit [54] von John von Neumann und Herman Goldstine beschäftigte sich erstmals mit der Auswirkung von Rundungsfehlern auf den Eliminationsprozess und begründete damit die moderne Numerische Mathematik. Auf George Forsythe[5] geht der Vorschlag zurück, anstelle der zuvor verwendeten Bezeichnung „Hochschul-Elimination" den Terminus „Gauß-Elimination" zu verwenden, der heute allgemein üblich ist. Eine sehr interessante Arbeit zur Geschichte der Gauß-Elimination findet man in einer Arbeit von J. Grcar [25]. Modifikationen der Gauß-Elimination gehören auch noch heute zu den in der numerischen Praxis am häufigsten verwendeten Techniken.

---

2 Joseph-Louis Lagrange (1736–1813), italienischer Mathematiker und Astronom.

3 Johann Carl Friedrich Gauß (1777–1855), deutscher Mathematiker und Naturwissenschaftler.

4 Sylvestre François de Lacroix (1765–1843), französischer Mathematiker. Nach ihm wurde ein Mondkrater benannt.

5 George E. Forsythe (1917–1972), US-amerikanischer Mathematiker und Informatiker.

Das Prinzip aller direkten numerischen Techniken besteht darin, das ursprüngliche Gleichungssystem mittels geeigneter *Transformationsmatrizen* Q_i und R_i in eine solche Gestalt zu transformieren, aus der sich die Lösung sehr einfach ermitteln lässt. Eine derartige Transformation würde etwa wie folgt aussehen:

$$\underbrace{(Q_{n-1}\cdots Q_1)\,A\,(R_1\cdots R_{n-1})}_{\hat A}\ \underbrace{(R_1\cdots R_{n-1})^{-1}x}_{y} = \underbrace{(Q_{n-1}\cdots Q_1)\,\hat b}_{\hat b}, \qquad (2.4)$$

wobei $\hat A\,y = \hat b$ ein einfach zu lösendes Gleichungssystem ist und $x = (R_1\cdots R_{n-1})\,y$ gilt.

Aus diesem Grunde wollen wir zunächst Systeme betrachten, deren Koeffizienten-matrix A bereits viele Null-Elemente besitzt und sehr einfach strukturiert ist. Das am einfachsten zu lösende lineare Gleichungssystem liegt offensichtlich dann vor, wenn A eine *Diagonalmatrix* ist. In diesem Falle ergibt sich jede Komponente des Lösungsvektors $x \in \mathbb{R}^n$ aus nur einer einzigen Division: $x_i = b_i/a_{ii}$, $i = 1,\dots,n$.

Den nächst komplizierteren Fall stellen die sogenannten *gestaffelten* Systeme dar. Man versteht darunter Gleichungssysteme in $\triangle$-Gestalt („$\triangle$" – Abkürzung für *Dreieck*), wie z. B. das obere $\triangle$-System:

$$\begin{aligned} u_{11}x_1 + u_{12}x_2 + \cdots + u_{1n}x_n &= z_1, \\ u_{22}x_2 + \cdots + u_{2n}x_n &= z_2, \\ &\vdots \\ u_{nn}x_n &= z_n. \end{aligned} \qquad (2.5)$$

Die zugehörige Matrizendarstellung sei

$$U\,x = z, \quad U \in \mathbb{R}^{n\times n} \text{ obere } \triangle\text{-Matrix.} \qquad (2.6)$$

Unter der Voraussetzung $u_{ii} \neq 0$, $i = 1,\dots,n$, lässt sich das System (2.5), beginnend mit der n-ten Zeile, rekursiv auflösen:

$$x_n = \frac{z_n}{u_{nn}}, \quad x_{n-1} = \frac{z_{n-1} - u_{n-1,n}\,x_n}{u_{n-1,n-1}}, \quad \dots, \quad x_1 = \frac{z_1 - u_{12}\,x_2 - \cdots - u_{1n}\,x_n}{u_{11}},$$

bzw.

$$x_i = \left(z_i - \sum_{k=i+1}^{n} u_{ik}x_k\right)/u_{ii}, \quad i = n, n-1,\dots,1. \qquad (2.7)$$

Der für die Vorschrift (2.7) benötigte *Rechenaufwand* lässt sich wie folgt ermitteln.

AUFWANDSBERECHNUNG:

1. i-te Zeile: je $n - i$ Additionen und Multiplikationen, 1 Division;
2. insgesamt für die Zeilen n bis 1:
$\sum_{i=1}^{n}(i-1) = \frac{1}{2}n(n-1)$ Multiplikationen, ebenso viele Additionen sowie n Divisionen.

Damit ergibt sich ein Gesamtaufwand von $2\frac{1}{2}n(n-1) + n = n^2$ flops.

Gestaffelte Systeme von unterer $\triangle$-Gestalt

$$
\begin{aligned}
l_{11}z_1 &= b_1, \\
l_{21}z_1 + l_{22}z_2 &= b_2, \\
&\vdots \\
l_{n1}z_1 + l_{n2}z_2 + \cdots + l_{nn}z_n &= b_n,
\end{aligned}
\tag{2.8}
$$

die wir in Matrizendarstellung wie folgt angeben wollen,

$$
Lz = b, \quad L \in \mathbb{R}^{n \times n} \text{ untere } \triangle\text{-Matrix}, \tag{2.9}
$$

werden völlig analog, jedoch mit der ersten Zeile beginnend, aufgelöst:

$$
z_1 = \frac{b_1}{l_{11}}, \quad z_2 = \frac{b_2 - l_{21}z_1}{l_{22}}, \quad \ldots, \quad z_n = \frac{b_n - l_{n1}z_1 - \cdots - l_{n,n-1}z_{n-1}}{l_{nn}},
$$

bzw.

$$
z_i = \left(b_i - \sum_{k=1}^{i-1} l_{ik}z_k \right)/l_{ii}, \quad i = 1, \ldots, n. \tag{2.10}
$$

Der Rechenaufwand beträgt hier ebenfalls n^2 flops, wovon man sich durch einfaches Nachrechnen überzeugen kann.

Definition 2.1. Die obige Auflösungsvariante (2.7) für Systeme der Form (2.6) heißt *Rückwärts-Substitution*. Die Auflösungsvariante (2.10) für Systeme der Form (2.9) heißt *Vorwärts-Substitution*. □

In den m-Files 2.1 und 2.2 sind die Rückwärts- und die Vorwärts-Substitution als MATLAB-Funktionen implementiert.

m-File 2.1: ruecksubs.m

```
1  function x=ruecksubs(U,z)
2  % function x=ruecksubs(U,z)
3  % Berechnet die Loesung x eines oberen
        Dreieckssystems
4  % Ux=z mit der Rueckwaerts-Substitution
5  %
6  % U: obere Dreiecksmatrix,
7  % z: rechte Seite.
```

```
 8   %
 9   n=length(z);
10   x=0*z;
11   for k=n:-1:1
12       x(k)=(z(k)-U(k,k+1:n)*x(k+1:n))/U(k,k);
13   end
14   end
```

m-File 2.2: vorsubs.m

```
 1   function z=vorsubs(L,b)
 2   % function z=vorsubs(L,b)
 3   % Berechnet die Loesung z eines unteren
          Dreieckssystems
 4   % Lz=b mit der Vorwaerts-Substitution
 5   %
 6   % L: untere Dreiecksmatrix,
 7   % b: rechte Seite.
 8   %
 9   n=length(b);
10   z=0*b;
11   for k=1:n
12           z(k)=b(k)-L(k,1:k-1)*z(1:k-1);
13   end
14   end
```

2.2 *LU*-Faktorisierung und Gauß-Elimination

Zur numerischen Lösung linearer Gleichungssysteme (2.2) mit einer Koeffizientenmatrix A, die keine spezielle Struktur (Diagonalmatrix, Dreiecksmatrix) aufweist, bietet sich die allgemeine Strategie (2.4) an. Da die Überführung in ein System mit einer Diagonalmatrix im Hinblick auf den numerischen Aufwand nicht besonders günstig ist, wird das System (2.2) üblicherweise in die gestaffelte Form (2.6) transformiert. Eine Näherung für die Lösung $x = A^{-1}b$ erhält man anschließend mittels Rückwärts- und Vorwärts-Substitutionen.

Bei der Überführung von (2.1) in das obere $\triangle$-System (2.5) kann die erste Zeile unverändert übernommen werden. Die restlichen Zeilen sind nun so zu modifizieren, dass die Koeffizienten von x_1 verschwinden, d. h., es ist x_1 aus den Zeilen 2 bis n zu eliminieren. So entsteht ein System der Form

$$a_{11}x_1 + a_{12}x_2 + \cdots + a_{1n}x_n = b_1$$

$$
\boxed{
\begin{aligned}
a'_{22}x_2 + \cdots + a'_{2n}x_n &= b'_2 \\
&\vdots \\
a'_{n2}x_2 + \cdots + a'_{nn}x_n &= b'_n.
\end{aligned}
}
\qquad (2.11)
$$

Man erkennt unmittelbar, dass das Teilsystem, bestehend aus den Zeilen 2 bis n, von der ersten Zeile entkoppelt ist. Hat man somit die Form (2.11) erzeugt, dann lässt sich dasselbe Verfahren auf die letzten $n-1$ Zeilen von (2.11) anwenden. Nach $n-1$ solchen Schritten erhält man schließlich ein gestaffeltes Gleichungssystem (oberes $\triangle$-System). Damit ist es ausreichend, zur Darstellung der Gauß-Elimination den Eliminationsschritt von (2.1) nach (2.11) zu beschreiben.

Hierzu werde $a_{11} \neq 0$ vorausgesetzt. Um $a_{i1}x_1$ in der Zeile i, $i = 2, \ldots, n$, zu eliminieren, subtrahiert man von der Zeile i ein Vielfaches der unveränderten Zeile 1:

$$\text{Zeile } i \text{ (neu)} = \text{Zeile } i - l_{i1} \cdot \text{ Zeile 1,} \qquad (2.12)$$

oder explizit:

$$\underbrace{(a_{i1} - l_{i1}a_{11})}_{\doteq 0} x_1 + \underbrace{(a_{i2} - l_{i1}a_{12})}_{a'_{i2}} x_2 + \cdots + \underbrace{(a_{in} - l_{i1}a_{1n})}_{a'_{in}} x_n = \underbrace{b_i - l_{i1}b_1}_{b'_i}.$$

Die Forderung $a_{i1} - l_{i1}a_{11} \doteq 0$ impliziert $l_{i1} = \frac{a_{i1}}{a_{11}}$.

Definition 2.2. Das Element $a_{11} \neq 0$ nennt man das *Pivotelement*[6] und die erste Zeile die zugehörige *Pivotzeile*. Die Elemente l_{ik} werden als *Gaußsche Multiplikatoren* bezeichnet. $\qquad\square$

Im Weiteren wollen wir nur noch die Matrix A des Gleichungssystems (2.2) betrachten und vorerst die rechte Seite b außer Acht lassen. Nach dem ersten Eliminationsschritt entsteht in den Zeilen $2, \ldots, n$ und den Spalten $2, \ldots, n$ der transformierten Matrix eine sogenannte *Restmatrix* der Dimension $(n-1, n-1)$, die noch keine Dreiecksgestalt aufweist. Auf diese wird die Eliminationsvorschrift erneut angewandt, man erhält dann eine $(n-2, n-2)$-dimensionale Restmatrix, etc. Dieser Vorgang lässt sich formal wie folgt beschreiben:

$$A \equiv A^{(1)} \rightarrow A^{(2)} \rightarrow \cdots A^{(k)} \rightarrow A^{(k+1)} \cdots \rightarrow A^{(n)} \equiv U, \qquad (2.13)$$

mit

---

6 Das Wort „pivot" kommt aus dem Französischen und bedeutet soviel wie *Dreh- oder Angelpunkt*. Als Pivot wird auch ein Offensiv-Spieler im Basketball bezeichnet, der üblicherweise mit dem Rücken zum gegnerischen Korb steht und versucht, das Angriffsspiel aufzubauen (Quelle: http://www.yourDictionary.com).

$$A^{(k)} = \begin{bmatrix} a_{11}^{(1)} & a_{12}^{(1)} & \cdots & \cdots & \cdots & a_{1n}^{(1)} \\ & a_{22}^{(2)} & \cdots & \cdots & \cdots & a_{2n}^{(2)} \\ & & \ddots & & & \vdots \\ & & & \boxed{\begin{matrix} a_{kk}^{(k)} & \cdots & a_{kn}^{(k)} \\ \vdots & & \vdots \\ a_{nk}^{(k)} & \cdots & a_{nn}^{(k)} \end{matrix}} \end{bmatrix}. \tag{2.14}$$

Auf die in (2.14) eingerahmte $(n - k + 1, n - k + 1)$-dimensionale Restmatrix kann man wieder den bekannten Eliminationsschritt anwenden, falls für das k-te *Pivotelement* $a_{kk}^{(k)} \neq 0$ gilt. Die zugehörige Rechenvorschrift lautet:

$$l_{ik} = \frac{a_{ik}^{(k)}}{a_{kk}^{(k)}}, \quad i = k + 1, \ldots, n,$$
$$a_{ij}^{(k+1)} = a_{ij}^{(k)} - l_{ik} a_{kj}^{(k)}, \quad i, j = k + 1, \ldots, n. \tag{2.15}$$

Der Übergang $A^{(k)} \to A^{(k+1)}$ lässt sich durch die Multiplikation von *links* mit einer Matrix $L_k \in \mathbb{R}^{n \times n}$ darstellen:

$$A^{(k+1)} = L_k A^{(k)}, \tag{2.16}$$

wobei

$$L_k = \begin{bmatrix} 1 \\ & \ddots \\ & & 1 \\ & & -l_{k+1,k} \\ & & \vdots & \ddots \\ & & -l_{n,k} & & 1 \end{bmatrix} = I - l_k \left(e^{(k)} \right)^T. \tag{2.17}$$

Hierbei sind

$$l_k \equiv (\underbrace{0, \ldots, 0}_{k}, l_{k+1,k}, \ldots, l_{n,k})^T \quad \text{und} \quad e^{(k)} \in \mathbb{R}^n \text{ der } k\text{-te Einheitsvektor.}$$

Man beachte, dass in (2.17) auf der rechten Seite nicht das Skalarprodukt (engl.: *inner product*) zwischen den Vektoren l_k und $e^{(k)}$, sondern das dyadische Produkt (engl.: *outer product*) steht. Dieses dyadische Produkt ist wie folgt erklärt.

Definition 2.3. Es seien $x, y \in \mathbb{R}^n$. Das *dyadische Produkt* xy^T dieser beiden Vektoren ergibt eine Matrix $B \in \mathbb{R}^{n \times n}$ der Gestalt

$$B \equiv xy^T = \begin{pmatrix} x_1 \\ x_2 \\ \vdots \\ x_n \end{pmatrix} (y_1, y_2, \ldots, y_n) = \begin{bmatrix} x_1y_1 & x_1y_2 & \cdots & \cdots & x_1y_n \\ x_2y_1 & x_2y_2 & \cdots & \cdots & x_2y_n \\ \vdots & \vdots & & & \vdots \\ \vdots & \vdots & & & \vdots \\ x_ny_1 & x_ny_2 & \cdots & \cdots & x_ny_n \end{bmatrix}. \tag{2.18}$$

Man kann sich leicht davon überzeugen, dass die Matrix B den Rang 1 für eine beliebige Dimension n besitzt. □

Definition 2.4. Die durch die Formel (2.17) erklärten Matrizen L_k werden *Gauß-Transformationsmatrizen* oder kürzer *Gauß-Transformationen* genannt. □

Bei den Gauß-Transformationen L_k handelt es sich um sogenannte *Frobenius*[7]*-Matrizen*. Man versteht darunter Matrizen, die sich in höchstens einer Spalte von der Einheitsmatrix unterscheiden. Sie besitzen die Eigenschaft, dass die Inverse L_k^{-1} aus L_k durch Vorzeichenwechsel in den Elementen l_{ik} entsteht, d. h.,

$$L_k^{-1} = I + l_k \left(e^{(k)} \right)^T. \tag{2.19}$$

Somit lässt sich die Invertierung mit minimalem Aufwand realisieren.

Das Produkt der L_k^{-1}, $k = 1, \ldots, n-1$, erfüllt

$$L \equiv L_1^{-1} \cdots L_{n-1}^{-1} = \begin{bmatrix} 1 & & & & \\ l_{21} & 1 & & & \\ l_{31} & l_{32} & 1 & & \\ \vdots & & & \ddots & \\ l_{n1} & l_{n2} & \cdots & l_{n,n-1} & 1 \end{bmatrix}, \tag{2.20}$$

wie man sich leicht davon überzeugen kann. Die spezielle Struktur der Matrizen L_k und L gibt Anlass zu folgender Definition.

Definition 2.5. Eine untere oder obere △-Matrix, deren Diagonalelemente alle gleich 1 sind, heißt *unipotent* und wird im Folgenden auch als *1-△-Matrix* bezeichnet. □

Durch die vorangegangenen Überlegungen kommen wir zu dem folgenden Resultat.

Satz 2.2. *Das obige Verfahren (2.13)–(2.17) erzeugt unter der Voraussetzung an die Pivotelemente $a_{kk}^{(k)} \neq 0$, $k = 1, \ldots, n-1$, eine Faktorisierung der Matrix A in der Form*

$$A = L\,U, \quad L \text{ untere } 1\text{-△-Matrix}, \ U \text{ obere △-Matrix.} \tag{2.21}$$

---

7 Ferdinand Georg Frobenius (1849–1917), deutscher Mathematiker.

Beweis. Offensichtlich entsteht nach der Anwendung von $n-1$ Gauß-Transformationen von links auf die Matrix A eine obere $\triangle$-Matrix U:

$$L_{n-1}L_{n-2}\cdots L_2 L_1 A = U. \tag{2.22}$$

Mit $L \equiv (L_{n-1}L_{n-2}\cdots L_2 L_1)^{-1} = L_1^{-1}L_2^{-1}\cdots L_{n-2}^{-1}L_{n-1}^{-1}$ kann (2.22) in der Form (2.21) geschrieben werden, d. h.,

$$A = LU. \tag{2.23}$$

Dabei wurde berücksichtigt, dass es sich bei den Matrizen L_k um 1-$\triangle$-Matrizen handelt. Die Inversen L_k^{-1} sind dann ebenfalls 1-$\triangle$-Matrizen (die L_k sind Frobenius-Matrizen!) und das Produkt von 1-$\triangle$-Matrizen ergibt wiederum eine 1-$\triangle$-Matrix (Strukturerhaltung bei der Multiplikation!). Damit ist die Behauptung des Satzes gezeigt. □

Definition 2.6. Die Faktorisierung (2.21) wird *LU-Faktorisierung* der Matrix A genannt.
□

Wir kommen jetzt wieder auf die Bestimmung einer Lösung x des linearen Gleichungssystems (2.2) zurück. Anders als bei der Lösung niedrig-dimensionaler Probleme mit Bleistift und Papier wird man auf dem Computer zuerst nur die *LU*-Faktorisierung der Systemmatrix A berechnen. Die so berechnete Faktorisierung (2.21) kann dann wie folgt zur Lösung des Gleichungssystems ausgenutzt werden:

Man ersetzt in (2.2) die Matrix A durch ihre Faktorisierung LU, d. h., $LUx = b$. Mit der Festlegung $z \equiv Ux$ ergibt sich daraus das untere Dreieckssystem $Lz = b$. Dieses System wird in einem ersten Schritt mit der Vorwärts-Substitution gelöst. Anschließend kann aus dem oberen Dreieckssystem $Ux = z$ die gesuchte Lösung x mit der Rückwärts-Substitution ermittelt werden.

Unter der *Gauß-Elimination* wollen wir hier den im Algorithmus 2.1 beschriebenen numerischen Lösungsalgorithmus für n-dimensionale lineare Gleichungssysteme verstehen, der eine direkte Umsetzung dieser Strategie darstellt.

Algorithmus 2.1: Gauß-Elimination.

---

1. Schritt: Man bestimme die *LU*-Faktorisierung der Matrix A: $A = LU$, U obere $\triangle$-Matrix, L untere 1-$\triangle$-Matrix.
2. Schritt: Man berechne den Hilfsvektor z mittels Vorwärts-Substitution aus dem unteren $\triangle$-System $Lz = b$.
3. Schritt: Man berechne den Lösungsvektor x mittels Rückwärts-Substitution aus dem oberen $\triangle$-System $Ux = z$.

Beispiel 2.1. Gegeben sei das lineare Gleichungssystem $Ax = b$:

$$\begin{bmatrix} 2 & -1 & -3 \\ -1 & 2 & 4 \\ -3 & 4 & 9 \end{bmatrix} \begin{pmatrix} x_1 \\ x_2 \\ x_3 \end{pmatrix} = \begin{pmatrix} -2 \\ 5 \\ 10 \end{pmatrix}.$$

Man berechnet:

$$L_1 = \begin{bmatrix} 1 & 0 & 0 \\ 0.5 & 1 & 0 \\ 1.5 & 0 & 1 \end{bmatrix}, \quad L_1A = \begin{bmatrix} 2 & -1 & -3 \\ 0 & 1.5 & 2.5 \\ 0 & 2.5 & 4.5 \end{bmatrix}, \quad L_2 = \begin{bmatrix} 1 & 0 & 0 \\ 0 & 1 & 0 \\ 0 & -1.6667 & 1 \end{bmatrix}$$

$$L_2L_1A = \begin{bmatrix} 2 & -1 & -3 \\ 0 & 1.5 & 2.5 \\ 0 & 0 & 0.3333 \end{bmatrix} = U, \quad L_1^{-1} = \begin{bmatrix} 1 & 0 & 0 \\ -0.5 & 1 & 0 \\ -1.5 & 0 & 1 \end{bmatrix}$$

$$L_2^{-1} = \begin{bmatrix} 1 & 0 & 0 \\ 0 & 1 & 0 \\ 0 & 1.6667 & 1 \end{bmatrix} \quad L = L_1^{-1}L_2^{-1} = \begin{bmatrix} 1 & 0 & 0 \\ -0.5 & 1 & 0 \\ -1.5 & 1.6667 & 1 \end{bmatrix},$$

Nun ist das untere $\triangle$-System mit der Vorwärts-Substitution zu lösen:

$$Lz = b: \quad \begin{bmatrix} 1 & 0 & 0 \\ -0.5 & 1 & 0 \\ -1.5 & 1.6667 & 1 \end{bmatrix} \begin{pmatrix} z_1 \\ z_2 \\ z_3 \end{pmatrix} = \begin{pmatrix} -2 \\ 5 \\ 10 \end{pmatrix} \implies z = \begin{pmatrix} -2 \\ 4 \\ 0.3333 \end{pmatrix}.$$

Jetzt kann das obere $\triangle$-System mittels Rückwärts-Substitution gelöst werden:

$$Ux = z: \quad \begin{bmatrix} 2 & -1 & -3 \\ 0 & 1.5 & 2.5 \\ 0 & 0 & 0.3333 \end{bmatrix} \begin{pmatrix} x_1 \\ x_2 \\ x_3 \end{pmatrix} = \begin{pmatrix} -2 \\ 4 \\ 0.3333 \end{pmatrix} \implies x = \begin{pmatrix} 1 \\ 1 \\ 1 \end{pmatrix}. \qquad \square$$

HINWEIS: Die im Beispiel 2.1 verwendete Systemmatrix A ist positiv definit (siehe die Definition 2.10). Deshalb lässt sich die *LU*-Faktorisierung von A ohne eine im nachfolgenden Abschnitt dargestellte Pivotisierungsstrategie problemlos durchführen. Dies trifft auch auf diagonaldominante Matrizen (siehe den Satz 2.5) zu.

Für die Abspeicherung der bei der Gauß-Elimination anfallenden Zwischen- und Endwerte reicht der Speicherplatz aus, den die Eingabedaten A und b belegen, d. h., es ist insgesamt nur ein Feld der Größe $n \times (n+1)$ erforderlich. Jedes *Speicherschema* sollte sich an der Darstellung (2.10) der Matrizen $A^{(k)}$ orientieren. In die dort nicht besetzten Speicherplätze können nämlich die Gaußschen Multiplikatoren l_{ik} wie folgt eingetragen werden:

$$
A^{(k)} = \begin{bmatrix}
a_{11}^{(1)} & a_{12}^{(1)} & \cdots & \cdots & \cdots & a_{1n}^{(1)} \\
l_{21} & a_{22}^{(2)} & \cdots & \cdots & \cdots & a_{2n}^{(2)} \\
l_{31} & l_{32} & \ddots & & & \\
\vdots & \vdots & & a_{kk}^{(k)} & \cdots & a_{kn}^{(k)} \\
\vdots & \vdots & & \vdots & & \vdots \\
l_{n1} & l_{n2} & \cdots & a_{nk}^{(k)} & \cdots & a_{nn}^{(k)}
\end{bmatrix}.
\tag{2.24}
$$

Damit bleibt der Speicherbedarf nach der Eingabe von A und b konstant. Die Algorithmen der bekanntesten Programmpakete zur Matrizen-Numerik wie MATLAB, LAPACK, LINPACK und EISPACK sind so implementiert, dass auf dem Feld, in dem die Systemmatrix A abgespeichert ist, auch die LU-Faktorisierung durchgeführt wird.

Nach Falk [91] sollte man jedoch stets eine Kopie der Systemmatrix A im Speicher behalten. Dies wird von ihm wie folgt schlüssig begründet:

„GRUNDREGEL: Die Originalmatrix A wird unter keinen Umständen zerstört (überschrieben), sondern bleibt unverändert im Speicher. Der Leser kann sich dies gar nicht fest genug einprägen. In der Praxis ist die Matrix A im Allgemeinen von hoher Ordnung, etwa $n = 10{,}000$ mit einem meist ausgeprägten Profil (schwache Besetzung, Hülle, Band usw. [...]), deren viele Millionen Elemente oft in äußerst mühseligen und aufwendigen Prozeduren aus einer mechanischen Modellbildung samt anschließender finiter Übersetzung von gewöhnlichen oder partiellen linearen Differentialgleichungen bzw. mithilfe von Finite-Elemente-Methoden (FEM) gewonnen wurden. Diese immense technische Information zu zerstören, wäre der größte Widersinn, abgesehen davon, dass zum Schluss der Rechnung die Lösung etwa der Gleichung $Ax = r$ einzuschließen bzw. abzuschätzen ist, ...“

Für die Gauß-Elimination bestimmt sich nun der *Rechenaufwand* zu:

1. k-ter Eliminationsschritt zur Berechnung der LU-Faktorisierung:
   Es sind $(n-k)$ Multiplikatoren l_{ik} sowie $(n-k)^2$ Werte $a_{ij}^{(k+1)}$ zu berechnen. Dies erfordert einen Aufwand von $[(n-k) + 2(n-k)^2]$ flops.

2. Da die Aufwandsabschätzungen ausschließlich für große Systeme von Bedeutung sind, d. h., n in der Größenordnung von $n = 1.000$–100.000, gibt man üblicherweise nur den Term an, der die größte Potenz von n enthält. Im vorliegenden Fall lässt sich unter Berücksichtigung dieser Asymptotik die erforderliche Anzahl von flops wie folgt abschätzen:
   Unter Ausnutzung der Beziehungen

$$
\sum_{i=1}^{q} i = \frac{q(q+1)}{2} \quad \text{und} \quad \sum_{i=1}^{q} i^2 = \frac{1}{3}q^3 + \frac{1}{2}q^2 + \frac{1}{6}q
$$

berechnet sich der Gesamtaufwand für die *LU*-Faktorisierung ($n - 1$ Eliminations-schritte) zu

$$\{(n - 1) + (n - 2) + \cdots + 1\} + 2\{(n - 1)^2 + (n - 2)^2 + \cdots + 1\}$$

$$= \frac{1}{2}n(n - 1) + 2\left\{\frac{1}{3}(n - 1)^3 + \frac{1}{2}(n - 1)^2 + \frac{1}{6}(n - 1)\right\} \approx \frac{2}{3}n^3 \quad (\text{für } n \to \infty).$$

Folglich sind für die Faktorisierung asymptotisch $2n^3/3$ flops erforderlich. Wir schreiben dies oftmals auch in der Form $O(n^3)$ flops.

3. Für die sich anschließenden Rückwärts- und Vorwärts-Substitutionen werden jeweils n^2 flops benötigt (siehe die Ausführungen des vorangegangenen Abschnittes). □

Der Hauptaufwand steckt damit in der *LU*-Zerlegung. Bei Systemen (2.1) mit gleicher Systemmatrix, aber unterschiedlichen rechten Seiten, braucht diese jedoch nur einmal berechnet zu werden, d. h., der Algorithmus 2.1 ist in diesem Falle besonders effektiv (siehe auch die Bemerkungen zur Berechnung der Inversen einer Matrix im folgenden Abschnitt).

Das m-File 2.3 enthält eine Implementierung der *LU*-Faktorisierung für die MATLAB. Die Lösung eines linearen Gleichungssystems kann dann mithilfe des m-Files 2.6 vorgenommen werden (siehe Abschnitt 2.3).

m-File 2.3: lupur.m

```
1  function [L,U]=lupur(A)
2  % function [L,U]=lupur(A)
3  % Berechnet die LU-Faktorisierung ohne Pivotisierung
4  %
5  % A: (n x n)-Matrix,
6  % L: untere (n x n)-1-Dreiecksmatrix-Matrix,
7  % U: obere (n x n)-Dreiecksmatrix-Matrix.
8  %
9  [n,m]=size(A);
10 if n ~= m, error('Matrix A nicht quadratisch!'), end
11 for k=1:n-1
12     if A(k,k) ~= 0
13         A(k+1:n,k)=A(k+1:n,k)/A(k,k);
14         A(k+1:n,k+1:n)=A(k+1:n,k+1:n)-A(k+1:n,k)*A(k,
               k+1:n);
15     else
16         error('Verfahren nicht durchfuehrbar!')
17     end
```

```
18  end
19  U=triu(A);
20  L=tril(A,-1)+eye(n);
```

2.3 Pivot-Strategien und Nachiteration

Das folgende Beispiel zeigt, dass die Gauß-Elimination bereits bei gutartigen Problemen versagen kann.

Beispiel 2.2. Gegeben sei die Matrix

$$A = \begin{bmatrix} 0 & 1 \\ 1 & 0 \end{bmatrix}; \quad \text{offensichtlich ist } \det(A) = -1 \ (\neq 0).$$

Da das erste Pivotelement gleich Null ist, versagt die Gauß-Elimination (trotz nichtsingulärer Matrix!). Dieses Problem lässt sich durch eine Vertauschung der Zeilen beseitigen:

$$A = \begin{bmatrix} 0 & 1 \\ 1 & 0 \end{bmatrix} \implies \hat{A} = \begin{bmatrix} 1 & 0 \\ 0 & 1 \end{bmatrix} = I = L \cdot U, \quad \text{mit } L = U = I. \qquad \square$$

Es treten aber auch bei *relativ kleinen* Pivotelementen numerische Schwierigkeiten auf.

Beispiel 2.3. Gegeben sei das lineare Gleichungssystem

$$\begin{aligned} 10^{-4}x_1 + x_2 &= 1, \\ x_1 + x_2 &= 2. \end{aligned} \tag{2.25}$$

Dieses System werde auf einem Computer mit $\mathcal{R} \equiv \mathcal{R}(10, 3, 20, 20)$ und symmetrischem Runden berechnet. Die *exakte* Lösung von (2.25) lautet:

$$x_1 = \frac{10^4}{9999} \quad \text{und} \quad x_2 = \frac{9998}{9999}. \tag{2.26}$$

Approximiert man die Komponenten der exakten Lösung durch Zahlen aus $\mathcal{R}$, dann ergibt sich

$$x_1 = 0.100 \cdot 10^1 \quad \text{und} \quad x_2 = 0.100 \cdot 10^1.$$

Um das Gleichungssystem (2.25) mit der Gauß-Elimination in der (endlichen) Menge der Maschinenzahlen lösen zu können, müssen zuerst die Eingabedaten durch Zahlen aus $\mathcal{R}$ dargestellt werden. Es resultiert das folgende System

$$\begin{aligned} 0.100 \cdot 10^{-3} + 0.100 \cdot 10^1 x_2 &= 0.100 \cdot 10^1, \\ 0.100 \cdot 10^1 + 0.100 \cdot 10^1 x_2 &= 0.200 \cdot 10^1. \end{aligned} \tag{2.27}$$

In einem ersten Rechenschritt wird der zugehörige Gaußsche Multiplikator berechnet:

$$l_{21} = \frac{a_{21}}{a_{11}} = \frac{0.100 \cdot 10^1}{0.100 \cdot 10^{-3}} = 0.100 \cdot 10^5.$$

MAN BEACHTE: Aus einem kleinen Pivotelement entsteht hier ein großer Multiplikator. Nun ist das l_{21}-fache der ersten Zeile von der zweiten Zeile zu subtrahieren:

$$(0.100 \cdot 10^1 - 0.100 \cdot 10^5 \cdot 0.100 \cdot 10^{-3}) x_1$$
$$+ (0.100 \cdot 10^1 - 0.100 \cdot 10^5 \cdot 0.100 \cdot 10^1) x_2$$
$$= 0.200 \cdot 10^1 - 0.100 \cdot 10^5 \cdot 0.100 \cdot 10^1.$$

Somit ergibt sich das obere $\triangle$-System $Ux = z$ zu

$$0.100 \cdot 10^{-3} x_1 + 0.100 \cdot 10^1 x_2 = 0.100 \cdot 10^1,$$
$$- 0.100 \cdot 10^5 x_2 = -0.100 \cdot 10^5.$$

Als Lösung berechnet man daraus:

$$x_2 = 0.100 \cdot 10^1 \quad \text{und} \quad x_1 = 0.000 \cdot 10^{-20}.$$

Offensichtlich ist dieses Resultat falsch! Vertauscht man jedoch vor der Elimination die Reihenfolge der Gleichungen in (2.25),

$$0.100 \cdot 10^1 + 0.100 \cdot 10^1 x_2 = 0.200 \cdot 10^1,$$
$$0.100 \cdot 10^{-3} + 0.100 \cdot 10^1 x_2 = 0.100 \cdot 10^1, \tag{2.28}$$

dann wird das Pivotelement groß und damit der Gaußsche Multiplikator klein:

$$\hat{l}_{21} = \frac{0.100 \cdot 10^{-3}}{0.100 \cdot 10^1} = 0.100 \cdot 10^{-3}.$$

Es bestimmt sich jetzt das obere $\triangle$-System zu

$$0.100 \cdot 10^1 x_1 + 0.100 \cdot 10^1 x_2 = 0.200 \cdot 10^1,$$
$$0.100 \cdot 10^1 x_2 = 0.100 \cdot 10^1.$$

Die hieraus berechnete Lösung ist

$$x_2 = 0.100 \cdot 10^1 \quad \text{und} \quad x_1 = 0.100 \cdot 10^1.$$

Ein Vergleich mit der exakten Lösung (2.26) zeigt, dass der Zeilentausch vor der Ausführung der Gauß-Elimination zu einer hinreichend genauen numerischen Approximation führt. $\square$

Durch ein Vertauschen der Zeilen hat man im obigen Beispiel erreicht, dass $|\hat{l}_{21}| < 1$ gilt. In der allgemeinen Rechenvorschrift (2.12) werden durch diese Strategie die Elemente von $l_{i1} \cdot$ *Zeile 1*, im Vergleich mit denen der *Zeile i*, nicht zu groß. Damit wirkt man der Ursache für das Versagen des ursprünglichen Verfahrens entgegen. Der durch Rundungsfehler bedingte Fehler in den $a_{kj}^{(k)}$ (Pivotzeile) wird nämlich anderenfalls mit einem großen Faktor auf die $a_{ij}^{(k+1)}$ (neue transformierte Zeilen) übertragen. Ein solches Vertauschen von Zeilen oder Spalten während des eigentlichen Eliminationsprozesses wird allgemein *Pivot-Strategie* genannt, siehe die Definition 2.7.

Definition 2.7. Unter einer *Spaltenpivot-Strategie* (bzw. *partiellen Pivotisierung*) versteht man das folgende Vorgehen: im k-ten Schritt der *LU*-Faktorisierung, $k = 1, \ldots, n-1$, wird das Pivotelement als betragsmäßig größtes Element in der ersten Spalte der $(n - k + 1) \times (n - k + 1)$-dimensionalen Restmatrix bestimmt. Die zugehörige Zeile bringt man durch einen Zeilentausch an die erste Position dieser Restmatrix, d. h., man macht sie zur Pivotzeile. □

Fügt man nun die Spaltenpivot-Strategie zur *LU*-Faktorisierung hinzu, dann ergibt sich der Algorithmus 2.2.

Algorithmus 2.2: k-ter Schritt der *LU*-Faktorisierung mit Spaltenpivot-Strategie.

---

1. Schritt: Man wähle im Schritt $A^{(k)} \to A^{(k+1)}$ einen Index $p \in \{k, \ldots, n\}$ mit $|a_{pk}^{(k)}| \geq |a_{jk}^{(k)}|, j = k, \ldots, n$. Die Zeile p wird zur *Pivotzeile*.

2. Schritt: Man vertausche die Zeilen p und k:

$$A^{(k)} \to \hat{A}^{(k)} \quad \text{mit } \hat{a}_{ij}^{(k)} = \begin{cases} a_{kj}^{(k)}, & i = p, \\ a_{pj}^{(k)}, & i = k, \\ a_{ij}^{(k)}, & \text{sonst;} \end{cases}$$

Jetzt gilt: $|\hat{l}_{ik}| = \dfrac{|\hat{a}_{ik}^{(k)}|}{|\hat{a}_{kk}^{(k)}|} = \dfrac{|\hat{a}_{ik}^{(k)}|}{|a_{pk}^{(k)}|} \leq 1$.

3. Schritt: Man führe den nächsten Eliminationsschritt, angewandt auf $\hat{A}^{(k)}$, aus: $\hat{A}^{(k)} \to A^{(k+1)}$.

Die Spaltenpivot-Strategie ist nicht die einzige Möglichkeit, die oben dargestellten Instabilitäten des Eliminationsprozesses zu reduzieren, wie der folgenden Bemerkung zu entnehmen ist.

Bemerkung 2.2.

1. Anstelle der Spaltenpivot-Strategie mit *Zeilentausch* kann man in völliger Analogie auch eine *Zeilenpivot-Strategie* mit *Spaltentausch* durchführen. Da das Pivot-

element wie zuvor nur in einem $(n - k + 1)$-dimensionalen Feld und nicht in der gesamten Restmatrix gesucht wird, spricht man ebenfalls von einer *partiellen Pivotisierung*. Der Aufwand lässt sich für die beiden Formen der partiellen Pivotisierung in der üblichen Asymptotik zu jeweils $O(n^2)$ Vergleiche und Umspeicherungen abschätzen.

2. Kombiniert man beide Strategien und sucht in der gesamten Restmatrix nach dem betragsgrößten Element, dann wird dieses Vorgehen *vollständige Pivotisierung* genannt. Hier benötigt man $O(n^3)$ Vergleiche und Umspeicherungen. Geht man aber davon aus, dass auf den heutigen Rechnern Vergleiche und Umspeicherungen denselben Zeitaufwand wie die arithmetischen Grundrechenoperationen erfordern, dann liegt der numerische Aufwand für die vollständige Pivotisierung etwa in der gleichen Größenordnung wie der für den eigentlichen Eliminationsprozess. Deshalb wird die vollständige Pivotisierung in der Praxis so gut wie nie angewendet. Es kann jedoch gezeigt werden, dass die Gauß-Elimination mit vollständiger Pivotisierung viel bessere Stabilitätseigenschaften besitzt als die Gauß-Elimination mit partieller Pivotisierung (siehe Abschnitt 2.5.4).

3. Von H. R. Schwarz (siehe [69]) stammt der Vorschlag, das Pivotelement sowohl in der ersten Zeile als auch in der ersten Spalte der Restmatrix zu suchen. Er nennt diese Form der Pivotisierung *Suche im Haken*. Der Aufwand liegt hier zwischen der partiellen und der vollständigen Pivotisierung, da die Pivot-Suche in einem $2(n - k + 1)$-dimensionalen Feld stattfindet. Diese Form der Pivotisierung ist jedoch in den praktisch relevanten Implementierungen der Gauß-Elimination (zum Beispiel in den Programm-Paketen: MATLAB, LAPACK, IMSL, NAG) nicht realisiert. Neben den Zeilenvertauschungen müssten auch noch Spaltenvertauschungen berücksichtigt werden, was gegen diese Variante der Pivotisierung spricht. □

Der bei der Spaltenpivot-Strategie zu vollziehende Zeilentausch lässt sich mathematisch mittels sogenannter *Permutationsmatrizen* beschrieben. Eine solche Permutationsmatrix $P \in \mathbb{R}^{n \times n}$ hat genau eine Eins in jeder Zeile und jeder Spalte und besteht ansonsten aus Nullen.

Beispiel 2.4. Beispiele für Permutationsmatrizen $P \in \mathbb{R}^{4 \times 4}$ sind:

$$
\begin{bmatrix} 1 & 0 & 0 & 0 \\ 0 & 1 & 0 & 0 \\ 0 & 0 & 1 & 0 \\ 0 & 0 & 0 & 1 \end{bmatrix}, \quad
\begin{bmatrix} 0 & 1 & 0 & 0 \\ 1 & 0 & 0 & 0 \\ 0 & 0 & 1 & 0 \\ 0 & 0 & 0 & 1 \end{bmatrix}, \quad
\begin{bmatrix} 0 & 0 & 1 & 0 \\ 1 & 0 & 0 & 0 \\ 0 & 1 & 0 & 0 \\ 0 & 0 & 0 & 1 \end{bmatrix},
$$

$$
\begin{bmatrix} 0 & 0 & 0 & 1 \\ 0 & 1 & 0 & 0 \\ 0 & 0 & 1 & 0 \\ 1 & 0 & 0 & 0 \end{bmatrix}, \quad
\begin{bmatrix} 1 & 0 & 0 & 0 \\ 0 & 1 & 0 & 0 \\ 0 & 0 & 0 & 1 \\ 0 & 0 & 1 & 0 \end{bmatrix}, \quad
\begin{bmatrix} 0 & 0 & 0 & 1 \\ 0 & 0 & 1 & 0 \\ 0 & 1 & 0 & 0 \\ 1 & 0 & 0 & 0 \end{bmatrix}. \qquad □
$$

Multipliziert man eine Matrix $A \in \mathbb{R}^{n \times n}$ von *links* (*rechts*) mit einer Permutations-matrix, dann führt dies zu einer Vertauschung der Zeilen (Spalten). Permutationsmatri-zen sind orthogonal, d. h., sie erfüllen

$$P^{-1} = P^T \quad \text{bzw.} \quad P^T P = I. \tag{2.29}$$

Es kann leicht gezeigt werden, dass das Produkt von Permutationsmatrizen wieder eine Permutationsmatrix ist. In diesem Abschnitt sind wir an speziellen Permutationsma-trizen, den sogenannten *Vertauschungsmatrizen* interessiert. Es handelt sich dabei um Permutationen, die durch die Vertauschung zweier Zeilen aus der Einheitsmatrix ent-stehen:

$$
T_{ij} = \begin{bmatrix}
1 & & & & & & & & & \\
& \ddots & & & & & & & & \\
& & 1 & & & & & & & \\
& & & 0 & \cdots & \cdots & \cdots & 1 & & \\
& & & \vdots & 1 & & & \vdots & & \\
& & & \vdots & & \ddots & & \vdots & & \\
& & & \vdots & & & 1 & \vdots & & \\
& & & 1 & \cdots & \cdots & \cdots & 0 & & \\
& & & & & & & & 1 & \\
& & & & & & & & & \ddots & \\
& & & & & & & & & & 1
\end{bmatrix}
\begin{matrix} \\ \\ \\ \leftarrow \text{Zeile } i \\ \\ \\ \\ \leftarrow \text{Zeile } j \\ \\ \\ \end{matrix}
\tag{2.30}
$$

$$\uparrow \qquad \uparrow$$
$$\text{Spalte } i \qquad \text{Spalte } j$$

Vertauschungsmatrizen sind orthogonal und symmetrisch, sodass $T_{ij} T_{ij} = I$ gilt. Die i-te und j-te Zeile einer Matrix $A \in \mathbb{R}^{n \times n}$ werden miteinander vertauscht, wenn man A von *links* mit der obigen Vertauschungsmatrix T_{ij} multipliziert; von *rechts* führt die Multiplikation zu einem Tausch der Spalten i und j. Um beispielsweise die Zeilen 1 und 3 einer Matrix $A \in \mathbb{R}^{3 \times 3}$ miteinander zu vertauschen, multipliziert man von links mit der Vertauschungsmatrix T_{13}:

$$
T_{13} A = \begin{bmatrix} 0 & 0 & 1 \\ 0 & 1 & 0 \\ 1 & 0 & 0 \end{bmatrix} \begin{bmatrix} a_{11} & a_{12} & a_{13} \\ a_{21} & a_{22} & a_{23} \\ a_{31} & a_{32} & a_{33} \end{bmatrix} = \begin{bmatrix} a_{31} & a_{32} & a_{33} \\ a_{21} & a_{22} & a_{23} \\ a_{11} & a_{12} & a_{13} \end{bmatrix}.
$$

Unter Verwendung solcher Permutationsmatrizen kann die spaltenpivotisierte Fak-torisierung einer Matrix A folgendermaßen aufgeschrieben werden:

$$U = L_{n-1} P_{n-1} L_{n-2} P_{n-2} \cdots P_3 L_2 P_2 L_1 P_1 A, \tag{2.31}$$

wobei U eine obere $\triangle$-Matrix ist (siehe Algorithmus 2.2 und P_k die im k-ten Eliminationsschritt verwendete Vertauschungsmatrix bezeichnet.

Es verbleibt die Frage: Wird die Matrix A durch die Folge von Transformationen (2.31) wiederum in das Produkt zweier $\triangle$-Matrizen L und U zerlegt und wenn ja, wie sieht die untere 1-$\triangle$-Matrix L jetzt aus? Wir wollen das Resultat beispielhaft für $n = 5$ herleiten.

Es ist:

$$U = L_4 P_4 L_3 \cdot I \cdot P_3 L_2 P_2 L_1 P_1 A. \tag{2.32}$$
$$\uparrow$$
$$\equiv P_4 P_4$$

Im ersten Schritt setzen wir $\hat{L}_4 \equiv L_4$ und fügen wie angezeigt zwischen L_3 und P_3 eine „intelligente Einheitsmatrix" $I \equiv P_4 P_4$ (P_4 ist eine Vertauschungsmatrix!) ein. Damit geht (2.32) über in

$$U = \hat{L}_4 \cdot \underbrace{P_4 L_3 P_4}_{\equiv \hat{L}_3} \cdot P_4 P_3 L_2 P_2 L_1 P_1 A.$$

Im zweiten Schritt setzen wir $\hat{L}_3 \equiv P_4 L_3 P_4$ und fügen zwischen L_2 und P_2 wiederum eine „intelligente Einheitsmatrix" $I \equiv P_3 P_4 P_4 P_3$ ein. Die obige Formel nimmt damit die Gestalt

$$U = \hat{L}_4 \hat{L}_3 P_4 P_3 L_2 \cdot I \cdot P_2 L_1 P_1 A$$
$$\uparrow$$
$$\equiv P_3 P_4 P_4 P_3$$

an. Die restlichen Schritte verlaufen völlig analog. Es ergeben sich dabei die transformierten Matrizen $\hat{L}_2 \equiv P_4 P_3 L_2 P_3 P_4$ und $\hat{L}_1 \equiv P_4 P_3 P_2 L_1 P_2 P_3 P_4$:

$$U = \hat{L}_4 \hat{L}_3 \cdot \underbrace{P_4 P_3 L_2 P_3 P_4}_{\equiv \hat{L}_2} \cdot P_4 P_3 P_2 L_1 P_1 A,$$

$$U = \hat{L}_4 \hat{L}_3 \hat{L}_2 P_4 P_3 P_2 L_1 \cdot I \cdot P_1 A,$$
$$\uparrow$$
$$\equiv P_2 P_3 P_4 P_4 P_3 P_2$$

$$U = \hat{L}_4 \hat{L}_3 \hat{L}_2 \cdot \underbrace{P_4 P_3 P_2 L_1 P_2 P_3 P_4}_{\equiv \hat{L}_1} \cdot P_4 P_3 P_2 P_1 A.$$

Somit ist

$$U = \hat{L}_4 \hat{L}_3 \hat{L}_2 \hat{L}_1 P_4 P_3 P_2 P_1 A. \tag{2.33}$$

Wir setzen nun

$$P \equiv P_4 \, P_3 \, P_2 \, P_1. \tag{2.34}$$

Die Matrix P ist das Produkt von Vertauschungsmatrizen und somit eine Permutationsmatrix. Sie enthält die gesamte Information über die während des Eliminationsprozesses ausgeführten Zeilenvertauschungen.

Mit dieser Definition nimmt die Gleichung (2.33) die Form

$$U = \hat{L}_4 \, \hat{L}_3 \, \hat{L}_2 \, \hat{L}_1 \, P \, A \tag{2.35}$$

an. Man kann sich leicht davon überzeugen, dass die modifizierten Gauß-Transformationen $\hat{L}_i$, $i = 1,\dots,4$, genau wie die ursprünglichen Gauß-Transformationen L_i, untere 1-△-Matrizen sind.

Aus (2.35) ergibt sich nun:

$$(\hat{L}_4 \, \hat{L}_3 \, \hat{L}_2 \, \hat{L}_1)^{-1} \, U = P \, A \quad \text{bzw.} \quad \underbrace{\hat{L}_1^{-1} \, \hat{L}_2^{-1} \, \hat{L}_3^{-1} \, \hat{L}_4^{-1}}_{\equiv L} \cdot U = P \, A.$$

Die Matrix $L \equiv \hat{L}_1^{-1} \hat{L}_2^{-1} \hat{L}_3^{-1} \hat{L}_4^{-1}$ ist ebenfalls eine 1-△-Matrix, da die Invertierung und das Produkt von 1-△-Matrizen strukturerhaltend sind. Zusammenfassend haben wir die folgende Darstellung der Matrix A erhalten:

$$P \, A = L \, U, \quad L \text{ untere 1-△-Matrix,} \ U \text{ obere △-Matrix.} \tag{2.36}$$

Bemerkung 2.3. Die Gauß-Elimination mit Spaltenpivotisierung erzeugt somit eine LU-Faktorisierung für eine *zeilenpermutierte* Matrix A. □

Es ist offensichtlich, dass die Darstellung (2.36) auch für beliebiges n gilt. Die untere 1-△-Matrix L ergibt sich dann zu

$$L \equiv \hat{L}_1^{-1} \, \hat{L}_2^{-1} \cdots \hat{L}_{n-1}^{-1}. \tag{2.37}$$

Die zugehörigen modifizierten Gauß-Transformationen $\hat{L}_k$ berechnen sich nach der Vorschrift:

$$\begin{aligned} \hat{L}_{n-1} &\equiv L_{n-1}, \\ \hat{L}_k &\equiv P_{n-1} \cdots P_{k+1} L_k P_{k+1} \cdots P_{n-1}, \quad k = n-2, n-1, \dots, 1. \end{aligned} \tag{2.38}$$

Schließlich bestimmt sich die Permutationsmatrix P zu

$$P = P_{n-1} P_{n-2} \cdots P_1. \tag{2.39}$$

Bemerkung 2.4. In der Praxis wird man natürlich die Vertauschungsmatrizen P_j sowie die resultierende Permutationsmatrix P nicht als zweidimensionale Felder abspeichern. Ist $P = P_{n-1} \cdots P_1$ und ergibt sich P_k aus der Einheitsmatrix durch Vertauschen der Zeilen

k und p_k, dann ist $p = (p_1, \ldots, p_{n-1})^T$ eine sachgemäße Kodierung von P in Vektorform. Man nennt p den zugehörigen *Permutationsvektor*. Ist der Permutationsvektor $p \in \mathbb{R}^{n-1}$ gegeben, dann kann ein Vektor $x \in \mathbb{R}^n$ mit dem Algorithmus 2.3 durch Px überschrieben werden.

Algorithmus 2.3: Bestimmung von Px mittels p.

---

for $k = 1 : n - 1$
    $\tau = x(k)$
    $x(k) = x(p(k))$
    $x(p(k)) = \tau$
end

Beispiel 2.5. Es werde angenommen, dass bei der LU-Faktorisierung einer Matrix $A \in \mathbb{R}^{3\times 3}$ die Permutationsmatrix

$$P = \begin{bmatrix} 0 & 1 & 0 \\ 0 & 0 & 1 \\ 1 & 0 & 0 \end{bmatrix}$$

entsteht. Daraus lassen sich die Permutationsmatrizen des ersten und zweiten Eliminationsschrittes ablesen:

$$P_1 = \begin{bmatrix} 0 & 1 & 0 \\ 1 & 0 & 0 \\ 0 & 0 & 1 \end{bmatrix}, \quad P_2 = \begin{bmatrix} 1 & 0 & 0 \\ 0 & 0 & 1 \\ 0 & 1 & 0 \end{bmatrix}.$$

Der zugehörige Permutationsvektor ist somit

$$p = (2, 3)^T.$$

Möchte man zum Beispiel für den Vektor $x = (a, b, c)^T$ nur auf der Grundlage von p den permutierten Vektor $x = Px$ (auf dem Vektor x wird Px abgespeichert) bestimmen, dann kann auf den Algorithmus 2.3 zurückgegriffen werden:
Für $k = 1$ sind $\tau = a$, $x_1 = b$ und $x_2 = a$, d. h. jetzt ist $x = (b, a, c)^T$.
Für $k = 2$ sind $\tau = a$, $x_2 = c$ und $x_3 = a$, d. h. der gesuchte permutierte Vektor ist $x = (b, c, a)^T$. □

Es soll jetzt noch eine weitere Möglichkeit, die Permutationsmatrix P in Vektorform abzuspeichern, angegeben werden, die insbesondere für die Implementierung mit der MATLAB von Bedeutung ist. Man startet mit dem Vektor $p = (1, 2, 3, \ldots, n)^T$. Werden nun im k-ten Schritt die Zeilen k und p_k vertauscht, dann werden in p die Komponenten k und p_k getauscht. Ist wiederum $x \in \mathbb{R}^n$, dann erhält man den Vektor Px mit dem MATLAB-

Befehl $Px = x(p)$. Für eine Matrix $A \in \mathbb{R}^{n \times n}$ ergibt sich PA sehr einfach mit dem Befehl $PA = A(p, :)$. □

Die numerische Bestimmung einer Lösung des linearen Gleichungssystems (2.2) wird man jetzt mit der im Algorithmus 2.4 dargestellten Modifikation des Algorithmus 2.1 vornehmen, die auf den obigen Betrachtungen basiert.

Algorithmus 2.4: Gauß-Elimination mit Spaltenpivotisierung.

---

1. Schritt: Man bestimme die LU-Faktorisierung der Matrix A: $PA = LU$,
   U obere $\triangle$-Matrix, L untere 1-$\triangle$-Matrix
2. Schritt: Man berechne den Hilfsvektor z mittels Vorwärts-Substitution aus
   dem unteren $\triangle$-System $Lz = Pb$
3. Schritt: Man berechne den Lösungsvektor x mittels Rückwärts-Substitution
   aus dem oberen $\triangle$-System $Ux = z$

Eine MATLAB-Implementierung, die die LU-Faktorisierung mit partieller Pivotisierung realisiert, ist im m-File 2.4 angegeben. Für die Lösung eines linearen Gleichungssystems kann wieder das m-File 2.6 verwendet werden.

m-File 2.4: lupart.m

```
1  function [L,U,p]=lupart(A)
2  % function [L,U,p]=lupart(A)
3  % Berechnet die LU-Faktorisierung mit Spalten-
      Pivotisierung
4  %
5  % A: (n x n)-Matrix,
6  % L: untere (n x n)-1-Dreiecksmatrix-Matrix,
7  % U: obere (n x n)-Dreiecksmatrix-Matrix,
8  % p: Permutationsvektor mit A(p,:) = L * U (Variante
      2).
9  %
10 [n,m]=size(A);
11 if n ~= m, error('Matrix A nicht quadratisch!'), end
12 p=1:n;
13 for k=1:n-1
14     [~,j]=max(abs(A(k:n,k)));
15     j=j+k-1;
16     if A(j,k) ~= 0
17         if j~=k
```

```
18              A([k,j],:)=A([j,k],:);
19        %    L([k,j],1:k-1)=L([j,k],1:k-1);
20              p([k,j])=p([j,k]);
21           end
22           A(k+1:n,k)=A(k+1:n,k)/A(k,k);
23           A(k+1:n,k+1:n)=A(k+1:n,k+1:n)-A(k+1:n,k)*A(k,
                 k+1:n);
24        else
25              error('Matrix A ist singulaer')
26        end
27     end
28     U=triu(A);
29     L=tril(A,-1)+eye(n);
30     end
```

Beispiel 2.6. Gegeben sei das lineare Gleichungssystem

$$\begin{bmatrix} 0 & 1 & 0 \\ 1 & 2 & 3 \\ 2 & 4 & 1 \end{bmatrix} \begin{pmatrix} x_1 \\ x_2 \\ x_3 \end{pmatrix} = \begin{pmatrix} 1 \\ 6 \\ 7 \end{pmatrix}.$$

Für die Kodierung der Permutationsmatrizen P_k mittels eines Permutationsvektors p verwenden wir die erste Variante, die auf einem $(n-1)$-dimensionalen Vektor basiert. Man berechnet:

$$P_1 = \begin{bmatrix} 0 & 0 & 1 \\ 0 & 1 & 0 \\ 1 & 0 & 0 \end{bmatrix}, \quad p = (3, \cdot)^T, \quad P_1 A = \begin{bmatrix} 2 & 4 & 1 \\ 1 & 2 & 3 \\ 0 & 1 & 0 \end{bmatrix}, \quad L_1 = \begin{bmatrix} 1 & 0 & 0 \\ -\frac{1}{2} & 1 & 0 \\ 0 & 0 & 1 \end{bmatrix},$$

$$L_1 P_1 A = \begin{bmatrix} 2 & 4 & 1 \\ 0 & 0 & \frac{5}{2} \\ 0 & 1 & 0 \end{bmatrix}, \quad P_2 = \begin{bmatrix} 1 & 0 & 0 \\ 0 & 0 & 1 \\ 0 & 1 & 0 \end{bmatrix}, \quad p = (3, 3)^T,$$

$$P_2 L_1 P_1 A = \begin{bmatrix} 2 & 4 & 1 \\ 0 & 1 & 0 \\ 0 & 0 & \frac{5}{2} \end{bmatrix}, \quad L_2 = \begin{bmatrix} 1 & 0 & 0 \\ 0 & 1 & 0 \\ 0 & 0 & 1 \end{bmatrix} = I,$$

$$L_2 P_2 L_1 P_1 A = \begin{bmatrix} 2 & 4 & 1 \\ 0 & 1 & 0 \\ 0 & 0 & \frac{5}{2} \end{bmatrix} = U, \quad P = P_2 P_1 = \begin{bmatrix} 0 & 0 & 1 \\ 1 & 0 & 0 \\ 0 & 1 & 0 \end{bmatrix},$$

$$\hat{L}_2 = L_2 = \begin{bmatrix} 1 & 0 & 0 \\ 0 & 1 & 0 \\ 0 & 0 & 1 \end{bmatrix} = I, \quad \hat{L}_1 = P_2 L_1 P_2 = \begin{bmatrix} 1 & 0 & 0 \\ 0 & 1 & 0 \\ -\frac{1}{2} & 0 & 1 \end{bmatrix},$$

$$\hat{L}_2^{-1} = I, \quad \hat{L}_1^{-1} = \begin{bmatrix} 1 & 0 & 0 \\ 0 & 1 & 0 \\ \frac{1}{2} & 0 & 1 \end{bmatrix}, \quad L = \hat{L}_1^{-1}\hat{L}_2^{-1} = \begin{bmatrix} 1 & 0 & 0 \\ 0 & 1 & 0 \\ \frac{1}{2} & 0 & 1 \end{bmatrix},$$

$$Pb = \begin{bmatrix} 0 & 0 & 1 \\ 1 & 0 & 0 \\ 0 & 1 & 0 \end{bmatrix} \begin{pmatrix} 1 \\ 6 \\ 7 \end{pmatrix} = \begin{pmatrix} 7 \\ 1 \\ 6 \end{pmatrix}.$$

Nun ist das untere $\triangle$-System mit der Vorwärts-Substitution zu lösen:

$$Lz = Pb: \quad \begin{bmatrix} 1 & 0 & 0 \\ 0 & 1 & 0 \\ \frac{1}{2} & 0 & 1 \end{bmatrix} \begin{pmatrix} z_1 \\ z_2 \\ z_3 \end{pmatrix} = \begin{pmatrix} 7 \\ 1 \\ 6 \end{pmatrix} \implies z = \begin{pmatrix} 7 \\ 1 \\ \frac{5}{2} \end{pmatrix}.$$

Jetzt kann das obere $\triangle$-System mittels Rückwärts-Substitution gelöst werden:

$$Ux = z: \quad \begin{bmatrix} 2 & 4 & 1 \\ 0 & 1 & 0 \\ 0 & 0 & \frac{5}{2} \end{bmatrix} \begin{pmatrix} x_1 \\ x_2 \\ x_3 \end{pmatrix} = \begin{pmatrix} 7 \\ 1 \\ \frac{5}{2} \end{pmatrix} \implies x = \begin{pmatrix} 1 \\ 1 \\ 1 \end{pmatrix}. \qquad \square$$

In Ergänzung zu der im m-File 2.4 implementierten LU-Faktorisierung mit partieller Pivotisierung ist im m-File 2.5 die LU-Faktorisierung mit vollständiger Pivotisierung in die Sprache der MATLAB umgesetzt.

m-File 2.5: luvoll.m

```
 1  function [L,U,p,q]=luvoll(A)
 2  % function [L,U,p,q]=luvoll(A)
 3  % Berechnet die LU-Faktorisierung mit vollstaendiger
 4  % Pivotisierung
 5  %
 6  % A: (n x n)-Matrix,
 7  % L: untere (n x n)-1-Dreiecksmatrix-Matrix,
 8  % U: obere (n x n)-Dreiecksmatrix-Matrix,
 9  % p,q: Permutationsvektoren mit  L * U = A(p,q).
10  %
11  [n,m]=size(A);
12  if n ~= m, error('Matrix A nicht quadratisch!'), end
13  p=1:n;q=p;
14  for k=1:n-1
15      [ma,j]=max(abs(A(k:n,k:n)));
16      [~,l]=max(ma);
17      j=j(1)+k-1;l=l+k-1;
18      if A(j,l) ~= 0
```

```
19    if j~=k
20        A([k,j],:)=A([j,k],:);
21        p([k,j])=p([j,k]);
22    end
23    if l~=k
24        A(:,[k,l])=A(:,[l,k]);
25        q([k,l])=q([l,k]);
26    end
27    A(k+1:n,k)=A(k+1:n,k)/A(k,k);
28    A(k+1:n,k+1:n)=A(k+1:n,k+1:n)-A(k+1:n,k)*A(k,
          k+1:n);
29  else
30      error('Matrix A ist singulaer')
31  end
32 end
33 U=triu(A);
34 L=tril(A,-1)+eye(n);
```

Mit dem m-File 2.6 kann nun ein lineares Gleichungssystem $Ax = b$ mit der Gauß-Elimination unter Verwendung der Diagonalstrategie, der partiellen Pivotisierung oder der vollständigen Pivotisierung gelöst werden.

m-File 2.6: lingl.m

```
1  function x=lingl(A,b,typ)
2  % function x=lingl(A,b,typ)
3  % Programmautoren: Prof. Dr. Martin Hermann und Dr.
        Dieter Kaiser
4  % Loest das lineare Gleichungssystem A x = b
5  % mit waehlbaren Varianten der Gauss-Elimination oder
        dem
6  % klassischen Cholesky-Verfahren und anschliessender
7  % Nachiteration (bei typ='pur' oder 'part')
8  %
9  % A: (n x n)-Matrix,
10 % b: n-dimensionaler-Vektor,
11 % typ: String mit == 'pur' ohne Pivotisierung,
12 %                    'part' mit partieller
        Pivotisierung,
13 %                    'voll' mit vollstaendiger
```

```
14  %                                      Pivotisierung,
15  %                       'chol' mit Cholesky-Verfahren,
16  % x: Loesung des linearen Gleichungssystems A x = b.
17  %
18  n=length(b);
19  p=(1:n)';
20  switch typ
21      case 'chol'
22          G=cholesky(A);
23          D=diag(diag(G));
24          U=D*G'; L=G/D;
25          bb=b;
26      case 'pur'
27          [L,U]=lupur(A);
28          bb=b;
29      case 'part'
30          [L,U,p]=lupart(A);
31          bb=b(p);
32      case 'voll'
33          [L,U,p,q]=luvoll(A);
34          bb=b(p);
35      otherwise
36          s=['typ kann nur ''pur'', ''part'', ''voll'' '
                 ]
37          s=[s,'oder ''chol'' sein']
38          error(s)
39  end
40  z=vorsubs(L,bb);
41  x=ruecksubs(U,z);
42  if strcmp(typ,'voll'),x(q)=x;
43  elseif strcmp(typ,'pur') || strcmp(typ,'part')
44      [x,~,~] = nachit(x,A,b,L,U,p);
45  end
46  end
```

Bezüglich der Durchführbarkeit der *LU*-Faktorisierung mit partieller Pivotisierung und der zugehörigen Gauß-Elimination (Algorithmen 2.4 und 2.6) gilt der folgende Satz.

Satz 2.3. *Es sei $A \in \mathbb{R}^{n \times n}$ eine reguläre Matrix. Dann existiert vor dem k-ten Eliminationsschritt stets eine Zeilenpermutation derart, dass das resultierende Pivotelement $a_{kk}^{(k)}$ von Null verschieden ist.*

Beweis. Die Regularität von A ist gleichbedeutend mit $\det(A) \neq 0$.

1. Es werde $a_{11} = 0$ angenommen. Dann existiert in der ersten Spalte mindestens ein $a_{i1} \neq 0$, denn anderenfalls ist $\det(A) = 0$. Eine Vertauschung der i-ten Zeile von A mit der ersten Zeile erzeugt an der Position (1,1) ein Pivot ungleich Null. Diese Zeilenvertauschung zieht aber in der Determinante von A einen Vorzeichenwechsel nach sich. Wir setzen deshalb $v_1 = 1$, falls vor dem ersten Eliminationsschritt ein Zeilentausch erforderlich ist, anderenfalls ($a_{11} \neq 0$) wird $v_1 = 0$ festgelegt. Zur Vereinfachung mögen die Matrixelemente nach einem eventuellen Zeilentausch wieder mit a_{ik} bezeichnet werden.

2. Die Addition eines Vielfachen der ersten Zeile zu den übrigen Zeilen ändert den Wert der Determinante nicht.

Unter Beachtung dieser Regeln ergibt sich nun (hier am Fall $n = 4$ demonstriert):

$$
\det(A) = (-1)^{v_1}
\begin{vmatrix}
a_{11} & a_{12} & a_{13} & a_{14} \\
a_{21} & a_{22} & a_{23} & a_{24} \\
a_{31} & a_{32} & a_{33} & a_{34} \\
a_{41} & a_{42} & a_{43} & a_{44}
\end{vmatrix}
= (-1)^{v_1}
\begin{vmatrix}
a_{11} & a_{12} & a_{13} & a_{14} \\
0 & a_{22}^{(2)} & a_{23}^{(2)} & a_{24}^{(2)} \\
0 & a_{32}^{(2)} & a_{33}^{(2)} & a_{34}^{(2)} \\
0 & a_{42}^{(2)} & a_{43}^{(2)} & a_{44}^{(2)}
\end{vmatrix}
$$

$$
= (-1)^{v_1} a_{11}
\begin{vmatrix}
a_{22}^{(2)} & a_{23}^{(2)} & a_{24}^{(2)} \\
a_{32}^{(2)} & a_{33}^{(2)} & a_{34}^{(2)} \\
a_{42}^{(2)} & a_{43}^{(2)} & a_{44}^{(2)}
\end{vmatrix}. \tag{2.40}
$$

Die Überlegungen für den ersten Eliminationsschritt übertragen sich sinngemäß auf die folgenden reduzierten Systeme bzw. ihre zugehörigen Determinanten. So existiert mindestens ein $a_{j2}^{(2)} \neq 0, j = 2, \ldots, 4$, da anderenfalls die dreireihige Determinante in (2.40) und damit $\det(A)$ verschwinden würde. Eine Vertauschung der j-ten Zeile mit der zweiten Zeile bringt an die Position (2,2) ein Pivotelement ungleich Null. $\qquad\square$

Wenn wir mit $u_{kk}, k = 1, \ldots, n-1$, das nach einem eventuellen Zeilentausch im k-ten Eliminationsschritt verwendete, in der Diagonalen stehende Pivotelement und mit u_{nn} das Pivot für den *leeren* n-ten Schritt bezeichnen, dann ergibt sich als unmittelbare Folge aus dem Satz 2.3 der Satz 2.4.

Satz 2.4. *Sind im Verlauf der LU-Faktorisierung (siehe Algorithmus 2.2) insgesamt $v \equiv \sum_{i=1}^{n-1} v_i$ Zeilenvertauschungen erforderlich, dann bestimmt sich die Determinante zu*

$$
\det(A) = (-1)^v \prod_{k=1}^{n} u_{kk}. \tag{2.41}
$$

Somit kann der Wert der Determinante von A als Nebenprodukt bei der *LU*-Faktorisierung bestimmt werden. Sind keine Zeilenvertauschungen erforderlich, dann ergibt sich wegen $\det(L) = 1$:

$$\det(A) = \det(L\,U) = \det(L)\,\det(U) = \prod_{k=1}^{n} u_{kk}.$$

Bemerkung 2.5. Der numerische Nachweis der Singularität bzw. Nichtsingularität einer Matrix A sollte niemals über die Determinante geführt werden. Die Multiplikation von A mit einem beliebigen skalaren Faktor $\alpha \neq 0$ führt nämlich zu einer Matrix, deren Determinante sich wie folgt bestimmt:

$$\det(\alpha\,A) = \alpha^n\,\det(A).$$

Somit kann man aus einer Matrix mit einer *kleinen* Determinante stets eine Matrix mit einer *beliebig großen* Determinante erzeugen und umgekehrt – ohne etwas an der linearen Abhängigkeit oder Unabhängigkeit der Spaltenvektoren von A zu verändern. Die Determinante ist aus der Sicht der Numerischen Mathematik nur als *invariante Boolesche Größe* interessant, für die in exakter Arithmetik gilt

$$\det(A) = 0 \quad \text{oder} \quad \det(A) \neq 0.$$

Für das Erkennen von Matrizen, deren Abstand zu einer Matrix mit exaktem Rangabfall sehr klein ist (sogenannte *fastsinguläre Matrizen*), müssen andere mathematische Hilfsmittel, wie zum Beispiel die *Singulärwertzerlegung* (siehe Abschnitt 2.5.2) herangezogen werden. □

Werden bei der Gauß-Elimination keine Zeilen- oder Spaltenvertauschungen durchgeführt, d. h., das Diagonalelement $a_{kk}^{(k)}$ der jeweiligen Matrix $A^{(k)}$ ist in jedem Fall das Pivot, dann spricht man von einer *Diagonalstrategie*. Diese Diagonalstrategie ist bei einigen Spezialfällen linearer Gleichungssysteme anwendbar und sogar sinnvoll. Einen solchen Spezialfall wollen wir an dieser Stelle darstellen.

Definition 2.8. Eine Matrix $A \in \mathbb{R}^{n \times n}$ heißt *strikt diagonaldominant*, wenn für ihre Elemente a_{ij} gilt:

$$|a_{ii}| > \sum_{\substack{k=1 \\ k \neq i}}^{n} |a_{ik}|, \quad i = 1, \dots, n. \tag{2.42}$$

□

Die Diagonalstrategie erweist sich für strikt diagonaldominante Matrizen als sachgemäß, wie der folgende Satz zeigt.

Satz 2.5. *Ist $A \in \mathbb{R}^{n \times n}$ eine strikt diagonaldominante Matrix, dann ist die Diagonalstrategie stets anwendbar.*

Beweis. Nach Voraussetzung ist

$$|a_{11}| > \sum_{k=2}^{n} |a_{1k}| \geq 0.$$

Damit stellt $a_{11} \neq 0$ ein zulässiges Pivotelement dar. Es soll gezeigt werden, dass sich die Eigenschaft der Diagonaldominanz auf das reduzierte Gleichungssystem überträgt. Man berechnet:

$$l_{i1} = \frac{a_{i1}}{a_{11}} \Rightarrow a_{ik}^{(2)} = a_{ik} - l_{i1} \cdot a_{1k} = a_{ik} - \frac{a_{i1}a_{1k}}{a_{11}}, \quad i,k = 2,\ldots,n. \tag{2.43}$$

Für die Diagonalelemente ($k = i$) folgt daraus die Abschätzung:

$$\left| a_{ii}^{(2)} \right| = \left| a_{ii} - \frac{a_{i1}a_{1i}}{a_{11}} \right| \geq |a_{ii}| - \left| \frac{a_{i1}a_{1i}}{a_{11}} \right|, \quad i = 2,\ldots,n. \tag{2.44}$$

Die Summe der Beträge der Außendiagonalelemente der i-ten Zeile ($i = 2,\ldots,n$) des *reduzierten Systems* erfüllt unter Beachtung der Voraussetzung (2.42) die Ungleichung

$$\sum_{\substack{k=2 \\ k \neq i}}^{n} |a_{ik}^{(2)}| = \sum_{\substack{k=2 \\ k \neq i}}^{n} \left| a_{ik} - \frac{a_{i1}a_{1k}}{a_{11}} \right| \leq \sum_{\substack{k=2 \\ k \neq i}}^{n} |a_{ik}| + \left| \frac{a_{i1}}{a_{11}} \right| \sum_{\substack{k=2 \\ k \neq i}}^{n} |a_{1k}|$$

$$= \sum_{\substack{k=1 \\ k \neq i}}^{n} |a_{ik}| - |a_{i1}| + \left| \frac{a_{i1}}{a_{11}} \right| \left\{ \sum_{k=2}^{n} |a_{1k}| - |a_{1i}| \right\}$$

$$< |a_{ii}| - |a_{i1}| + \left| \frac{a_{i1}}{a_{11}} \right| \left\{ |a_{11}| - |a_{1i}| \right\} = |a_{ii}| - \left| \frac{a_{i1}a_{1i}}{a_{11}} \right| \leq |a_{ii}^{(2)}|.$$

Folglich steht mit $a_{22}^{(2)}$, wegen $|a_{22}^{(2)}| > \sum_{k=3}^{n} |a_{2k}^{(2)}| \geq 0$, ein geeignetes Pivotelement zur Verfügung und die Diagonalstrategie ist tatsächlich anwendbar. $\square$

Über die garantierte Durchführbarkeit der Gauß-Elimination ohne Zeilenvertauschungen hinaus ist für diagonaldominante Matrizen bekannt, dass die Gauß-Elimination ohne Pivotisierung ein perfekt stabiles Verfahren ist. Insbesondere gilt hier für den im Abschnitt 2.5 definierten Wachstumsfaktor $\varrho_n^p \leq 2$, d. h., die transformierten Matrixelemente wachsen während des Eliminationsprozesses nicht signifikant an [33].

Eine andere Klasse von Matrizen, für die die Diagonalstrategie problemlos durchführbar ist, stellen die *symmetrischen, positiv definiten* Matrizen dar (siehe auch Abschnitt 2.4).

Im Folgenden wollen wir zeigen, dass selbst die Spaltenpivotisierung nicht in jedem Fall zu einem vernünftigen Ergebnis führt. Zur Demonstration betrachten wir das folgende Beispiel.

Beispiel 2.7.

$$0.3000 \cdot 10^2 x_1 + 0.5914 \cdot 10^6 x_2 = 0.5917 \cdot 10^6$$
$$0.5291 \cdot 10^1 x_1 - 0.6130 \cdot 10^1 x_2 = 0.4678 \cdot 10^2. \tag{2.45}$$

Die exakte Lösung dieses Problems lautet $x_1 = 10$ und $x_2 = 1$. Bei partieller Pivotisierung ist offensichtlich kein Zeilentausch erforderlich. Als erster Multiplikator ergibt sich bei

4-stelliger Rechnung ($\mathcal{R} = \mathcal{R}(10, 4, 20, 20)$) sowie der Rundungsvorschrift (1.56):

$$l_{21} = \frac{0.5291 \cdot 10^1}{0.300 \cdot 10^2} = 0.1764 \cdot 10^0 \quad \text{(klein!)}$$

Damit erhält man das gestaffelte System

$$0.3000 \cdot 10^2 x_1 + 0.5914 \cdot 10^6 x_2 = 0.5917 \cdot 10^6$$
$$- 0.1043 \cdot 10^6 x_2 = -0.1044 \cdot 10^6.$$

Die Rückwärts-Substitution ergibt: $x_2 = 0.1001 \cdot 10^1$ und $x_1 = -0.1000 \cdot 10^2$.
Offensichtlich ist dieses Resultat falsch! $\qquad\qquad\qquad\qquad\qquad\qquad\qquad$ □

Die Ursache für das Versagen der partiellen Pivotisierung im obigen Beispiel lässt sich leicht feststellen: Der Betrag des Pivotelementes ist zu klein im Vergleich zum Maximum der Beträge der übrigen Matrixelemente in der ersten Zeile. Dies führt bei der Rechnung zu einem Verlust an geltenden Stellen. Mit einer einfachen Maßnahme kann man dem abhelfen. Die Gleichungen werden am Anfang der Rechnung so *skaliert*, dass für die resultierenden Koeffizienten $\hat{a}_{ik}$ gilt:

$$\sum_{k=1}^{n} |\hat{a}_{ik}| = 1, \quad i = 1, \ldots, n. \tag{2.46}$$

Dies erreicht man dadurch, dass für jede Gleichung des Systems die Summe der Beträge der Matrixelemente (der *Skalenfaktor*) gebildet und anschließend jede Gleichung durch den zugehörigen Skalenfaktor dividiert wird. Offensichtlich erzeugt diese Skalierung Matrixelemente $\hat{a}_{ik}$, für die $|\hat{a}_{ik}| \leq 1$, $i, k = 1, \ldots, n$, gilt. Insbesondere führt sie in Kombination mit der Spaltenpivotisierung zu einer Vorschrift, mit der das „richtige" Pivotelement bestimmt wird (ohne die aufwendige vollständige Pivotisierung verwenden zu müssen). Wir wollen dies anhand des folgenden Beispiels demonstrieren.

Beispiel 2.8. Das Gleichungssystem sowie die Menge der zugrundeliegenden Maschinenzahlen seien wie im vorangegangenen Beispiel gegeben. Aus der Anwendung der Vorschrift (2.46) auf das lineare System (2.45) resultiert das skalierte Problem

$$0.5073 \cdot 10^{-4} x_1 + 0.1000 \cdot 10^1 x_2 = 0.1001 \cdot 10^1 \quad \Big| \text{ Faktor } 0.5914 \cdot 10^6$$
$$0.4633 \cdot 10^0 x_1 - 0.5368 \cdot 10^0 x_2 = 0.4095 \cdot 10^1 \quad \Big| \text{ Faktor } 0.1142 \cdot 10^2.$$

Wendet man nun darauf die partielle Pivotisierungsstrategie an, dann ist – anders als beim ursprünglichen System – ein Zeilentausch erforderlich:

$$0.4633 \cdot 10^0 x_1 - 0.5368 \cdot 10^0 x_2 = 0.4095 \cdot 10^1$$
$$0.5073 \cdot 10^{-4} x_1 + 0.1000 \cdot 10^1 x_2 = 0.1001 \cdot 10^1.$$

Der zugehörige Multiplikator berechnet sich jetzt zu

$$l_{21} = \frac{0.5073 \cdot 10^{-4}}{0.4633 \cdot 10^{0}} = 0.1095 \cdot 10^{-3}$$

und das gestaffelte System lautet:

$$0.4633 \cdot 10^{0}\, x_1 - 0.5368 \cdot 10^{0}\, x_2 = 0.4096 \cdot 10^{1}$$
$$+0.1000 \cdot 10^{1}\, x_2 = 0.1001 \cdot 10^{1}.$$

Schließlich ergibt sich mit der Rückwärts-Substitution eine vernünftige Approximation der exakten Lösung zu

$$x_2 = 0.1001 \cdot 10^{1} \quad \text{und} \quad x_1 = 0.9998 \cdot 10^{1}. \qquad \square$$

Die Skalierung der Ausgangsgleichungen gemäß (2.46) überträgt sich natürlich nicht immer auf die Gleichungen der reduzierten Systeme, sodass der für den ersten Schritt günstige Einfluss auf die Spaltenpivotisierung in den späteren Eliminations-schritten verloren gehen kann. Deshalb sollten eigentlich alle reduzierten Systeme stets wieder skaliert werden. Da sich der Rechenaufwand hierdurch etwa verdoppelt und jede Skalierung wieder Rundungsfehler nach sich zieht, führt man die Skalierung in der Praxis nur *implizit* durch. Unter den infrage kommenden Elementen bestimmt man dasjenige zum Pivot, welches dem Betrag nach, relativ zur Summe der Beträge der Elemente der zugehörigen Zeile, am größten ist. Man spricht in diesem Falle von einer *relativen Spaltenpivotisierung* [69], die sich wie folgt darstellt:

Vor der Ausführung des k-ten Schrittes wird ein Index p so bestimmt, dass gilt:

$$\max_{k \leq i \leq n} \left\{ \frac{|a_{ik}^{(k)}|}{\sum_{j=k}^{n} |a_{ij}^{(k)}|} \right\} = \frac{|a_{pk}^{(k)}|}{\sum_{j=k}^{n} |a_{pj}^{(k)}|}. \qquad (2.47)$$

Ist $p \neq k$, dann wird die p-te Zeile mit der k-ten Zeile vertauscht.

MAN BEACHTE: Die Zahlen l_{ik}, $i > k$, sind jetzt nicht mehr betragsmäßig durch Eins beschränkt!

In den Naturwissenschaften und der Technik treten häufig Problemstellungen auf, bei denen die Lösungen mehrerer Gleichungssysteme mit ein und derselben Ko-effizientenmatrix $A \in \mathbb{R}^{n \times n}$ gesucht sind, d. h., die Systeme unterscheiden sich nur in der jeweiligen rechten Seite $b \in \mathbb{R}^{n}$. Sind etwa m solche Gleichungssysteme mit den rechten Seiten $b^{(1)}, \ldots, b^{(m)}$ zu lösen, dann fasst man diese m Vektoren zu einer Matrix $B \equiv [b^{(1)}|b^{(2)}|\ldots|b^{(m)}] \in \mathbb{R}^{n \times m}$ zusammen. Zu bestimmen ist jetzt eine Matrix $X \equiv [x^{(1)}|\ldots|x^{(m)}] \in \mathbb{R}^{n \times m}$ als Lösung der Matrizengleichung

$$AX = B. \qquad (2.48)$$

In den gängigen Programmpaketen zur Numerischen Mathematik sind fast al-le Implementierungen der Gauß-Elimination auf die Lösung von Matrizensystemen der Form (2.48) ausgerichtet. Dabei wird die LU-Faktorisierung nur einmal bestimmt. Liegt sie vor, dann wird für jede der verschiedenen rechten Seiten $b^{(k)}$ nur noch eine Vorwärts- und eine Rückwärts-Substitution ausgeführt, um den k-ten Spaltenvektor der Lösungsmatrix X zu berechnen. In algorithmischer Formulierung können wir dies, wie im Algorithmus 2.5 angegeben, aufschreiben.

Algorithmus 2.5: Gauß-Elimination für $AX = B$.

```
1. Schritt: Berechne A = L U
2. Schritt: for i = 1 : m
                Löse L z^(i) = b^(i)
                Löse U x^(i) = z^(i)
            end
```

Der Rechenaufwand bestimmt sich zu $2n^3/3 + 2mn^2$ flops.

Die obige Vorgehensweise findet speziell Anwendung bei der *Invertierung* einer regulären Matrix A. Da die gesuchte Inverse $X \equiv A^{-1}$ die Beziehung

$$AX = I; \quad I - \text{Einheitsmatrix der Dimension } n \tag{2.49}$$

erfüllt, lässt sich diese wie folgt effektiv und numerisch stabil berechnen. Bezeichnen $x^{(1)}, \ldots, x^{(n)}$ die Spaltenvektoren von $X \in \mathbb{R}^{n \times n}$, d. h., $X = [x^{(1)}, \ldots, x^{(n)}]$, und sind $e^{(1)}, \ldots, e^{(n)}$ die Einheitsvektoren im $\mathbb{R}^n$, dann führt man die numerische Bestimmung von A^{-1} auf die Berechnung von n linearen Gleichungssystemen mit ein und derselben Systemmatrix A zurück:

$$Ax^{(i)} = e^{(i)}, \quad i = 1, \ldots, n. \tag{2.50}$$

Somit braucht auch hier die LU-Faktorisierung von A nur einmal berechnet zu werden (mit dem üblichen Aufwand von $2/3 \, n^3$ flops). Damit ergibt sich ein Gesamtaufwand für die Invertierung von $8/3 \, n^3$ flops.

Beispiel 2.9. Gegeben seien die Matrix

$$A = \begin{bmatrix} 0 & 0 & 27 & 3 \\ 0 & 1 & 8 & 12 \\ 1 & 8 & 27 & 27 \\ 2 & 16 & 54 & 18 \end{bmatrix}$$

sowie deren LU-Faktorisierung $PA = LU$, mit

$$P = \begin{bmatrix} 0 & 0 & 0 & 1 \\ 0 & 1 & 0 & 0 \\ 1 & 0 & 0 & 0 \\ 0 & 0 & 1 & 0 \end{bmatrix}, \quad L = \begin{bmatrix} 1 & 0 & 0 & 0 \\ 0 & 1 & 0 & 0 \\ 0 & 0 & 1 & 0 \\ 0.5 & 0 & 0 & 1 \end{bmatrix}, \quad U = \begin{bmatrix} 2 & 16 & 54 & 18 \\ 0 & 1 & 8 & 12 \\ 0 & 0 & 27 & 3 \\ 0 & 0 & 0 & 18 \end{bmatrix}.$$

Falls die Matrix A nichtsingulär ist, soll unter Verwendung der obigen LU-Faktorisierung die zweite Spalte $x^{(2)}$ der Inversen $A^{-1} = [x^{(1)}|x^{(2)}|x^{(3)}|x^{(4)}]$ bestimmt werden.

Die Matrix A ist tatsächlich nichtsingulär, da sich die LU-Faktorisierung mit partieller Pivotisierung ohne verschwindende Pivots durchführen ließ. Der Wert der Determinante kann auch nach der Formel (2.41) wie folgt ermittelt werden:

$$\det(A) = (-1)^2 \cdot u_{11} \cdot u_{22} \cdots u_{44} = 1 \cdot 972 = 972 \neq 0.$$

Um die zweite Spalte $x^{(2)}$ von A^{-1} zu bestimmen ist das folgende Gleichungssystem zu lösen: $Ax^{(2)} = e^{(2)}$, d. h. $PAx^{(2)} = Pe^{(2)}$. Daraus folgt $LUx^{(2)} = Pe^{(2)} = e^{(2)}$.

Aus dem unteren $\triangle$-System $Lz = e^{(2)}$ ergibt sich $z = e^{(2)}$. Aus dem nachfolgenden oberen $\triangle$-System $Ux^{(2)} = e^{(2)}$ bestimmt sich die gesuchte Spalte der inversen Matrix zu $x^{(2)} = (-8, 1, 0, 0)^T$. $\qquad\square$

Auch bei der Berechnung von Ausdrücken der Form

$$y = CA^{-1}Dx, \qquad (2.51)$$

wobei $C, A, D \in \mathbb{R}^{n \times n}$ und $x \in \mathbb{R}^n$ gegeben sind, sollte man niemals die Inverse von A explizit bestimmen. Dies trifft insbesondere für Bandmatrizen zu, da durch eine Invertierung die spezielle Struktur der Matrix zerstört und damit der Rechenaufwand enorm ansteigen würde. Außerdem ist es sachgemäß, den Vektor y von rechts nach links, d. h. niemals von innen heraus, zu berechnen. Eine vernünftige algorithmische Umsetzung der obigen Formel ist im Algorithmus 2.6 angegeben.

Algorithmus 2.6: Realisierung von (2.51).

---

1. Schritt: Bilde $u = Dx$.
2. Schritt: Berechne den Hilfsvektor v mittels Gauß-Elimination aus dem linearen Gleichungssystem $Av = u$.
3. Schritt: Bilde $y = Cv$.

Beispiel 2.10. Gegeben seien die folgenden Matrizen und Vektoren:

$$C = \begin{bmatrix} 2 & 4 & 6 \\ 8 & 1 & 2 \\ 3 & 4 & 5 \end{bmatrix}, \quad A = \begin{bmatrix} 0 & 1 & 0 \\ 1 & 2 & 3 \\ 2 & 4 & 1 \end{bmatrix}, \quad D = \begin{bmatrix} 2 & 2 & 2 \\ 3 & 1 & 1 \\ 0 & 1 & 0 \end{bmatrix}, \quad x = \begin{pmatrix} 2.75 \\ 7 \\ -9.25 \end{pmatrix}.$$

Es soll nun $y = CA^{-1}Dx$ auf numerisch stabile und effektive Weise berechnet werden. Es ist

$$u = Dx = \begin{bmatrix} 2 & 2 & 2 \\ 3 & 1 & 1 \\ 0 & 1 & 0 \end{bmatrix} \begin{pmatrix} 2.75 \\ 7 \\ -9.25 \end{pmatrix} = \begin{pmatrix} 1 \\ 6 \\ 7 \end{pmatrix}.$$

Jetzt muss das Gleichungssystem $Av = u$

$$\begin{bmatrix} 0 & 1 & 0 \\ 1 & 2 & 3 \\ 2 & 4 & 1 \end{bmatrix} \begin{pmatrix} v_1 \\ v_2 \\ v_3 \end{pmatrix} = \begin{pmatrix} 1 \\ 6 \\ 7 \end{pmatrix}$$

gelöst werden. Man berechnet:

$$P_1 = \begin{bmatrix} 0 & 0 & 1 \\ 0 & 1 & 0 \\ 1 & 0 & 0 \end{bmatrix} \quad P_1A = \begin{bmatrix} 2 & 4 & 1 \\ 1 & 2 & 3 \\ 0 & 1 & 0 \end{bmatrix}, \quad L_1 = \begin{bmatrix} 1 & 0 & 0 \\ -\frac{1}{2} & 1 & 0 \\ 0 & 0 & 1 \end{bmatrix},$$

$$L_1P_1A = \begin{bmatrix} 2 & 4 & 1 \\ 0 & 0 & \frac{5}{2} \\ 0 & 1 & 0 \end{bmatrix} \quad P_2 = \begin{bmatrix} 1 & 0 & 0 \\ 0 & 0 & 1 \\ 0 & 1 & 0 \end{bmatrix}, \quad P_2L_1P_1A = \begin{bmatrix} 2 & 4 & 1 \\ 0 & 1 & 0 \\ 0 & 0 & \frac{5}{2} \end{bmatrix},$$

$$L_2 = \begin{bmatrix} 1 & 0 & 0 \\ 0 & 1 & 0 \\ 0 & 0 & 1 \end{bmatrix}, \quad L_2P_2L_1P_1A = \begin{bmatrix} 2 & 4 & 1 \\ 0 & 1 & 0 \\ 0 & 0 & \frac{5}{2} \end{bmatrix} = U, \quad P = P_2P_1 = \begin{bmatrix} 0 & 0 & 1 \\ 1 & 0 & 0 \\ 0 & 1 & 0 \end{bmatrix},$$

$$\hat{L}_2 = L_2 = \begin{bmatrix} 1 & 0 & 0 \\ 0 & 1 & 0 \\ 0 & 0 & 1 \end{bmatrix}, \quad \hat{L}_1 = P_2L_1P_2 = \begin{bmatrix} 1 & 0 & 0 \\ 0 & 1 & 0 \\ -\frac{1}{2} & 0 & 1 \end{bmatrix}, \quad \hat{L}_2^{-1} = I,$$

$$\hat{L}_1^{-1} = \begin{bmatrix} 1 & 0 & 0 \\ 0 & 1 & 0 \\ \frac{1}{2} & 0 & 1 \end{bmatrix}, \quad L = \hat{L}_1^{-1}\hat{L}_2^{-1} = \begin{bmatrix} 1 & 0 & 0 \\ 0 & 1 & 0 \\ \frac{1}{2} & 0 & 1 \end{bmatrix},$$

$$Pb = \begin{bmatrix} 0 & 0 & 1 \\ 1 & 0 & 0 \\ 0 & 1 & 0 \end{bmatrix} \begin{pmatrix} 1 \\ 6 \\ 7 \end{pmatrix} = \begin{pmatrix} 7 \\ 1 \\ 6 \end{pmatrix}.$$

Nun ist das untere $\triangle$-System $Lz = Pb$ mit der Vorwärts-Substitution zu lösen:

$$\begin{bmatrix} 1 & 0 & 0 \\ 0 & 1 & 0 \\ \frac{1}{2} & 0 & 1 \end{bmatrix} \begin{pmatrix} z_1 \\ z_2 \\ z_3 \end{pmatrix} = \begin{pmatrix} 7 \\ 1 \\ 6 \end{pmatrix} \implies z = \begin{pmatrix} 7 \\ 1 \\ \frac{5}{2} \end{pmatrix}.$$

Jetzt kann das obere $\triangle$-System $Uv = z$ mittels Rückwärts-Substitution gelöst werden:

$$\begin{bmatrix} 2 & 4 & 1 \\ 0 & 1 & 0 \\ 0 & 0 & \frac{5}{2} \end{bmatrix} \begin{pmatrix} v_1 \\ v_2 \\ v_3 \end{pmatrix} = \begin{pmatrix} 7 \\ 1 \\ \frac{5}{2} \end{pmatrix} \implies v = \begin{pmatrix} 1 \\ 1 \\ 1 \end{pmatrix}$$

Schließlich ergibt sich $y = Cv$ zu

$$y = \begin{bmatrix} 2 & 4 & 6 \\ 8 & 1 & 2 \\ 3 & 4 & 5 \end{bmatrix} \begin{pmatrix} 1 \\ 1 \\ 1 \end{pmatrix} = \begin{pmatrix} 12 \\ 11 \\ 12 \end{pmatrix}. \qquad \square$$

Die bisher betrachteten Varianten der LU-Faktorisierung garantieren nicht, dass die mit ihnen berechnete numerische Lösung $\tilde{x}$ die jeweils geforderte Genauigkeit besitzt. Wir wollen deshalb der Frage nachgehen, ob sich $\tilde{x}$ ohne großen zusätzlichen Aufwand ($< O(n^3)$ flops) noch nachträglich verbessern lässt. Eine genauere Approximation erhält man sicher dann, wenn die Rechnung noch einmal mit vergrößerter Mantissenlänge durchgeführt wird. Offensichtlich gehen dabei aber alle Informationen, die während der Gauß-Elimination für $\tilde{x}$ bereits erhalten wurden, verloren. Des Weiteren erweist sich der hierzu erforderliche Aufwand als zu groß, da nochmals $O(n^3)$ flops benötigt werden. Eine wesentlich günstigere Strategie ist unter dem Namen *Nachiteration* bekannt und soll im Anschluß an die folgende Definition erläutert werden.

Definition 2.9. Bezeichnet $x \in \mathbb{R}^n$ die exakte Lösung des Gleichungssystems (2.2) und ist $\tilde{x} \in \mathbb{R}^n$ eine Näherung für x, dann sei der zu $\tilde{x}$ gehörende *Residuenvektor* $r(\tilde{x}) \in \mathbb{R}^n$ wie folgt definiert:

$$r(\tilde{x}) \equiv b - A\tilde{x} = A(x - \tilde{x}). \qquad (2.52)$$

Oftmals wird für $r(\tilde{x})$ auch die kürzere Bezeichnung *Residuum* verwendet. $\qquad \square$

Es sei nun $x^{(0)} \equiv \tilde{x}$ die mittels der Gauß-Elimination berechnete Approximation der exakten Lösung x von (2.2). Des Weiteren bezeichne $\triangle x^{(0)} \in \mathbb{R}^n$ einen Korrekturvektor, für den gilt:

$$x = x^{(0)} + \triangle x^{(0)}. \qquad (2.53)$$

Setzt man diesen Ausdruck in (2.2) ein, so resultiert

$$Ax = Ax^{(0)} + A\triangle x^{(0)} = b \quad \text{bzw.} \quad A\triangle x^{(0)} = b - Ax^{(0)} = r(x^{(0)}).$$

Die Korrektur $\triangle x^{(0)}$ erfüllt somit das lineare Gleichungssystem

$$A\triangle x^{(0)} = r(x^{(0)}). \quad \text{(Korrekturgleichung)} \qquad (2.54)$$

Die Koeffizientenmatrix von (2.54) ist die gleiche wie beim ursprünglichen System (2.2), sodass zur Berechnung von $\triangle x^{(0)}$ die bereits bestimmte LU-Faktorisierung der Matrix

A verwendet werden kann. Da die numerische Lösung der Korrekturgleichung (2.54) wegen der nicht zu vermeidenden Rundungsfehler nur zu einer Approximation $\tilde{\triangle}x^{(0)}$ von $\triangle x^{(0)}$ führt, erhält man nach (2.53) ein

$$x^{(1)} \equiv x^{(0)} + \tilde{\triangle}x^{(0)},$$

mit $x^{(1)} \neq x$. Trotzdem wird die Näherungslösung $x^{(1)}$ i. allg. eine bessere Approximation von $x = A^{-1}b$ darstellen, als dies mit $x^{(0)}$ der Fall ist. Die Idee der *Nachiteration* (engl.: *iterative refinement*) besteht nun darin, diesen Prozess so lange zu wiederholen, bis die Iterierte $x^{(i)}$ die exakte Lösung *hinreichend genau* approximiert. Mit der im m-File-2.7 dargestellten MATLAB-Funktion nachit liegt eine Implementierung der Nachiteration vor.

HINWEIS: In den Kommentaren der MATLAB-Funktionen sind diejenigen Eingabedaten in eckigen Klammern gesetzt, die nicht notwendig vom Anwender eingegeben werden müssen. In diesem Falle werden Standardwerte gesetzt. □

m-File 2.7: nachit.m

```
1  function [x,i,ind] = nachit(x0,A,b,L,U,p,TOL1,TOL2,N0
     )
2  % function [x,i,ind] = nachit(x0,A,b,L,U,[p],[TOL1,
     TOL2,N0])
3  % Programmautoren: Prof. Dr. Martin Hermann und Dr.
     Dieter Kaiser
4  % Verbesserung einer Naeherungsloesung des linearen
5  % Gleichungssystems Ax=b mit (mindestens) einem
     Schritt
6  % der Nachiteration
7  %
8  % x0: Naeherung fuer x=inv(A)*b,
9  % A: Systemmatrix des Gleichungssystems,
10 % b: rechte Seite des Gleichungssystems,
11 % L,U: Faktoren der LU-Faktorisierung von A,
12 % p: Pivotisierungsvektoren,
13 % TOL1 und TOL2: Toleranzen,
14 % N0: maximale Iterationsschrittanzahl.
15 % ,
16 % x: letzte Iterierte,
17 % i: benoetigte Anzahl an Iterationen,
18 % ind: Information ueber den Rechenverlauf, mit:
19 % ind=1: Verfahren konvergiert, 'Loesung' x ist
     berechnet,
```

```
20 % ind=2:   maximale Iterationsschrittanzahl N0
21 %            ueberschritten.
22 %
23 n=length(x0);
24 x=x0; i=0;
25 if ~exist('p','var'),p=(1:n)';end
26 if nargin < 7, TOL1=1e-15; TOL2=1e-15; N0=100; end
27 while i < N0
28 % Berechnung des Residuums mit dem Kahan-Babuska-
      Trick
29     r=0*x;
30     for k=1:n
31         s=0;ds=0;
32         z=A(k,:)'.*x;
33         for j=1:n
34             sn=s+z(j);
35             xs=sn-s;
36             dx=z(j)-xs;
37             ds=ds+dx;
38             s=sn;
39         end
40         s=s+ds;
41         r(k)=s;
42     end
43     r=b-r;
44 % Residuum berechnet
45 %
46 % Loesung des linearen Gleichungssystems A*w=r
47 % unter Verwendung der LU-Faktorisierung von A
48     w=vorsubs(L,r(p));
49     w=ruecksubs(U,w);
50     i=i+1; x=x+w;
51     if norm(r) < TOL1*(1+norm(b))   % x ist 'Loesung'
52         ind=1; return
53     end
54     if norm(w) < TOL2*(1+norm(x))   % x ist 'Loesung'
55         ind=1; return
56     end
57 end
58 % maximale Iterationsschrittanzahl N0 ueberschritten
59 ind=2;
```

Wie man leicht nachrechnet, beträgt der Aufwand für die Nachiteration $O(n^2)$ flops pro Iterationsschritt. Da in der Praxis i. allg. nur einige Schritte der Nachiteration zum Erreichen der geforderten Genauigkeit benötigt werden, ist der zusätzliche Rechenaufwand gering im Vergleich zu den $O(n^3)$ flops für die *LU*-Faktorisierung der Matrix A.

Bemerkung 2.6. Bei einer Implementierung der Nachiteration sollte das Residuum mit doppelter Mantissenlänge berechnet werden, um möglichen *Auslöschungen* vorzubeugen. Nach der Bestimmung des Residuenvektors kann wieder auf die standardmäßig verwendete Genauigkeit gerundet werden. In vielen Programmiersprachen ist die Rechnung mit doppelter Genauigkeit nicht vorgesehen. Das trifft auch auf die in diesem Text verwendete MATLAB zu. In diesem Falle kann man sich mit dem sogenannten *Kahan-Babuška-Trick* (siehe [13]) helfen.

Gegeben sei ein Vektor $y = (y_1, \ldots, y_n)^T$. Berechnet werden soll mit doppelter Genauigkeit die Summe seiner Kompoinenten. Hierzu werde angenommen, dass s die Teilsumme von y_1 bis y_{i-1} und wesentlich gößer als der neu hinzukommende Summand y_i ist. Somit gilt:

$$
\begin{aligned}
s &= 0.\underline{b\,b\,b\,b\,b\,b} \\
y_i &= 0.\underbrace{000}_{yt}\,\underbrace{a\,a\,a\,a\,a\,a}_{dy} \\
\hline
+\ sn &= 0.b\,b\,b\,b\,c\,c
\end{aligned}
$$

Bei der gewöhnlichen Gleitpunkt-Addition wirken sich nur die ersten Stellen (yt) auf die Summe $sn = s + y_i$ aus. Die restlichen Stellen (dy) werden nicht berücksichtigt. Die Idee besteht nun darin, dass man sich durch die beiden (i. allg. rundungsfehlerfreien) Subtraktionen $yt = sn - s$ und $dy = y_i - yt$ die sonst verlorengehenden Stellen bereitstellt und gesondert aufsummiert. In dem m-File 2.8 ist eine MATLAB-Funktion dargestellt, die den Kahan-Trick realisiert. Dieser Algorithmus ist Bestandteil des m-Files 2.7 für die Nachiteration. □

m-File 2.8: kahan.m

```
1  function s=kahan(y)
2  % function s=kahan(y)
3  % y: vorzugebender Vektor, s: die Summe der
       Komponenten von y
4  % (mit dem Kahan-Trick in doppelter Genauigkeit
       berechnet)
5  %
6  l=length(y)+1;
7  s=0; %Summe der y_i
8  ds=0; %Summe der Korrekturen
```

```
 9  i=1;
10  while i<l
11  sn=s+y(i); %Addition
12  yt=sn-s; %Berechnung der Korrektur
13  dy=y(i)-yt;
14  ds=ds+dy; %Addition der Korrektur
15  s=sn;
16  i=i+1;
17  end
18  fprintf('Die Summe der Komponenten des Vektors y:')
19  s=s+ds; %korrigierte Summe
```

Die Konvergenz der Nachiteration wird im Abschnitt 2.6.1 eingehend untersucht.

2.4 Systeme mit speziellen Eigenschaften

2.4.1 Positiv definite Systeme

In diesem Abschnitt betrachten wir eine für die Anwendungen wichtige Klasse von Matrizen $A \in \mathbb{R}^{n \times n}$, bei denen der Aufwand für die LU-Faktorisierung beträchtlich reduziert werden kann. Es handelt sich dabei um einen Spezialfall *symmetrischer* Matrizen (wie üblich wird eine Matrix A symmetrisch genannt, wenn $A = A^T$ gilt), wie aus der folgenden Definition zu ersehen ist.

Definition 2.10. Eine symmetrische Matrix A heißt *positiv definit*, falls die zugehörige quadratische Form $Q_A(x)$ positiv definit ist, d. h., falls gilt:

$$Q_A(x) \equiv x^T A x = \sum_{i=1}^{n} \sum_{k=1}^{n} a_{ik} x_i x_k \begin{cases} \geq 0 & \forall x \in \mathbb{R}^n, \\ = 0 & \Leftrightarrow x = 0. \end{cases} \tag{2.55}$$

$\square$

Aus der linearen Algebra sind die folgenden *notwendigen* und *hinreichenden* Bedingungen für die positive Definitheit einer Matrix A bekannt:

1. Die Determinanten aller führenden Hauptuntermatrizen von A sind positiv. Dabei versteht man unter einer *führenden Hauptuntermatrix* eine Matrix der Form

$$\begin{bmatrix} a_{11} & a_{12} & \cdots & a_{1k} \\ a_{21} & a_{22} & \cdots & a_{2k} \\ \vdots & \vdots & & \cdots \\ a_{k1} & a_{k2} & \cdots & a_{kk} \end{bmatrix}, \quad k = 1, \ldots, n. \tag{2.56}$$

Als einfache Merkregel gilt somit: es handelt sich dabei um Untermatrizen, die alle links oben angeheftet sind und Teile der Diagonalen von A als Diagonale enthalten;

2. Alle Eigenwerte von A sind positiv;
3. A lässt sich mittels Gauß-Transformationen L_k in eine obere $\triangle$-Matrix mit positiven Diagonalelementen überführen;
4. Die später betrachtete Cholesky-Faktorisierung (2.61) von A ist in *exakter Arithmetik* durchführbar.

Es sollen nun einige *notwendige* Bedingungen für die positive Definitheit von A angegeben werden, mit deren Hilfe man oftmals sehr schnell ausschließen kann, dass eine vorliegende Matrix positiv definit ist. Hierzu wird das folgende Resultat benötigt.

Satz 2.6. *Ist $A \in \mathbb{R}^{n \times n}$ positiv definit und besitzt $X \in \mathbb{R}^{n \times k}$ den Rang k, dann ist auch die Matrix $B \equiv X^T A X \in \mathbb{R}^{k \times k}$ positiv definit.*

Beweis. Mit $z \in \mathbb{R}^k$ berechnet sich die quadratische Form von B zu

$$Q_B(z) = z^T B z = z^T X^T A X z = (Xz)^T A (Xz).$$

Da A positiv definit ist, gilt $Q_B(z) \geq 0$. Im Falle $Q_B(z) = 0$ ist $Xz = 0$, woraus wegen des vollen Spaltenranges von X sofort $z = 0$ folgt. $\qquad\square$

Im folgenden Satz sind vier notwendige Bedingungen für die positive Definitheit einer Matrix A genannt.

Satz 2.7. *Für jede positiv definite Matrix $A \in \mathbb{R}^{n \times n}$ gilt:*

1. *A ist invertierbar;* $\hfill (2.57)$
2. *$a_{ii} > 0$ für $i = 1, \dots, n$;* $\hfill (2.58)$
3. $\displaystyle\max_{i,j=1,\dots,n} |a_{ij}| = \max_{i=1,\dots,n} a_{ii};$ $\hfill (2.59)$
4. *Bei der Gauß-Elimination ohne Pivotsuche ist jede Restmatrix*

   wiederum positiv definit. $\hfill (2.60)$

Beweis.
1. Es werde angenommen, dass A nicht invertierbar ist. Dann existiert ein $x \neq 0$ mit $Ax = 0$. Dies führt aber auf $x^T A x = 0$ für $x \neq 0$, was einen Widerspruch zur Voraussetzung (2.55) darstellt.
2. Setzt man in (2.55) für x den Einheitsvektor $e^{(i)} \in \mathbb{R}^n$ ein, so folgt

$$Q_A(e^{(i)}) \equiv (e^{(i)})^T A e^{(i)} = a_{ii} > 0, \quad \text{da } e^{(i)} \neq 0.$$

3. Die dritte Aussage ist als Übungsaufgabe zu zeigen!

4. Es werde die symmetrische Matrix $A = A^{(1)}$ in der Form

$$A^{(1)} = \left[\begin{array}{c|c} a_{11} & z^T \\ \hline z & B^{(1)} \end{array} \right], \quad \text{mit } z = (a_{12}, \ldots, a_{1n})^T,$$

geschrieben. Nach dem ersten Transformationsschritt mit der Gauß-Transformation L_1 ergibt sich

$$A^{(2)} = L_1 A^{(1)} = \left[\begin{array}{c|c} a_{11} & z^T \\ \hline 0 & \\ \vdots & B^{(2)} \\ 0 & \end{array} \right],$$

wobei

$$L_1 = I - l_1 e_1^T, \quad l_1 = (0, l_{21}, \ldots, l_{n1})^T.$$

Multipliziert man nun die Matrix $A^{(2)}$ von rechts mit L_1^T, so wird in der ersten Zeile auch z^T eliminiert; die Matrix $B^{(2)}$ bleibt jedoch *unverändert*, d. h.,

$$L_1 A^{(1)} L_1^T = \left[\begin{array}{c|c} a_{11} & 0 \cdots 0 \\ \hline 0 & \\ \vdots & B^{(2)} \\ 0 & \end{array} \right].$$

Nach Satz 2.6 ist die Matrix $L_1 A L_1^T$ ebenfalls positiv definit. Dies muss dann aber auch auf die Blockmatrix $B^{(2)}$ zutreffen. $\qquad\square$

Offensichtlich besagen (2.59) und (2.60), dass bei der LU-Faktorisierung von positiv definiten Matrizen A die Diagonalstrategie für die Wahl der Pivotelemente sachgemäß ist. Eine vollständige oder partielle Pivotisierung würde i. allg. zur Zerstörung der Struktur von A führen.

Aus der obigen Darstellung lässt sich die sogenannte *rationale Cholesky*[8]*-Faktorisierung* ableiten, die durch den folgenden Satz begründet wird.

Satz 2.8. *Jede positiv definite Matrix $A \in \mathbb{R}^{n \times n}$ kann eindeutig in der Form*

$$A = L D L^T \tag{2.61}$$

dargestellt werden, wobei L eine untere 1-$\triangle$-Matrix und D eine positive Diagonalmatrix ist.

---

8 André-Louis Cholesky (1875–1918), französischer Mathematiker.

Beweis. Man setzt für $k = 2, \ldots, n - 1$ die im Beweis von Satz 2.7(4.) angegebene Konstruktion fort und erhält so unmittelbar $L \equiv L_1^{-1} \cdots L_{n-1}^{-1}$. Des Weiteren ist D die Diagonalmatrix der Pivotelemente (Diagonalstrategie!). □

Wie man sich einfach davon überzeugen kann, sind für die Faktorisierung (2.61) asymptotisch $n^3/3$ flops erforderlich, d. h. nur etwa die Hälfte des Aufwandes der LU-Faktorisierung.

Eine in der Praxis häufiger verwendete Faktorisierung positiv definiter Matrizen ist die *traditionelle Cholesky-Faktorisierung*. Sie lässt sich aus dem Satz 2.8 als eine direkte Folgerung ableiten.

Folgerung 2.1. *Da die Diagonalelemente der Matrix $D \equiv \mathrm{diag}(d_1, \ldots, d_n)$ echt positiv sind, existiert $D^{\frac{1}{2}} = \mathrm{diag}(\sqrt{d_1}, \ldots, \sqrt{d_n})$. Damit lässt sich die Formel (2.61) auch in der Form*

$$A = G G^T \tag{2.62}$$

schreiben, wobei G die untere $\triangle$-Matrix $G \equiv L D^{\frac{1}{2}}$ bezeichnet (man beachte, dass die Matrix G jetzt keine 1-$\triangle$-Matrix mehr ist!). □

Der Weg, die untere $\triangle$-Matrix $G = (g_{ij})$ aus der LDL^T-Faktorisierung zu berechnen, ist nicht zwangsläufig. Schreibt man nämlich (2.62) elementweise auf, d. h.

$$
\begin{bmatrix} g_{11} & & \\ \vdots & \ddots & \\ g_{n1} & \cdots & g_{nn} \end{bmatrix}
\begin{bmatrix} g_{11} & \cdots & g_{n1} \\ & \ddots & \vdots \\ & & g_{nn} \end{bmatrix}
=
\begin{bmatrix} a_{11} & \cdots & a_{n1} \\ \vdots & & \vdots \\ a_{n1} & \cdots & a_{nn} \end{bmatrix}, \tag{2.63}
$$

dann ergeben sich die folgenden Beziehungen:
1. Für $i = k$: $a_{kk} = g_{k1}^2 + \cdots + g_{k,k-1}^2 + g_{kk}^2$;
2. Für $i > k$: $a_{ik} = g_{i1}g_{k1} + \cdots + g_{i,k-1}g_{k,k-1} + g_{ik}g_{kk}$.

Daraus resultiert die im Algorithmus 2.7 formulierte Vorschrift zur Berechnung der Matrix G.

Algorithmus 2.7: Traditionelle Cholesky-Faktorisierung.

$$
\begin{aligned}
&\textbf{for } k = 1 : n \\
&\quad g_{kk} = \left(a_{kk} - \textstyle\sum_{j=1}^{k-1} g_{kj}^2\right)^{\frac{1}{2}} \\
&\quad \textbf{for } i = k + 1 : n \\
&\qquad g_{ik} = \dfrac{a_{ik} - \sum_{j=1}^{k-1} g_{ij}g_{kj}}{g_{kk}} \\
&\quad \textbf{end} \\
&\textbf{end}
\end{aligned}
$$

Im m-File 2.9 ist die Implementierung des Algorithmus 2.7 als MATLAB-Funktion cholesky dargestellt.

m-File 2.9: cholesky.m

```
1  function G=cholesky(A)
2  % function G=cholesky(A)
3  % Traditionelle Cholesky-Faktorisierung A = G * G'
4  %
5  % A: symmetrische, positiv definite (n x n)-Matrix,
6  % G: untere (n x n)-Dreiecksmatrix-Matrix.
7  %
8  [n,m]=size(A);
9  if n ~= m, error('Matrix A nicht quadratisch!'), end
10 for k=1:n
11     if A(k,k)<=0, error(['A(k,k) = ',num2str(A(k,k)),
           ' <= 0]']),
12     end
13     A(k,k)=sqrt(A(k,k));
14     A(k+1:n,k)=A(k+1:n,k)/A(k,k);
15     A(k+1:n,k+1:n)=A(k+1:n,k+1:n)-A(k+1:n,k)*A(k+1:n,
           k)';
16 end
17 G=tril(A);
```

Auf der Basis der GG^T-Faktorisierung lassen sich nun lineare Systeme $Ax = b$ mit positiv definiter Matrix A wie folgt lösen. Substituiert man die Faktorisierung (2.62) in (2.2), so ergibt sich $GG^Tx = b$. Mit $z \equiv G^Tx$ erfolgt dann die Auflösung des linearen Gleichungssystems $Ax = b$ mit dem sogenannten *Cholesky-Verfahren* analog der Gauß-Elimination (siehe Algorithmus 2.1) in drei Schritten, wie dem Algorithmus 2.8 zu entnehmen ist. Im m-File 2.6 (siehe Abschnitt 2.3) ist auch die Lösung eines linearen Gleichungssystems mit positiv definiter Systemmatrix A unter Verwendung der Cholesky-Faktorisierung vorgesehen.

Die Cholesky-Faktorisierung erfordert neben der Ausführung der Grundrechenoperationen auch die Bestimmung von n Quadratwurzeln, während die Gauß-Elimination ein rein rationaler Prozess ist. Der Vorteil der Cholesky-Zerlegung besteht jedoch in der Ausnutzung der in A vorliegenden Symmetrie.

Wie sich dies im *Rechenaufwand* niederschlägt, ergibt die folgende Aufwandsbetrachtung:

1. k-ter Reduktionsschritt während der GG^T-Faktorisierung:

Algorithmus 2.8: Cholesky-Verfahren.

---

1. Schritt: Man bestimme die GG^T-Faktorisierung der Matrix A: $A = GG^T$,
   G untere $\triangle$-Matrix.
2. Schritt: Man berechne den Hilfsvektor z mittels Vorwärts-Substitution aus
   dem unteren $\triangle$-System $Gz = b$.
3. Schritt: Man berechne den Lösungsvektor x mittels Rückwärts-Substitution
   aus dem oberen $\triangle$-System $G^T x = z$.

---

1 Wurzelberechnung, $(n - k)$ Divisionen und jeweils $(1 + 2 + \cdots + (n - k)) = \frac{1}{2}(n - k + 1)(n - k)$ Multiplikationen und Additionen.

2. Damit berechnet sich der *Gesamtaufwand* für die GG^T-Faktorisierung zu:

$$\{(n - 1) + (n - 2) + \cdots + 1\} + \{n(n - 1) + (n - 1)(n - 2) + \cdots + 2 \cdot 1\}$$

$$= \sum_{i=1}^{n-1} i + \sum_{i=1}^{n} i(i - 1) = \sum_{i=1}^{n-1} i + \sum_{i=1}^{n} i^2 - \sum_{i=1}^{n} i = \frac{1}{3}n^3 + \frac{1}{2}n^2 + \frac{1}{6}n - n$$

$$\asymp \frac{1}{3}n^3 \text{ flops}, \quad \text{sowie } n \text{ Quadratwurzelberechnungen;}$$

3. Schließlich sind für die Rückwärts- und Vorwärts-Substitution noch jeweils n^2 flops erforderlich, die aber vernachlässigt werden können.

Für große n ist damit der Rechenaufwand nur halb so groß wie bei der Gauß-Elimination, wenn man den Aufwand für die Quadratwurzelberechnungen vernachlässigt (was durchaus zulässig ist, wie Rechenzeitvergleiche bestätigen).

Beispiel 2.11. Für die Matrix

$$A = \begin{bmatrix} 4 & 2 & 0 \\ 2 & 3 & 1 \\ 0 & 1 & 2 \end{bmatrix}$$

soll die Cholesky-Faktorisierung $A = GG^T$ bestimmt werden. Mit dem Algorithmus 2.7 ergeben sich

$$g_{11} = \sqrt{4} = 2,$$

$$g_{21} = \frac{2}{g_{11}} = 1, \quad g_{22} = \sqrt{3 - 1^2} = \sqrt{2}$$

$$g_{31} = \frac{0}{g_{11}} = 0, \quad g_{32} = \frac{1 - 0 \cdot 1}{\sqrt{2}} = \frac{1}{\sqrt{2}}, \quad g_{33} = \sqrt{2 - 0^2 - \left(\frac{1}{\sqrt{2}}\right)^2}.$$

Damit ist

$$A = G \cdot G^T = \begin{bmatrix} 2 & 0 & 0 \\ 1 & \sqrt{2} & 0 \\ 0 & \frac{1}{\sqrt{2}} & \sqrt{\frac{3}{2}} \end{bmatrix} \cdot \begin{bmatrix} 2 & 1 & 0 \\ 0 & \sqrt{2} & \frac{1}{\sqrt{2}} \\ 0 & 0 & \sqrt{\frac{3}{2}} \end{bmatrix}.$$

Zum benötigten Aufwand (hier $n = 3$):

theoretisch $\frac{1}{3}n^3$ flops $\doteq 9$ flops

tatsächlich: 3 Divisionen, 4 Multiplikationen, 4 Additionen $\doteq 11$ flops.
Dazu kommen noch 3 Quadratwurzelberechnungen. $\qquad\square$

Um bei der Implementierung des Verfahrens auch speicherplatzmäßig von der Tatsache Nutzen zu ziehen, dass nur mit den unteren Hälften der Matrizen A und G gearbeitet wird, sollten die relevanten Matrixelemente *zeilenweise aufeinanderfolgend* in einem *eindimensionalen* Feld gespeichert werden. Man spricht in einem solchen Falle von einer *Kompaktspeicherung* der Systemmatrix.

A: $\boxed{a_{11}|a_{21}\ a_{22}|a_{31}\ a_{32}\ a_{33}|a_{41}\ a_{42}\ a_{43}\ a_{44}| \cdots}$ (KOMPAKTSPEICHERUNG)

Das Matrixelement a_{ik} findet sich als die r-te Komponente in dem obigen eindimensionalen Feld wieder, mit $r = \frac{1}{2}i(i-1) + k$. Der Speicherbedarf beträgt auf diese Weise nur noch $\frac{1}{2}n(n+1)$ Speicherplätze, also gut die Hälfte im Vergleich zur normalen (vollen) Abspeicherung der Matrix A.

2.4.2 Tridiagonale Gleichungssysteme

Besonders einfach zu behandelnde Gleichungssysteme, die sehr häufig bei der Diskretisierung gewöhnlicher Differentialgleichungen mit dem Differenzenverfahren auftreten, sind solche mit *tridiagonaler* Koeffizientenmatrix A (siehe z. B. die Aufgabe 5.12). Derartige Matrizen zeichnen sich dadurch aus, dass in der i-ten Gleichung des zugehörigen linearen Gleichungssystems nur die Unbekannten x_{i-1}, x_i und x_{i+1} enthalten sind.

Zur Vereinfachung der Darstellung wollen wir im Weiteren den Fall $n = 5$ annehmen. Die entsprechenden Formeln lassen sich für allgemeines n direkt übertragen. Es liege nun folgendes System vor:

$$\begin{bmatrix} a_1 & b_1 & & & \\ c_1 & a_2 & b_2 & & \\ & c_2 & a_3 & b_3 & \\ & & c_3 & a_4 & b_4 \\ & & & c_4 & a_5 \end{bmatrix} \cdot \begin{bmatrix} x_1 \\ x_2 \\ x_3 \\ x_4 \\ x_5 \end{bmatrix} = \begin{bmatrix} d_1 \\ d_2 \\ d_3 \\ d_4 \\ d_5 \end{bmatrix}. \tag{2.64}$$

Voraussetzung 2.1. Zunächst werde vorausgesetzt, dass die Gauß-Elimination mit der Diagonalstrategie durchführbar ist. $\qquad\square$

Damit existiert die *LU*-Faktorisierung $A = LU$, wobei im vorliegenden Fall L eine untere *bidiagonale* $1 - \triangle$-Matrix und U eine obere *bidiagonale* $\triangle$-Matrix sind. Diese Zerlegung kann deshalb wie folgt aufgeschrieben werden:

$$
\begin{bmatrix} a_1 & b_1 & & & \\ c_1 & a_2 & b_2 & & \\ & c_2 & a_3 & b_3 & \\ & & c_3 & a_4 & b_4 \\ & & & c_4 & a_5 \end{bmatrix} = \begin{bmatrix} 1 & & & & \\ l_1 & 1 & & & \\ & l_2 & 1 & & \\ & & l_3 & 1 & \\ & & & l_4 & 1 \end{bmatrix} \cdot \begin{bmatrix} m_1 & r_1 & & & \\ & m_2 & r_2 & & \\ & & m_3 & r_3 & \\ & & & m_4 & r_4 \\ & & & & m_5 \end{bmatrix}.
$$

$$(2.65)$$

Die unbekannten Matrixelemente l_i, r_i, $i = 1, \ldots, 4$, und m_i, $i = 1, \ldots, 5$, lassen sich durch einen Koeffizientenvergleich ermitteln:

$$
\begin{aligned}
& a_1 = m_1, && b_1 = r_1, \\
c_1 = l_1 m_1, \quad & a_2 = l_1 r_1 + m_2, && b_2 = r_2, \\
c_2 = l_2 m_2, \quad & a_3 = l_2 r_2 + m_3, && b_3 = r_3, \\
c_3 = l_3 m_3, \quad & a_4 = l_3 r_3 + m_4, && b_4 = r_4, \\
c_4 = l_4 m_4, \quad & a_5 = l_4 r_4 + m_5.
\end{aligned}
$$

$$(2.66)$$

Aus (2.66) bestimmen sich die Unbekannten sukzessive in der Reihenfolge:

$$
m_1; r_1, l_1, m_2; r_2, l_2, m_3; \ldots; r_4, l_4, m_5.
$$

Damit ergibt sich der Algorithmus 2.9 zur *LU*-Faktorisierung einer tridiagonalen Matrix $A \in \mathbb{R}^{n \times n}$.

Algorithmus 2.9: *LU*-Faktorisierung, tridiagonal.

$$
\begin{aligned}
& m_1 = a_1 \\
& \textbf{for } i = 1 : n - 1 \\
& \quad r_i = b_i; \; l_i = \frac{c_i}{m_i}; \; m_{i+1} = a_{i+1} - l_i r_i \\
& \textbf{end}
\end{aligned}
$$

Die Vorwärts-Substitution $Lz = d$ und die Rückwärts-Substitution $Ux = z$ lassen sich in der im Algorithmus 2.10 dargestellten einfachen Rechenvorschrift zusammenfassen.

Ein Computerprogramm zur Lösung eines tridiagonalen Gleichungssystems mit der Gauß-Elimination besteht im Wesentlichen nur aus drei einfachen Anweisungsschleifen. Somit ist der Aufwand direkt proportional zur Anzahl der Unbekannten. Das ist ein äußerst günstiges Verhältnis!

Algorithmus 2.10: Vorwärts- und Rückwärts-Substitution, tridiagonal.

$z_1 = d_1$
for $i = 2 : n$
    $z_i = d_i - l_{i-1}z_{i-1}$
end
$x_n = \dfrac{z_n}{m_n}$
for $i = n - 1 : -1 : 1$
    $x_i = \dfrac{z_i - b_i x_{i+1}}{m_i}$
end

Für den *Rechenaufwand* gilt:

$$\underbrace{3(n-1)}_{LU-\text{Zerlegung}} + \underbrace{2(n-1)}_{\text{Vorwärts-Substitution}} + \underbrace{1 + 3(n-1)}_{\text{Rückwärts-Substitution}} \approx 8n \text{ flops.}$$

Auch bei erforderlichen Zeilenvertauschungen (Pivotisierung) bleibt der Aufwand in der Größenordnung $O(n)$. Dies soll beispielhaft anhand des Systems (2.64) unter Verwendung der relativen Spaltenpivotisierungsstrategie (2.47) gezeigt werden.

Im ersten Eliminationsschritt kommen als Pivotelemente a_1 oder c_1 infrage. Wir setzen

$$\alpha \equiv |a_1| + |b_1|, \quad \beta \equiv |c_1| + |a_2| + |b_2|. \tag{2.67}$$

Falls $\frac{|a_1|}{\alpha} \geq \frac{|c_1|}{\beta}$ gilt, wird a_1 als Pivotelement verwendet. Anderenfalls ist c_1 das Pivotelement und es erfolgt eine Zeilenvertauschung. Bei einer solchen Permutation entsteht an der Matrixposition (1,3) ein im Allgemeinen von Null verschiedenes Element, das außerhalb des Bandes zu liegen kommt.

Zur Vereinheitlichung des Eliminationsprozesses definieren wir folgende Größen:

$$\left. \begin{aligned} r_1 &\equiv a_1, & s_1 &\equiv b_1, & t_1 &\equiv 0, & f_1 &\equiv d_1 \\ u &\equiv c_1, & v &\equiv a_2, & w &\equiv b_2, & z &\equiv d_2 \end{aligned} \right\} \quad \text{falls } a_1 \text{ Pivot,} \tag{2.68}$$

beziehungsweise

$$\left. \begin{aligned} r_1 &\equiv c_1, & s_1 &\equiv a_2, & t_1 &\equiv b_2, & f_1 &\equiv d_2 \\ u &\equiv a_1, & v &\equiv b_1, & w &\equiv 0, & z &\equiv d_1 \end{aligned} \right\} \quad \text{falls } c_1 \text{ Pivot.} \tag{2.69}$$

Mit diesen Variablen nimmt das System (2.64) die Gestalt an:

$$
\begin{bmatrix}
r_1 & s_1 & t_1 & & \\
u & v & w & & \\
& c_2 & a_3 & b_3 & \\
& & c_3 & a_4 & b_4 \\
& & & c_4 & a_5
\end{bmatrix}
\cdot
\begin{pmatrix}
x_1 \\
x_2 \\
x_3 \\
x_4 \\
x_5
\end{pmatrix}
=
\begin{pmatrix}
f_1 \\
z \\
d_3 \\
d_4 \\
d_5
\end{pmatrix}. \tag{2.70}
$$

Offensichtlich ist die Systemmatrix von (2.70) nicht mehr tridiagonal. Der erste Eliminationsschritt ergibt:

$$
\left[
\begin{array}{c|ccc}
r_1 & s_1 & t_1 & & \\
\hline
& a_2' & b_2' & & \\
& c_2 & a_3 & b_3 & \\
& & c_3 & a_4 & b_4 \\
& & & c_4 & a_5
\end{array}
\right]
\cdot
\begin{pmatrix}
x_1 \\
x_2 \\
x_3 \\
x_4 \\
x_5
\end{pmatrix}
=
\begin{pmatrix}
f_1 \\
d_2' \\
d_3 \\
d_4 \\
d_5
\end{pmatrix}. \tag{2.71}
$$

Bezeichnet $l_1 = \frac{u}{r_1}$ den ersten Gaußschen Multiplikator, dann berechnen sich die transformierten Größen a_2', b_2' und d_2' zu

$$
a_2' \equiv v - l_1 s_1, \quad b_2' \equiv w - l_1 t_1 \quad d_2' \equiv z - l_1 f_1.
$$

Die Koeffizientenmatrix des transformierten Systems (2.71) besitzt nun eine (4×4)-Restmatrix, die wiederum tridiagonal ist. Somit lassen sich jetzt alle Überlegungen aus dem ersten Schritt auf diese Restmatrix anwenden. Die weiteren Permutations- und Eliminationsschritte verlaufen völlig analog. Damit die Formeln (2.67)–(2.69) auch für den letzten Schritt ihre Gültigkeit behalten, werde $b_n \equiv 0$ (hier: $b_5 \equiv 0$) vereinbart. Das resultierende obere $\triangle$-System sieht dann wie folgt aus:

$$
\begin{bmatrix}
r_1 & s_1 & t_1 & & \\
& r_2 & s_2 & t_2 & \\
& & r_3 & s_3 & t_3 \\
& & & r_4 & s_4 \\
& & & & r_5
\end{bmatrix}
\cdot
\begin{pmatrix}
x_1 \\
x_2 \\
x_3 \\
x_4 \\
x_5
\end{pmatrix}
=
\begin{pmatrix}
f_1 \\
f_2 \\
f_3 \\
f_4 \\
f_5
\end{pmatrix}. \tag{2.72}
$$

Aufbauend auf den obigen Formeln ist im Algorithmus 2.11 die LU-Faktorisierung mit relativer Spaltenpivotisierung und Vorwärts-Substitution für tridiagonale Gleichungssysteme mit beliebiger Dimension n in algorithmischer Form dargestellt. Auf die in den Systemen (2.70) und (2.72) verwendeten Bezeichnungen wird dabei zurückgegriffen. Die Rückwärts-Substitution zur numerischen Berechnung des Lösungsvektors x wird schließlich im Algorithmus 2.12 beschrieben.

Der *Rechenaufwand* berechnet sich zu:

$$
\underbrace{12(n-1)}_{\substack{LU\text{-Faktorisierung mit} \\ \text{Vorwärts-Substitution}}} + \underbrace{5(n-1)}_{\text{Rückwärts-Substitution}} \approx 17n \text{ flops.}
$$

Algorithmus 2.11: *LU*-Faktorisierung mit Pivotisierung und Vorwärts-Substitution, tridiagonal.

$$
\begin{aligned}
&\textbf{for } i = 1 : n - 1 \\
&\quad \alpha := |a_i| + |b_i|;\ \beta := |c_i| + |a_{i+1}| + |b_{i+1}| \\
&\quad \textbf{if } \frac{|a_i|}{\alpha} \geq \frac{|c_i|}{\beta} \\
&\quad\quad r_i := a_i;\ s_i := b_i;\ t_i := 0;\ f_i := d_i \\
&\quad\quad u := c_i;\ v := a_{i+1};\ w := b_{i+1};\ z := d_{i+1} \\
&\quad \textbf{else} \\
&\quad\quad r_i := c_i;\ s_i := a_{i+1};\ t_i := b_{i+1};\ f_i := d_{i+1} \\
&\quad\quad u := a_i;\ v := b_i;\ w := 0;\ z := d_i \\
&\quad \textbf{end} \\
&\quad l_i := \frac{u}{r_i};\ a_{i+1} := v - l_i s_i;\ b_{i+1} := w - l_i t_i;\ d_{i+1} := z - l_i f_i \\
&\textbf{end} \\
&r_n := a_n;\ f_n := d_n
\end{aligned}
$$

Algorithmus 2.12: Rückwärts-Substitution, tridiagonal.

$$
\begin{aligned}
&x_n = \frac{f_n}{r_n};\ x_{n-1} = \frac{f_{n-1} - s_{n-1} x_n}{r_{n-1}} \\
&\textbf{for } i = n - 2 : -1 : 1 \\
&\quad x_i = \frac{f_i - s_i x_{i+1} - t_i x_{i+2}}{r_i} \\
&\textbf{end}
\end{aligned}
$$

Somit verdoppelt sich der Rechenaufwand etwa im Vergleich zur Diagonalstrategie.

Verwendet man die obige Strategie nur zur Faktorisierung einer Matrix A mit Tridiagonalgestalt, dann ist die untere 1-△-Matrix L der Zerlegung $PA = LU$ bidiagonal, während sich für U eine obere △-Matrix ergibt, in der *zwei* obere Nebendiagonalen i. allg. von Null verschiedene Matrixelemente enthalten.

2.4.3 Die Formel von Sherman und Morrison

In diesem Abschnitt soll von folgender Situation ausgegangen werden. Im Anschluss an die numerische Lösung eines linearen Gleichungssystems $Ax = b$ mittels LU-Faktorisierung stellt man fest, dass einige Elemente von A falsch gewählt wurden oder, dass neue (bessere) Problemdaten erhältlich sind. Natürlich kann man das abgeänderte System wieder mit der Gauß-Elimination behandeln, was aber einen erneuten Aufwand von $O(n^3)$ flops bedeutet. In einigen Fällen ist es jedoch möglich, die Lösung mit weniger Aufwand (in der Größenordnung von $O(n^2)$ flops) zu ermitteln. Die hierbei verwendete grundlegende Beziehung ist die *Formel von Sherman und Morrison* [72].

Satz 2.9 (Formel von Sherman und Morrison). *Es seien $A \in \mathbb{R}^{n \times n}$ eine nichtsinguläre Matrix und $u, v \in \mathbb{R}^n$ zwei beliebige Vektoren. Dann ist die abgeänderte Matrix $\hat{A} \equiv A - uv^T$ genau dann nichtsingulär, falls die Beziehung $v^T A^{-1} u \neq 1$ gilt. In diesem Falle berechnet sich die Inverse von $\hat{A}$ zu*

$$\hat{A}^{-1} = A^{-1} + \alpha (A^{-1}u)(v^T A^{-1}), \quad mit \ \alpha \equiv \frac{1}{1 - v^T A^{-1} u}. \tag{2.73}$$

Beweis.
1. Es sei $v^T A^{-1} u \neq 1$. Mit der Bezeichnung $C \equiv A^{-1} + \alpha(A^{-1}u)(v^T A^{-1})$ gilt dann

$$\begin{aligned}
\hat{A} C &= (A - uv^T)\left[A^{-1} + \alpha(A^{-1}u)(v^T A^{-1})\right] \\
&= I + \alpha uv^T A^{-1} - uv^T A^{-1} - \alpha u(v^T A^{-1}u)v^T A^{-1} \\
&= I + (\alpha - 1)uv^T A^{-1} - \alpha\left(1 - \frac{1}{\alpha}\right)uv^T A^{-1} = I,
\end{aligned}$$

   d. h., C ist nichtsingulär und $\hat{A}^{-1} = C$.
2. Es sei $1 - v^T A^{-1} u = 0$. Dann ist $1 = v^T A^{-1} u$, d. h., $A^{-1}u \neq 0$. Es folgt

$$\hat{A} A^{-1} u = (A - uv^T)A^{-1}u = u - uv^T A^{-1}u = u(1 - v^T A^{-1}u) = 0.$$

Also ist $\hat{A}$ singulär, womit die Behauptung gezeigt ist. □

In Verallgemeinerung des obigen Satzes gilt der folgende Satz [88].

Satz 2.10 (Formel von Sherman, Morrison und Woodbury). *Es seien $A \in \mathbb{R}^{n \times n}$ eine nichtsinguläre Matrix und $U, V \in \mathbb{R}^{n \times m}$ zwei Matrizen mit $m \leq n$. Dann ist $\hat{A} \equiv A - UV^T$ genau dann nichtsingulär, falls $\det(I_m - V^T A^{-1} U) \neq 0$ gilt. In diesem Falle berechnet sich die Inverse von $\hat{A}$ zu*

$$\hat{A}^{-1} = A^{-1} + A^{-1}UWV^T A^{-1}, \quad mit \ W \equiv (I_m - V^T A^{-1} U)^{-1}. \tag{2.74}$$

Beweis. Die Behauptung lässt sich völlig analog zu der des Satzes 2.9 zeigen. Der Beweis soll deshalb dem Leser überlassen bleiben. □

Bevor wir die Anwendung der Formel von Sherman und Morrison an einem Beispiel demonstrieren, sollen noch einige Bemerkungen angefügt werden.

Bemerkung 2.7.
1. Da die Matrix uv^T offensichtlich den Rang 1 besitzt, nennt man die Formel (2.73) auch *Rang-1 Modifikationsformel*.

2. Die Matrix UV^T besitzt höchstens den Rang m. Dies lässt sich aus der für jedes $x \in \mathbb{R}^n$ gültigen Darstellung

$$y = UV^T x = Uv, \quad \text{mit } v = (v_i) = V^T x \in \mathbb{R}^m,$$

ablesen, nach der y eine Linearkombination der Spalten $Ue^{(i)}$ von U mit den Koeffizienten v_i ist. Man nennt deshalb die Formel (2.74) auch *Rang-m Modifikationsformel*. $\quad\square$

Es möge nun eine Situation vorliegen, die sich durch die folgenden Bedingungen beschreiben lässt.

Voraussetzung 2.2.
1. Für eine Matrix $A \in \mathbb{R}^{n \times n}$ ist A^{-1} numerisch berechnet worden (natürlich über das Lösen linearer Gleichungssysteme mit einem Aufwand von $O(n^3)$; siehe Formel (2.50)),
2. die Matrix A wurde zu $\hat{A} = A - uv^T$ abgeändert, mit $u, v \in \mathbb{R}^n$,
3. über die zugehörigen Vektoren u, v ist bekannt, dass sie $1 - v^T A^{-1} u \neq 0$ erfüllen. $\quad\square$

Dann kann $\hat{A}^{-1}$ entsprechend dem Satz 2.9 nach der Formel (2.73) berechnet werden. Diese Aufdatierung kostet nur $O(n^2)$ flops – im Gegensatz zu den $O(n^3)$ flops für die sonst notwendige Neuberechnung der Inversen mittels LU-Faktorisierung.

Beispiel 2.12. Zur Demonstration der Formel von Sherman und Morrison sei die unten dargestellte Matrix $A \in \mathbb{R}^{3 \times 3}$ gegeben und es werde angenommen, dass bereits die numerische Approximation B von A^{-1} berechnet wurde:

$$A = \begin{bmatrix} 1 & 2 & 3 \\ 4 & 5 & 6 \\ 7 & 8 & 10 \end{bmatrix}, \quad A^{-1} \approx B \equiv \begin{bmatrix} -0.6667 & -1.3333 & 1.0000 \\ -0.6667 & 3.6667 & -2.0000 \\ 1.0000 & -2.0000 & 1.0000 \end{bmatrix}.$$

Nach einer Überprüfung der Eingabedaten musste man leider feststellen, dass in A an der Position (3,3) anstelle des Zahlwertes 10 eigentlich eine 12 stehen soll, d. h., die *richtige* Matrix lautet

$$\hat{A} = \begin{bmatrix} 1 & 2 & 3 \\ 4 & 5 & 6 \\ 7 & 8 & 12 \end{bmatrix}.$$

War nun der Aufwand für die Berechnung von A^{-1} umsonst? Die Antwort auf diese Frage ist *nein*, denn $\hat{A}$ lässt sich mit den Vektoren

$$u = (0, 0, -2)^T \quad \text{und} \quad v = (0, 0, 1)^T$$

wie folgt aufschreiben

$$\hat{A} = A - uv^T = \begin{bmatrix} 1 & 2 & 3 \\ 4 & 5 & 6 \\ 7 & 8 & 10 \end{bmatrix} - \begin{bmatrix} 0 & 0 & 0 \\ 0 & 0 & 0 \\ 0 & 0 & -2 \end{bmatrix}.$$

Für die Anwendung der Modifikationsformel (2.73) zur Berechnung von $\hat{A}^{-1}$ benötigt man

$$Bu = \begin{pmatrix} -2 \\ 4 \\ -2 \end{pmatrix}, \quad v^T B = (1, -2, 1) \quad \text{und} \quad \alpha = \frac{1}{1 - (-2)} = \frac{1}{3} = 0.3333.$$

Nun ergibt sich $\hat{A}^{-1}$ zu

$$\hat{A}^{-1} = B + 0.3333 \begin{pmatrix} -2 \\ 4 \\ -2 \end{pmatrix} (1, -2, 1), \quad \text{d. h.,}$$

$$\hat{A}^{-1} = B + 0.3333 \begin{bmatrix} -2 & 4 & -2 \\ 4 & -8 & 4 \\ -2 & 4 & -2 \end{bmatrix} = \begin{bmatrix} -1.3333 & 0.0000 & 0.3333 \\ 0.6667 & 1.0000 & -0.6667 \\ 0.3333 & -0.6667 & 0.3333 \end{bmatrix}. \qquad \square$$

Wir wollen abschließend die Formel von Sherman und Morrison direkt auf lineare Gleichungssysteme anwenden. Hierzu werde vorausgesetzt, dass die Lösung x des linearen Gleichungssystems (2.2) bereits bestimmt wurde. Ändert man nun die Systemmatrix A, wie im Satz 2.9 angegeben, zu einer Matrix $\hat{A}$ ab, dann kann die Lösung $\hat{x} = \hat{A}^{-1}b$ des modifizierten Systems ebenfalls mit weniger als $O(n^3)$ flops (d. h. ohne vollständige Neuberechnung) ermittelt werden. Man erhält:

$$\hat{x} = \hat{A}^{-1}b = A^{-1}b + \alpha \cdot A^{-1}uv^T A^{-1}b = x + \alpha \cdot A^{-1}uv^T x. \tag{2.75}$$

Der Algorithmus 2.13 stellt eine direkte Umsetzung dieser Formel dar.

Algorithmus 2.13: Aufdatierung.

INPUT: Matrix A, Vektor b, Lösung $x = A^{-1}b$, Vektoren u, v, mit $\hat{A} = A - u v^T$.
1. Schritt: Man löse $Ay = u$, sodass $y = A^{-1}u$;
2. Schritt: Man bilde $\beta = v^T x$;
3. Schritt: Man bilde $\alpha = \dfrac{1}{1 - v^T y}$;
4. Schritt: Man bilde $\hat{x} = x + \alpha \cdot \beta \cdot y$, die Lösung von $\hat{A}\hat{x} = b$.

2.5 Genauigkeitsfragen, Fehlerabschätzungen

2.5.1 Normen

Aus der elementaren Vektorrechnung ist die sogenannte *Euklidische*[9] *Norm,* bekannt

$$\|x\|_2 \equiv \sqrt{\sum_{i=1}^{n}(x_i)^2} = \sqrt{x^T x}, \quad \text{mit } x = (x_1, x_2, \ldots, x_n)^T \in \mathbb{R}^n. \tag{2.76}$$

Durch (2.76) wird jedem Vektor $x \in \mathbb{R}^n$ eine nichtnegative reelle Zahl $\|x\| = \|x\|_2$ zugeordnet, die folgende Eigenschaften besitzt:

1. $\|x\| \geq 0$ für alle $x \in \mathbb{R}^n$, $\|x\| = 0$ genau für $x = 0$,

2. $\|\lambda x\| = |\lambda| \|x\|$ für alle $x \in \mathbb{R}^n$ und alle $\lambda \in \mathbb{R}$, $\qquad$ (2.77)

3. $\|x + y\| \leq \|x\| + \|y\|$ für alle $x, y \in \mathbb{R}^n$.

Dies gibt Anlass zu der folgenden Definition.

Definition 2.11. Jede reellwertige Funktion $f(\cdot) \equiv \|\cdot\|$ mit den Eigenschaften (2.77) wird *Vektornorm* genannt. $\qquad\qquad$ □

Weitere Beispiele für Vektornormen im $\mathbb{R}^n$ sind:

$$(\text{Maximumnorm}) \quad \|x\|_\infty \equiv \max_k |x_k|, \quad k = 1, \ldots, n, \tag{2.78}$$

$$(\ell_1\text{-Norm}) \quad \|x\|_1 \equiv \sum_{k=1}^{n} |x_k|. \tag{2.79}$$

Die Normen (2.76), (2.78) und (2.79) gehören zur Klasse der *Hölder*[10]*-Normen,* deren Elemente wie folgt definiert sind:

$$\|x\|_p \equiv \left(|x_1|^p + |x_2|^p + \cdots + |x_n|^p\right)^{\frac{1}{p}}, \quad p \geq 1. \tag{2.80}$$

Ein klassisches Resultat bezüglich der Hölder-Normen stellt die *Höldersche Ungleichung* dar:

$$|x^T y| \leq \|x\|_p \|y\|_q, \quad \frac{1}{p} + \frac{1}{q} = 1. \tag{2.81}$$

---

9 Euklid von Alexandria (ca. 360 v. Chr. bis ca. 280 v. Chr.), griechischer Mathematiker.
10 Ludwig Hölder (1859–1937), deutscher Mathematiker.

Ein wichtiger Spezialfall dieser Ungleichung ist die *Cauchy*[11]-*Schwarzsche*[12] *Ungleichung*, die oftmals auch als *Cauchy-Bunjakowski*[13]-*Schwarzsche Ungleichung* bezeichnet wird:

$$|x^T y| \le \|x\|_2 \|y\|_2. \tag{2.82}$$

Um die Unterschiede zwischen den einzelnen Normen aufzuzeigen, sind in der Abbildung 2.1 die Bereiche $\{x : \|x\|_2 \le 1\}$ und $\{x : \|x\|_\infty \le 1\}$ für Vektoren $x \in \mathbb{R}^3$ angegeben.

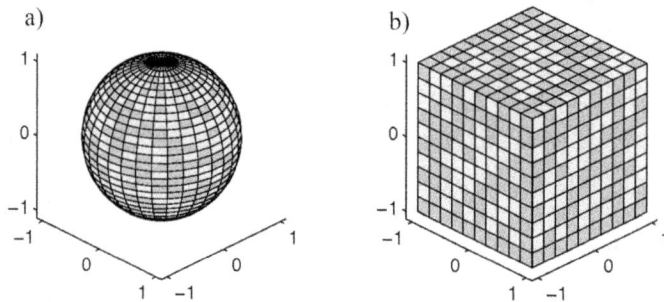

Abb. 2.1: Die Vektoren $x \in \mathbb{R}^3$ mit a) $\|x\|_2 \le 1$ bzw. b) $\|x\|_\infty \le 1$.

Alle Normen auf dem $\mathbb{R}^n$ sind *äquivalent*, das heißt, zu beliebigen Vektornormen $\|\cdot\|_\alpha$ und $\|\cdot\|_\beta$ existieren positive Konstanten c_1 und c_2, mit

$$c_1 \|x\|_\alpha \le \|x\|_\beta \le c_2 \|x\|_\alpha \quad \forall x \in \mathbb{R}^n. \tag{2.83}$$

So lassen sich zum Beispiel für die oben genannten speziellen Vektornormen folgende Beziehungen ableiten ($x \in \mathbb{R}^n$):

$$\frac{1}{\sqrt{n}} \|x\|_2 \le \|x\|_\infty \le \|x\|_2 \le \sqrt{n} \|x\|_\infty,$$

$$\frac{1}{n} \|x\|_1 \le \|x\|_\infty \le \|x\|_1 \le n \|x\|_\infty, \tag{2.84}$$

$$\frac{1}{\sqrt{n}} \|x\|_1 \le \|x\|_2 \le \|x\|_1 \le \sqrt{n} \|x\|_2.$$

Auf analoge Weise können für Matrizen $A \in \mathbb{R}^{n \times n}$ Normen definiert werden. Neben den üblichen Normeigenschaften (2.77) möge eine *Matrixnorm* im vorliegenden Text

---

11 Augustin Louis Cauchy (1789–1857), französischer Mathematiker.

12 Hermann Amandus Schwarz (1843–1921), deutscher Mathematiker.

13 Wiktor Jakowlewitsch Bunjakowski (1804–1889), russischer Mathematiker.

zusätzlich die folgende Relation erfüllen:

$$\|A\,B\| \leq \|A\|\,\|B\|, \quad A, B \in \mathbb{R}^{n \times n}. \tag{2.85}$$

Die Bedingung (2.85) schränkt die Matrixnormen auf die wichtige Klasse der *submultiplikativen Normen* ein. Beispiele für derartige Matrixnormen sind:

$$(\text{GESAMTNORM}) \qquad \|A\|_G \equiv n \cdot \max_{i,k} |a_{ik}|, \quad i, k = 1, \ldots, n,$$

$$(\text{ZEILENSUMMENNORM}) \qquad \|A\|_Z \equiv \max_i \sum_{k=1}^{n} |a_{ik}|,$$

$$(\text{SPALTENSUMMENNORM}) \qquad \|A\|_S \equiv \max_k \sum_{i=1}^{n} |a_{ik}|, \tag{2.86}$$

$$(\text{FROBENIUS-NORM}) \qquad \|A\|_F \equiv \left[\sum_{i,k=1}^{n} a_{ik}^2 \right]^{\frac{1}{2}}.$$

Zwischen den obigen Matrixnormen bestehen u. a. folgende Beziehungen:

$$(1/n)\,\|A\|_G \leq \|A\|_{Z,S} \leq \|A\|_G \leq n\,\|A\|_{Z,S}$$
$$(1/n)\,\|A\|_G \leq \|A\|_F \leq \|A\|_G \leq n\,\|A\|_F. \tag{2.87}$$

Da in den weiteren Betrachtungen Matrizen und Vektoren gemeinsam auftreten, müssen die verwendeten Matrix- und Vektornormen in einem noch zu präzisierenden Zusammenhang stehen.

Definition 2.12. Eine Matrixnorm $\|A\|$ heißt *kompatibel* oder *verträglich* mit der Vektornorm $\|x\|$, falls die Ungleichung

$$\|A\,x\| \leq \|A\|\,\|x\| \quad \forall x \in \mathbb{R}^n \text{ und } A \in \mathbb{R}^{n \times n} \tag{2.88}$$

gilt. □

Kombinationen von verträglichen Normen sind etwa:

1. $\|A\|_G$ oder $\|A\|_Z$ sind kompatibel mit $\|x\|_\infty$,
2. $\|A\|_G$ oder $\|A\|_S$ sind kompatibel mit $\|x\|_1$, $\qquad$ (2.89)
3. $\|A\|_G$ oder $\|A\|_F$ sind kompatibel mit $\|x\|_2$.

Für beliebige kompatible Normen ist i. allg. die rechte Seite der Ungleichung (2.88) für alle nichtverschwindenden $x \in \mathbb{R}^n$ echt größer als die linke Seite. Deshalb definiert man zu einer vorgegebenen Vektornorm eine dazugehörige Matrixnorm derart, dass die Beziehung (2.88) für mindestens einen Vektor $x \neq 0$ als Gleichung erfüllt ist.

Definition 2.13. Der zu einer gegebenen Vektornorm $\|x\|$ definierte Zahlenwert

$$\|A\| \equiv \max_{x \neq 0} \frac{\|Ax\|}{\|x\|} = \max_{\|x\|=1} \|Ax\| \tag{2.90}$$

heißt die *zugeordnete* oder *natürliche* Matrixnorm. Sie wird auch als *Grenzennorm* bezeichnet. □

Es gilt nun die folgende Aussage.

Satz 2.11. *Der gemäß (2.90) erklärte Zahlenwert stellt eine Matrixnorm dar. Diese ist mit der zugrundeliegenden Vektornorm kompatibel. Sie ist unter allen mit der Vektornorm $\|x\|$ kompatiblen Matrixnormen die kleinste.*

Beweis. Wir verifizieren die Axiome für eine (submultiplikative) Matrixnorm.

1. Ist $A \neq 0$, dann besitzt A mindestens eine nichtverschwindende Spalte; diese sei $a_j \neq 0$. Wir betrachten dann den j-ten Einheitsvektor $e^{(j)}$. Offensichtlich ist $e^{(j)} \neq 0$ und der Vektor $x \equiv \frac{e^{(j)}}{\|e^{(j)}\|}$ besitzt die Norm 1. Folglich ist nach Definition von $\|A\|$:

$$\|A\| \geq \|A\,x\| = \frac{\|A\,e^{(j)}\|}{\|e^{(j)}\|} = \frac{\|a_j\|}{\|e^{(j)}\|} > 0.$$

2. Es gilt aufgrund der Eigenschaft 2 einer Vektornorm (siehe (2.77))

$$\|\lambda\,A\| = \max_{\|x\|=1} \|\lambda\,Ax\| = |\lambda| \max_{\|x\|=1} \|Ax\| = |\lambda|\,\|A\|.$$

3. Wir haben

$$\|A + B\| = \max_{\|x\|=1} \|(A + B)\,x\| \leq \max_{\|x\|=1} \{\|A\,x\| + \|B\,x\|\}$$
$$= \max_{\|x\|=1} \|A\,x\| + \max_{\|x\|=1} \|B\,x\| = \|A\| + \|B\|.$$

4. Um die Submultiplikativität nachzuweisen, werde $A \neq 0$ und $B \neq 0$ vorausgesetzt. Anderenfalls ist (2.85) trivial erfüllt. Dann gilt

$$\|A\,B\| \equiv \max_{x \neq 0} \frac{\|AB\,x\|}{\|x\|} = \max_{\substack{x \neq 0 \\ Bx \neq 0}} \frac{\|A(Bx)\|\,\|Bx\|}{\|Bx\|\,\|x\|}$$

$$\leq \max_{Bx \neq 0} \frac{\|A(Bx)\|}{\|Bx\|} \cdot \max_{x \neq 0} \frac{\|Bx\|}{\|x\|} = \max_{y \neq 0} \frac{\|Ay\|}{\|y\|} \cdot \max_{x \neq 0} \frac{\|Bx\|}{\|x\|} = \|A\|\,\|B\|.$$

Die Verträglichkeit der so definierten Matrixnorm mit der gegebenen Vektornorm ist eine direkte Folge der Festlegung (2.90). Die letzte Behauptung ist offensichtlich, da ein Vektor $x \neq 0$ existiert, mit $\|Ax\| = \|A\|\,\|x\|$. □

Gemäß der Definition 2.13 ist die der *Maximumnorm* $\|x\|_\infty$ zugeordnete Matrixnorm $\|A\|_\infty$ gegeben durch

$$\|A\|_\infty \equiv \max_{\|x\|_\infty=1} \|Ax\|_\infty = \max_{\|x\|_\infty=1}\left\{\max_i|(Ax)_i|\right\} = \max_i\left\{\max_{\|x\|_\infty=1}|(Ax)_i|\right\}$$

$$= \max_i\left\{\max_{\|x\|_\infty=1}\left|\sum_{k=1}^{n} a_{ik}x_k\right|\right\} = \max_i \sum_{k=1}^{n}|a_{ik}| = \|A\|_Z. \tag{2.91}$$

In der obigen Berechnung wurde ausgenutzt, dass sich die beiden Maximierungsprozesse vertauschen lassen (was jedoch nicht für eine Kombination aus Maximierung und Minimierung zutreffen würde). Des Weiteren wurde auf die Tatsache zurückgegriffen, dass sich das Maximum von $|\sum_{k=1}^{n} a_{ik}x_k|$ für fixiertes i und $\|x\|_\infty = 1$ dadurch ergibt, indem man $x_k = +1$ im Falle von $a_{ik} \geq 0$ und $x_k = -1$ im Falle von $a_{ik} < 0$ setzt.

Analog ergibt sich aus (2.90) für $\|x\|_1$ die Spaltensummennorm $\|A\|_S$.

Wir wollen jetzt die zur *Euklidischen Vektornorm* $\|x\|_2$ zugehörige natürliche Matrixnorm $\|A\|_2$ herleiten. Aus (2.90) folgt

$$\|A\|_2 \equiv \max_{\|x\|_2=1} \|Ax\|_2 = \max_{\|x\|_2=1}\left\{(Ax)^T(Ax)\right\}^{\frac{1}{2}} = \max_{\|x\|_2=1}\left\{x^T A^T Ax\right\}^{\frac{1}{2}}.$$

$A^T A$ ist *symmetrisch* und *positiv semidefinit*, da $Q_{A^T A}(x) = x^T(A^T A)x \geq 0$ für alle $x \neq 0 \in \mathbb{R}^n$. Somit sind die Eigenwerte λ_i von $A^T A$ reell und nichtnegativ. Die n Eigenvektoren $x^{(1)}, \ldots, x^{(n)}$ bilden eine vollständige, orthonormierte Basis im $\mathbb{R}^n$:

$$A^T Ax^{(i)} = \lambda_i x^{(i)}, \quad \lambda_i \in \mathbb{R}, \ \lambda_i \geq 0, \quad \left(x^{(i)}\right)^T x^{(j)} = \delta_{ij}. \tag{2.92}$$

Damit kann ein beliebiger Vektor $x \in \mathbb{R}^n$ in der Gestalt

$$x = \sum_{i=1}^{n} c_i x^{(i)} \tag{2.93}$$

dargestellt werden. Setzt man diese Darstellung in die quadratische Form ein, so ergibt sich

$$x^T A^T Ax = \left(\sum_{i=1}^{n} c_i x^{(i)}\right)^T A^T A\left(\sum_{j=1}^{n} c_j x^{(j)}\right)$$

$$= \left(\sum_{i=1}^{n} c_i x^{(i)}\right)^T \left(\sum_{j=1}^{n} c_j \lambda_j x^{(j)}\right) = \sum_{i=1}^{n} c_i^2 \lambda_i.$$

Die Eigenwerte λ_i seien ohne Beschränkung der Allgemeinheit der Größe nach geordnet:

$$\lambda_1 \geq \lambda_2 \geq \cdots \geq \lambda_n \geq 0.$$

Aus der Beziehung $\|x\|_2 = 1$ folgt $\sum_{i=1}^{n} c_i^2 = 1$. Deshalb berechnet sich

$$\|A\|_2 = \max_{\|x\|_2=1}\left\{\sum_{i=1}^{n} c_i^2 \lambda_i\right\}^{\frac{1}{2}} = \sqrt{\lambda_1}.$$

Der maximal mögliche Wert $\sigma_1 \equiv \sqrt{\lambda_1}$ wird offensichtlich für $x = x^{(1)}$ mit $c_1 = 1$ sowie $c_2 = \cdots = c_n = 0$ angenommen. Damit sind wir zu folgendem Ergebnis gekommen:

$$\|A\|_2 \equiv \max_{\|x\|_2=1} \|Ax\|_2 = \sigma_1, \tag{2.94}$$

wobei σ_1 die Wurzel aus dem größten Eigenwert von $A^T A$ bezeichnet. Die Norm $\|A\|_2$ wird auch als *Spektralnorm* genannt.

Für spätere Untersuchungen ist es erforderlich, nach der Spektralnorm der Inversen A^{-1} einer regulären Matrix $A \in \mathbb{R}^{n \times n}$ zu fragen. Entsprechend der Formel (2.94) gilt $\|A^{-1}\|_2 = \sqrt{\mu_1}$, wobei μ_1 den größten Eigenwert von $(A^{-1})^T A^{-1} = (AA^T)^{-1}$ bezeichnet. Da aber eine inverse Matrix bekanntlich die reziproken Eigenwerte der ursprünglichen Matrix besitzt, ist μ_1 gleich dem Reziproken des *kleinsten (positiven)* Eigenwertes der (positiv definiten) Matrix AA^T. Die Matrix AA^T ist aber *ähnlich* zur Matrix $A^T A$, denn es gilt $A^{-1}(AA^T)A = A^T A$, sodass AA^T und $A^T A$ die gleichen Eigenwerte besitzen. Hieraus ergibt sich

$$\|A^{-1}\|_2 = 1/\sqrt{\lambda_n},$$

wobei λ_n den kleinsten Eigenwert der Matrix $A^T A$ bezeichnet. Wird nun $\sigma_n \equiv \sqrt{\lambda_n}$ gesetzt, dann erhalten wir das Resultat

$$\|A^{-1}\|_2 = 1/\sigma_n. \tag{2.95}$$

Bemerkung 2.8. Die Wurzeln $\sigma_1 \geq \cdots \geq \sigma_n$ aus den Eigenwerten $\lambda_1 \geq \cdots \geq \lambda_n$ der Matrix $A^T A$ werden auch als *Singulärwerte* (engl.: *singular values*) der Matrix A bezeichnet. Sie lassen sich numerisch mit der sogenannten *Singulärwertzerlegung* (SVD) (engl.: *singular value decomposition*) ermitteln. Ist σ_n sehr klein, dann wird die Matrix A *numerisch* singulär. Der kleinste Singulärwert beschreibt im Wesentlichen den Abstand von A zur Klasse der singulären Matrizen. Die Singulärwerte sind deshalb zur Charakterisierung einer Matrix besser geeignet als die Determinante. Im folgenden Abschnitt wird diese Thematik noch etwas detaillierter beschrieben. □

Bemerkung 2.9. Zur besseren Kennzeichnung des Zusammenhangs zwischen der Matrixnorm und ihrer erzeugenden Vektornorm werden wir im Weiteren stets die Symbole $\|\cdot\|_\infty$ und $\|\cdot\|_1$ anstelle von $\|\cdot\|_Z$ und $\|\cdot\|_S$ verwenden. □

2.5.2 Singulärwertzerlegung (SVD)

Bevor wir zur Beschreibung der eigentlichen Singulärwertzerlegung kommen, müssen noch einige Grundbegriffe eingeführt werden. Dies ist insbesondere deshalb notwendig, da wir in diesem Abschnitt stets von einer Matrix $A \in \mathbb{R}^{m \times n}$ ausgehen wollen, für die nicht notwendigerweise $m = n$ gilt.

Gegeben sei eine Menge von n (Spalten-)Vektoren $a_1, \ldots, a_n \in \mathbb{R}^m$. Unter dem *Span* dieser Vektoren versteht man den linearen Teilraum, der durch $a_1, \ldots, a_n$ „aufgespannt" wird. Den Span symbolisiert man üblicherweise durch die Schreibweise

$$\text{span}\{a_1, \ldots, a_n\} \equiv \{x \in \mathbb{R}^m : x = c_1 a_1 + \cdots + c_n a_n, c_i \in \mathbb{R}\}. \tag{2.96}$$

Wenn wir $[\, a_1 \mid \cdots \mid a_n \,]$ schreiben, dann verstehen wir darunter diejenige Matrix aus dem $\mathbb{R}^{m \times n}$, deren i-te Spalte mit dem Vektor a_i übereinstimmt, $i = 1, \ldots, n$. Es sei nun $A = [\, a_1 \mid \cdots \mid a_n \,]$ eine Matrix im $\mathbb{R}^{m \times n}$. Der *Wertebereich* von A ist durch

$$\mathcal{R}(A) \equiv \text{span}\{a_1, \ldots, a_n\} \tag{2.97}$$

definiert.

Der *Nullraum* oder *Kern* von A ist durch

$$\mathcal{N}(A) \equiv \{x \in \mathbb{R}^n : Ax = 0\} \tag{2.98}$$

erklärt.

Der *Rang* einer Matrix ist gleich der maximalen Anzahl ihrer linear unabhängigen Spalten, d. h.,

$$\text{rang}(A) \equiv \dim(\mathcal{R}(A)). \tag{2.99}$$

Gilt für eine Matrix $A \in \mathbb{R}^{m \times n}$ die Beziehung $\text{rang}(A) = \min\{m, n\}$, dann besitzt A *Vollrang*.

Ist für eine Matrix $A \in \mathbb{R}^{m \times m}$ die Beziehung $\det(A) \neq 0$ erfüllt (d. h., $\text{rang}(A) = m$), dann spricht man von einer *nichtsingulären* (regulären) Matrix.

Die Matrix $A = [\, a_1 \mid \cdots \mid a_n \,] \in \mathbb{R}^{m \times n}$ heißt *spaltenorthogonal*, wenn die Spalten von A paarweise orthonormal sind, d. h.,

$$a_i^T a_j = \delta_{ij}, \quad i, j = 1, \ldots, n.$$

Ist $n = m$, dann spricht man von einer *orthogonalen* Matrix. Gilt $n > m$ und ist A^T spaltenorthogonal, dann bezeichnet man die Matrix als *zeilenorthogonal*.

Unter einer *Faktorisierung* der Matrix A versteht man ihre Zerlegung in das Produkt einfacherer Matrizen. Solche Faktorisierungen sind bei praktischen Berechnungen mit Matrizen sehr nützlich, da durch sie die Lösung eines Problems sehr vereinfacht werden kann. In den vorangegangenen Abschnitten wurde u. a. die Zerlegung einer gegebenen Matrix in das Produkt einer unteren und einer oberen Dreiecksmatrix mittels gewisser Varianten der *LU*-Faktorisierung beschrieben. Wie wir gesehen haben, reduziert sich dann die Lösung eines linearen Gleichungssystems auf die Berechnung zweier zugeordneter Dreieckssysteme. Im Kapitel 3 wird die sogenannte *QR*-Faktorisierung betrachtet, bei der die Matrix als Produkt einer orthogonalen Matrix und einer oberen Dreiecksmatrix dargestellt wird.

Wir wollen jetzt zu einer weiteren Faktorisierung der Matrix $A \in \mathbb{R}^{m \times n}$ kommen. Offensichtlich ist $A^T A \in \mathbb{R}^{n \times n}$ *quadratisch* und *positiv semidefinit*, da

$$x^T (A^T A) x = \|Ax\|_2^2 \geq 0 \quad \text{für alle } x \in \mathbb{R}^n$$

gilt. Dies impliziert wiederum, dass die Matrix $A^T A$ nur *relle* und *nichtnegative* Eigenwerte besitzt, die wie folgt angeordnet seien:

$$\lambda_1 \geq \lambda_2 \geq \cdots \geq \lambda_n \geq 0.$$

Wir schreiben nun diese Eigenwerte in der Form

$$\lambda_k = \sigma_k^2, \quad \sigma_k \geq 0. \tag{2.100}$$

Die Zahlen

$$\sigma_1 \geq \sigma_2 \geq \cdots \geq \sigma_n \geq 0 \tag{2.101}$$

heißen *Singulärwerte* von A.

Es gilt folgender Satz.

Satz 2.12 (Singulärwertzerlegung). *Es sei $A \in \mathbb{R}^{m \times n}$ eine beliebige Matrix. Dann existieren zwei orthogonale Matrizen $U = [\, u_1 \,|\, \cdots \,|\, u_m \,] \in \mathbb{R}^{m \times m}$ und $V = [\, v_1 \,|\, \cdots \,|\, v_n \,] \in \mathbb{R}^{n \times n}$, sodass*

$$U^T A V = \Sigma$$

eine $(m \times n)$-Diagonalmatrix der folgenden Form ist:

$$\Sigma = \begin{bmatrix} D & 0 \\ 0 & 0 \end{bmatrix}, \quad D \equiv \mathrm{diag}(\sigma_1, \ldots, \sigma_r), \quad \sigma_1 \geq \sigma_2 \cdots \geq \sigma_r > 0.$$

Die $\sigma_1, \ldots, \sigma_r$ sind die nichtverschwindenden Singulärwerte von A und r ist der Rang von A.

Definition 2.14. Die Faktorisierung der Matrix A

$$A = U \Sigma V^T \tag{2.102}$$

wird *Singulärwertzerlegung* genannt. Abgeleitet von der englischen Bezeichnung „*singular value decomposition*" wird sie häufig mit SVD abgekürzt. □

Beweis. Der Beweis basiert auf dem folgenden Resultat, das in fast allen Standardtexten zur linearen Algebra zu finden ist (siehe z. B. die Monographie [39], Seite 36).

EIGENWERTZERLEGUNG: Zu jeder reellen und symmetrischen Matrix $A \in \mathbb{R}^{n \times n}$ gibt es eine orthogonale Matrix $V \in \mathbb{R}^{n \times n}$ mit

$$V^T A V = \Lambda = \text{diag}(\lambda_1, \ldots, \lambda_n) \in \mathbb{R}^{n \times n},$$

wobei $\lambda_1, \ldots, \lambda_n$ die Eigenwerte von A sind.

Wie wir bereits erwähnt haben, ist die Matrix $A^T A$ symmetrisch und positiv semidefinit. Damit ist die Voraussetzung der obigen Aussage (Eigenwertzerlegung) erfüllt, d. h., es existiert eine orthogonale Matrix $V = [\, v_1 \mid \ldots \mid v_n \,] \in \mathbb{R}^{n \times n}$, sodass die Beziehung

$$V^T (A^T A) V = \Lambda = \text{diag}(\lambda_1, \ldots, \lambda_n), \quad \lambda_i \geq 0,$$

besteht. Ohne Beschränkung der Allgemeinheit können wir davon ausgehen, dass

$$\lambda_1 \geq \cdots \geq \lambda_r > 0, \quad \lambda_{r+1} = \cdots = \lambda_n = 0, \quad r \in \{0, \ldots, n\}$$

gilt. Aus der Eigenwertgleichung $A^T A v_j = \lambda_j v_j$ folgt unmittelbar

$$\lambda_j = v_j^T A^T A v_j = \|A v_j\|_2^2.$$

Dies impliziert

$$Av_j \neq 0 \quad \text{für } j = 1, \ldots, r$$
$$Av_j = 0 \quad \text{für } j = r + 1, \ldots, n.$$

Mit

$$\sigma_j \equiv \sqrt{\lambda_j} \quad \text{und} \quad u_j \equiv A v_j / \sigma_j, \quad (j = 1, \ldots, r)$$

ergibt sich für $i, j = 1, \ldots, r$

$$u_i^T u_j = \frac{1}{\sigma_i \sigma_j} v_i^T A^T A v_j = \frac{\lambda_j}{\sigma_i \sigma_j} v_i^T v_j = \begin{cases} 1, & i = j, \\ 0, & i \neq j. \end{cases}$$

Die Vektoren $\{u_1, \ldots, u_r\}$ bilden daher ein Orthonormalsystem und können durch Hinzunahme weiterer Vektoren $u_{r+1}, \ldots, u_m \in \mathbb{R}^m$ zu einer orthonormalen Basis des $\mathbb{R}^m$ ergänzt werden. Die daraus resultierende Matrix $U = [\, u_1 \mid \cdots \mid u_m \,] \in \mathbb{R}^{m \times m}$ ist somit orthogonal.

Mit $\sigma_{r+1} = \cdots = \sigma_n = 0$ folgt wegen

$$(U^T A V)_{ij} = u_i^T A v_j = \begin{cases} \sigma_j u_i^T u_j = \sigma_j, & j = 1, \ldots, r, \\ 0, & j = r + 1, \ldots, n \end{cases}$$

die gesuchte Beziehung $U^T A V = \Sigma$. $\qquad \qquad \square$

Unter Verwendung des in der Definition 2.3 erklärten dyadischen Produktes lässt sich die Singulärwertzerlegung (2.102) auch in der Form

$$A = \sum_{i=1}^{r} \sigma_i u_i v_i^T \tag{2.103}$$

darstellen. Hieraus ergibt sich unmittelbar die nachstehende Folgerung.

Folgerung 2.2. *Es sei die Singulärwertzerlegung der Matrix A in der Form* (2.102) *bzw.* (2.103) *gegeben, mit*

$$\sigma_1 \geq \sigma_2 \geq \cdots \geq \sigma_r > \sigma_{r+1} = \cdots = \sigma_n = 0.$$

Dann gilt
1. $\mathrm{rang}(A) = r$,
2. $\mathcal{N}(A) = \mathrm{span}\{v_{r+1}, \ldots, v_n\}$,
3. $\mathcal{R}(A) = \mathrm{span}\{u_1, \ldots, u_r\}$,
4. $A = \sum_{i=1}^{r} \sigma_i u_i v_i^T = U_r \Sigma_r V_r^T$,
   mit $U_r \equiv [\, u_1 \mid \cdots \mid u_r \,]$, $V_r \equiv [\, v_1 \mid \cdots \mid v_r \,]$ $\Sigma_r \equiv \mathrm{diag}(\sigma_1, \ldots, \sigma_r)$,
5. $\|A\|_F^2 = \sigma_1^2 + \sigma_2^2 + \cdots + \sigma_r^2$,
6. $\|A\|_2 = \sigma_1$. □

Für zwei Matrizen wollen wir die Singulärwertzerlegung angeben.

Beispiel 2.13.
1. Gegeben sei die *singuläre* (3×3)-Matrix

$$A = \begin{bmatrix} 1 & 2 & 3 \\ 4 & 5 & 6 \\ 7 & 8 & 9 \end{bmatrix}.$$

Ruft man in der MATLAB die Singulärwertzerlegung mit dem Befehl

$$[\mathsf{U}, \mathsf{S}, \mathsf{V}] \; = \; \mathsf{svd}(\mathsf{A})$$

auf, dann erhält man

$$U = \begin{bmatrix} -0.214837 & 0.887231 & 0.408248 \\ -0.520587 & 0.249644 & -0.816497 \\ -0.826338 & -0.387943 & 0.408248 \end{bmatrix},$$

$$V = \begin{bmatrix} -0.479671 & -0.776691 & -0.408248 \\ -0.572368 & -0.075686 & 0.816497 \\ -0.665064 & 0.625318 & -0.408248 \end{bmatrix},$$

$$\Sigma = S = \mathrm{diag}(16.8481, 1.06837, 0.00000).$$

Da der Singulärwert σ_3 verschwindet, gilt rang$(A) = 2$.

2. Wir betrachten nun die *rechteckige* (3×2)-Matrix

$$A = \begin{bmatrix} 1 & 2 \\ 3 & 4 \\ 5 & 6 \end{bmatrix}.$$

Der obige Aufruf der Matlab führt jetzt zu folgendem Resultat:

$$U = \begin{bmatrix} -0.229848 & 0.883461 & 0.408248 \\ -0.524745 & 0.240782 & -0.816497 \\ -0.819642 & -0.401896 & 0.408248 \end{bmatrix},$$

$$V = \begin{bmatrix} -0.619629 & -0.784894 \\ -0.784894 & 0.619629 \end{bmatrix},$$

$$\Sigma = S = \mathrm{diag}(9.52552, 0.514301).$$

Da $\sigma_2 \neq 0$ ist, weist die Matrix A Vollrang auf. $\qquad\square$

Einer der wichtigsten Aspekte der Singulärwertzerlegung ist der sensible Umgang mit dem Rangkonzept, wie die Folgerung 2.3 belegt.

Folgerung 2.3. *Es sei die Singulärwertzerlegung der Matrix $A \in \mathbb{R}^{m \times n}$ gegeben, wobei für die Singulärwerte gelte*

$$\sigma_1 \geq \sigma_2 \geq \cdots \geq \sigma_r > \sigma_{r+1} = \cdots = \sigma_n = 0.$$

Ist $k < r = \mathrm{rang}(A)$ und

$$A_k \equiv \sum_{i=1}^{k} \sigma_i u_i v_i^T,$$

dann gilt:

$$\min_{\mathrm{rang}(B)=k} \|A - B\|_2 = \|A - A_k\|_2 = \sigma_{k+1}. \qquad (2.104)$$

$\qquad\square$

Mit $k = r - 1$ erkennt man unmittelbar, dass der kleinste nichtverschwindende Singulärwert σ_r von A identisch mit dem 2-Norm-Abstand von A zur Menge aller Matrizen mit einem Rangabfall ist. Bei einer quadratischen Matrix spricht man im Falle eines sehr kleinen σ_r von einer *fastsingulären* Matrix. Eine fastsinguläre Matrix ist im Sinne der Numerik mit einer singulären Matrix gleichzusetzen. Die Singulärwertzerlegung ist ein ausgezeichnetes Hilfsmittel, die Fastsingularität einer gegebenen Matrix aufzuspüren.

2.5.3 Fehlerabschätzungen, Kondition

Wir untersuchen jetzt drei Fragestellungen, die die Genauigkeit einer berechneten Näherung $\tilde{x}$ für die exakte Lösung x von $Ax = b$ betreffen.

1. Problem. Welche Rückschlüsse können aus der Größe des Residuenvektors $r \equiv b - A\tilde{x}$ auf den Fehler $z \equiv \tilde{x} - x$ gezogen werden?

Im Folgenden bezeichne $\|A\|$ eine beliebige Matrixnorm und $\|x\|$ eine dazu verträgliche Vektornorm. Der Fehlervektor $z \equiv \tilde{x} - x$ erfüllt $Az = -r$ (siehe Formel (2.54)). Aus

$$\|b\| = \|Ax\| \leq \|A\|\,\|x\|, \quad \text{d. h.} \quad \|x\| \geq \frac{\|b\|}{\|A\|},$$

$$\|z\| = \|A^{-1}r\| \leq \|A^{-1}\|\,\|r\|$$

(2.105)

ergibt sich für den *relativen Fehler* der Näherung

$$\frac{\|z\|}{\|x\|} = \frac{\|\tilde{x} - x\|}{\|x\|} \leq \underbrace{\|A\|\,\|A^{-1}\|}_{\text{cond}(A)}\,\frac{\|r\|}{\|b\|} \equiv \text{cond}(A)\,\frac{\|r\|}{\|b\|}.$$

(2.106)

Definition 2.15. Der Zahlenwert

$$\text{cond}(A) \equiv \|A\|\,\|A^{-1}\|$$

(2.107)

heißt die *Konditionszahl* der Matrix A bezüglich der zugrunde liegenden Matrixnorm. Soll im Text auf eine spezielle Norm hingewiesen werden, dann verwenden wir die Bezeichnung $\text{cond}_k(A)$ $(\equiv \|A\|_k\,\|A^{-1}\|_k)$. $\square$

Die Konditionszahl $\text{cond}(A)$ ist mindestens gleich Eins, denn es gilt stets:

$$1 \leq \|I\| = \|A\,A^{-1}\| \leq \|A\|\,\|A^{-1}\| = \text{cond}(A).$$

Bemerkung 2.10. Für die Spektralnorm berechnet sich die Konditionszahl zu (siehe die Darstellungen (2.94) und (2.95))

$$\text{cond}_2(A) \equiv \|A\|_2\,\|A^{-1}\|_2 = \sqrt{\frac{\mu_1}{\mu_n}} = \frac{\sigma_1}{\sigma_n}.$$

(2.108)

Berücksichtigt man die Bemerkung 2.8, dann ergibt sich unmittelbar die folgende Aussage. Die Konditionszahl $\text{cond}_2(A)$ ist groß, wenn der Abstand der Matrix A zur Klasse der singulären Matrizen klein ist. Solche Matrizen nennt man in der Numerik auch *fastsingulär*. Das Bestehen von Beziehungen der Form (2.87) zwischen den Matrixnormen sichert, dass dieses Resultat auch für die in anderen Normen berechneten Konditionszahlen gilt. $\square$

Die Abschätzung (2.106) bedeutet konkret: Neben einem relativ kleinen Residuenvektor r, bezogen auf die Größe des Konstantenvektors b, ist die Konditionszahl ausschlaggebend für den relativen Fehler der Näherung $\tilde{x}$. Somit kann nur bei *kleiner* Konditionszahl aus einem relativ kleinen Residuenvektor auf einen kleinen relativen Fehler geschlossen werden!

Das Rechnen mit endlicher Genauigkeit bedingt, dass die Koeffizienten a_{ik} und b_i des zu lösenden Gleichungssystems im Rechner nicht exakt darstellbar sind. Deshalb ist es von grundlegendem Interesse, den möglichen Einfluß von Fehlern in den Eingabedaten auf die Lösung x zu studieren (siehe auch die Ausführungen im Kapitel 1).

2. Problem. Wie groß kann die Änderung $x(\varepsilon)$ der Lösung x von $Ax = b$ sein, falls die nichtsinguläre Matrix A zu $A + \varepsilon F$ und der Konstantenvektor b zu $b + \varepsilon f$ abgeändert werden?

Wir betrachten somit das gestörte Problem

$$(A + \varepsilon F)\, x(\varepsilon) = b + \varepsilon f, \quad x(0) = x, \tag{2.109}$$

wobei $F \in \mathbb{R}^{n \times n}, f \in \mathbb{R}^n, \varepsilon \in \mathbb{R}_+$ (sehr klein) und $\|x\| \neq 0$ gelte. Weiterhin werde vorausgesetzt, dass die abgeänderte Matrix $A + \varepsilon F$ ebenfalls nichtsingulär ist. Es soll nun die Funktion $x(\varepsilon)$ in eine Potenzreihe an der Stelle $\varepsilon = 0$ entwickelt werden. Die Differentiation der Gleichung (2.109) nach ε ergibt

$$Fx(\varepsilon) + (A + \varepsilon F)\dot{x}(\varepsilon) = f.$$

Für $\varepsilon = 0$ folgt daraus

$$\dot{x}(0) = A^{-1}(f - Fx).$$

Die Taylor-Entwicklung von $x(\varepsilon)$ im Punkt Null lautet somit

$$x(\varepsilon) = x(0) + \varepsilon \dot{x}(0) + O(\varepsilon^2) = x + \varepsilon A^{-1}(f - Fx) + O(\varepsilon^2). \tag{2.110}$$

Damit gilt die Normabschätzung

$$\|x(\varepsilon) - x\| \leq \varepsilon \|A^{-1}\|(\|f\| + \|F\|\|x\|) + O(\varepsilon^2).$$

Die Division beider Seiten durch $\|x\|$ ergibt

$$\frac{\|x(\varepsilon) - x\|}{\|x\|} \leq \varepsilon \|A^{-1}\|\left(\frac{\|f\|}{\|x\|} + \|F\|\right) + O(\varepsilon^2).$$

Wir schreiben nun die obige Ungleichung in der Form

$$\frac{\|x(\varepsilon) - x\|}{\|x\|} \leq \|A\| \cdot \|A^{-1}\|\left(\varepsilon \frac{\|f\|}{\|x\| \cdot \|A\|} + \varepsilon \frac{\|F\|}{\|A\|}\right) + O(\varepsilon^2). \tag{2.111}$$

Wegen $b = Ax$ gilt

$$\|b\| = \|Ax\| \le \|A\|\|x\|.$$

Mit $\text{cond}(A) \equiv \|A\| \cdot \|A^{-1}\|$, $\rho_A \equiv \varepsilon \frac{\|F\|}{\|A\|}$ und $\rho_b \equiv \varepsilon \frac{\|f\|}{\|b\|}$ geht (2.111) über in

$$\frac{\|x(\varepsilon) - x\|}{\|x\|} \le \text{cond}(A)\left(\varepsilon \frac{\|f\|}{\|A\|\|x\|} + \varepsilon \frac{\|F\|}{\|A\|}\right) + O(\varepsilon^2)$$

$$\le \text{cond}(A)\left(\varepsilon \frac{\|f\|}{\|b\|} + \varepsilon \frac{\|F\|}{\|A\|}\right) + O(\varepsilon^2),$$

sodass wir schließlich die wichtige Beziehung

$$\frac{\|x(\varepsilon) - x\|}{\|x\|} \le \text{cond}(A)(\rho_b + \rho_A) + O(\varepsilon^2). \tag{2.112}$$

erhalten. Ihr entnehmen wir, dass die Konditionszahl $\text{cond}(A)$ eine wichtige Kenngröße für ein lineares Gleichungssystem darstellt, da sie die Empfindlichkeit der Lösung x gegenüber Abänderungen der Systemmatrix und der rechten Seite des Gleichungssystems (2.2) beschreibt. Die Abschätzung (2.112) ist unabhängig von dem Fehler, der bei der *numerischen Berechnung* noch zusätzlich anfällt, d. h., (2.112) gibt das *unvermeidbare relative Fehlerniveau* an.

Definition 2.16. Entsprechend den Ausführungen im Abschnitt 1.2 wird ein lineares Gleichungssystem $Ax = b$ *gut konditioniert* genannt, falls gilt:

$$\text{cond}(A)\, \nu \ll 1, \tag{2.113}$$

wobei ν die in der Formel (1.58) definierte relative Maschinengenauigkeit bezeichnet. Anderenfalls handelt es sich um ein *schlecht konditioniertes* Problem. $\square$

Die Abschätzung des relativen Fehlers haben wir in (2.112) in Abhängigkeit der Lösung von einem sehr kleinen positiven Parameter ε vorgenommen. Mit der Fragestellung 3 wollen wir uns von dieser Abhängigkeit lösen.

3. Problem. Wie groß kann die Änderung $\triangle x$ der Lösung x von $Ax = b$ sein, falls die Matrix A um $\triangle A$ und der Konstantenvektor b um $\triangle b$ abgeändert werden?

Voraussetzung 2.3. Bei den nachfolgenden Betrachtungen gehen wir davon aus, dass $\triangle A \in \mathbb{R}^{n \times n}$ und $\triangle b \in \mathbb{R}^n$ *sehr kleine* Störungen sind (mit Elementen, die etwa in der Größenordnung der Maschinengenauigkeit liegen); insbesondere möge für $\triangle A$ gelten:
1. $\|A^{-1}\| \|\triangle A\| < 1$,
2. $\det(A + \triangle A) \ne 0$. $\square$

Das gestörte Gleichungssystem werde wie folgt aufgeschrieben:

$$(A + \triangle A)\,(x + \triangle x) = b + \triangle b. \tag{2.114}$$

Nach dem Ausmultiplizieren ergibt sich

$$\triangle x = \underbrace{(A + \triangle A)^{-1}}_{[A(I+A^{-1}\triangle A)]^{-1}} (\triangle b - \triangle A\,x) = (I + A^{-1}\,\triangle A)^{-1} A^{-1}(\triangle b - \triangle A\,x).$$

Für verträgliche Normen folgt daraus

$$\| \triangle x\| \le \left\| (I + A^{-1}\,\triangle A)^{-1} \right\| \left\| A^{-1} \right\| \{ \| \triangle A\| \,\|x\| + \| \triangle b\| \}.$$

Somit ist

$$\frac{\| \triangle x\|}{\|x\|} \le \underbrace{\left\| (I + A^{-1}\,\triangle A)^{-1} \right\| \left\| A^{-1} \right\|}_{\text{Faktor 1}} \left\{ \| \triangle A\| + \frac{\| \triangle b\|}{\|x\|} \right\}. \tag{2.115}$$

Bevor wir mit der Abschätzung (2.115) fortfahren, soll zuerst einmal der mit „Faktor 1" gekennzeichnete Term bearbeitet werden. Hierzu benötigen wir das folgende Resultat.

Satz 2.13. *Besitzt eine Matrix $C \in \mathbb{R}^{n \times n}$ die Eigenschaft $\|C\| < 1$, dann ist $I - C$ nichtsingulär und es gilt*

$$(I - C)^{-1} = \sum_{k=0}^{\infty} C^k. \quad (\textsc{Neumannsche Reihe}[14]) \tag{2.116}$$

Beweis.

1. Ist $I - C$ singulär, dann existiert ein Vektor x mit $\|x\| = 1$ und $(I - C)x = 0$. Hieraus würde

$$1 = \|x\| = \|Cx\| \le \|C\|\,\|x\| = \|C\|$$

   folgen, was aber der Voraussetzung $\|C\| < 1$ widerspricht.

2. Wir zeigen jetzt, dass die Partialsummen der Neumannschen Reihe gegen $(I - C)^{-1}$ konvergieren, d. h.,

$$\sum_{k=0}^{m} C^k \to (I - C)^{-1} \quad \text{für } m \to \infty.$$

   Offensichtlich genügt es,

$$(I - C) \sum_{k=0}^{m} C^k \to I \quad \text{für } m \to \infty \tag{2.117}$$

---

[14] Carl Gottfried Neumann (1832–1925), deutscher Mathematiker.

zu beweisen. Die linke Seite kann wie folgt geschrieben werden

$$(I - C) \sum_{k=0}^{m} C^k = \sum_{k=0}^{m} (C^k - C^{k+1}) = C^0 - C^{m+1} = I - C^{m+1}.$$

Da $\|C^{m+1}\| \leq \|C\|^{m+1} \to 0$ für $m \to \infty$, ergibt sich (2.117). $\qquad\square$

Aus der Gleichung (2.116) folgt nun für $\|C\| < 1$ unmittelbar die wichtige Beziehung

$$\|(I - C)^{-1}\| \leq \sum_{k=0}^{\infty} \|C^k\| \leq \sum_{k=0}^{\infty} \|C\|^k = \frac{1}{1 - \|C\|}. \tag{2.118}$$

Es werde $C \equiv -A^{-1} \cdot \triangle A$ gesetzt. Unter Ausnutzung der Ungleichung (2.118) lässt sich nun die Abschätzung (2.115) wie folgt weiterführen:

$$\frac{\|\triangle x\|}{\|x\|} \leq \frac{1}{1 - \|A^{-1} \triangle A\|} \|A^{-1}\| \left\{ \|\triangle A\| + \frac{\|\triangle b\|}{\|x\|} \right\}$$

$$= \frac{\|A\| \|A^{-1}\|}{1 - \|A^{-1} \triangle A\|} \left\{ \frac{\|\triangle A\|}{\|A\|} + \frac{\|\triangle b\|}{\|A\| \|x\|} \right\}$$

$$\leq \frac{\|A\| \|A^{-1}\|}{1 - \|A^{-1}\| \|\triangle A\|} \left\{ \frac{\|\triangle A\|}{\|A\|} + \frac{\|\triangle b\|}{\|b\|} \right\}.$$

Mit $\|A^{-1}\| \|\triangle A\| = \text{cond}(A) \frac{\|\triangle A\|}{\|A\|} < 1$ lautet das Ergebnis:

$$\frac{\|\triangle x\|}{\|x\|} \leq \frac{\text{cond}(A)}{1 - \text{cond}(A) \frac{\|\triangle A\|}{\|A\|}} \left\{ \frac{\|\triangle A\|}{\|A\|} + \frac{\|\triangle b\|}{\|b\|} \right\} \equiv \varepsilon_{\text{rel}}. \tag{2.119}$$

Aus der Abschätzung (2.119) ergeben sich die folgenden Konsequenzen. Bei t-stelliger dezimaler Gleitpunkt-Arithmetik kann der relative Fehler der Eingabedaten (wir verwenden hier beispielhaft die Maximumnorm) von der Größenordnung

$$\frac{\|\triangle A\|_{\infty}}{\|A\|_{\infty}} \approx \frac{1}{2} 10^{1-t}, \qquad \frac{\|\triangle b\|_{\infty}}{\|b\|_{\infty}} \approx \frac{1}{2} 10^{1-t}$$

sein. Ist $\text{cond}(A) \approx 10^{\alpha}$, mit $\frac{1}{2} 10^{1+\alpha-t} \ll 1$, so führt (2.119) auf die qualitative Abschätzung

$$\frac{\|\triangle x\|_{\infty}}{\|x\|_{\infty}} \leq 10^{1+\alpha-t}.$$

Diese besagt, dass die Änderung $\|\triangle x\|_{\infty}$ bis zu einer Einheit in der $(t - \alpha - 1)$-ten Dezimalstelle von $\|x\|_{\infty}$ betragen kann. Hieraus ergibt sich die

Regel. *Wird ein lineares Gleichungssystem $Ax = b$ mit t-stelliger dezimaler Gleitpunkt-Arithmetik gelöst und beträgt die Konditionszahl* $\text{cond}(A) \approx 10^{\alpha}$*, so sind aufgrund der im*

allgemeinen unvermeidbaren Fehler in den Eingabedaten A und b nur t − α − 1 Dezimal-
stellen der berechneten Lösung x̃ (bezogen auf die betragsgrößte Komponente) sicher.

Die Abschätzung $\frac{\|\triangle x\|_\infty}{\|x\|_\infty} \le \varepsilon_{\text{rel}}$ (siehe (2.119)) garantiert nur, dass die *betragsgroßen*
Komponenten von x einen durch ε_{rel} beschränkten relativen Fehler besitzen. Der rela-
tive Fehler der *betragskleinen Komponenten* kann beliebig größer als ε_{rel} sein, wie das
folgende Beispiel zeigt.

Beispiel 2.14. Es sei $x = (10^{-5}, 10)^T$, $\varepsilon_{\text{rel}} = 10^{-3}$. Dann ergibt sich

$$\| \triangle x \|_\infty \equiv \max \left\{ | \triangle x_1 |, | \triangle x_2 | \right\} \le \varepsilon_{\text{rel}} \cdot \| x \|_\infty = 10^{-3} \cdot 10 = 10^{-2}, \quad \text{also}$$

$$\frac{| \triangle x_1 |}{|x_1|} \le \frac{10^{-2}}{10^{-5}} = 10^3 = 10^6 \cdot \varepsilon_{\text{rel}} \quad \text{und} \quad \frac{| \triangle x_2 |}{|x_2|} \le \frac{10^{-2}}{10} = 10^{-3} = \varepsilon_{\text{rel}}. \qquad \square$$

Genauere Abschätzungen erfordern eine wesentlich kompliziertere Analyse.

Die Auswirkungen der bei einer Computer-Realisierung der Gauß-Elimination zusätzlich auftretenden Rundungsfehler auf die Lösung x des linearen Systems (2.2) lassen
sich mithilfe einer (recht aufwendigen) Rückwärtsanalyse nach Wilkinson studieren.
Diejenigen Leser, die an den Einzelheiten einer derartigen Analyse interessiert sind,
mögen sich gleich dem folgenden Abschnitt zuwenden (weiterführende Untersuchungen und Bemerkungen findet man auch in der Monographie [33]). Wer jedoch nur das
Ergebnis der Wilkinsonschen Rückwärtsanalyse zur Kenntnis nehmen möchte, sollte
diesen Abschnitt zu Ende lesen und den nachfolgenden Abschnitt überspringen.

Die mit der Gauß-Elimination und der partiellen Pivotisierung *berechnete* Lösung x̃
stellt die *exakte* Lösung eines etwas abgeänderten linearen Gleichungssystems dar:

$$(A + E)\tilde{x} = b, \qquad (2.120)$$

wobei sich die Fehlermatrix $E \in \mathbb{R}^{n \times n}$ wie folgt abschätzen lässt [14]:

$$\|E\|_\infty \le 3 \varrho_n^p \, n^3 \, v \, \|A\|_\infty. \qquad (2.121)$$

In (2.121) bezeichnet wie bisher v die relative Maschinengenauigkeit (siehe die Formel (1.58)) und ϱ_n^p ist der sogenannte *Wachstumsfaktor*

$$\varrho_n^p \equiv \frac{\max_{i,j,k} |a_{ij}^{(k)}|}{\max_{ij} |a_{ij}|}, \qquad (2.122)$$

wobei die $a_{ij}^{(k)}$ die Elemente der transformierten Matrizen $A^{(k)}$ sind (siehe (2.13)). Der
in der Formel (2.121) auftretende Faktor n^3 besitzt für die Stabilitätsaussage keine ech-
te Bedeutung, da er nur aus technischen Gründen in die Normabschätzungen eingeht.
Dagegen gibt der Wachstumsfaktor ϱ_n^p an, wie groß die einzelnen Zahlenwerte während
der Gauß-Elimination werden *können*. Die Stabilität des Verfahrens ist dann äquivalent

zu der Eigenschaft, dass ϱ_n^p klein ist oder aber als Funktion von n nur langsam anwächst. In der Praxis liegt ϱ_n^p üblicherweise in der Größenordnung von n oder kleiner. Das durchschnittliche Verhalten ist etwa $n^{2/3}$ bzw. es wurde sogar $n^{1/2}$ beobachtet [82]. Dies ist der Grund dafür, dass das Stabilitätsverhalten der Gauß-Elimination mit partieller Pivotisierung i. allg. als *fast stabil* eingestuft wird. Allgemein gilt jedoch das folgende Resultat.

Satz 2.14. *Für die Gauß-Elimination mit partieller Pivotisierung erfüllt der Wachstumsfaktor ϱ_n^p die folgende Beziehung:*

$$\varrho_n^p \le 2^{n-1}. \tag{2.123}$$

Diese Schranke wird auch tatsächlich angenommen.

Der Übergang zur (*stabilen*) vollständigen Pivotisierung erfordert einen zu großen zusätzlichen Aufwand. Deshalb wird die Gauß-Elimination mit vollständiger Pivotisierung nur in extrem kritischen Fällen angewendet. Im folgenden (*akademischen*) Beispiel ist eine Matrix A angegeben, für die sich der Wachstumsfaktor ϱ_n^p tatsächlich einmal wie 2^{n-1} verhält.

Beispiel 2.15. Gegeben sei die Matrix

$$A = \begin{bmatrix} 1 & 0 & 0 & 0 & 1 \\ -1 & 1 & 0 & 0 & 1 \\ -1 & -1 & 1 & 0 & 1 \\ -1 & -1 & -1 & 1 & 1 \\ -1 & -1 & -1 & -1 & \boxed{1} \end{bmatrix}.$$

Die LU-Faktorisierung mit partieller Pivotisierung von $A^{(1)} \equiv A$ führt auf die Matrixfolge

$$A^{(2)} = \begin{bmatrix} 1 & 0 & 0 & 0 & 1 \\ 0 & 1 & 0 & 0 & 2 \\ 0 & -1 & 1 & 0 & 2 \\ 0 & -1 & -1 & 1 & 2 \\ 0 & -1 & -1 & -1 & \boxed{2} \end{bmatrix}, \quad A^{(3)} = \begin{bmatrix} 1 & 0 & 0 & 0 & 1 \\ 0 & 1 & 0 & 0 & 2 \\ 0 & 0 & 1 & 0 & 4 \\ 0 & 0 & -1 & 1 & 4 \\ 0 & 0 & -1 & -1 & \boxed{4} \end{bmatrix},$$

$$A^{(4)} = \begin{bmatrix} 1 & 0 & 0 & 0 & 1 \\ 0 & 1 & 0 & 0 & 2 \\ 0 & 0 & 1 & 0 & 4 \\ 0 & 0 & 0 & 1 & 8 \\ 0 & 0 & 0 & -1 & \boxed{8} \end{bmatrix}, \quad A^{(5)} = U = \begin{bmatrix} 1 & 0 & 0 & 0 & 1 \\ 0 & 1 & 0 & 0 & 2 \\ 0 & 0 & 1 & 0 & 4 \\ 0 & 0 & 0 & 1 & 8 \\ 0 & 0 & 0 & 0 & \boxed{16} \end{bmatrix}.$$

Man erkennt unschwer, dass für n-dimensionale Matrizen dieses Typs $\varrho_n^p = 2^{n-1}$ gilt. $\quad\square$

2.5.4 Rundungsfehleranalyse der Gauß-Elimination

Wir wollen hier zur Vereinfachung von der Annahme ausgehen, dass eine quadratische Matrix $A \in \mathbb{R}^{n \times n}$ gegeben ist, deren LU-Faktorisierung existiert (eventuelle Zeilenvertauschungen sind schon vor Beginn der eigentlichen Rechnung durchgeführt worden). Somit kann A in die Form $A = LU$ überführt werden. Die nichttrivialen Elemente der Faktoren L und U lassen sich entsprechend dem Formelsatz (2.15) wie folgt berechnen:

$$u_{ij} = a_{ij} - \sum_{k=1}^{i-1} l_{ik} u_{kj}, \quad j = 1, \ldots, n,$$

$$l_{ji} = \frac{1}{u_{ii}} \left\{ a_{ji} - \sum_{k=1}^{i-1} l_{jk} u_{ki} \right\}, \quad j = i+1, \ldots, n, \quad i = 1, \ldots, n. \tag{2.124}$$

Führt man diese Berechnungen unter Berücksichtigung der im Kapitel 1 beschriebenen Computerarithmetik im Bereich der Maschinenzahlen $\mathcal{R}(\beta, t, m_1, m_2)$ durch, dann erhält man wegen der unvermeidbaren Rundungsfehler anstelle der u_{ij} und l_{ji} nur gewisse Näherungen $\tilde{u}_{ij}$ und $\tilde{l}_{ji}$.

Entsprechend dem Grundgedanken der Rückwärtsanalyse wollen wir Residuen f_{ij} und f_{ji} einführen, sodass sich die berechneten Größen $\tilde{u}_{ij}$ und $\tilde{l}_{ji}$ als *exakte* Resultate für etwas gestörte Eingabedaten in der Vorschrift (2.124) interpretieren lassen, d. h.

$$\tilde{a}_{ij} = a_{ij} + f_{ij}, \quad i, j = 1, \ldots, n, \quad \tilde{u}_{ij} = a_{ij} + f_{ij} - \sum_{k=1}^{i-1} \tilde{l}_{ik} \tilde{u}_{kj}, \quad j = i, \ldots, n,$$

$$\tilde{l}_{ji} = \frac{1}{\tilde{u}_{ii}} \left\{ a_{ji} + f_{ji} - \sum_{k=1}^{i-1} \tilde{l}_{jk} \tilde{u}_{ki} \right\}, \quad j = i+1, \ldots, n, \quad i = 1, \ldots, n. \tag{2.125}$$

Diese Formeln sind wegen $\tilde{l}_{ii} = 1, i = 1, \ldots, n$, äquivalent zu

$$0 = a_{ij} + f_{ij} - \sum_{k=1}^{i} \tilde{l}_{ik} \tilde{u}_{kj}, \quad j = i, \ldots, n,$$

$$0 = a_{ji} + f_{ji} - \sum_{k=1}^{i} \tilde{l}_{jk} \tilde{u}_{ki}, \quad j = i+1, \ldots, n, \quad i = 1, \ldots, n. \tag{2.126}$$

Mithilfe einer unteren 1-△-Matrix $\tilde{L} \equiv (\tilde{l}_{ij})$ und einer oberen △-Matrix $\tilde{U} \equiv (\tilde{u}_{ij})$ können die obigen Gleichungen in Matrizenform geschrieben werden:

$$0 = A + F - \tilde{L} \tilde{U}, \tag{2.127}$$

wobei $F \equiv (f_{ij})$ die zugehörige *Fehlermatrix* (Residuenmatrix) bezeichnet. Die beiden Matrizen $\tilde{L}$ und $\tilde{U}$ sind somit die Faktoren der LU-Zerlegung einer gestörten Matrix $\tilde{A} \equiv$

$A + F$. Um die Residuen f_{ij} abzuschätzen, muss die Berechnung der $\tilde{u}_{ij}$ und $\tilde{l}_{ji}$ in der zugrundeliegenden Gleitpunkt-Arithmetik genauer studiert werden.

Da hier nur der Einfluss der Rundung während der Rechnung interessiert, gehen wir im Weiteren davon aus, dass die Elemente von A bereits Maschinenzahlen sind.

Die Gleichungen (2.126) zur Berechnung der $\tilde{u}_{ij}$ und $\tilde{l}_{ji}$ sind von folgendem allgemeinen Typ:

$$\sigma_n = \mathrm{fl}((\gamma - \alpha_1\beta_1 - \alpha_2\beta_2 - \cdots - \alpha_{n-1}\beta_{n-1})/\alpha_n), \tag{2.128}$$

wobei $\gamma, \alpha_1, \ldots, \alpha_n, \beta_1, \ldots, \beta_{n-1}, \sigma_n$ gewisse Maschinenzahlen bezeichnen. Das Symbol „fl" steht für die Auswertung des geklammerten Ausdrucks (in der angegebenen Reihenfolge von links nach rechts) in t-stelliger Gleitpunkt-Arithmetik.

Der Algorithmus 2.14 stellt den obigen Rechenprozess zur Bestimmung von σ_n genauer dar.

Algorithmus 2.14: Bestimmung von σ_n.

Start: $\qquad\quad \sigma_0 = \gamma$
Iteration: **for** $k = 1 : n - 1$
$\qquad\qquad\qquad \pi_k = \mathrm{fl}(\alpha_k * \beta_k)$
$\qquad\qquad\qquad \sigma_k = \mathrm{fl}(\sigma_{k-1} - \pi_k)$
$\qquad\qquad$ **end**
Ende: $\qquad\quad \sigma_n = \mathrm{fl}(\sigma_{n-1}/\alpha_n)$

Der Ausdruck $\mathrm{fl}(a \,\square\, b)$ bezeichne wie bisher eine Gleitpunkt-Operation der Form (1.60). Entsprechend dem im Abschnitt 1.3 erklärten Modell der Computer-Arithmetik gilt:

$$\pi_k = \mathrm{fl}(\alpha_k \,\square\, \beta_k) = (\alpha_k \,\square\, \beta_k)(1 + \xi_k), \quad k = 1, \ldots, n - 1,$$
$$\sigma_k = \mathrm{fl}(\sigma_{k-1} - \pi_k) = (\sigma_{k-1} - \pi_k)(1 + \eta_k), \quad k = 1, \ldots, n - 1, \tag{2.129}$$
$$\sigma_n = \mathrm{fl}(\sigma_{n-1}/\alpha_n) = (\sigma_{n-1}/\alpha_n)(1 + \xi_n).$$

Bei Gleitpunktzahlen mit t-stelliger Mantisse (und der Basis $\beta = 10$) kann man auf die bekannten Abschätzungen

$$|\xi_k| \leq \frac{1}{2}10^{1-t}, \quad k = 1, \ldots, n - 1, \quad |\eta_k| \leq \frac{1}{2}10^{1-t}, \quad k = 1, \ldots, n - 1,$$
$$|\xi_n| \leq \frac{1}{2}10^{1-t} \quad \text{bzw.} \quad \xi_n = 0, \quad \text{falls} \quad \alpha_n = 1 \tag{2.130}$$

zurückgreifen.

Wir wollen nun die k-te Zwischensumme betrachten. Sie lautet

$$\sigma_k = (\sigma_{k-1} - \pi_k)(1 + \eta_k).$$

Setzt man für π_k den ersten Ausdruck in (2.129) ein, so folgt

$$\sigma_k = (\sigma_{k-1} - \alpha_k \beta_k (1 + \xi_k))(1 + \eta_k).$$

Hieraus ergibt sich

$$\frac{\sigma_k}{1 + \eta_k} = \sigma_{k-1} - \alpha_k \beta_k (1 + \xi_k) = \sigma_{k-1} - \alpha_k \beta_k - \alpha_k \beta_k \xi_k \quad \text{bzw.}$$

$$\sigma_{k-1} - \alpha_k \beta_k = \frac{\sigma_k}{1 + \eta_k} + \alpha_k \beta_k \xi_k.$$

(2.131)

Somit ist $\sigma_k - (\sigma_{k-1} - \alpha_k \beta_k) \overset{(2.131)}{=} \sigma_k - (\frac{\sigma_k}{1+\eta_k} + \alpha_k \beta_k \xi_k) = \sigma_k \frac{\eta_k}{1+\eta_k} - \alpha_k \beta_k \xi_k.$

Damit haben wir das folgende Resultat erhalten.

Resultat 1. *Für die durch den Algorithmus 2.14 rekursiv definierten Größen σ_k, $k = 1, \ldots, n$, gelten die Beziehungen:*

1. $\sigma_0 - \gamma = 0$,
2. $\sigma_k - (\sigma_{k-1} - \alpha_k \beta_k) = \sigma_k \frac{\eta_k}{1+\eta_k} - \alpha_k \beta_k \xi_k$, $k = 1, \ldots, n-1$,
3. $\alpha_n \sigma_n - \sigma_{n-1} = \sigma_{n-1} \xi_n$ *(siehe die dritte Formel in (2.129))*.

Es soll nun eine Darstellung für das im Sinne der Rückwärtsanalyse durch

$$\sigma_n = (\gamma + r - \alpha_1 \beta_1 - \cdots - \alpha_{n-1} \beta_{n-1}) \frac{1}{\alpha_n}$$

(2.132)

definierte Residuum r gefunden werden. Hierzu summieren wir die im obigen Resultat 1 angegebenen Gleichungen auf:

$$\sigma_0 - \gamma + \sigma_1 - (\sigma_0 - \alpha_1 \beta_1) + \sigma_2 - (\sigma_1 - \alpha_2 \beta_2) + \cdots + \alpha_n \sigma_n - \sigma_{n-1}$$

$$= \sum_{k=1}^{n-1} \left\{ \sigma_k \frac{\eta_k}{1 + \eta_k} - \alpha_k \beta_k \xi_k \right\} + \sigma_{n-1} \xi_n.$$

Diese Formel vereinfacht sich zu

$$-\gamma + \alpha_1 \beta_1 + \cdots + \alpha_{n-1} \beta_{n-1} + \alpha_n \sigma_n = \sum_{k=1}^{n-1} \left\{ \sigma_k \frac{\eta_k}{1 + \eta_k} - \alpha_k \beta_k \xi_k \right\} + \sigma_{n-1} \xi_n.$$

Somit gilt für das Residuum r die Darstellung

$$r = \sum_{k=1}^{n-1} \left\{ \sigma_k \frac{\eta_k}{1 + \eta_k} - \alpha_k \beta_k \xi_k \right\} + \sigma_{n-1} \xi_n.$$

Nun kann man wie folgt abschätzen

$$|r| \le \sum_{k=1}^{n-1} \left\{ |\sigma_k| \frac{|\eta_k|}{1 - |\eta_k|} + |\alpha_k| \, |\beta_k| \, |\xi_k| \right\} + |\sigma_{n-1}| \, |\xi_n|$$

$$\le \frac{\frac{1}{2} 10^{1-t}}{1 - \frac{1}{2} 10^{1-t}} \left[\sum_{k=1}^{n-1} \{ |\sigma_k| + |\alpha_k| \, |\beta_k| \} + |\sigma_{n-1}| \right],$$

wobei $|\sigma_{n-1}|$ verschwindet, falls $\alpha_n = 1$ gilt. Damit haben wir das zweite Resultat erhalten.

Resultat 2. *Das bei der Berechnung von σ_n mit dem Algorithmus 2.14 auftretende Residuum r lässt sich bei t-stelliger Gleitpunkt-Arithmetik abschätzen zu*

$$|r| \le \frac{\frac{1}{2} 10^{1-t}}{1 - \frac{1}{2} 10^{1-t}} \left[\sum_{k=1}^{n-1} \{ |\sigma_k| + |\alpha_k| \, |\beta_k| \} + \rho \right],$$

wobei für ρ gilt:

$$\rho = \begin{cases} |\sigma_{n-1}|, & \text{falls } \alpha_n \ne 1, \\ 0, & \text{falls } \alpha_n = 1. \end{cases}$$

Bemerkung 2.11. Sind einige der Zwischensummen σ_k betragsmäßig groß im Vergleich zu σ_n, dann ist ein relativ großes Residuum zu erwarten. Wegen

$$\left\{ \gamma - \sum_{k=1}^{n-1} \alpha_k \beta_k \right\} \frac{1}{\alpha_n} - \sigma_n = -\frac{1}{\alpha_n} r$$

muss auch mit einem großen (absoluten) Resultatefehler gerechnet werden. □

Wir wollen jetzt die obigen zwei Resultate dazu verwenden, die Residuen f_{ij} und f_{ji} in (2.125) abzuschätzen. Es gilt

$$f_{ij} = -a_{ij} + \sum_{k=1}^{i} \tilde{l}_{ik} \tilde{u}_{kj}, \quad \tilde{l}_{ii} = 1, \quad j = i, \dots, n,$$

$$f_{ji} = -a_{ji} + \sum_{k=1}^{i} \tilde{l}_{jk} \tilde{u}_{ki}, \quad i = 1, \dots, n, \quad j = i+1, \dots, n,$$

woraus für $i = 1, \dots, n$ folgt:

$$|f_{ij}| \le \frac{\frac{1}{2} 10^{1-t}}{1 - \frac{1}{2} 10^{1-t}} \sum_{k=1}^{i-1} \{ |\tilde{a}_{ij}^{(k+1)}| + |\tilde{l}_{ik}| \, |\tilde{u}_{kj}| \}, \quad j = i, \dots, n,$$

$$|f_{ji}| \le \frac{\frac{1}{2} 10^{1-t}}{1 - \frac{1}{2} 10^{1-t}} \left[\sum_{k=1}^{i-1} \{ |\tilde{a}_{ji}^{(k+1)}| + |\tilde{l}_{jk}| \, |\tilde{u}_{ki}| \} + |\tilde{a}_{ji}^{(i)}| \right], \quad j = i+1, \dots, n.$$

$$(2.133)$$

In den obigen Formeln bezeichnet $\tilde{a}_{ij}^{(k)}$ die Partialsumme

$$\tilde{a}_{ij}^{(k)} \equiv \mathrm{fl}\left(a_{ij} - \sum_{s=1}^{k-1} \tilde{l}_{is} \tilde{u}_{sj} \right).$$

Somit sind die Größen $\tilde{a}_{ij}^{(k)}$ genau die Elemente der k-ten Zwischenmatrix $\tilde{A}^{(k)}$, die sich bei der LU-Faktorisierung

$$A \equiv \tilde{A}^{(1)} \to \tilde{A}^{(2)} \to \cdots \to \tilde{A}^{(n)} \equiv \tilde{U}$$

ergibt. Des Weiteren gilt

$$\tilde{u}_{ij} = \tilde{a}_{ij}^{(i)}, \quad \text{für } i,j = 1,\ldots,n. \tag{2.134}$$

Durch einen Blick auf die Ungleichungen (2.133) kommen wir zum nächsten Resultat.

Resultat 3. *Da in (2.133) die Beträge von $\tilde{l}_{ij}$ und $\tilde{u}_{ij}$ beliebig groß sein können, ist nicht garantiert, dass die Residuen f_{ij} stets betragsmäßig klein sind. Somit erweisen sich die berechneten LU-Faktoren $\tilde{L}$ und $\tilde{U}$ als die exakten Faktoren einer Matrix $\tilde{A} \equiv A + F$, die nicht sehr nahe bei der ursprünglichen Matrix A liegen muss. Dies bedeutet aber, dass die LU-Faktorisierung (und damit die gesamte Gauß-Elimination) ohne Pivotisierung ein numerisch instabiles Verfahren darstellt.*

Wir wollen jetzt die LU-Faktorisierung mit der *partiellen* Pivotisierung (Spalten-pivot-Strategie) betrachten (siehe den Algorithmus 2.2). Für die Elemente der Matrix $\tilde{L}$ gilt deshalb:

$$|\tilde{l}_{ij}| \le 1. \tag{2.135}$$

Es seien die Größen $\tilde{a}_k$ und $\tilde{a}$ definiert zu

$$\tilde{a}_k \equiv \max_{i,j} |\tilde{a}_{ij}^{(k)}|, \quad \tilde{a} \equiv \max_k \tilde{a}_k.$$

Wegen (2.134) und (2.135) nimmt jetzt (2.133) die Gestalt an

$$|f_{ij}| \le \frac{\frac{1}{2}10^{1-t}}{1 - \frac{1}{2}10^{1-t}} \sum_{k=1}^{i-1} \{\tilde{a}_{k+1} + \tilde{a}_k\} = \frac{\frac{1}{2}10^{1-t}}{1 - \frac{1}{2}10^{1-t}} \left\{ \tilde{a}_1 + 2\sum_{k=1}^{i-1} \tilde{a}_{k+1} + \tilde{a}_i \right\},$$

für $i,j = 1,\ldots,n$, sowie

$$|f_{ji}| \le \frac{\frac{1}{2}10^{1-t}}{1 - \frac{1}{2}10^{1-t}} \left[\sum_{k=1}^{i-1} \{\tilde{a}_{k+1} + \tilde{a}_k\} + \tilde{a}_i \right] = \frac{\frac{1}{2}10^{1-t}}{1 - \frac{1}{2}10^{1-t}} \left[\tilde{a}_1 + 2\sum_{k=1}^{i-1} \tilde{a}_{k+1} \right],$$

für $i = 1,\ldots,n$ und $j = i+1,\ldots,n$.

Hieraus folgt unmittelbar für $i = 1, \ldots, n$:

$$|f_{ij}| \le \frac{\frac{1}{2}10^{1-t}}{1 - \frac{1}{2}10^{1-t}} \cdot 2(i-1)\tilde{a}, \quad j = i, \ldots, n,$$

$$|f_{ji}| \le \frac{\frac{1}{2}10^{1-t}}{1 - \frac{1}{2}10^{1-t}} \cdot (2i-1)\tilde{a} \le \frac{\frac{1}{2}10^{1-t}}{1 - \frac{1}{2}10^{1-t}} \cdot 2i\tilde{a}, \quad j = i+1, \ldots, n.$$

Die Fehlermatrix F lässt sich nun elementweise in der folgenden Form abschätzen

$$|F| \equiv (|f_{ij}|)_{i,j=1,\ldots,n}$$

$$\le \frac{\frac{1}{2}10^{1-t}}{1 - \frac{1}{2}10^{1-t}} \cdot 2\tilde{a}
\begin{bmatrix}
0 & 0 & 0 & \cdots & 0 & 0 \\
1 & 1 & 1 & \cdots & 1 & 1 \\
1 & 2 & 2 & \cdots & 2 & 2 \\
1 & 2 & 3 & \cdots & 3 & 3 \\
\vdots & \vdots & \vdots & & \vdots & \vdots \\
1 & 2 & 3 & \cdots & n-1 & n-1
\end{bmatrix}. \tag{2.136}$$

Die Abschätzung für $|F|$ lässt genau erkennen, wie oft ein Element an der Position (i,j) während des Eliminationsprozesses modifiziert wird. Man erhält die Größen $\tilde{a}_k$ bzw. $\tilde{a}$, die in die obige Fehlerabschätzung unmittelbar eingehen, mitgeliefert, wenn der Algorithmus in jedem Eliminationsschritt zusätzlich das betragsgrößte Element bestimmt. Diese Größen lassen sich aber auch vorweg wie folgt abschätzen. Bei der Spaltenpivot-Strategie wird im ersten Eliminationsschritt das $(-l_{i1})$-fache (wobei $|l_{i1}| \le 1$ gilt) der ersten Zeile zur i-ten Zeile addiert. Deshalb ist $\tilde{a}_2 \le 2\tilde{a}_1$. Entsprechend ergibt sich

$$\tilde{a}_3 \le 2\tilde{a}_2 \le 2^2\tilde{a}_1, \quad \cdots, \quad \tilde{a}_n \le 2\tilde{a}_{n-1} \le \cdots \le 2^{n-1}\tilde{a}_1,$$

also

$$\tilde{a} \le 2^{n-1}\tilde{a}_1.$$

Verwendet man dies in (2.136), so resultiert schließlich

$$|F| \le \frac{\frac{1}{2}10^{1-t}}{1 - \frac{1}{2}10^{1-t}} 2^n \tilde{a}_1
\begin{bmatrix}
0 & 0 & \cdots & 0 \\
1 & 1 & \cdots & 1 \\
1 & 2 & \cdots & 2 \\
\vdots & \vdots & & \vdots \\
1 & 2 & \cdots & n-1
\end{bmatrix}. \tag{2.137}$$

Die Abschätzung (2.137) ist scharf, d.h., es lassen sich Beispiele konstruieren, für die Gleichheit gilt. Auf den ersten Blick sehen die Verhältnisse hier nicht besser aus als bei der *LU*-Faktorisierung ohne Pivotisierung (siehe die Abschätzungen (2.133)). In der Praxis tritt jedoch eine Anhäufung der Rundungsfehler bei partieller Pivotisierung nur in Ausnahmefällen auf. Wilkinson [86] hat experimentell gefunden, dass normalerweise

$$\tilde{a} \leq 8\tilde{a}_1 \tag{2.138}$$

gilt und dieser Wert nur sehr selten überschritten wird. Damit kommen wir zum folgenden Ergebnis.

Resultat 4. *Die LU-Faktorisierung mit partieller Pivotisierung stellt im Prinzip einen numerisch* instabilen *Prozess dar. Ein akademisches Beispiel, bei dem eine extreme Anhäufung der Rundungsfehler während der LU-Faktorisierung auftritt, findet der Leser am Ende des vorangegangenen Abschnittes.*

Ist jedoch die Beziehung (2.138) erfüllt (dies trifft auf fast alle praktisch relevanten Problemstellungen zu!), dann handelt es sich um ein numerisch stabiles *Verfahren.*

Diese kuriose Situation, dass man einem i. allg. instabilen Verfahren in der Praxis durchweg Vertrauen schenkt, wird von Trefethen und Bau [83] treffend beschrieben: „*Despite examples like* [...], *Gaussian elimination with partial pivoting is utterly stable in practice. Large factors U like* [...] *never seem to appear in real applications. In fifty years of computing, no matrix problems that excite an explosive instability are known to have arisen under natural circumstances.*"

Schließlich kann das Residuum des $\triangle$-Systems $\tilde{L}z = b$ analog abgeschätzt werden. Es ergibt sich für

$$r_j \equiv \sum_{k=1}^{j} \tilde{l}_{jk}\tilde{z}_k - b_j, \quad j = 1, \dots, n,$$

die Schranke

$$|r_j| \leq \frac{\frac{1}{2}10^{1-t}}{1 - \frac{1}{2}10^{1-t}} \left\{ \sum_{k=1}^{j} |\tilde{l}_{jk}| \, |\tilde{z}_k| \, \nu - |\tilde{z}_j| \right\}, \quad j = 1, \dots, n. \tag{2.139}$$

Hieraus lässt sich die folgende Aussage ableiten.

Resultat 5. *Die bei der Auflösung des gestaffelten Gleichungssystems $\tilde{L}z = b$ mit t-stelliger Gleitpunkt-Arithmetik berechnete Lösung $\tilde{z}$ erfüllt exakt ein gestaffeltes System der Form $\tilde{L}\tilde{z} = b + r$, wobei das Residuum r nach (2.139) abgeschätzt werden kann. Somit stellt die Rückwärts-Substitution ein numerisch* stabiles *Verfahren dar, falls die Dimension n nicht zu groß ist.*

Bemerkung 2.12. Im Falle der *vollständigen* Pivotisierung wurde von Wilkinson [86] für den zugehörigen Wachstumsfaktor ϱ_n^v die folgende Schranke berechnet

$$\varrho_n^v \equiv \frac{\max_{i,j,k} |a_{ij}^{(k)}|}{\max_{ij} |a_{ij}|} \leq \sqrt{n \cdot 2 \cdot 3^{1/2} \cdot 4^{1/3} \cdots n^{1/(n-1)}}$$

$$\approx n^{1/2 + \ln(n/4)}. \tag{2.140}$$

Diese obere Schranke erweist sich für die Praxis als viel zu groß. Das durchschnittliche Verhalten von ϱ_n^v ist $n^{1/2}$. Über viele Jahre wurde vermutet, dass allgemein $\varrho_n^v \leq n$ gilt. Diese Vermutung konnte jedoch widerlegt werden [17]. Es ist heute noch ein offenes mathematisches Problem, eine scharfe obere Schranke für ϱ_n^v zu finden (es wird von vielen Experten $O(n)$ vermutet). In der Tabelle 2.1 sind einmal die in den Formeln (2.123) und (2.140) angegebenen Schranken für die Wachstumsfaktoren ϱ_n^p und ϱ_n^v gegenübergestellt.

Tab. 2.1: Werte der oberen Schranken für die Wachstumsfaktoren ϱ_n^p und ϱ_n^v.

n	10	20	50	100
$\varrho_n^p \leq$	512	524288	5.6295e+014	6.3383e+029
$\varrho_n^v \leq$	19	67	530	3300

Offensichtlich ist bei der Gauß-Elimination mit vollständiger Pivotisierung mit einem viel langsameren Anwachsen der transformierten Matrixelemente zu rechnen, als dies bei der Gauß-Elimination mit partieller Pivotisierung der Fall ist (jeweils die schlechteste Situation zugrunde gelegt). Trotzdem verwendet man in der Praxis viel häufiger die *LU*-Faktorisierung mit *partieller* Pivotisierung. Gewichtige Gründe hierfür sind unter anderem:

1. Die $O(n^3)$ Vergleiche, welche bei der vollständigen Pivotisierung benötigt werden, um die Pivotelemente zu ermitteln ($O(n^2)$ Vergleiche pro Eliminationsschritt gegenüber $O(n)$ Vergleiche bei der partiellen Pivotisierung), verlangsamen das Verfahren signifikant. Das ist insbesondere bei Hochleistungsrechnern der Fall, da diese für die Ausführung einer Gleitpunkt-Operation etwa die gleiche Zeit benötigen wie für einen Vergleich.

2. Besitzt die Matrix A eine spezielle Struktur, dann wird diese bei der vollständigen Pivotisierung garantiert zerstört.

3. Schließlich soll noch auf ein interessantes Resultat von R. D. Skeel [73] hingewiesen werden. Die Gauß-Elimination mit vorgeschalteter Skalierung der Matrix A, partieller Pivotisierung und (mindestens) einem Schritt der Nachiteration ist ein stabiler Algorithmus. Weitere Schritte der Nachiteration dienen ausschließlich der Verbesserung der Genauigkeit. $\square$

2.6 Iterative Verfahren

2.6.1 Konvergenz der Nachiteration

Im Abschnitt 2.3 wurde die *Nachiteration* als numerisches Verfahren zur nachträglichen Verbesserung einer durch direkte Techniken erzeugten Näherungslösung $\tilde{x}$ betrachtet. Nachdem nun der Normbegriff eingeführt ist, soll die Konvergenz der mit dem mFile 2.7 erzeugten Vektorfolge $\{x^{(i)}\}_{i=0}^{\infty}$ gezeigt werden. Der folgende Satz wird hierzu benötigt.

Satz 2.15. *Erfüllen die Matrizen $A, B \in \mathbb{R}^{n \times n}$ die Beziehung $\|I - AB\| < 1$, dann sind A und B nichtsingulär. Des Weiteren gilt:*

$$A^{-1} = B \sum_{k=0}^{\infty} (I - AB)^k \quad und \quad B^{-1} = \sum_{k=0}^{\infty} (I - AB)^k A. \tag{2.141}$$

Beweis. Nach Satz 2.13 ist AB nichtsingulär und die zugehörige Inverse lautet:

$$(AB)^{-1} = \sum_{k=0}^{\infty} (I - AB)^k.$$

Damit ergibt sich:

$$A^{-1} = BB^{-1}A^{-1} = B(AB)^{-1} = B \sum_{k=0}^{\infty} (I - AB)^k,$$

$$B^{-1} = B^{-1}A^{-1}A = (AB)^{-1}A = \sum_{k=0}^{\infty} (I - AB)^k A. \qquad \square$$

Um nun die Konvergenz der Nachiteration zu analysieren, stellen wir uns (ohne Beschränkung der Allgemeinheit) auf den Standpunkt, dass die Näherung $\tilde{x} \equiv x^{(0)}$ nach der Vorschrift

$$x^{(0)} = Bb$$

bestimmt wurde, wobei B eine hinreichend gute Approximation der Inversen von A (im Sinne von $\|I - AB\| < 1$) bezeichnet. Wenn kein schlecht konditioniertes Gleichungssystem vorliegt, führt die Gauß-Elimination durchaus zu einer solchen Lösung $\tilde{x}$. Die Nachiteration kann dann wie folgt dargestellt werden:

$$x^{(i)} = x^{(i-1)} + B(b - Ax^{(i-1)}), \quad i = 1, 2, \dots. \tag{2.142}$$

Wir zeigen jetzt, dass die Iterierten $x^{(i)}$ mit den Partialsummen der Reihendarstellung (2.144) von x übereinstimmen. Dies impliziert unmittelbar die Konvergenz der Iterationsfolge gegen die Lösung $x = A^{-1}b$ von (2.2). Bevor wir den zugehörigen Satz formulieren, soll darauf hingewiesen werden, dass A^{-1} nach Satz 2.15 wie folgt aufgeschrieben werden kann:

$$A^{-1} = B \sum_{k=0}^{\infty} (I - AB)^k. \tag{2.143}$$

Für die exakte Lösung von (2.2) ergibt sich somit der Ausdruck

$$x = A^{-1}b = B \sum_{k=0}^{\infty} (I - AB)^k b. \tag{2.144}$$

Satz 2.16. *Gilt die Beziehung $\|I - AB\| < 1$, dann erzeugt die Nachiteration eine Vektorfolge $\{x^{(i)}\}_{i=0}^{\infty}$, mit*

$$x^{(i)} = B \sum_{k=0}^{i} (I - AB)^k b, \quad i = 0, 1, \dots$$

Offensichtlich stimmen die $x^{(i)}$ mit den Partialsummen der Reihe (2.144) überein. Sie konvergieren deshalb gegen die Lösung $x = A^{-1}b$.

Beweis. Der Beweis wird mittels vollständiger Induktion geführt. Da $x^{(0)} = Bb$ gilt, ist der Fall $i = 0$ trivial erfüllt. Es werde jetzt angenommen, dass die Aussage für das i-te Glied zutrifft. Hieraus folgt nun

$$
\begin{aligned}
x^{(i+1)} &= x^{(i)} + B\big(b - Ax^{(i)}\big) \\
&= B \sum_{k=0}^{i} (I - AB)^k b + Bb - BAB \sum_{k=0}^{i} (I - AB)^k b \\
&= B \left\{ b + (I - AB) \sum_{k=0}^{i} (I - AB)^k b \right\} = B \sum_{k=0}^{i+1} (I - AB)^k b. \qquad \square
\end{aligned}
$$

2.6.2 Spektralradius und Konvergenz einer Matrix

In der Praxis treten sehr häufig Matrizen auf, die zu einem hohen Prozentsatz aus Nullen bestehen. Man nennt derartige Matrizen *schwach besetzt* (engl.: *sparse*). Zur Lösung von linearen Gleichungssystemen mit schwach besetzten Matrizen gibt es inzwischen eine Vielzahl von angepassten Implementierungen der direkten Verfahren, die diese Eigenschaft ausnutzen. So berücksichtigen die in der MATLAB implementierten direkten Verfahren die schwache Besetztheit von Matrizen, indem eine effiziente Abspeicherung der Matrixelemente vorgenommen wird, d. h. es werden nur die nichtverschwindenden Elemente sowie die zugehörigen Zeilenindizes gespeichert (man spricht in diesem Falle von einer *Kompaktspeicherung*). Alle in der MATLAB integrierten logischen und indizierten Operationen können auf schwach besetzte Matrizen oder eine Kombination aus schwach und voll besetzten Matrizen angewandt werden. So führen Operationen auf schwach besetzte Matrizen wieder zu schwach besetzten und Operationen auf voll besetzte Matrizen wieder zu voll besetzten Matrizen (Strukturerhaltung!). Schließlich reduziert sich die Rechenzeit auch signifikant, indem die Operationen mit Null-Elementen reduziert werden (man spricht hier von der Vermeidung von *low-level arithmetic*). Offensichtlich ist ja $x + 0$ immer gleich x.

Neben den Eliminationsverfahren wurden seit jeher auch Iterationsverfahren zur Lösung linearer Gleichungssysteme verwendet. Deren Vorteil besteht darin, dass sie für Systeme mit schwach besetzten Matrizen prädestiniert sind, da sie nur mit den Nicht-Null-Elementen operieren. Der Nachteil der Iterationsverfahren ist jedoch, dass die Nichtsingularität der Systemmatrix (wie bei der Gauß-Elimination) nicht garantiert, dass die Folge der Iterierten auch gegen $x = A^{-1}b$ konvergiert. Um die weiteren, für die Konvergenz erforderlichen Eigenschaften der Matrix A herzuleiten, sind noch einige grundlegende Begriffe und Resultate erforderlich.

Definition 2.17. Für eine Matrix $A \in \mathbb{R}^{n \times n}$ ist der *Spektralradius* $\rho(A)$ erklärt zu

$$\rho(A) \equiv \max |\lambda_i|, \quad \lambda_i - \text{Eigenwert von } A. \tag{2.145}$$
$\square$

Der Spektralradius $\rho(A)$ besitzt die im folgenden Satz aufgeführten Eigenschaften.

Satz 2.17. *Ist $A \in \mathbb{R}^{n \times n}$ eine beliebige Matrix, dann gilt:*
1. $\rho(A) \leq \|A\|$ *für jede natürliche Matrixnorm $\| \cdot \|$,*
2. $\rho(A) = \|A\|_2$, *falls A eine symmetrische Matrix ist, d. h., $A = A^T$,*
3. *zu jedem $\varepsilon > 0$ existiert eine natürliche Matrixnorm $\| \cdot \|$ mit $\|A\| \leq \rho(A) + \varepsilon$.*

Beweis.
1. Es werde angenommen, dass λ ein Eigenwert von A mit dem zugehörigen Eigenvektor x, $\|x\| = 1$, ist. Die natürliche Matrixnorm $\| \cdot \|$ sei der Vektornorm $\| \cdot \|$ zugeordnet. Da $Ax = \lambda x$ gilt, ergibt sich

$$|\lambda| \cdot \underbrace{\|x\|}_{=1} = \|\lambda x\| = \|Ax\| \leq \|A\| \cdot \underbrace{\|x\|}_{=1}, \quad \text{d. h.,} \quad |\lambda| \leq \|A\|.$$

   Hieraus folgt unmittelbar $\rho(A) \equiv \max |\lambda| \leq \|A\|$.
2. Wie im Abschnitt 2.5.1 gezeigt wurde, ist $\|A\|_2 = [\rho(A^T A)]^{\frac{1}{2}}$. Da jede symmetrische Matrix nur reelle Eigenwerte besitzt und λ genau dann ein Eigenwert von A ist, wenn λ^2 ein Eigenwert von A^2 ist, folgt

$$\|A\|_2 = [\rho(A^T A)]^{\frac{1}{2}} = [\rho(A^2)]^{\frac{1}{2}} = [\rho(A)^2]^{\frac{1}{2}} = \rho(A).$$

3. Zu jedem $A \in \mathbb{R}^{n \times n}$ existiert eine nichtsinguläre Matrix $W \in \mathbb{R}^{n \times n}$, sodass $W^{-1}AW = J \equiv \text{diag}(J_1, J_2, \ldots, J_t)$ gilt. Die Teilblöcke J_i sind dabei von der Gestalt

$$J_i = \begin{bmatrix} \lambda_i & 1 & & & 0 \\ & \ddots & \ddots & & \\ & & \ddots & \ddots & \\ & & & \ddots & 1 \\ 0 & & & & \lambda_i \end{bmatrix} \in \mathbb{R}^{m_i \times m_i}, \quad \text{mit } n = m_1 + m_2 + \cdots + m_t.$$

Man nennt die obige Faktorisierung der Matrix A die *Jordansche Normalform*. Dies ist ein bekanntes Ergebnis aus der Linearen Algebra. Nun wählen wir für ein $\varepsilon > 0$ die Matrix $D \equiv \operatorname{diag}(1, \varepsilon, \ldots, \varepsilon^{n-1})$ und bilden $\hat{J} \equiv D^{-1}JD$. Die Matrix $\hat{J}$ besitzt formal die gleiche Gestalt wie J, $\hat{J} = \operatorname{diag}(\hat{J}_1, \hat{J}_2, \ldots, \hat{J}_t)$, wobei aber jetzt die Teilblöcke wie folgt aussehen:

$$\hat{J}_i = \begin{bmatrix} \lambda_i & \varepsilon & & & 0 \\ & \ddots & \ddots & & \\ & & \ddots & \ddots & \\ & & & \ddots & \varepsilon \\ 0 & & & & \lambda_i \end{bmatrix} \in \mathbb{R}^{m_i \times m_i}.$$

Es sei $T \equiv (WD)^{-1}$. Der Ausdruck $\|x\|_T \equiv \|Tx\|_\infty$ erfüllt sicher die Eigenschaften einer Vektornorm. Es werde nun die zugeordnete Matrixnorm konstruiert:

$$\|A\|_T \equiv \max_{\|x\|_T=1} \|Ax\|_T = \max_{\|Tx\|_\infty=1} \|TAx\|_\infty = \max_{\|Tx\|_\infty=1} \|TAT^{-1}Tx\|_\infty$$

$$= \max_{\|y\|_\infty=1} \|(TAT^{-1})y\|_\infty = \|TAT^{-1}\|_\infty.$$

Somit ergibt sich

$$\|A\|_T = \|TAT^{-1}\|_\infty = \|D^{-1}W^{-1}AWD\|_\infty$$

$$= \|D^{-1}JD\|_\infty = \|\hat{J}\|_\infty \le \rho(A) + \varepsilon. \qquad \square$$

Für die Konvergenzuntersuchung von Iterationsverfahren ist die folgende Eigenschaft von Matrizen bedeutsam.

Definition 2.18. Man nennt eine Matrix $A \in \mathbb{R}^{n \times n}$ *konvergent*, falls

$$\lim_{k \to \infty} (A^k)_{ij} = 0; \quad i, j = 1, \ldots, n. \tag{2.146}$$

$\square$

Es besteht ein Zusammenhang zwischen der Konvergenz und dem Spektralradius einer Matrix, wie der folgende Satz zeigt.

Satz 2.18. *Die folgenden Behauptungen sind äquivalent:*
1. *A ist eine konvergente Matrix,*

2. $\lim_{j \to \infty} \|A^j\| = 0$,
3. $\rho(A) < 1$.

Beweis.

1. Wir zeigen zuerst, dass die erste und die zweite Behauptung äquivalent sind. Da $\|\cdot\|$ eine stetige Funktion der Matrixelemente ist und $\|0\| = 0$ gilt, folgt aus der ersten Behauptung die zweite. Gilt andererseits für eine Norm $\|\cdot\|$ die zweite Behauptung, so folgt aus der Äquivalenz der Matrixnormen, dass eine Konstante c existiert, mit $\|A^j\|_\infty \leq c\|A^j\| \to 0$. Hieraus ergibt sich aber die erste Behauptung.

2. Jetzt soll die Äquivalenz der zweiten und dritten Behauptung nachgewiesen werden. O. B. d. A. kann vorausgesetzt werden, dass es sich bei der Norm um eine natürliche Matrixnorm handelt (Äquivalenzeigenschaft). Nach dem Satz 2.17 und wegen $\lambda(A^j) = [\lambda(A)]^j$ ergibt sich $\|A^j\| \geq \rho(A^j) = [\rho(A)]^j$, sodass aus der zweiten Behauptung die dritte folgt.

3. Gilt andererseits die dritte Behauptung, dann lassen sich nach dem Satz 2.17 ein $\varepsilon > 0$ und eine natürliche Matrixnorm $\|\cdot\|$ derart finden, dass $\|A\| \leq \rho(A) + \varepsilon \equiv \beta < 1$ ist. Berücksichtigt man nun die Submultiplikativität der Matrixnorm, dann folgt $\|A^j\| \leq \|A\|^j \leq \beta^j$, sodass $\lim_{j \to \infty} \|A^j\| = 0$ gilt, woraus sich unmittelbar die zweite Behauptung ergibt. $\qquad\square$

Als Übungsaufgabe zeige man die folgende Modifikation des Satzes 2.13.

Satz 2.19. *Die Reihe $\sum_{k=0}^{\infty} C^k$ ist genau dann konvergent, wenn $C \in \mathbb{R}^{n \times n}$ konvergent ist. In diesem Falle existiert die Inverse von $I - C$ und stellt sich wie folgt dar:*

$$(I - C)^{-1} = \sum_{k=0}^{\infty} C^k.$$

2.6.3 Spezielle Iterationsverfahren

Gegeben sei das lineare Gleichungssystem (2.2)

$$Ax = b, \quad A \in \mathbb{R}^{n \times n}, \quad b \in \mathbb{R}^n.$$

Wie bisher werde $\det(A) \neq 0$ vorausgesetzt, sodass eine eindeutige Lösung existiert. Die Konstruktion der grundlegenden Iterationsverfahren zur numerischen Approximation von $x = A^{-1}b$ basiert auf der folgenden Zerlegung der Matrix A

$$A = N - P, \quad N, P \in \mathbb{R}^{n \times n}. \tag{2.147}$$

Die Matrix N sei dabei so gewählt, dass gilt:

1. $\det(N) \neq 0$ und

2. N^{-1} ist einfach zu bestimmen.

Substituiert man nun (2.147) in (2.2), so resultiert $Ax = (N - P)x = Nx - Px = b$, d. h., $Nx = Px + b$, woraus

$$x = N^{-1}Px + N^{-1}b$$

folgt. Mit den Bezeichnungen $G \equiv N^{-1}P$ und $k \equiv N^{-1}b$ ergibt sich schließlich die sogenannte *iterierfähige Form*

$$x = Gx + k. \tag{2.148}$$

Ausgehend von einem Startvektor $x^{(0)} \in \mathbb{R}^n$ konstruiert man auf der Basis von (2.148) eine Vektorfolge $\{x^{(i)}\}_{i=0}^{\infty}$ mittels des *Iterationsverfahrens*

$$x^{(i)} = Gx^{(i-1)} + k, \quad i = 1, 2, \ldots. \tag{2.149}$$

Konvergiert die durch die Vorschrift (2.149) definierte Vektorfolge $\{x^{(i)}\}_{i=0}^{\infty}$, dann ist der Vektor $x^* \equiv \lim_{i \to \infty} x^{(i)}$ eine Lösung von (2.2), wie man sofort nachprüft.

Die Differenz zwischen der exakten Lösung $x = A^{-1}b$ und der Iterierten $x^{(i)}$ ergibt den *Fehlervektor*

$$e^{(i)} \equiv x^{(i)} - x, \quad i = 0, 1, 2, \ldots. \tag{2.150}$$

Durch Subtraktion der Gleichung (2.148) von (2.149) erhält man die *Fehlervektor-Iteration*:

$$e^{(i)} = Ge^{(i-1)} \quad \text{bzw.} \quad e^{(i)} = G^i e^{(0)}, \quad i = 1, 2, \ldots. \tag{2.151}$$

Bezüglich der Konvergenz der Iterationsfolge $\{x^{(i)}\}_{i=0}^{\infty}$ gilt der nachfolgende Satz.

Satz 2.20. *Das Iterationsverfahren (2.149) zur Lösung von (2.2) konvergiert für jedes $x^{(0)} \in \mathbb{R}^n$ genau dann gegen $x = A^{-1}b$, wenn die Iterationsmatrix G konvergent ist, d. h., falls $\rho(G) < 1$ gilt.*

Beweis. Das Resultat folgt unmittelbar aus dem Satz 2.18. ☐

Folgerung 2.4. *Gilt für eine (beliebige) Matrixnorm $\|G\| < 1$, dann konvergiert das Verfahren (2.149) für jedes $x^{(0)}$ gegen die Lösung von (2.2).*

Beweis. Die Behauptung ergibt sich unmittelbar aus dem Satz 2.17. ☐

Zur Charakterisierung von Iterationsverfahren der Form (2.149) verwendet man verschiedene Kenngrößen. Eine solche ist das sogenannte *Konvergenzmaß*, das die Geschwindigkeit der Iterationsfolge beschreibt.

Definition 2.19. Die Zahl

$$R \equiv \log_{10} \frac{1}{\rho(G)} \tag{2.152}$$

heißt *Konvergenzmaß* von G bezüglich des Verfahrens (2.149). □

Die obige Definition führt zu einer nützlichen Anwendung. Es sei $m > 0$ und ganzzahlig. Bezeichnet $R > 0$ das Konvergenzmaß, dann möge für den Iterationsschritt-Zähler i gelten:

$$i > \frac{m}{R}, \quad \text{bzw.} \quad iR > m. \tag{2.153}$$

Die Formel (2.152) impliziert

$$10^R = \frac{1}{\rho(G)}, \quad \text{d. h.,} \quad \rho(G) = 10^{-R}.$$

Hieraus ergibt sich

$$[\rho(G)]^i = 10^{-iR} < 10^{-m}.$$

Wegen der strengen Ungleichheit existiert nun ein $\varepsilon > 0$, sodass

$$(\rho(G) + \varepsilon)^i \leq 10^{-m}$$

geschrieben werden kann. Nach dem Satz 2.17 gibt es eine natürliche Matrixnorm, für die gilt:

$$\left\| e^{(i)} \right\| \leq \|G\|^i \left\| e^{(0)} \right\| \leq (\rho(G) + \varepsilon)^i \left\| e^{(0)} \right\|.$$

Daraus folgt

$$\frac{\left\| e^{(i)} \right\|}{\left\| e^{(0)} \right\|} \leq 10^{-m}. \tag{2.154}$$

Wird also die Anzahl der Iterationen in (2.149) so groß gewählt, dass $i > m/R$ gilt, dann ist die relative Änderung der i-ten Näherung kleiner als 10^{-m}. Damit lässt sich a priori die Anzahl der Iterationsschritte abschätzen, die zum Erreichen einer vorgegebenen Genauigkeit erforderlich sind. Insbesondere haben wir auch das folgende Resultat gezeigt.

Folgerung 2.5. *Je kleiner $\rho(G)$ $(0 < \rho(G) < 1)$ ist, um so schneller konvergiert das Iterationsverfahren* (2.149).

Wir betrachten jetzt zwei spezielle Iterationsverfahren, die sich aus dem allgemeinen Ansatz (2.147) gewinnen lassen. Die Matrix A möge so beschaffen sein, dass die folgende Voraussetzung erfüllt ist (eventuell müssen zuvor einige Zeilen vertauscht werden!).

Voraussetzung 2.4. Alle Diagonalelemente von A seien von Null verschieden, d. h., es gelte:

$$a_{ii} \neq 0, \quad i = 1, 2, \ldots, n.$$ □

Diese Voraussetzung ist sicher immer dann erfüllt, wenn die Matrix A nichtsingulär ist. Zusätzlich zu (2.147) werde noch eine zweite Zerlegung von A eingeführt, die wir wie folgt aufschreiben wollen:

$$A = \begin{bmatrix} \ddots & & -U \\ & D & \\ -L & & \ddots \end{bmatrix} = D - L - U. \tag{2.155}$$

Die obige formale Darstellung ist so zu verstehen, dass die Diagonalmatrix D die Diagonalelemente, die strikt untere $\triangle$-Matrix $-L$ den unteren Dreiecksanteil sowie die strikt obere $\triangle$-Matrix $-U$ den oberen Dreiecksanteil von A enthalten.

Beim sogenannten *Gesamtschrittverfahren* (oftmals auch als *Jacobi-Verfahren* bezeichnet) setzt man

$$N = \begin{bmatrix} a_{11} & & & \\ & \ddots & & \mathbf{0} \\ \mathbf{0} & & \ddots & \\ & & & a_{nn} \end{bmatrix} \equiv D. \tag{2.156}$$

Für die Iterationsmatrix G und den zugehörigen Vektor k, die beim Gesamtschrittverfahren üblicherweise mit $\mathcal{B}$ und $k_{\mathcal{B}}$ bezeichnet werden, ergeben sich

$$\mathcal{B} = N^{-1}P = N^{-1}(N - A) = D^{-1}(D - D + L + U) = D^{-1}(L + U),$$
$$k_{\mathcal{B}} = N^{-1}b = D^{-1}b. \tag{2.157}$$

Die Iterationsfolge $\{x^{(i)}\}_{i=0}^{\infty}$ berechnet sich somit nach der Iterationsvorschrift

$$x^{(i)} = \mathcal{B}x^{(i-1)} + k_{\mathcal{B}}, \quad i = 1, 2, \ldots \tag{2.158}$$

Um eine *komponentenweise* Darstellung des Iterationsverfahrens (2.158) zu erhalten, beachte man

$$x^{(i)} = D^{-1}([L + U]x^{(i-1)} + b).$$

Damit ergibt sich

$$x_j^{(i)} = \frac{1}{a_{jj}} \left\{ b_j - \sum_{\substack{k=1 \\ k \neq j}}^{n} a_{jk} x_k^{(i-1)} \right\}, \quad j = 1, \dots, n, \tag{2.159}$$

beziehungsweise

$$x_1^{(i)} = \frac{1}{a_{11}} \{ b_1 - a_{12} x_2^{(i-1)} - a_{13} x_3^{(i-1)} - \cdots - a_{1n} x_n^{(i-1)} \},$$

$$x_2^{(i)} = \frac{1}{a_{22}} \{ b_2 - a_{21} x_1^{(i-1)} - a_{23} x_3^{(i-1)} - \cdots - a_{2n} x_n^{(i-1)} \},$$

$$\vdots \tag{2.160}$$

$$x_n^{(i)} = \frac{1}{a_{nn}} \{ b_n - a_{n1} x_1^{(i-1)} - a_{n2} x_2^{(i-1)} - \cdots - a_{n,n-1} x_{n-1}^{(i-1)} \}.$$

Aus dem Satz 2.20 ergeben sich hinreichende Kriterien für die *Konvergenz* des Gesamtschrittverfahrens (2.159) bzw. (2.160).

Satz 2.21. *Hinreichend für die Konvergenz des Gesamtschrittverfahrens ist eine der beiden Bedingungen:*

$$1) \quad \|\mathcal{B}\|_\infty \equiv \max_i \sum_{\substack{j=1 \\ j \neq i}}^{n} \frac{|a_{ij}|}{|a_{ii}|} < 1, \quad oder \tag{2.161}$$

$$2) \quad \|\mathcal{B}\|_1 \equiv \max_j \sum_{\substack{i=1 \\ i \neq j}}^{n} \frac{|a_{ij}|}{|a_{ii}|} < 1. \tag{2.162}$$

Beweis. Das sogenannte *Zeilensummenkriterium* (2.161) sowie das Kriterium (2.162) ergeben sich unmittelbar aus dem Satz 2.20 und der Folgerung 2.4. □

Bemerkung 2.13. Die Bedingung (2.161) ist äquivalent mit der *strikten Diagonaldominanz* der Matrix A (siehe die Definition 2.8). □

Das im folgenden Satz genannte *Spaltensummenkriterium* (2.163) ist als Übungsaufgabe zu beweisen.

Satz 2.22. *Das Gesamtschrittverfahren ist konvergent, wenn gilt:*

$$3) \quad \|I - D^{-1} A^T\|_\infty \equiv \max_j \sum_{\substack{i=1 \\ i \neq j}}^{n} \frac{|a_{ij}|}{|a_{jj}|} < 1. \tag{2.163}$$

Für das Konvergenzmaß R folgt aus (2.161) und (2.162):

$$R \geq \log_{10} \frac{1}{\min\{\|\mathcal{B}\|_1, \|\mathcal{B}\|_\infty\}}. \tag{2.164}$$

Im m-File 2.10 ist eine MATLAB-Implementierung des Gesamtschrittverfahrens dargestellt.

m-File 2.10: gesamtschritt.m

```
1   function [x,k]=gesamtschritt(a,b,x1,tol,imax)
2   % function [x,k] = gesamtschritt(a,b,x1,tol,imax)
3   % Berechnet eine Naeherung fuer die Loesung eines
        linearen
4   % Gleichungssystems Ax=b mit dem
        Gesamtschrittverfahren.
5   % Voraussetzung: die Matrix A ist strikt
        diagonaldominant
6   %
7   % x: Loesungsvektor, k: verwendete Anzahl von
8   % Iterationsschritten,
9   % a: Systemmatrix, b: rechte Seite, x1: Startvektor,
10  % tol: vorzugebende Genauigkeitsschranke,
11  % imax: maximale Anzahl von Iterationsschritten
12  %
13  n=length(b);
14  % Test auf Diagonaldominanz
15  alpha = true;
16  for r = 1:n
17      beta = 2 * abs(a(r,r)) > sum(abs(a(r,:)));
18      alpha = alpha && beta;
19  end
20  if alpha == 0
21      disp (['Matrix A ist nicht diagonaldominant']);
            return
22  elseif alpha == 1
23          disp (['Matrix A is diagonaldominant']);
24  end
25
26  k = 1;
27   while k <= imax
28     err = 0;
29     for i = 1 : n
30        s = 0;
31         for j = 1 : n
32            s = s-a(i,j)*x1(j);
```

```
33          end
34          s = (s+b(i))/a(i,i);
35          if abs(s) > err
36              err = abs(s);
37          end
38          x2(i) = x1(i)+s;
39      end
40
41      if err <= tol
42          break;
43      else
44          k = k+1;
45          for i = 1 : n
46              x1(i) = x2(i);
47          end
48      end
49   end
50   x=x1;
```

Wir wollen nun an einem Beispiel das Gesamtschrittverfahren demonstrieren.

Beispiel 2.16. Gegeben sei das lineare Gleichungssystem

$$\begin{bmatrix} 5 & -1 & -1 & -1 \\ -1 & 10 & -1 & -1 \\ -1 & -1 & 5 & -1 \\ -1 & -1 & -1 & 10 \end{bmatrix} \begin{pmatrix} x_1 \\ x_2 \\ x_3 \\ x_4 \end{pmatrix} = \begin{pmatrix} -4 \\ 12 \\ 8 \\ 34 \end{pmatrix}. \tag{2.165}$$

Die exakte Lösung ist $x^* = (1, 2, 3, 4)^T$. Mit dem Gesamtschrittverfahren soll eine Näherung bestimmt werden. Zuerst muss man jedoch nachweisen, dass dieses Iterationsverfahren auch konvergiert. Im vorliegenden Fall ist dies sehr einfach, da man sich schnell davon überzeugen kann, dass die Systemmatrix strikt diagonaldominant ist. Es konvergiert deshalb für jeden beliebigen Startvektor $x^{(0)} \in \mathbb{R}^4$. Wir wählen $x^{(0)} = (0, 0, 0, 0)^T$.

Das Gesamtschrittverfahren nimmt für das gegebene Problem die folgende Gestalt an:

$$x^{(k+1)} = \begin{bmatrix} 0 & 0.2 & 0.2 & 0.2 \\ 0.1 & 0 & 0.1 & 0.1 \\ 0.2 & 0.2 & 0 & 0.2 \\ 0.1 & 0.1 & 0.1 & 0 \end{bmatrix} x^{(k)} + \begin{pmatrix} -0.8 \\ 1.2 \\ 1.6 \\ 3.4 \end{pmatrix}, \quad x^{(0)} = \begin{pmatrix} 0 \\ 0 \\ 0 \\ 0 \end{pmatrix}.$$

Der mit dem MATLAB-Befehl max(abs(eig(G))) bestimmte Spektralradius von $G = \mathcal{B}$ ist $\rho(\mathcal{B}) = 0.437228$. Die Ergebnisse der ersten 5 Iterationsschritte sind in der Tabelle 2.2 eingetragen, wobei in der letzten Spalte die relativen Fehler der zuletzt berechneten Komponenten der numerischen Lösung angegeben sind.

Tab. 2.2: Iterationstabelle Gesamtschrittverfahren.

k	0	1	2	3	4	5	$\varepsilon(x_i^{(5)})$
$x_1^{(k)}$	0	−0.8000	0.440	0.716	0.883	0.948	0.0520
$x_2^{(k)}$	0	1.200	1.620	1.840	1.929	1.969	0.0155
$x_3^{(k)}$	0	1.600	2.360	2.732	2.880	2.948	0.0173
$x_4^{(k)}$	0	3.400	3.600	3.842	3.929	3.969	0.0078

Nach 15 Iterationsschritten wird die exakte Lösung erreicht. □

Es soll jetzt ein weiteres Grundverfahren betrachtet werden. Beim sogenannten *Einzelschrittverfahren* (es wird oftmals auch als *Gauß-Seidel*[15]*-Verfahren* bezeichnet) wählt man

$$N = \begin{bmatrix} a_{11} & & & \\ a_{21} & a_{22} & & \mathbf{0} \\ \vdots & & \ddots & \\ a_{n1} & a_{n2} & \cdots & a_{nn} \end{bmatrix} \equiv D - L, \tag{2.166}$$

wobei die strikt untere △-Matrix −L den unteren △-Anteil und die Diagonalmatrix D die Diagonalelemente von A enthalten.

Für die Iterationsmatrix G und den Vektor k, die beim Einzelschrittverfahren mit $\mathcal{L}$ bzw. $k_{\mathcal{L}}$ bezeichnet werden, ergeben sich nun

$$\mathcal{L} = N^{-1}P = N^{-1}(N - A) = (D - L)^{-1}\left[(D - L) - D + L + U\right]$$
$$= (D - L)^{-1}U, \tag{2.167}$$
$$k_{\mathcal{L}} = N^{-1}b = (D - L)^{-1}b.$$

Die Iterationsfolge $\{x^{(i)}\}_{i=0}^{\infty}$ berechnet sich somit nach der Iterationsvorschrift

$$x^{(i)} = \mathcal{L}x^{(i-1)} + k_{\mathcal{L}}, \quad i = 0, 1, \ldots \tag{2.168}$$

Um eine *komponentenweise* Darstellung des Iterationsverfahrens (2.168) zu erhalten, beachte man

---

15 Philipp Ludwig Ritter von Seidel (1821–1896), deutscher Mathematiker, Optiker und Astronom.

$$x^{(i)} = (D - L)^{-1} U x^{(i-1)} + (D - L)^{-1} b,$$

$$(D - L) x^{(i)} = U x^{(i-1)} + b,$$

$$D x^{(i)} = L x^{(i)} + U x^{(i-1)} + b,$$

$$x^{(i)} = D^{-1} \{ L x^{(i)} + U x^{(i-1)} + b \}.$$

Damit ergibt sich

$$x_j^{(i)} = \frac{1}{a_{jj}} \left\{ b_j - \sum_{k=1}^{j-1} a_{jk} x_k^{(i)} - \sum_{k=j+1}^{n} a_{jk} x_k^{(i-1)} \right\}, \quad j = 1, \ldots, n, \tag{2.169}$$

beziehungsweise

$$x_1^{(i)} = \frac{1}{a_{11}} \{ b_1 - a_{12} x_2^{(i-1)} - a_{13} x_3^{(i-1)} - \cdots - a_{1n} x_n^{(i-1)} \}$$

$$x_2^{(i)} = \frac{1}{a_{22}} \{ b_2 - a_{21} x_1^{(i)} - a_{23} x_3^{(i-1)} - \cdots - a_{2n} x_n^{(i-1)} \}$$

$$\vdots \tag{2.170}$$

$$x_n^{(i)} = \frac{1}{a_{nn}} \{ b_n - a_{n1} x_1^{(i)} - a_{n2} x_2^{(i)} - \cdots - a_{n,n-1} x_{n-1}^{(i)} \}.$$

Beispiel 2.17. Gegeben sei noch einmal das im Beispiel 2.16 betrachtete lineare Gleichungssystem. Wir wollen jetzt die Lösung dieses Systems mit dem Einzelschrittverfahren approximieren. Die strikte Diagonaldominanz der Systemmatrix A garantiert auch hier, dass dieses Verfahrens konvergiert.

Das Einzelschrittverfahren nimmt für das gegebene Problem die folgende Gestalt an, wobei wiederum der Startvektor $x^{(0)} = (0, 0, 0, 0)^T$ verwendet werden soll:

$$x^{(k+1)} = \begin{bmatrix} 0 & 0.2000 & 0.2000 & 0.2000 \\ 0 & 0.0200 & 0.1200 & 0.1200 \\ 0 & 0.0440 & 0.6400 & 0.2640 \\ 0 & 0.0265 & 0.0384 & 0.0584 \end{bmatrix} x^{(k)} + \begin{pmatrix} -0.8000 \\ 1.1200 \\ 1.6640 \\ 3.5984 \end{pmatrix}, \quad x^{(0)} = \begin{pmatrix} 0 \\ 0 \\ 0 \\ 0 \end{pmatrix}$$

Die Ergebnisse der ersten 5 Iterationsschritte sind in der Tabelle 2.3 eingetragen, wobei in der letzten Spalte wieder die relativen Fehler der zuletzt berechneten Komponenten der numerischen Lösung angegeben sind.

Nach 8 Iterationsschritten wird die exakte Lösung erreicht. Somit konvergiert das Einzelschrittverfahren bei diesem Beispiel etwa doppelt so schnell wie das Gesamtschrittverfahren. □

Für das Einzelschrittverfahren gilt das folgende hinreichende Konvergenzkriterium.

Tab. 2.3: Iterationstabelle Einzelschrittverfahren.

k	0	1	2	3	4	5	$\varepsilon(x_i^{(5)})$
$x_1^{(k)}$	0	−0.8000	0.4765	0.8891	0.9770	0.9951	0.0049
$x_2^{(k)}$	0	1.1200	1.7739	1.9561	1.9906	1.9980	0.0010
$x_3^{(k)}$	0	1.6640	2.7698	2.9494	2.9894	2.9978	7.3333e-04
$x_4^{(k)}$	0	3.5984	3.9020	3.9795	3.9957	3.9991	2.2500e-04

Satz 2.23. *Hinreichend für die Konvergenz des Einzelschrittverfahrens* (2.169) *bzw.* (2.170) *ist die Bedingung*

$$\max_i \sum_{\substack{j=1 \\ j \neq i}}^{n} \frac{|a_{ij}|}{|a_{ii}|} < 1. \tag{2.171}$$

Beweis. Offensichtlich ist die Bedingung (2.171) äquivalent mit der strikten Diagonaldominanz von A. Zu zeigen ist $\rho(\mathcal{L}) < 1$. Es bezeichne λ einen Eigenwert von $\mathcal{L}$ mit dem zugehörigen Eigenvektor x, $\|x\|_\infty = 1$. Somit gilt

$$\mathcal{L}x = \lambda x, \quad \text{d. h.,} \quad \big(I - (D - L)^{-1}A\big)x = \lambda x.$$

Hieraus ergibt sich

$$(D - L)x - Ax = \lambda (D - L)x. \tag{2.172}$$

Da $(D - L)$ den unteren $\triangle$-Anteil (einschließlich der Diagonalen) von A bezeichnet, stellt sich (2.172) wie folgt dar:

$$-\sum_{j=i+1}^{n} a_{ij}x_j = \lambda \sum_{j=1}^{i} a_{ij}x_j, \quad i = 1, 2, \ldots, n.$$

Zieht man auf der rechten Seite den Term für $j = i$ aus der Summe heraus, dann ergibt sich

$$\lambda\, a_{ii}x_i = -\lambda \sum_{j=1}^{i-1} a_{ij}x_j - \sum_{j=i+1}^{n} a_{ij}x_j, \quad i = 1, 2, \ldots, n.$$

Nun werde der Index i so gewählt, dass $|x_i| = 1 \geq |x_j|$ für alle j gilt. Folglich ist

$$|\lambda|\,|a_{ii}| \leq |\lambda| \sum_{j=1}^{i-1} |a_{ij}| + \sum_{j=i+1}^{n} |a_{ij}|.$$

Stellt man diese Ungleichung nach $|\lambda|$ um und beachtet die strikte Diagonaldominanz von A, so folgt

$$|\lambda| \leq \left\{ \sum_{j=i+1}^{n} |a_{ij}| \right\} \left\{ |a_{ii}| - \sum_{j=1}^{i-1} |a_{ij}| \right\}^{-1} < 1. \qquad \square$$

Bemerkung 2.14.

1. Man beachte, dass beim Einzelschrittverfahren die neu bestimmten Komponenten sofort anstelle der alten Werte zum Einsatz kommen. Dagegen besteht die Strategie des Gesamtschrittverfahrens darin, erst alle Komponenten des neuen Iterationsvektors $x^{(i)}$ zu berechnen bevor die Ersetzung von $x^{(i-1)}$ durch $x^{(i)}$ stattfindet. Dies hat zur Folge, dass beim Gesamtschrittverfahren die neuen Komponenten *simultan* berechnet werden können, während diese beim Einzelschrittverfahren *seriell* bestimmt werden müssen, da für die Berechnung von x_k alle neuen Werte von $x_1, x_2, \ldots, x_{k-1}$ erforderlich sind. Aufgrund dieses Unterschiedes im Verfahrensablauf ist das Gesamtschrittverfahren für solche Computer besonders geeignet, die Vektor- oder Parallelverarbeitung ermöglichen.

2. Da beim Einzelschrittverfahren die neu berechneten Komponenten sofort in die Rechnung eingehen, liegt die Vermutung nahe, dass das Einzelschrittverfahren *stets schneller* als das Gesamtschrittverfahren konvergiert. Dies ist aber nur unter weiteren Bedingungen an die Systemmatrix A richtig. Unter anderem sind Gleichungssysteme denkbar, bei denen das Gesamtschrittverfahren konvergiert, während das Einzelschrittverfahren divergiert. Das Umgekehrte ist aber auch möglich. $\qquad \square$

Die bisher betrachteten iterativen Grundtechniken besitzen für viele praktische Problemstellungen keine ausreichende Konvergenzgeschwindigkeit. Man verwendet deshalb andere Zerlegungen der Matrix A, die sich daran orientieren, dass die Größe des Spektralradius von G der Konvergenzgeschwindigkeit umgekehrt proportional ist (siehe die Folgerung 2.5). Die Idee der sogenannten *Relaxationsverfahren* geht auf David M. Young Jr.[16] zurück und besteht darin, die Iterationsmatrix G von einem reellen Parameter $\omega \neq 0$ abhängig zu machen, $G = G(\omega)$, und zu versuchen, eine Minimierung von $\rho(G(\omega))$ bezüglich ω vorzunehmen. Mit anderen Worten, es ist ein ω so zu bestimmen, dass $\rho(G(\omega)) \ll 1$ gilt.

Dieses Vorgehen möge hier anhand des Einzelschrittverfahrens demonstriert werden. Anstelle der Matrix N aus der Formel (2.166) verwendet man jetzt die parametrisierte Matrix

---

16 David M. Young Jr. (20. Oktober 1923 – 21 Dezember 2008), amerikanischer Mathematiker und Computerwissenschaftler. Er arbeitete auf den Gebieten Numerische Mathematik und Wissenschaftliches Rechnen.

$$N = \begin{bmatrix} \frac{a_{11}}{\omega} & & & \\ a_{21} & \frac{a_{22}}{\omega} & & \mathbf{O} \\ \vdots & & \ddots & \\ a_{n1} & a_{n2} & \cdots & \frac{a_{nn}}{\omega} \end{bmatrix} \equiv \frac{1}{\omega}(D - \omega L). \tag{2.173}$$

Für den Anteil P in der Zerlegung (2.147) ergibt sich damit

$$P = \frac{1}{\omega}\left[(1 - \omega)D + \omega U\right].$$

Die Iterationsmatrix G und der Vektor k, die wir hier mit $\mathcal{L}_\omega$ und $k_{\mathcal{L}_\omega}$ bezeichnen wollen, nehmen die Gestalt an:

$$\mathcal{L}_\omega = (D - \omega L)^{-1} \cdot \left[(1 - \omega)D + \omega U\right] \quad \text{und} \quad k_{\mathcal{L}_\omega} = \omega(D - \omega L)^{-1}b. \tag{2.174}$$

Die zugehörige Iterationsvorschrift lautet:

$$x^{(i)} = \mathcal{L}_\omega x^{(i-1)} + k_{\mathcal{L}_\omega}, \quad i = 0, 1, \ldots \tag{2.175}$$

Es ist sofort ersichtlich, dass im Falle $\omega = 1$ das Einzelschrittverfahren vorliegt. Das parametrisierte Verfahren (2.175) heißt *SOR-Verfahren*. Die Abkürzung *SOR* kommt aus dem Englischen: „*successive overrelaxation method*". Der Parameter ω wird *Relaxationsparameter* genannt. Ist $\omega < 1$, dann spricht man von *Unterrelaxation* und ist $\omega > 1$, von *Überrelaxation*.

Die *komponentenweise* Darstellung des Verfahrens lässt sich aus der Formel (2.175) wie folgt ableiten.

$$\begin{aligned} x^{(i)} &= \mathcal{L}_\omega x^{(i-1)} + k_{\mathcal{L}_\omega} \\ &= (D - \omega L)^{-1}\left[(1 - \omega)D + \omega U\right]x^{(i-1)} + \omega(D - \omega L)^{-1}b, \\ (D - \omega L)x^{(i)} &= \left[(1 - \omega)D + \omega U\right]x^{(i-1)} + \omega b, \\ Dx^{(i)} &= \omega L x^{(i)} + \left[(1 - \omega)D + \omega U\right]x^{(i-1)} + \omega b, \\ x^{(i)} &= D^{-1}\omega\left\{Lx^{(i)} + \left(\frac{1 - \omega}{\omega}D + U\right)x^{(i-1)} + b\right\}. \end{aligned}$$

Damit ergibt sich für $j = 1, \ldots, n$:

$$x_j^{(i)} = \frac{\omega}{a_{jj}}\left\{b_j - \sum_{k=1}^{j-1} a_{jk}x_k^{(i)} - \sum_{k=j+1}^{n} a_{jk}x_k^{(i-1)} - \frac{\omega - 1}{\omega}a_{jj}x_j^{(i-1)}\right\}, \tag{2.176}$$

beziehungsweise

$$x_1^{(i)} = \frac{\omega}{a_{11}}\left\{b_1 - a_{12}x_2^{(i-1)} - a_{13}x_3^{(i-1)} - \cdots - a_{1n}x_n^{(i-1)} - \frac{\omega - 1}{\omega}a_{11}x_1^{(i-1)}\right\},$$

$$x_2^{(i)} = \frac{\omega}{a_{22}} \left\{ b_2 - a_{21}x_1^{(i)} - a_{23}x_3^{(i-1)} - \cdots - a_{2n}x_n^{(i-1)} - \frac{\omega-1}{\omega}a_{22}x_2^{(i-1)} \right\}, \qquad (2.177)$$

$$\vdots$$

$$x_n^{(i)} = \frac{\omega}{a_{nn}} \left\{ b_n - a_{n1}x_1^{(i)} - a_{n2}x_2^{(i)} - \cdots - a_{n,n-1}x_{n-1}^{(i)} - \frac{\omega-1}{\omega}a_{nn}x_n^{(i-1)} \right\}.$$

Im m-File 2.11 ist eine MATLAB-Implementierung des SOR-Verfahrens dargestellt.

m-File 2.11: sor.m

```
1  function [x,k]=sor(a,b,x1,omega,tol,imax)
2  % function [x,k] = gesamtschritt(a,b,x1,omega,tol,
     imax)
3  % Berechnet eine Naeherung fuer die Loesung eines
     linearen
4  % Gleichungssystems Ax=b mit dem SOR-Verfahren.
5  % Voraussetzung: die Matrix A ist strikt
     diagonaldominant
6  %
7  % x: Loesungsvektor, k: verwendete Anzahl von
8  % Iterationsschritten,
9  % a: Systemmatrix, b: rechte Seite, x1: Startvektor,
10 % omega: Relaxationsparameter,
11 % tol: vorzugebende Genauigkeitsschranke,
12 % imax: maximale Anzahl von Iterationsschritten
13 %
14 n=length(b);
15
16 % Test auf Diagonaldominanz
17 alpha = true;
18 for r = 1:n
19     beta = 2 * abs(a(r,r)) > sum(abs(a(r,:)));
20     alpha = alpha && beta;
21 end
22 if alpha == 0
23     disp (['Matrix A ist nicht diagonaldominant']);
          return
24 elseif alpha == 1
25         disp (['Matrix A is diagonaldominant']);
26 end
27
```

```
28   k = 1;
29   while  k <= imax
30     err = 0;
31
32     for i = 1 : n
33         s = 0;
34         for j = 1 : n
35           s = s-a(i,j)*x1(j);
36         end
37         s = omega*(s+b(i))/a(i,i);
38         if abs(s) > err
39             err = abs(s);
40         end
41         x1(i) = x1(i)+s;
42     end
43
44     if err <= tol
45         break;
46     else
47
48         k = k+1;
49     end
50   end
51   x=x1;
```

Dem folgenden Satz (siehe [37]) kann man diejenigen Werte von ω entnehmen, für die das SOR-Verfahren garantiert nicht konvergiert.

Satz 2.24 (Kahan[17]). *Das SOR-Verfahren* (2.175) *konvergiert höchstens für diejenigen reellen Parameter ω, für die gilt*

$$0 < \omega < 2. \tag{2.178}$$

Beweis. Es seien $\lambda_1, \lambda_2, \ldots, \lambda_n$ die Eigenwerte von $\mathcal{L}_\omega$, d. h.,

$$\mathcal{L}_\omega v^{(i)} = \lambda_i v^{(i)}, \quad \|v^{(i)}\| = 1.$$

Wir betrachten nun

---

17 William „Velvel" Morton Kahan (geb. 1933), kanadischer Mathematiker und Informatiker. Er ist der Hauptarchitekt des Standards IEEE 754 für binäre Gleitkommazahlen und dessen Verallgemeinerung IEEE 854 (siehe auch die Bemerkung 1.6).

$$\det(\mathcal{L}_\omega) = \det\big[\underbrace{(D - \omega L)^{-1}}_{\triangle\text{-Matrix}}\big] \cdot \det\big[\underbrace{(1 - \omega)D + \omega U}_{\triangle\text{-Matrix}}\big]. \qquad (2.179)$$

Da in der Diagonalen einer $\triangle$-Matrix die Eigenwerte dieser Matrix stehen und die Eigenwerte der Inversen einer Matrix die Kehrwerte der Eigenwerte der ursprünglichen Matrix sind, lässt sich (2.179) weiter vereinfachen zu

$$\det(\mathcal{L}_\omega) = \prod_{i=1}^{n} \frac{1}{a_{ii}} \cdot \prod_{i=1}^{n} (1 - \omega)a_{ii} = (1 - \omega)^n.$$

Nun ist aber die Determinante einer Matrix das Produkt ihrer Eigenwerte, sodass wir schließlich

$$\det(\mathcal{L}_\omega) = \prod_{i=1}^{n} \lambda_i = (1 - \omega)^n$$

erhalten. Hieraus folgt $\rho(\mathcal{L}_\omega) \geq |1 - \omega|$. Ist nun $\omega \leq 0$ oder $\omega \geq 2$, so resultiert $\rho(\mathcal{L}_\omega) \geq 1$. Nach dem Satz 2.20 divergiert dann das SOR-Verfahren. $\qquad \square$

Im Folgenden wollen wir zeigen, dass die Bedingung (2.178) für eine wichtige Klasse von Matrizen auch hinreichend ist.

Definition 2.20. Es seien drei Matrizen $A, N, P \in \mathbb{R}^{n \times n}$ gegeben. Dann wird die Aufspaltung $A = N - P$ eine *C-reguläre Zerlegung* von A genannt, falls N nichtsingulär und $C \equiv N + P$ positiv definit ist. $\qquad \square$

Man beachte, dass in der obigen Definition die Symmetrie von C nicht vorausgesetzt wird. Es wird lediglich $x^T C x > 0$ für alle Vektoren $0 \neq x \in \mathbb{R}^n$ angenommen.

Als Übungsaufgabe zeige man: Dies ist äquivalent der Forderung, dass der *symmetrische Teil* von C, der durch $\frac{1}{2}(C + C^T)$ repräsentiert wird, positiv definit ist.

Grundlage für viele Konvergenzaussagen ist der folgende Satz (siehe auch [76]).

Satz 2.25 (Stein[18]-Rosenberg[19]). *Es sei $A \in \mathbb{R}^{n \times n}$ eine symmetrische, positiv definite Matrix. Existiert eine Matrix $G \in \mathbb{R}^{n \times n}$, sodass auch $A - G^T A G$ positiv definit ist, dann besitzt G die Eigenschaft $\rho(G) < 1$.*

Beweis. Es sei λ ein Eigenwert von G und $x \neq 0$ ein zugehöriger Eigenvektor. Dann sind die quadratischen Formen $x^T A x$ und $x^T (A - G^T A G)x$ positiv. Somit gilt die Beziehung

---

18 Philip Stein (1890–1974) war ein in Litauen geborener Mathematiker, der Professor für Mathematik am Natal University College (NUC) in Südafrika wurde. Er beschäftigte sich mit der Theorie der Funktionen reeller und komplexer Variablen.

19 Reuben Louis Rosenberg (1909–1986) war ein in Johannesburg, South Africa, geborener Mathematiker, der zusammen mit P. Stein als Professor am Natal University College (NUC) arbeitete. Er beschäftigte sich mit der numerischen linearen Algebra und veröffentlichte 1948 in dem Artikel [77] diesen wichtigen Satz. Siehe auch den interessanten historischen Beitrag [5].

$x^T A x - x^T G^T A G x > 0$, d. h.,

$$x^T A x > x^T G^T A G x = (\lambda x)^T A (\lambda x) = \lambda^2 x^T A x,$$

woraus unmittelbar $|\lambda| < 1$ folgt. $\square$

Ein wichtiges Konvergenzresultat für C-reguläre Zerlegungen ist in dem Satz 2.26 formuliert.

Satz 2.26 (C-reguläre Zerlegungen). *Es sei $A \in \mathbb{R}^{n \times n}$ eine symmetrische, positiv definite Matrix. Des Weiteren stelle die Aufspaltung $A = N - P$ eine C-reguläre Zerlegung der Matrix A dar. Dann gilt $\rho(N^{-1}P) < 1$.*

Beweis. Nach dem Satz 2.25 braucht nur gezeigt zu werden, dass

$$B \equiv A - (N^{-1}P)^T A N^{-1} P$$

positiv definit ist. Aus $N^{-1}P = I - N^{-1}A$ ergibt sich

$$\begin{aligned}
B &= A - (N^{-1}P)^T A N^{-1} P = A - [I - N^{-1}A]^T A [I - N^{-1}A] \\
&= A - [I - (N^{-1}A)^T] A [I - N^{-1}A] = A - [A - (N^{-1}A)^T A][I - N^{-1}A] \\
&= A N^{-1} A + (N^{-1}A)^T A - (N^{-1}A)^T A N^{-1} A \\
&= (N^{-1}A)^T (N + N^T - A) N^{-1} A.
\end{aligned}$$

Wegen der C-Regularität ist $N + P$ positiv definit und dies überträgt sich auf die Matrix $N^T + P = N + N^T - A$. Folglich ist auch B positiv definit, da $(N^{-1}A)$ eine nichtsinguläre Matrix ist. $\square$

Für das SOR-Verfahren erhält man nun das folgende interessante Resultat (dieses wurde von E. Reich [60] für $\omega = 1$ gezeigt, während die Verallgemeinerung auf den Fall $0 < \omega < 2$ von A. M. Ostrowski [56] vorgenommen wurde).

Satz 2.27 (Ostrowski[20]-Reich[21]). *Ist $A \in \mathbb{R}^{n \times n}$ eine symmetrische, positiv definite Matrix und gilt $0 < \omega < 2$, dann konvergiert das SOR-Verfahren für jede beliebige Wahl der Startnäherung $x^{(0)}$ gegen $x = A^{-1}b$.*

Beweis. Die Symmetrie von A impliziert $U = L^T$. Aufgrund der vorangegangenen Resultate genügt es zu zeigen, dass

---

20 Alexander Markowitsch Ostrowski (1893–1986), russischer Mathematiker. Der nach ihm benannte Ostrowski-Preis wird seit 1989 an herausragende Leistungen in der Mathematik vergeben.

21 Edgar Reich (1927–2009) war ein Kind jüdischer Auswanderer in die USA. Er arbeitete als Professor für Mathematik u. a. am MIT und für 44 Jahre an der University of Minnesota.

$$A = \frac{1}{\omega}(D - \omega L) - \frac{1}{\omega}\left[(1 - \omega)D + \omega L^T\right]$$

eine C-reguläre Zerlegung von A ist. Da die Diagonalelemente von A positiv sind, ist D positiv definit und $D - \omega L$ nichtsingulär. Des Weiteren ergibt sich für den symmetrischen Teil von $N + P$:

$$\frac{1}{2}(N + P + N^T + P^T) = \frac{1}{2}(N + N - A + N^T + N^T - A^T) = N + N^T - A$$

$$= \frac{1}{\omega}(D - \omega L) + \frac{1}{\omega}(D - \omega L^T) - D + L + L^T$$

$$= \frac{2}{\omega}D - L - L^T - D + L + L^T = \frac{1}{\omega}(2 - \omega)D.$$

Dieser ist aber wegen $0 < \omega < 2$ positiv definit. □

Im Falle *tridiagonaler, positiv definiter* Matrizen $A \in \mathbb{R}^{n \times n}$ kann ein optimaler Relaxationsparameter $\omega = \omega_{\text{opt}}$ direkt angeben werden.

Satz 2.28. *Ist $A \in \mathbb{R}^{n \times n}$ eine tridiagonale und positiv definite Matrix, dann gilt*

$$\rho(\mathcal{L}) = \left[\rho(\mathcal{B})\right]^2 < 1.$$

Des Weiteren ergibt sich für das SOR-Verfahren ein optimales ω zu

$$\omega_{\text{opt}} = \frac{2}{1 + \sqrt{1 - \rho(\mathcal{B})^2}}. \tag{2.180}$$

Mit diesem ω_{opt} ist $\rho(\mathcal{L}_{\omega_{\text{opt}}}) = \omega_{\text{opt}} - 1$.

Beweis. Siehe die Monographie von David M. Young Jr. [90]. □

In praktischen Situationen (bis auf die im Satz 2.28 genannten Matrizen) ist die Wahl eines optimalem ω ein schwieriges Unterfangen. Wie wir gesehen haben, ergibt sich für $\omega = 1$ aus dem SOR-Verfahren das Einzelschrittverfahren. Für $\omega < 1$ verlangsamt sich offensichtlich die Iteration. Entsprechend dem Namen *Über*-Relaxation wählt man deshalb einen Wert $\omega > 1$, der jedoch nicht zu groß sein darf, da sonst die Iteration divergiert. In der Literatur wird oftmals darauf hingewiesen, dass man mit einem Wert von $\omega = 1.2$ gute Erfahrungen gemacht hat. Auch werden heuristische Techniken herangezogen, um in die Nähe eines optimalen ω zu gelangen.

Beispiel 2.18. Für das in den Beispielen 2.16 und 2.17 betrachtete lineare Gleichungssystem (2.165) wollen wir experimentell den „optimalen" Relaxationsparameter ω_{opt} ermitteln. In der Tabelle 2.4 sind für zwei Toleranzen (10^{-5} und 10^{-8}) die mit dem m-File 2.11 benötigten Iterationsschritte imax für aufsteigende Werte des Relaxationsparameters im Bereich $[1, 1.5]$ angegeben. Zusätzlich wurde auch jeweils der Spektralradius der Iterationsmatrix $\rho(\mathcal{L}_\omega)$ bestimmt. Am wenigsten Iterationsschritte sind somit für $\omega = 1.1$ erforderlich, was auch mit den berechneten Spektralradien übereinstimmt. □

Tab. 2.4: Ermittlung des optimalen Relaxationsparameters.

ω	1.0	1.1	1.2	1.3	1.4	1.5
imax(tol $= 10^{-5}$)	10	8	11	14	17	28
imax(tol $= 10^{-8}$)	15	12	16	20	25	31
$\rho(\mathcal{L}_\omega)$	0.2104	0.1437	0.2434	0.3416	0.4385	0.5344

2.6.4 Ausblick: Entwicklung neuer Iterationsverfahren

Im letzten Jahrzehnt hat sich die Numerik partieller Differentialgleichungen zu einem bedeutenden Forschungsschwerpunkt entwickelt. Die hier eingesetzten Diskretisierungstechniken erfordern die Lösung hochdimensionaler linearer Gleichungssysteme, deren Koeffizientenmatrizen schwach besetzt sind, jedoch eine einheitliche Struktur aufweisen. Zur Lösung solcher Systeme bieten sich die Iterationsverfahren unmittelbar an. Da die Effektivität der bisher beschriebenen numerischen Grundtechniken für diese Zielstellung noch nicht ausreicht, ist eine Vielzahl neuer Iterationsverfahren entwickelt und untersucht worden. Wir wollen in diesem einführenden Text nur einige Grundideen dieser verbesserten Techniken vorstellen. Die Tabelle 2.5 gibt an, was man in den letzten 60 Jahren unter einem Gleichungssystem mit *sehr großer* Dimension n verstand, das mit den jeweils vorhandenen Rechnern und den dazugehörigen numerischen Eliminationstechniken gerade noch gelöst werden konnte [83]. Die Angaben in der letzten Zeile wurden mirvon Alan Edelman[22] zur Verfügung gestellt. Die *LU*-Faktorisierung erfordert bekanntlich $2/3\,n^3$ flops. Verwendet man einen der heute im Wissenschaftlichen Rechnen gängigen Computer (Rechengeschwindigkeit etwa 8×10^{15} flops/sec) würde man für $n = 10{,}725{,}120$ etwa

$$\frac{2 \times 10725120^3}{3 \times 8 \times 10^{15} \times 3600} \approx 28.6$$

Stunden für diese Faktorisierung benötigen, was ein durchaus akzeptabler Wert ist.

Tab. 2.5: Entwicklung des Begriffes „große Dimension".

Jahr	Dimension n	Literaturbezug
1950	20	Wilkinson
1965	200	Forsythe and Moler
1980	2,000	LINPACK
1995	20,000	LAPACK
2011	10,725,120	persönliche Information von Alan Edelman, MIT

---

22 Alan Edelman, Massachusetts Institute of Technology, Computer Science and AI Laboratories, Applied Computing Group Leader.

Da die Eliminationsverfahren einen Rechenaufwand von $O(n^3)$ flops erfordern, die im folgenden beschriebenen Iterationsverfahren jedoch nur auf Matrix-Vektor-Multiplikationen basieren und demzufolge einen Aufwand von $O(n^2)$ flops pro Iterationsschritt benötigen, können heute mit diesen Iterationsverfahren (unter Verwendung der modernen Rechentechnik) weitaus höherdimensionale Probleme gelöst werden. Dies zeigt den gewaltigen Fortschritt, der gerade auf diesem Gebiet erzielt wurde.

Die in den vorangegangenen Abschnitten betrachteten Iterationsverfahren zur Lösung des linearen Gleichungssystems $Ax = b$ basieren alle auf der Zerlegung (2.147) der Systemmatrix A. Das daraus resultierende allgemeine Iterationsverfahren (2.149) ist ein *stationäres* Iterationsverfahren, da die zugehörige Iterationsmatrix G und der Vektor k nicht vom Iterationsindex i abhängen. Es lässt sich auch in der Form

$$x^{(i)} = x^{(i-1)} + N^{-1}(b - Ax^{(i-1)}), \quad i = 1, 2, \ldots \tag{2.181}$$

schreiben. Man nennt jetzt die Matrix N den *Vorkonditionierer* (engl.: *preconditioner*) des Gleichungssystems (2.2), der nach gewissen Kriterien auszuwählen ist. Im Falle des Gesamtschrittverfahrens wird $N \equiv D$, im Falle des Einzelschrittverfahrens $N \equiv D-L$ und im Falle des SOR-Verfahrens $N \equiv \omega^{-1}D - L$ gesetzt. Wir gehen hier davon aus, dass die Matrix N vorgegeben ist und fragen nach dem Verhalten der Iterationsvorschrift (2.181) in Abhängigkeit von den jeweiligen Eigenschaften der *vorkonditionierten* Matrix $N^{-1}A$. Aussagen zur Wahl geeigneter Vorkonditionierer findet man u. a. in der Monographie von J. W. Demmel [14].

Eine Umsetzung der Iterationsvorschrift (2.181) ist im Algorithmus 2.15 angegeben.

Algorithmus 2.15: Einfache Iteration.

INPUT: Matrix A, Vektor b, Startvektor $x^{(0)}$, Vorkonditionierer N
Berechne $r^{(0)} = b - A x^{(0)}$
Löse $N z^{(0)} = r^{(0)}$
for $i = 1, 2, \ldots$
    Berechne $x^{(i)} = x^{(i-1)} + z^{(i-1)}$
    Berechne $r^{(i)} = b - A x^{(i)}$
    Löse $N z^{(i)} = r^{(i)}$
    Überprüfe die Konvergenz; Fortsetzung falls notwendig
end

Wir wollen nun numerische Techniken betrachten, mit denen sich die einfache Iteration verbessern lässt. Insbesondere betrachten wir *nichtstationäre* Iterationsverfahren, bei denen typischerweise Parameter auftreten, die durch die Berechnung von Skalarprodukten der zugehörigen Residuenvektoren (oder anderer Vektoren, die beim jeweiligen Iterationsverfahren anfallen) charakterisiert sind. Eines der ältesten und der am meisten studierten nichtstationären Iterationsverfahren ist die *Methode der konjugierten Gradienten* (engl.: *conjugate gradient method*). Wir wollen im Folgenden die Abkürzung *CG-Verfahren* verwenden. Es ist für Gleichungssysteme mit einer symmetrischen und positiv definiten Systemmatrix A geeignet. Die Iterierten $x^{(i)}$ werden hier mittels eines Vielfachen a_i der *Suchrichtung* $p^{(i)}$ aufdatiert:

$$x^{(i)} = x^{(i-1)} + a_i\, p^{(i)}. \tag{2.182}$$

Die zugehörigen Residuenvektoren $r^{(i)} \equiv b - Ax^{(i)}$ berechnen sich dann nach der Vorschrift

$$r^{(i)} = r^{(i-1)} - \alpha\, q^{(i)}, \quad q^{(i)} \equiv Ap^{(i)}. \tag{2.183}$$

Durch die Wahl der Parameter α und a_i zu

$$\alpha \equiv a_i \equiv \frac{(r^{(i)})^T r^{(i)}}{(p^{(i)})^T q^{(i)}}$$

wird $(r^{(i)})^T A^{-1} r^{(i)}$ über alle möglichen Parameterwerte α in der Gleichung (2.183) minimiert. Die Suchrichtungen $p^{(i)}$ bestimmt man aus den Residuenvektoren $r^{(i)}$ wie folgt:

$$p^{(i)} = r^{(i)} + \beta_{i-1}\, p^{(i-1)}, \tag{2.184}$$

wobei

$$\beta_i \equiv \frac{(r^{(i)})^T r^{(i)}}{(r^{(i-1)})^T r^{(i-1)}}$$

gesetzt wird, damit $p^{(i)}$ und $Ap^{(i-1)}$, oder äquivalent $r^{(i)}$ und $r^{(i-1)}$, orthogonal sind. Insbesondere kann man zeigen, dass dann $p^{(i)}$ (bzw. $r^{(i)}$) zu allen vorhergehenden $Ap^{(j)}$ (bzw. $r^{(j)}$) orthogonal ist.

Damit wird bei dem nicht vorkonditionierten CG-Verfahren die i-te Iterierte $x^{(i)}$ als dasjenige Element aus dem Krylow[23]-Teilraum

$$x^{(0)} + \mathrm{span}\{r^{(0)}, Ar^{(0)}, \dots, A^{(i-1)} r^{(0)}\}$$

bestimmt, für welches die quadratische Form $Q_A(x^{(i)}) \equiv (x^{(i)} - x^*)^T A(x^{(i)} - x^*)$ ihren minimalen Wert annimmt. Wie bisher bezeichnet x^* auch hier die exakte Lösung von $Ax = b$. Die Existenz dieses Minimums ist für symmetrische, positiv definite Matrizen garantiert. Die vorkonditionierte Variante des CG-Verfahrens verwendet einen anderen Teilraum für die Konstruktion der Iterierten als der oben angegebene. Die zu mini-

---

23 Alexei Nikolajewitsch Krylow (1863–1945), russischer Schiffsbauingenieur und Mathematiker.

mierende quadratische Form $Q_A(x^{(i)})$ ist jedoch die gleiche, wobei das Minimum über den neuen Teilraum bestimmt wird. Eine wichtige Voraussetzung für die Durchführbarkeit des vorkonditionierten CG-Verfahrens ist die Verwendung eines symmetrischen und positiv definiten Vorkonditionierers N. Es kann gezeigt werden, dass die Minimierung von $Q_A(x^{(i)})$ äquivalent zu der Forderung ist, dass die Residuenvektoren $r^{(i)}$ die Beziehung $(r^{(i)})^T M^{-1} r^{(j)} = 0$ für $i \neq j$ erfüllen. Man sagt auch, die Vektoren $r^{(i)}$ sind „M^{-1}-orthogonal". Da sich im Falle symmetrischer Matrizen A eine orthogonale Basis für den Krylow-Teilraum $\text{span}\{r^{(0)}, \ldots, A^{i-1}r^{(0)}\}$ mit 3-Term-Rekursionen berechnen lässt, reicht auch eine solche Rekursion zur Bestimmung der Residuen aus. Insbesondere werden beim CG-Verfahren zwei gekoppelte 2-Term-Rekursionen verwendet: eine für die Berechnung der Residuenvektoren unter Verwendung einer Suchrichtung und eine für die Berechnung der Suchrichtung unter Verwendung eines neu bestimmten Residuums. Dies macht das CG-Verfahren sehr attraktiv für die Implementierung auf einem Rechner.

Bei den Iterationsverfahren ist es i. allg. recht schwierig, exakte Konvergenzaussagen zu erhalten. Jedoch lässt sich für das CG-Verfahren zeigen, dass der Fehler in Ausdrücken der Konditionszahl $\kappa_2 \equiv \text{cond}_2(M^{-1}A)$ beschränkt werden kann. Speziell wurde für symmetrische, positiv definite Matrizen A und symmetrische, positiv definite Vorkonditionierer N die folgende Fehlerschranke gezeigt [22]

$$\|x^{(i)} - x^*\|_A \leq 2\tau^i \|x^{(0)} - x^*\|_A, \tag{2.185}$$

wobei $\|x\|_A$ die sogenannte A-Norm,

$$\|x\|_A \equiv \sqrt{x^T A x}, \quad x \in \mathbb{R}^n,$$

bezeichnet und $\tau \equiv (\sqrt{\kappa_2}-1)/(\sqrt{\kappa_2}+1)$ ist. Aus der Beziehung (2.185) ist unmittelbar abzulesen, dass die Anzahl der Iterationen, die erforderlich sind, um eine relative Abnahme TOL des Fehlers zu erreichen, proportional zu $\sqrt{\kappa_2}$ ist.

Im Algorithmus 2.16 ist das vorkonditionierte CG-Verfahren in algorithmischer Form dargestellt.

Ist die Matrix A nur symmetrisch, aber nicht positiv definit, dann lässt sich eine orthogonale Basis für den Krylow-Teilraum noch mit einer 3-Term-Rekursion bestimmen. Dies erreicht man, indem die Suchrichtungen in den Gleichungen (2.183) und (2.184) eliminiert werden. Dies führt auf die folgende Rekursion

$$Ar^{(i)} = r^{(i+1)} t_{i+1,i} + r^{(i)} t_{i,i} + r^{(i-1)} t_{i-1,i}.$$

Mithilfe einer $(i + 1) \times i$-Tridiagonalmatrix $\tilde{T}_i$ ergibt sich daraus die Darstellung

$$A R_i = R_{i+1} \tilde{T}_i.$$

Jetzt bestimmt man ein $x^{(i)}$ aus dem Krylow-Teilraum, welches das Residuum in der 2-Norm minimiert, d. h., ein

Algorithmus 2.16: Vorkonditioniertes CG-Verfahren.

INPUT: Matrix A, Vektor b, Startvektor $x^{(0)}$, Vorkonditionierer N

for $i = 1, 2, \ldots$

    Löse $N z^{(i-1)} = r^{(i-1)}$

    $\mu_{i-1} = (r^{(i-1)})^T z^{(i-1)}$

    if $i = 1$

        $p^{(1)} = z^{(0)}$

    else

        $\beta_{i-1} = \mu_{i-1}/\mu_{i-2}; p^{(i)} = z^{(i-1)} + \beta_{i-1} p^{(i-1)}$

    end

    $q^{(i)} = A p^{(i)}; \alpha_i = \mu_{i-1}/((p^{(i)})^T q^{(i)})$

    $x^{(i)} = x^{(i-1)} + \alpha_i p^{(i)}; r^{(i)} = r^{(i-1)} - \alpha_i q^{(i)}$

    Überprüfe die Konvergenz; Fortsetzung falls notwendig

end

$$x^{(i)} \in \{r^{(0)}, A r^{(0)}, \ldots, A^{i-1} r^{(0)}\}, \quad x^{(i)} = R_i \bar{y},$$

welches

$$\left\| A x^{(i)} - b \right\|_2 = \left\| A R_i \bar{y} - b \right\|_2 = \left\| R_{i+1} \tilde{T}_i y - b \right\|_2$$

minimiert. Hierzu werde die Matrix

$$D_{i+1} \equiv \operatorname{diag}(\|r^{(0)}\|_2, \|r^{(1)})\|_2, \ldots, \|r^{(i)}\|_2)$$

definiert. Offensichtlich ist $R_{i+1} D_{i+1}^{-1}$ eine orthogonale Transformation bezüglich des aktuellen Krylow-Teilraums. Somit ergibt sich

$$\left\| A x^{(i)} - b \right\|_2 = \left\| D_{i+1} \tilde{T}_i y - \|r^{(0)}\|_2 e^{(1)} \right\|_2.$$

Damit liegt ein Kleinste-Quadrate-Problem vor, bei dem eine Lösung mit minimaler Norm zu bestimmen ist. Das $(i + 1, i)$-Element von $\tilde{T}_i$ kann durch eine einfache Givens-Rotation (siehe Abschnitt 3.3.1) zu null gemacht werden und das resultierende obere Bidiagonalsystem (die anderen unterhalb der Hauptdiagonalen liegenden nichtverschwindenden Elemente wurden bereits in den vorhergehenden Iterationsschritten beseitigt) kann dann einfach gelöst werden. Das resultierende Verfahren ist unter dem Namen *MINRES-Verfahren* (engl.: **minimal residual method**) bekannt [4, 59]. Eine andere Verfahrensvariante besteht in der Lösung des Systems $T_i y = \|r^{(0)}\|_2 e^{(1)}$, wobei T_i den oberen $(i \times i)$-Teil von $\tilde{T}_i$ bezeichnet. Hieraus ergibt sich das sogenannte *SYMMLQ-Verfahren* (engl.: **symmetric LQ method**).

Besitzt das Gleichungssystem $Ax = b$ eine unsymmetrische Koeffizientenmatrix, dann liegt der Gedanke nahe, die Symmetrie über die zugehörigen Normalgleichungen zu erzwingen. Mit anderen Worten, man wendet eines der obigen Iterationsverfahren auf

$$A^T A x = A^T b \quad \text{oder} \quad AA^T y = b, \quad x = A^T y \qquad (2.186)$$

an. Dabei brauchen die Matrizen $A^T A$ bzw. AA^T nicht explizit gebildet werden. Wendet man das CG-Verfahren zur Lösung eines der Systeme (2.186) an, dann ergeben sich die unter den Namen *CGNE-Verfahren* bzw. *CGNR-Verfahren* (engl.: *conjugate gradients on the normal equations methods*) bekannten Techniken. Das CGNR-Verfahren minimiert die $A^T A$-Norm des Fehlers in $x^{(i)}$ (entspricht der 2-Norm des Residuums $b - Ax^{(i)}$) über dem affinen Raum

$$x^{(i)} \in x^{(0)} + \operatorname{span}\{A^T r^{(0)}, (A^T A)A^T r^{(0)}, \ldots, (A^T A)^{i-1} A^T r^{(0)}\}.$$

Das CGNE-Verfahren minimiert die AA^T-Norm des Fehlers in $y^{(i)}$ (entspricht der 2-Norm des Fehlers $x^* - x^{(i)}$) über dem affinen Raum

$$x^{(i)} \in x^{(0)} + \operatorname{span}\{A^T r^{(0)}, A^T(AA^T) r^{(0)}, \ldots, A^T(AA^T)^{i-1} r^{(0)}\}.$$

In dem Algorithmus 2.17 sind beide Varianten dargestellt. Zur Vereinfachung wird dabei angenommen, dass die Matrix A bereits vorkonditioniert ist.

Algorithmus 2.17: CGNR und CGNE.

INPUT: Matrix A, Vektor b, Startvektor $x^{(0)}$
$r^{(0)} = b - Ax^{(0)}$; Berechne $A^T r^{(0)}$; Setze $p^{(0)} = A^T r^{(0)}$
for $i = 1, 2, \ldots$
    Berechne $Ap^{(i-1)}$

$$\alpha_{i-1} = \begin{cases} \dfrac{\|A^T r^{(i-1)}\|_2^2}{\|Ap^{(i-1)}\|_2^2} & \text{für CGNR} \\[2mm] \dfrac{\|r^{(i-1)}\|_2^2}{\|p^{(i-1)}\|_2^2} & \text{für CGNE} \end{cases}$$

    $x^{(i)} = x^{(i-1)} + \alpha_{i-1} p^{(i-1)}$; $r^{(i)} = r^{(i-1)} - \alpha_{i-1} Ap^{(i-1)}$
    Berechne $A^T r^{(i)}$

$$\beta_{i-1} = \begin{cases} \dfrac{\|A^T r^{(i)}\|_2^2}{\|A^T r^{(i-1)}\|_2^2} & \text{für CGNR} \\[2mm] \dfrac{\|r^{(i)}\|_2^2}{\|r^{(i-1)}\|_2^2} & \text{für CGNE} \end{cases}$$

    $p^{(i)} = A^T r^{(i)} + \beta_{i-1} p^{(i-1)}$
    Überprüfe die Konvergenz; Fortsetzung falls notwendig
end

Die Konvergenzgeschwindigkeit des CG-Verfahrens hängt bei diesem Umweg über die Normalgleichungen vom Quadrat der Konditionszahl der Matrix A ab, was zu einer sehr langsamen Konvergenz führen kann.

Das MINRES-Verfahren für Gleichungen mit einer symmetrischen Koeffizienten-matrix A lässt sich auch auf den Fall einer unsymmetrischen Matrix übertragen. Das resultierende Verfahren wird *GMRES(m)-Verfahren* (engl.: *generalized minimal residual method*) genannt. Ähnlich wie das MINRES-Verfahren erzeugt es eine Folge von or-thonormalen Vektoren. Wegen der fehlenden Symmetrie ist dies aber nicht mehr mit kurzen Rekursionen möglich, sondern es müssen alle zuvor berechneten Vektoren aus dieser orthogonalen Folge berücksichtigt werden. Um dabei Speicherplatz zu sparen, verwendet man oftmals Versionen des Verfahrens, die auf mehreren Neustarts basieren.

Wie wir gesehen haben, bilden beim CG-Verfahren die Residuenvektoren eine or-thogonale Basis für den Raum $\mathrm{span}\{r^{(0)}, Ar^{(0)}, A^2 r^{(0)}, \ldots\}$. Im GMRES(m)-Verfahren wird diese Basis mittels des *modifizierten Gram-Schmidt-Verfahrens* (siehe z. B. [22]) explizit konstruiert. Die im Algorithmus 2.18 angegebenen Zeilen in Pseudocode beschreiben diesen Prozess, der auch als *Arnoldi-Algorithmus* bezeichnet wird.

Algorithmus 2.18: Arnoldi-Algorithmus.

INPUT: Vektor $v^{(1)}$, mit $\|v^{(1)}\| = 1$, Vorkonditionierer N
for $j = 1, 2, \ldots$
  Löse $N w^{(j+1)} = A v^{(j)}$
  for $i = 1, 2, \ldots, j$
    $h_{ij} = (v^{(i)})^T w^{(j+1)}$; $w^{(j+1)} = w^{(j+1)} - h_{ij} v^{(i)}$
    $h_{j+1,j} = \|w^{(j+1)}\|$; $v^{(j+1)} = \dfrac{1}{h_{j+1,j}} w^{(j+1)}$
  end
end

Man kann sich leicht davon überzeugen, dass die im obigen Algorithmus erzeugte Matrix $H = (h_{ij})$ die Form einer *Hessenberg*[24]-Matrix besitzt. Die Iterierten des GMRES-Verfahrens konstruiert man nun mit dem Ansatz

$$x^{(i)} = x^{(0)} + y_1 v^{(1)} + \cdots + y_i v^{(i)},$$

wobei die Koeffizienten y_j so bestimmt werden, dass die Norm des zugehörigen Residuums $\|b - Ax^{(i)}\|$ wird. Eine ausführliche Beschreibung des Verfahrens findet man

---

24 Karl Adolf Hessenberg (1904–1959), deutscher Elektrotechnik-Ingenieur und Mathematiker.

zum Beispiel in der Monographie von A. Greenbaum [26]. Im Algorithmus 2.20 ist das
GMRES(m)-Verfahren dargestellt, das mehrfach auf die Prozedur GMHILF (siehe Algorithmus 2.19) zurückgreift.

Algorithmus 2.19: Prozedur GMHILF($\tilde{x}, i, \tilde{H}, \tilde{\xi}, TOL1$).

INPUT: Index i, obere $\triangle$-Matrix $\tilde{H} \equiv (h_{kj})_{k,j=1}^{i}$, Vektor $\tilde{\xi} \equiv (\xi_1, \dots, \xi_i)^T$,
 Toleranz $TOL1$
OUTPUT: Näherung $\tilde{x}$
Löse $\tilde{H}y = \tilde{\xi}$; $\tilde{x} = x^{(0)} + y_1 v^{(1)} + y_2 v^{(2)} + \cdots + y_i v^{(i)}$; $\eta = \|b - A\tilde{x}\|_2$
if $\eta < TOL1$
    OUTPUT('Approximation $\tilde{x}$=', $\tilde{x}$) und stop
else $x^{(0)} = \tilde{x}$
end

Algorithmus 2.20: GMRES(m)-Verfahren.

INPUT: Matrix A, Vektor b, Startvektor $x^{(0)}$, Vorkonditionierer N,
 Toleranz TOL
for $j = 1, 2, \dots$
    Löse $N r = b - Ax^{(0)}$; $\beta = \|r\|_2$; $v^{(1)} = r/\beta$; $\tilde{\xi} = \beta e_1$
    for $i = 1 : m$
        Berechne mit dem Arnoldi-Algorithmus 2.18:
        $v^{(i+1)}$ und $h_{ki} \equiv H(k, i)$, $k = 1 : i + 1$
        Wende die Givens-Rotationen $G_{12}, \dots, G_{i-1,i}$ auf die letzte Spalte
        von H an:
        for $k = 1 : i - 1$
$$\begin{pmatrix} H(k, i) \\ H(k + 1, i) \end{pmatrix} = \begin{bmatrix} c_k & s_k \\ -s_k & c_k \end{bmatrix} \begin{pmatrix} H(k, i) \\ H(k + 1, i) \end{pmatrix}$$
        end
        Berechne diejenige Givens-Rotation $G_{i,i+1}$, welche das Element
        von H an der Position $(i + 1, i)$ zum Verschwinden bringt.
        $\xi = G_{i,i+1} \xi$
        if $|\xi(i + 1)| < TOL$
            GMHILF($\tilde{x}, i, \tilde{H}, \tilde{\xi}, TOL1$) und STOP
        end
    end
    GMHILF($\tilde{x}, m, \tilde{H}, \tilde{\xi}, TOL1$)
end

Eine wesentliche Schwierigkeit beim GMRES(m)-Verfahren ist die Wahl des Parameters m. Ist m zu klein gewählt, dann konvergiert das Verfahren oftmals extrem langsam oder divergiert sogar. Ein größerer Parameterwert zieht jedoch einen wesentlich größeren Arbeitsaufwand sowie einen größeren Speicherbedarf nach sich. Leider gibt es keine theoretisch gesicherten Aussagen über die effektive Wahl von m. Vielmehr beruht das „richtige" Neustarten des GMRES(m)-Verfahrens auf den Erfahrungen des Anwenders.

Das CG-Verfahren ist für unsymmetrische Koeffizientenmatrizen A nicht geeignet, da sich die Residuenvektoren nicht mit kurzen Rekursionen orthogonalisieren lassen. Das GMRES-Verfahren erzeugt die Orthogonalität der Residuen über lange Rekursionen auf Kosten eines hohen Speicheraufwandes. Beim *BiCG-Verfahren* (engl.: **bi**conjugate **g**radient *method*) wird eine andere Herangehensweise gewählt. Man ersetzt die orthogonale Folge der Residuenvektoren durch zwei Vektorfolgen, deren Elemente gegenseitig orthogonal sind. Die Formeln für die Aufdatierung der Residuen und der Suchrichtungen lauten jetzt

$$r^{(i)} = r^{(i-1)} - \alpha_i A p^{(i)}, \qquad \tilde{r}^{(i)} = \tilde{r}^{(i-1)} - \alpha_i A^T \tilde{p}^{(i)},$$
$$p^{(i)} = r^{(i-1)} + \beta_{i-1} p^{(i-1)}, \qquad \tilde{p}^{(i)} = \tilde{r}^{(i-1)} + \beta_{i-1} \tilde{p}^{(i-1)}. \tag{2.187}$$

Für die Parameter α_i und β_i werden die Werte

$$\alpha_i = \frac{(\tilde{r}^{(i-1)})^T r^{(i-1)}}{(\tilde{p}^{(i)})^T A p^{(i)}}, \quad \text{und} \quad \beta_i = \frac{(\tilde{r}^{(i)})^T r^{(i)}}{(\tilde{r}^{(i-1)})^T r^{(i-1)}}$$

verwendet, da diese die Biorthogonalitäts-Beziehungen

$$\left(\tilde{r}^{(i)}\right)^T r^{(j)} = \left(\tilde{p}^{(i)}\right)^T A p^{(j)} = 0, \quad \text{für } i \neq j,$$

garantieren. Es ergibt sich damit der im Algorithmus 2.21 dargestellte Algorithmus für das BiCG-Verfahren.

Zur Konvergenz des BiCG-Verfahrens gibt es nur sehr wenige theoretische Aussagen. Für symmetrische, positiv definite Systeme ergeben sich die gleichen Resultate wie beim CG-Verfahren, jedoch mit den doppelten Kosten pro Iterationsschritt. Andererseits kann für nichtsymmetrische Matrizen gezeigt werden, dass in denjenigen Phasen des Iterationsprozesses, bei denen die Norm des Residuums signifikant abnimmt, das Verfahren in etwa mit dem GMRES-Verfahren (ohne Neustarts) vergleichbar ist. Für die Fälle $(z^{(i-1)})^T \tilde{r}^{(i-1)} \approx 0$ bzw. $(\tilde{p}^{(i)})^T q^{(i)} \approx 0$, bei denen das Verfahren i. allg. zusammenbricht, gibt es in der Literatur einige verbesserte Strategien. Insbesondere führt dies auf das sogenannte *QMR-Verfahren* [19] (engl.: **q**uasi-**m**inimal **r**esidual *method*).

Es gibt noch eine Vielzahl weiterer Iterationstechniken, die in der Praxis häufig Verwendung finden. Hierzu gehören zum Beispiel das *CGS-Verfahren* (engl.: *conjugate gradient squared method*), das *Bi-CGSTAB-Verfahren* (engl.: **bi**conjugate **g**radient **sta**-

Algorithmus 2.21: BiCG-Verfahren.

INPUT: Matrix A, Vektor b, Startvektor $x^{(0)}$, Vorkonditionierer N
$r^{(0)} = b - Ax^{(0)}$; Wähle einen Vektor $\tilde{r}^{(0)}$ (zum Beispiel $\tilde{r}^{(0)} = r^{(0)}$)
for $i = 1, 2, \ldots$
    Löse $Mz^{(i-1)} = r^{(i-1)}$; Löse $M^T \tilde{z}^{(i-1)} = \tilde{r}^{(i-1)}$;
    $\varrho_{i-1} = (z^{(i-1)})^T \tilde{r}^{(i-1)}$
    if $\varrho_{i-1} = 0$
        OUTPUT('Verfahren versagt') und stop
    end
    if $i = 1$
        $p^{(i)} = z^{(i-1)}$; $\tilde{p}^{(i)} = \tilde{z}^{(i-1)}$
    else
        $\beta_{i-1} = \varrho_{i-1}/\varrho_{i-2}$; $p^{(i)} = z^{(i-1)} + \beta_{i-1}p^{(i-1)}$;
        $\tilde{p}^{(i)} = \tilde{z}^{(i-1)} + \beta_{i-1}\tilde{p}^{(i-1)}$
    end
    $q^{(i)} = Ap^{(i)}$; $\tilde{q}^{(i)} = A^T \tilde{p}^{(i)}$; $\alpha_i = \varrho_{i-1}/(\tilde{p}^{(i)})^T q^{(i)}$;
    $x^{(i)} = x^{(i-1)} + \alpha_i p^{(i)}$
    $r^{(i)} = r^{(i-1)} - \alpha_i q^{(i)}$; $\tilde{r}^{(i)} = \tilde{r}^{(i-1)} - \alpha_i \tilde{q}^{(i)}$
    Überprüfe die Konvergenz; Fortsetzung falls notwendig
end

bilized method) und die *Tschebyschow*[25]*-Iteration* (engl.: *Chebyshev iteration method*). Deren Darstellung würde aber den Rahmen dieses Einführungstextes sprengen. Es soll deshalb auf die entsprechende Literatur verwiesen werden [49, 67].

2.7 Aufgaben

Aufgabe 2.1. Schreiben Sie in der MATLAB unter Verwendung des m-Files 2.8 für die Kahan-Summation eine Funktion zur Berechnung des Skalarproduktes zweier Vektoren mit doppelter Genauigkeit. Erstellen Sie anschließend eine Funktion zur Matrizenmultiplikation, die dieses genauere Skalarprodukt verwendet.

Aufgabe 2.2. Schreiben Sie in der MATLAB eine Funktion für die *Matrizenmultiplikation nach Winograd*. Siehe hierzu das Buch von R. Zurmühl und S. Falk: *Matrizen und ihre Anwendungen, Teil 2: Numerische Methoden*. Springer-Verlag 1986.

---

25 Pafnuti Lwowitsch Tschebyschow (1821–1894), russischer Mathematiker.

Aufgabe 2.3. Gegeben sei die Matrix

$$A = \begin{bmatrix} 1 & 3 & 4 \\ 1 & 0 & -2 \\ -2 & 1 & 6 \end{bmatrix} \in \mathbb{R}^{3\times3} \quad .$$

1. Berechnen Sie die LU-Faktorisierung $A = LU$, wobei $L \in \mathbb{R}^{3\times3}$ eine untere 1-$\triangle$-Matrix und $U \in \mathbb{R}^{3\times3}$ eine obere $\triangle$-Matrix ist.
2. Berechnen Sie die LU-Faktorisierung $A = \tilde{L}\tilde{U}$, wobei $\tilde{L} \in \mathbb{R}^{3\times3}$ eine untere $\triangle$-Matrix und $\tilde{U} \in \mathbb{R}^{3\times3}$ eine obere 1-$\triangle$-Matrix ist.
3. Berechnen Sie $\det(A)$ unter Verwendung von L und U bzw. $\tilde{L}$ und $\tilde{U}$.
4. Lösen Sie das lineare Gleichungssystem $Ax = b$ mit $b = (1, 0, 5)^T \in \mathbb{R}^3$.
5. Berechnen Sie mithilfe einer der LU-Faktorisierungen die Matrix A^{-1}.

Aufgabe 2.4. Gegeben seien eine $(n \times n)$-Matrix $A \equiv (a_{ij})_{i,j=1}^{n}$ sowie die zugehörigen Untermatrizen $A_k \equiv (a_{ij})_{i,j=1}^{k}$. Beweisen Sie, dass die LU-Zerlegung mit Diagonalstrategie genau dann möglich ist, wenn gilt: $\det(A_k) \neq 0$ für $k = 1, 2, \ldots, n - 1$.

Zeigen Sie den Sachverhalt zuerst für (2×2)-, (3×3)- und (4×4)-Matrizen. Führen Sie dann den Beweis mit vollständiger Induktion.

Aufgabe 2.5.
1. Zeigen Sie: Die unteren $(n \times n)$-$\triangle$-Matrizen mit positiven Diagonalelementen bilden bezüglich der Matrizenmultiplikation eine Gruppe.
2. Beweisen Sie eine zu 1. analoge Aussage für obere $n \times n$ $\triangle$-Matrizen mit positiven Diagonalelementen.

Aufgabe 2.6. Es seien $T_{ij} \in \mathbb{R}^{n\times n}$ eine Vertauschungsmatrix und $l_k \in \mathbb{R}^n$ der Vektor der Gaußschen Multiplikatoren im k-ten Eliminationsschritt.

Berechnen Sie zu

$$L_k(l_k) = I - l_k \left(e^{(k)}\right)^T$$

die Inverse $L_k(l_k)^{-1}$. Beweisen Sie:

$$T_{ij} L_k(l_k) = L_k(T_{ij}l_k) T_{ij} \quad \text{für } k < i \leq j.$$

Es sei

$$P_k \equiv T_{n-1,z(n-1)} \cdots T_{k,z(k)}, \quad \text{mit } z(i) \geq i, \quad i = k, \ldots, (n-1), \quad k \in \{1, 2, \ldots, n-1\}.$$

Beweisen Sie:
1. P_k ist *orthogonal*,
2. $P_{k+1} L_k(l_k) = L_k(P_{k+1}l_k) P_{k+1}, k \in \{1, 2, \ldots, n-1\}$.

Aufgabe 2.7. Zeigen Sie: Die Gauß-Elimination mit *Spalten*-Pivotisierung zur Lösung des linearen Gleichungssystems

$$Ax = b, \quad A \in \mathbb{R}^{n \times n}, \quad \det(A) \neq 0, \quad b, x \in \mathbb{R}^n$$

kann in der Form

$$U = L_{n-1}(l_{n-1}) \, T_{n-1,z(n-1)} \cdots L_1(l_1) \, T_{1,z(1)} \, A$$

mit geeigneten Spaltenvektoren l_k und der regulären oberen $\triangle$-Matrix $U \in \mathbb{R}^{n \times n}$ dargestellt werden. Leiten Sie daraus

$$PA = LU, \quad P = T_{n-1,z(n-1)} \cdots T_{1,z(1)}$$

her. Dabei ist L eine untere 1-$\triangle$-Matrix. Geben Sie L an!

Wo sind nach Ausführung der Gauß-Elimination die Elemente der Matrizen L und U im Rechenschema zu finden?

Berechnen Sie bei gegebener LU-Faktorisierung von A die Determinante $\det(A)$.

Zeigen Sie, wie man ausgehend von $PA = LU$ mit einem *dreistufigen* Algorithmus die Inverse A^{-1} berechnen kann. Dabei sollen nur gestaffelte lineare Gleichungssysteme gelöst werden. Die Rechnung ist unter Hinzunahme eines n-dimensionalen Hilfsvektors (vom Typ *real*) auf dem Speicherplatz von A auszuführen.

Wie kann man P auf einem Vektor (vom Typ *integer*) speichern und Transformationen der Form

$$y = Px \quad \text{bzw.} \quad y = P^T x \quad \text{und} \quad Y = PX \quad \text{bzw.} \quad Y = P^T X$$

mit möglichst geringem Speicherbedarf ausführen? (MATLAB-Programm)

Aufgabe 2.8. Wie sind die in der Aufgabe 2.7 genannten Aussagen für den Fall der Gauß-Elimination mit *vollständiger Pivotisierung* zu modifizieren?

Aufgabe 2.9. Für $h_i > 0$ und $a_i = h_{i-1} + h_i$ sei

$$T = \begin{bmatrix} 2a_1 & h_1 & & & & \\ h_1 & 2a_2 & h_2 & & & \\ & h_2 & 2a_3 & h_3 & & \\ & & \ddots & \ddots & \ddots & \\ & & & h_{n-3} & 2a_{n-2} & h_{n-2} \\ & & & & h_{n-2} & 2a_{n-1} \end{bmatrix} \in \mathbb{R}^{(n-1) \times (n-1)}.$$

Zeigen Sie:
1. Die Tridiagonalmatrix T ist regulär.

2. Der Gauß-Algorithmus ohne Pivotisierung ist durchführbar und liefert eine *LU*-Faktorisierung $T = LU$ mit Faktoren L und U der Form

$$
L = \begin{bmatrix} 1 & & & & \\ * & 1 & & & \\ & * & 1 & & \\ & & \ddots & \ddots & \\ & & & * & 1 \end{bmatrix} \qquad U = \begin{bmatrix} * & * & & & \\ & * & * & & \\ & & \ddots & \ddots & \\ & & & * & * \\ & & & & * \end{bmatrix}.
$$

Lässt sich 2. auf den Fall der Gauß-Elimination mit *Spalten*-Pivotisierung übertragen? Sind die Aussagen aus 2. auch für reguläre *Bandmatrizen* richtig?

Aufgabe 2.10. Es sei

$$
A = \begin{bmatrix} 3 & -1 & \alpha \\ -1 & 5 & 2 \\ \alpha & 2 & 7 \end{bmatrix}.
$$

1. Berechnen Sie für $\alpha = 0$ die Faktorisierungen $A = GG^T$ und $A = LDL^T$ nach dem Verfahren von Cholesky. Für welche Werte $\alpha \neq 0$ sind die Faktorisierungen ebenfalls möglich?
2. Berechnen Sie $\det(A)$.
3. Lösen Sie das lineare Gleichungssystem $Ax = b$ mit $b = (1, -1, 0)^T$.
4. Berechnen Sie mithilfe von $A = LDL^T$ die Inverse A^{-1}.

Aufgabe 2.11. Die Matrix $A \in \mathbb{R}^{n \times n}$ sei *positiv definit*. Zeigen Sie:
1. A ist invertierbar,
2. $a_{ii} > 0, i = 1, \ldots, n$,
3. $\max_{ij} |a_{ij}| = \max_i a_{ii}$.

Aufgabe 2.12. Die Gauß-Elimination liefert im Falle ihrer Durchführbarkeit, ausgehend von $A \in \mathbb{R}^{n \times n}$, mit $A_1 = A$ nach $k = 1, 2 \ldots, n - 1$ Eliminationsschritten eine Matrix

$$
A_{k+1} = \left[\begin{array}{c|c} R_{k+1} & S_{k+1} \\ \hline 0 & B_{k+1} \end{array} \right],
$$

mit $R_{k+1} \in \mathbb{R}^{k \times k}$ obere $\triangle$-Matrix, $S_{k+1} \in \mathbb{R}^{k,n-k}$, $B_{k+1} \in \mathbb{R}^{(n-k) \times (n-k)}$.
Zeigen Sie:
1. Falls die *Pivots* auf der Hauptdiagonale gewählt werden und wenn A *symmetrisch* ist, so sind auch die Matrizen B_{k+1} *symmetrisch*.
2. Falls die *Pivots* auf der Hauptdiagonale gewählt werden und wenn A *positiv definit* ist, so sind auch die Matrizen B_{k+1} *positiv definit*.

Aufgabe 2.13. Es sei $A \in \mathbb{R}^{n \times n}$ *positiv definit.* Zeigen Sie:
1. Die Cholesky-Faktorisierung $A = G G^T$ mit der unteren $\triangle$-Matrix $G \in \mathbb{R}^{n \times n}$ ist eindeutig bestimmt.
2. Die Cholesky-Faktorisierung $A = G G^T$ kann in der Form

$$U = D_n L_{n-1} D_{n-1} \cdots L_1 D_1 A$$

als modifizierte Gauß-Elimination beschrieben werden. Dabei sind die D_i geeignete positive Diagonalmatrizen und die $L_i = L_i(l_i)$ die von der Gauß-Elimination her bekannten Frobenius-Matrizen mit den speziellen Argumenten $l_i \in \mathbb{R}^n$.
3. Kann man die Diagonalmatrizen D_i so wählen, dass für die rationale Faktorisierung $A = LDL^T$ eine zu oben analoge Beziehung gilt?

Aufgabe 2.14. Es sei $A \in \mathbb{R}^{n \times n}$ symmetrisch und positiv definit. Zeigen Sie:
Die Cholesky-Faktorisierung $A = GG^T$ mit der unteren $(n \times n)$-dimensionalen $\triangle$-Matrix G, deren Diagonalelemente alle positiv sind, ist eindeutig.
HINWEIS: Mithilfe der Aufgabe 2.5 schließe man von $G_1 G_1^T = G_2 G_2^T$ auf $G_1 = G_2 D$ und $G_2 = G_1 D$, wobei D eine geeignete Diagonalmatrix bezeichnet. Anschließend zeige man $D = I$.

Aufgabe 2.15. Es sei die Tridiagonalmatrix $A \in \mathbb{R}^{n \times n}$ mit den Hauptdiagonalelementen $a_1, \ldots, a_n$ sowie den oberen und unteren Nebendiagonalelementen $b_1, \ldots, b_{n-1}$ bzw. $c_1, \ldots, c_{n-1}$ gegeben. Weiter gelte:

$$|a_1| > |b_1| > 0,$$
$$|a_i| \geq |c_{i-1}| + |b_i|, \quad c_{i-1} \neq 0, \ b_i \neq 0 \quad (i = 2, \ldots, n-1).$$

Zeigen Sie, dass unter diesen Voraussetzungen der folgende Algorithmus durchführbar ist, indem Sie nachweisen, dass für $m_1, \ldots, m_{n-1} \neq 0$ gilt:

```
m_1 = a_1
for i = 1 : n - 1
    l_i = c_i / m_i;  m_{i+1} = a_{i+1} - l_i · b_i
end
```

Aufgabe 2.16. Es sei $A = (a_{ij}) \in \mathbb{R}^{n \times n}$ symmetrisch und positiv definit.
Zeigen Sie:

$$\max_{i,j=1,\ldots,n} \|a_{ij}\| = \max_{i=1,\ldots,n} a_{ii}.$$

Aufgabe 2.17. Es seien

$$
A = \begin{bmatrix} 1 & 1 & 1 \\ 2 & 1 & 3 \\ 3 & 1 & 6 \end{bmatrix}, \quad A^{-1} = \begin{bmatrix} -3 & 5 & -2 \\ 3 & -3 & 1 \\ 1 & -2 & 1 \end{bmatrix} \quad \text{und} \quad B = \begin{bmatrix} 6 & 1 & 3 \\ 3 & 1 & 2 \\ 0 & 1 & -1 \end{bmatrix}.
$$

Berechnen Sie unter Verwendung der Sherman-Morrison-Woodbury Formel die Inverse B^{-1}.

Aufgabe 2.18. Es seien eine Matrix $A \in \mathbb{R}^{m \times n}$, mit $m \geq n$ und $\text{rang}(A) = n$ sowie ein Vektor $p \in \mathbb{R}^m$ gegeben. Ferner sei $B \equiv [A|p] \in \mathbb{R}^{m \times (n+1)}$.
1. Berechnen Sie $B^T B$.
2. Beweisen Sie: $B^T B$ ist genau dann regulär, wenn gilt: $p^T A (A^T A)^{-1} A^T p \neq p^T p$.
3. Berechnen Sie $(B^T B)^{-1}$. (Sherman-Morrison Formel)

Aufgabe 2.19. Zeigen Sie: Durch die Funktion (2.90) wird eine Matrixnorm definiert. Sie ist mit der zugrunde liegenden Vektornorm verträglich. Des Weiteren stellt sie unter allen mit der Vektornorm $\| \cdot \|$ verträglichen Matrixnormen die kleinste dar.

Aufgabe 2.20. Es sei $\|A\|_1$ die der 1-Norm für Vektoren zugeordnete Matrixnorm.
Zeigen Sie: $\|A\|_1 = \max_{j=1,\dots,n} \sum_{i=1}^n |a_{ij}|$.

Aufgabe 2.21. Beweisen Sie, dass für die Vektornormen $\|x\|_p$, $p \in \{1, 2, \infty\}$, die Ungleichungen
1. $\|x\|_2 \leq \|x\|_1 \leq \sqrt{n}\, \|x\|_2$
2. $\|x\|_\infty \leq \|x\|_1 \leq n\, \|x\|_\infty$

für jedes $x \in \mathbb{R}^n$ gelten und dass die auftretenden Konstanten nicht verbessert werden können. Zeigen Sie ferner, dass für jedes $x \in \mathbb{R}^n$ gilt:
3. $\|x\|_2^2 \leq \|x\|_1 \|x\|_\infty \leq \frac{1}{2}(\sqrt{n} + 1) \|x\|_2^2$.

Aufgabe 2.22. Zeigen Sie: Mit $x, y \in \mathbb{R}^n$ gilt $\|xy^T\|_F = \|x\|_2 \|y\|_2$.

Aufgabe 2.23. Für $x \in \mathbb{R}^n$ und $A \in \mathbb{R}^{m \times n}$ seien Beträge wie folgt definiert:

$$
|x| \equiv \left(|x_1|, |x_2|, \dots, |x_n| \right)^T \in \mathbb{R}^n \quad \text{und} \quad |A| \equiv \left(|a_{ij}| \right) \in \mathbb{R}^{m \times n}.
$$

Zeigen Sie für $\| \cdot \| \equiv \| \cdot \|_p$, $p \in \{1, 2, \infty\}$:
1. $\||x|\| = \|x\|$,
2. aus $|x| \leq |y|$ folgt $\|x\| \leq \|y\|$.

Normen mit der Eigenschaft 1. bzw. 2. heißen *absolut* bzw. *monoton*. Für Matrixnormen sind beide Begriffe analog definiert.
Zeigen Sie:

1. die durch $p = 1$ und $p = \infty$ bestimmten Matrixnormen sind absolut und monoton,
2. $\|A\|_2 \leq \||A|\|_2$,
3. aus $|A| \leq |B|$ folgt $\||A|\|_2 \leq \||B|\|_2$.

Aufgabe 2.24. Es seien das lineare Gleichungssystem $Ax = b$ sowie ein zugehöriges gestörtes System $(A + \triangle A)(x + \triangle x) = b + \triangle b$ gegeben. Für eine der Normen mit $p = 1$ oder $p = \infty$ gelte $\|A^{-1}\|_p \|\triangle A\|_p < 1$.

Beweisen Sie die Gültigkeit folgender Abschätzungen:

1. $|\triangle x| \leq (I - |A^{-1}| \, |\triangle A|)^{-1} |A^{-1}| \{|\triangle A| \, |x| + |\triangle b|\}$,
2. $\|x\|_p \leq \frac{\|A^{-1}\|_p}{1 - \|A^{-1}\|_p \|\triangle A\|_p} \||\triangle A| \, |x| + |\triangle b|\|_p$.

Aufgabe 2.25. Man beweise, dass das Gesamtschrittverfahren $x^{(i)} = \mathcal{B}x^{(i-1)} + k_{\mathcal{B}}$ konvergiert, wenn gilt:

$$\|\mathcal{B}\|_1 = \max_j \sum_{\substack{i=1 \\ i \neq j}}^{n} \frac{|a_{ij}|}{|a_{ii}|} < 1.$$

Aufgabe 2.26. Es sei $A \in \mathbb{R}^{n \times n}$ regulär und für die Iterationsmatrix $\mathcal{B}$ des Gesamtschrittverfahrens gelte $\|\mathcal{B}\|_\infty < 1$. Dann erfüllt die Iterationsmatrix $\mathcal{L}$ des Einzelschrittverfahrens:

$$\|\mathcal{L}\|_\infty \leq \max_{i=1\cdots n}\left\{\frac{r_i}{1 - l_i}\right\}, \quad l_i = \sum_{j<i} \frac{|a_{ij}|}{|a_{ii}|}, \quad r_i = \sum_{j>i} \frac{|a_{ij}|}{|a_{ii}|}.$$

Aufgabe 2.27. Die Matrix $A \in \mathbb{R}^{n \times n}$ sei positiv definit. Zeigen Sie: Das Gauß-Seidel-Verfahren zur Lösung von $Ax = b$ konvergiert für beliebige Startwerte $x^{(0)}$.

Aufgabe 2.28. Berechnen Sie für das SOR-Verfahren $x^{(i)} = \mathcal{L}_\omega x^{(i-1)} + k_{\mathcal{L}_\omega}$ zur Lösung von Problemen $Ax = b$, mit $A \in \mathbb{R}^{2 \times 2}$ und $b \in \mathbb{R}^2$, die Größen

$$\rho(\mathcal{L}_\omega), \quad \omega_{\mathrm{opt}} \quad \text{und} \quad \rho(\mathcal{L}_{\omega_{\mathrm{opt}}}).$$

Dabei werde angenommen, dass
1. A die Eigenschaft $|a_{ii}| > |a_{ij}|, j = 1, \ldots, n$ und $j \neq i$, besitzt und
2. A positiv definit ist.

Aufgabe 2.29. Folgende Situation sei gegeben:

$G \in \mathbb{R}^{n \times n}$, mit $\|G\| \leq q < 1$, $k \in \mathbb{R}^n$, $x^{(i)} = Gx^{(i-1)} + k$. Des Weiteren sei $x^{(0)}$ ein Startvektor und es gelte $x^* = \lim_{i \to \infty} x^{(i)}$. Beweisen Sie:

1. die *a-posteriori-Fehlerabschätzung*:

$$\frac{1}{1+q}\left\|x^{(i)} - x^{(i-1)}\right\| \leq \left\|x^{(i-1)} - x^*\right\| \leq \frac{1}{1-q}\left\|x^{(i)} - x^{(i-1)}\right\|, \quad i = 1, 2, \ldots$$

2. die *a-priori-Fehlerabschätzung:*

$$\left\| x^{(i)} - x^* \right\| \le \frac{q^i}{1-q} \left\| x^{(1)} - x^{(0)} \right\|, \quad i = 1, 2, \ldots$$

Aufgabe 2.30.

1. Implementieren Sie das *JOR*-Verfahren, d. h., das relaxierte Gesamtschrittverfahren, bei dem die Zerlegung $A = \frac{1}{\omega}D + (A - \frac{1}{\omega}D)$ verwendet wird, mit einer MATLAB-Funktion:

$$[\mathtt{x,dx,ep,m}] = \mathtt{jor(A,b,x0,ep0,dx0,maxm,w)}.$$

Es bedeuten:
maxm – maximale Anzahl von Iterationsschritten,
w – Relaxationsparameter ω
x0 – Startvektor,
dx0 – zu erreichende minimale Schrittweite: norm($x_{k+1} - x_k$, Inf) = dx < dx0,
ep0 – geforderte Genauigkeit: norm(Ax − b, Inf) = ep < ep0,
x – letzte Iterierte,
dx – letzte Schrittweite,
ep – erreichte Genauigkeit,
m – benötigte Schritte.

2. Überlegen Sie sich ein Gleichungssystem $Ax = b$, mit $A \in \mathbb{R}^{n \times n}$ und $n \ge 4$, für welches die Iterationsmatrix $\mathcal{B}$ nur reelle Eigenwerte $\lambda_1 \ge \cdots \ge \lambda_n < 1$ besitzt. Untersuchen Sie anhand dieses Beispiels die Behauptung, dass für

$$\omega_{\mathrm{opt}} \equiv \frac{2}{2 - \lambda_1 - \lambda_n}$$

das *JOR*-Verfahren am schnellsten konvergiert.

Aufgabe 2.31. Der *optimale* Relaxationsparameter ω_{opt} kann beim *SOR*-Verfahren immer besser angenähert werden, wenn man ausgehend von einem geschätzten Parameter ω_0 während des Iterationsprozesses den Relaxationsparameter anhand von jeweils drei erzeugten Iterierten nach dem folgenden Formelsatz modifiziert:

$$q_k \equiv \frac{\left\| x^{(k+1)} - x^{(k)} \right\|_1}{\left\| x^{(k)} - x^{(k-1)} \right\|_1}, \quad \mu_k^2 \equiv \frac{1}{q_k}\left(1 + \frac{q_k - 1}{\omega_a}\right)^2, \quad \omega_k \equiv \frac{2}{1 + \sqrt{1 - \mu_k^2}}.$$

Es gilt dann

$$\omega_{\mathrm{opt}} = \lim_{k \to \infty} \omega_k.$$

Betrachten Sie Ihr Gleichungssystem aus der Aufgabe 2.31. Geben Sie ein ω_0 vor (zum Beispiel $\omega_0 = 1$) und berechnen Sie zwei *SOR*-Iterierte. Mittels obiger Vorschrift ist dann ein verbessertes ω_1 aus dem Startvektor $x^{(0)}$ und den Iterierten $x^{(1)}$, $x^{(2)}$ zu bestimmen. Danach definiere man den neuen Startvektor $x^{(0)} \equiv x^{(2)}$ und gehe wie oben angegeben, jedoch mit $\omega_0 = \omega_1$, vor. Untersuchen Sie experimentell, ob die Folge $\{\omega_i\}_{i=1}^{\infty}$ gegen ω_{opt} konvergiert.

3 Eigenwertprobleme

The eigenvalue problem has a deceptively simple formulation and the background theory has been known for many years; yet the determination of accurate solutions presents a wide variety of challenging problems.

J. H. Wilkinson

3.1 Eigenwerte und Eigenvektoren

Es seien $A \in \mathbb{R}^{n \times n}$ eine vorgegebene Matrix und $\lambda \in \mathbb{C}$ ein Skalar. Besitzt die Gleichung

$$A x = \lambda x \tag{3.1}$$

für einen speziellen Wert von λ eine *nichttriviale* Lösung $x \in \mathbb{C}^n$ (d. h. $x \neq 0$), dann bezeichnet man λ als *Eigenwert* der Matrix A. Der zugehörige nichtverschwindende Vektor x heißt entsprechend *Eigenvektor* von A zum Eigenwert λ. Schließlich wird die Kombination (λ, x) als *Eigenpaar* bezeichnet.

MAN BEACHTE: Das Vielfache eines Eigenvektors ist wiederum ein Eigenvektor zum selben Eigenwert. Um die Problemstellung dennoch eindeutig zu machen, normiert man i. allg. den Eigenvektor x zu $\|x\| = 1$, wobei $\| \cdot \|$ eine beliebige Vektornorm bezeichnet.

Die Problemstellung (3.1) wird üblicherweise *spezielles Eigenwertproblem* genannt, da sie sich aus dem sogenannten *allgemeinen Eigenwertproblem*

$$A x = \lambda B x \tag{3.2}$$

für $B = I$ als Spezialfall ergibt. Da in (3.2) eine zweite Matrix $B \in \mathbb{R}^{n \times n}$ auftritt, spricht man in diesem Falle von Eigenwerten und Eigenvektoren des *Matrixpaares* oder *Matrixbüschels* $\{A, B\}$.

Im Folgenden beschränken wir uns auf das spezielle Eigenwertproblem und sprechen nur noch vom *Eigenwertproblem* (3.1).

Eigenwerte und Eigenvektoren spielen in den Anwendungen eine wichtige Rolle. Zwei Aspekte sind hierbei zu nennen, nämlich ein algorithmischer und ein physikalischer. Aus algorithmischer Sicht kann die Behandlung von Eigenwertproblemen dazu beitragen, die Lösung bestimmter mathematischer Problemstellungen signifikant zu vereinfachen. So lassen sich mit ihrer Hilfe oftmals gekoppelte Systeme in eine Anzahl einfacher zu lösende skalare Probleme transformieren. Aus physikalischer Sicht kann die Untersuchung von Eigenwertproblemen einen Einblick in das Verhalten sich entwickelnder Systeme vermitteln, die mathematisch durch lineare Gleichungen charakterisiert sind. Bekannte Beispiele hierfür sind das Studium der *Resonanz* (zum Beispiel die Resonanz von Musikinstrumenten, wenn sie geschlagen, gezupft oder gestrichen werden) und der *Stabilität* (zum Beispiel die Stabilität von Flüssigkeitsströmen, die kleinen

https://doi.org/10.1515/9783112205624-003

Störungen ausgesetzt sind). In derartigen Fällen erweisen sich die Eigenwertprobleme als besonders nützlich, um das Verhalten des jeweiligen Systems für große Zeiten t zu analysieren.

Die Bedingung, dass die Gleichung (3.1) eine nichttriviale Lösung besitzt, ist äquivalent zu jeder der folgenden drei Aussagen:

1. die Matrix $\lambda I - A$ bildet einen nichtverschwindenden Vektor x in $0 \in \mathbb{R}^n$ ab,
2. die Matrix $\lambda I - A$ ist singulär, sowie
3. $\det(\lambda I - A) = 0$.

Letztere Aussage lässt sich (theoretisch) dazu verwenden, um die Nullstellen λ dieser Gleichung und damit die Eigenwerte von A zu berechnen. Sie ist als die *charakteristische Gleichung* der Matrix A bekannt. In ausgeschriebener Form lautet sie

$$\det(\lambda I - A) = \det \begin{bmatrix} \lambda - a_{11} & -a_{12} & -a_{13} & \cdots & -a_{1n} \\ -a_{21} & \lambda - a_{22} & -a_{23} & \cdots & -a_{2n} \\ -a_{31} & -a_{32} & \lambda - a_{33} & \cdots & -a_{3n} \\ \vdots & \vdots & \vdots & \ddots & \vdots \\ -a_{n1} & -a_{n2} & -a_{n3} & \cdots & \lambda - a_{nn} \end{bmatrix} = 0. \tag{3.3}$$

Die Entwicklung der obigen Determinante führt auf ein Polynom vom Grad n in der Variablen λ

$$\chi_A(\lambda) \equiv \det(\lambda I - A) = \lambda^n + a_{n-1}\lambda^{n-1} + \cdots + a_2\lambda^2 + a_1\lambda + a_0, \tag{3.4}$$

das *charakteristisches Polynom* von A genannt wird. Nach dem Fundamentalsatz der Algebra besitzt ein Polynom vom Grad n genau n Wurzeln (bei Berücksichtigung von Vielfachheiten). Somit existieren für eine Matrix der Dimension $n \times n$ genau n Eigenwerte. Dieser theoretische Zugang über das zu einer Matrix A gehörende charakteristische Polynom $\chi_A(\lambda)$ ist für die numerische Behandlung von (3.1) leider nicht sachgemäß, wie im Folgenden gezeigt wird.

3.1.1 Stetigkeitsaussagen

Da man beim numerischen Rechnen auf einem Computer stets Rundungsfehler zu berücksichtigen hat, sind die folgenden zwei Problemstellungen für das weitere Vorgehen von entscheidender Bedeutung.

1. Problem. Wie verändern sich die Wurzeln des Polynoms $\chi_A(\lambda)$ als Funktion seiner Koeffizienten $a_0, a_1, \ldots, a_{n-1}$?

und

2. Problem. Wie verändern sich die Eigenwerte und Eigenvektoren einer Matrix $A = (a_{ij})$ als Funktion ihrer Elemente a_{ij}?

Es ist leicht nachzuprüfen, dass die Wurzeln von $\chi_A(\lambda)$ die Eigenwerte der Matrix

$$B_\chi \equiv \begin{bmatrix} -a_{n-1} & \cdots & \cdots & -a_0 \\ 1 & 0 & \cdots & 0 \\ \vdots & \ddots & \ddots & \vdots \\ 0 & \cdots & 1 & 0 \end{bmatrix} \tag{3.5}$$

sind. Sie wird auch als *Begleitmatrix* zum charakteristischen Polynom (3.4) bezeichnet. Somit stellt das erste Problem eigentlich einen Spezialfall vom zweiten dar.

Wenden wir uns der ersten Problemstellung zu. Bezüglich des charakteristischen Polynoms gilt die folgende Aussage.

Satz 3.1 (Satz über die Stetigkeit der Wurzeln). *Es sei $\chi_A(\lambda)$ das Polynom (3.4) mit den Koeffizienten $a_0, a_1, \ldots, a_{n-1}$ und den Wurzeln $\lambda_1, \ldots, \lambda_n$. Dann existiert zu jedem hinreichend kleinen $\varepsilon > 0$ ein $\delta > 0$, sodass die Wurzeln μ_i des Polynoms*

$$p(\lambda) = \lambda^n + b_{n-1}\lambda^{n-1} + \cdots + b_2\lambda^2 + b_1\lambda + b_0,$$

mit $|b_i - a_i| \le \delta$, $i = 0, \ldots, n-1$, so angeordnet werden können, dass gilt

$$|\lambda_i - \mu_i| \le \varepsilon, \quad i = 1, \ldots, n.$$

Beweis. Siehe z. B. [86]. □

Der Satz 3.1 impliziert jedoch nicht, dass die Wurzeln eines Polynoms gut konditioniert bezüglich kleinen Störungen in den zugehörigen Koeffizienten (Eingabedaten) sind. Als einfaches Gegenbeispiel lässt sich das triviale Polynom

$$\lambda^n = 0, \quad \text{d. h.} \quad a_0 = \cdots = a_{n-1} = 0$$

angeben. Eine Abänderung von $a_0 = 0$ zu $a_0 = -\varepsilon$ ($\varepsilon > 0$ und sehr klein) ergibt

$$\lambda^n - \varepsilon = 0.$$

Die zugehörigen Wurzeln sind

$$\lambda_j = \omega^j \varepsilon^{\frac{1}{n}}, \quad j = 1, 2, \ldots, n,$$

wobei $\omega \equiv \exp(2\pi i/n)$ die n-te Einheitswurzel bezeichnet. Somit erzeugt die Modifikation nur *eines* Koeffizienten in der Größenordnung von ε bereits eine Änderung vom Betrag $\varepsilon^{\frac{1}{n}}$ in der Wurzel. Darüber hinaus wird die *mehrfache* Wurzel $\lambda = 0$ in n *einfache* Wurzeln zerlegt, die symmetrisch um den Ursprung in der komplexen Ebene angeordnet sind. Nimmt man beispielsweise $n = 100$ und $\varepsilon = 10^{-100}$ an, dann berechnet sich $\varepsilon^{\frac{1}{n}} = 10^{-1}$. Damit liegt die Abänderung der Wurzel größenordnungsmäßig bei etwa dem 10^{99}-fachen der Abänderung des Koeffizienten. Folglich sind mehrfache Wurzeln eines Polynoms *schlecht konditioniert*. Aber auch *gut separierte* Wurzeln können schlecht konditioniert sein, wie das nachfolgende Beispiel anschaulich zeigt.

Beispiel 3.1. Wir betrachten das Polynom

$$p(\lambda) = \prod_{k=1}^{20}(\lambda - k).$$

Das zugehörige gestörte Polynom sei $\hat{p}(\lambda) = p(\lambda) - \varepsilon\lambda^{19}$. Mit einer sehr kleinen Störung $\varepsilon = 2^{-23} \approx 10^{-7}$ besitzt das so modifizierte Problem die Wurzeln

1.0	6.0	$11.8 \pm 1.7i$
2.0	7.0	$14.0 \pm 2.5i$
3.0	8.0	$16.7 \pm 2.8i$
4.0	8.9	$19.5 \pm 1.9i$
5.0	$10.1 \pm 0.6i$	20.8

Der Koeffizient von x^{19} in $p(\lambda)$ ist gleich 210. Eine Abänderung dieses Koeffizienten um 10^{-7} % erzeugt eine solch drastische Veränderung in den Wurzeln, dass einige von ihnen sogar komplexe Werte annehmen! □

Wir wollen nun die zweite Problemstellung betrachten. In *exakter* Arithmetik kann die folgende Aussage gezeigt werden.

Satz 3.2 (Satz über die Stetigkeit der Eigenwerte). *Die Eigenwerte einer Matrix sind stetige Funktionen der Elemente der Matrix.*

Beweis. Siehe z. B. die Monographie von J. H. Wilkinson [86]. □

Die *Empfindlichkeit* (Kondition) der Eigenwerte einer Matrix gegenüber kleinen Störungen in den Matrixelementen lässt sich i. allg. nur sehr schwer abschätzen. Für *einfache* Eigenwerte kann man jedoch relativ einfach eine *Konditionszahl* herleiten. Hierzu wollen wir annehmen, dass λ ein einfacher Eigenwert von $A \in \mathbb{C}^{n \times n}$ ist. Des Weiteren mögen Vektoren x, y existieren, die $Ax = \lambda x$ und $y^H A = \lambda y^H$ erfüllen, mit $\|x\|_2 = \|y\|_2 = 1$. Klassische Resultate der Funktionentheorie implizieren, dass es in einer Umgebung des Ursprungs differenzierbare Funktionen $x(\varepsilon)$ und $\lambda(\varepsilon)$ gibt, sodass

$$(A + \varepsilon F)x(\varepsilon) = \lambda(\varepsilon)x(\varepsilon), \quad \|F\|_2 = 1, \quad \|x(\varepsilon)\|_2 \equiv 1,$$

gilt, mit $\lambda(0) = \lambda$ und $x(0) = x$. Differenziert man die obige Gleichung bezüglich ε und setzt im Ergebnis $\varepsilon = 0$, dann erhält man

$$A\dot{x}(0) + Fx = \dot{\lambda}(0)x + \lambda\dot{x}(0).$$

Hieraus ergibt sich nach Multiplikation mit y^H und Division durch $y^H x$ sowie unter Beachtung von (2.82)

$$|\dot{\lambda}(0)| = \left|\frac{y^H F x}{y^H x}\right| \le \frac{1}{|y^H x|}.$$

Die obere Schranke wird für $F = yx^H$ angenommen. Man nennt deshalb die Größe

$$\kappa(\lambda) \equiv \frac{1}{s(\lambda)}, \quad \text{mit } s(\lambda) \equiv |y^H x| \tag{3.6}$$

die *Konditionszahl* des Eigenwertes λ. Treten in A Störungen von der Größenordnung $O(\varepsilon)$ auf, dann kann hierdurch ein zugehöriger Eigenwert λ um den Betrag $\varepsilon\kappa(\lambda)$ verfälscht werden. Ist $s(\lambda)$ klein (d. h., $\kappa(\lambda)$ ist groß), dann spricht man von einem *schlecht konditionierten* Eigenwert λ. Zu beachten ist dabei auch, dass $s(\lambda)$ den Kosinus des Winkels zwischen den linken und rechten Eigenvektoren von λ darstellt. Dieser erweist sich nur dann als eindeutig, falls λ einfach ist. Ein kleiner Wert von $s(\lambda)$ impliziert somit, dass A zu einer Matrix benachbart ist, die einen mehrfachen Eigenwert besitzt.

Es kann insbesondere gezeigt werden (siehe z. B. [87]): Ist λ einfach und $s(\lambda) < 1$, dann existiert eine Matrix E, sodass λ ein mehrfacher Eigenwert von $A + E$ ist, mit

$$\frac{\|E\|_2}{\|A\|_2} \le \frac{s(\lambda)}{\sqrt{1 - s(\lambda)^2}}.$$

Im Allgemeinen trifft die Aussage des Satzes 3.2 auf die Eigenvektoren einer Matrix nicht zu. Für einfache Eigenwerte lässt sich jedoch das folgende Resultat zeigen.

Satz 3.3 (Satz über die Stetigkeit der Eigenvektoren). *Es sei λ ein einfacher Eigenwert der Matrix A und $x \ne 0$ der zugehörige Eigenvektor. Des Weiteren bezeichne E eine Matrix gleicher Dimension. Dann besitzt die gestörte Matrix $A + E$ einen Eigenwert $\lambda(E)$ und einen Eigenvektor $x(E)$ mit der Eigenschaft*

$$\lambda(E) \to \lambda \quad \text{und} \quad x(E) \to x \quad \text{für } E \to 0.$$

Beweis. Siehe z. B. die Monographie von J. H. Wilkinson [86]. □

3.1.2 Eigenschaften symmetrischer Matrizen

In diesem Abschnitt setzen wir voraus, dass die Matrix A symmetrisch ist, d. h., es möge $A^T = A$ gelten. Eigenwertprobleme mit symmetrischen Matrizen treten in den Anwendungen sehr häufig auf. Des Weiteren besitzen derartige Matrizen für die numerische Behandlung des Eigenwertproblems (3.1) besonders günstige Eigenschaften, die hier summarisch zusammengestellt werden sollen. Die zugehörigen Beweise findet man in den Standardtexten zur Linearen Algebra, so zum Beispiel in der Monographie von Golub und Van Loan [22].

Für jede *symmetrische* Matrix gilt:

1. Das zugehörige charakteristische Polynom (3.4) besitzt genau n reelle Nullstellen λ_j, $j = 1, \ldots, n$, d. h., es existieren genau n *reelle* Eigenwerte λ_j, die entsprechend ihrer Vielfachheit zu zählen sind.

2. Die zu verschiedenen Eigenwerten $\lambda_i \neq \lambda_j$ gehörenden Eigenvektoren $x^{(i)}$ und $x^{(j)}$ sind notwendig *orthogonal*, d. h., sie erfüllen $(x^{(i)})^T x^{(j)} = 0$.

3. Zu einem p-fachen Eigenwert $\lambda = \lambda_1 = \cdots = \lambda_p$ existieren p linear unabhängige Eigenvektoren $x^{(1)}, \ldots, x^{(p)}$. Jede Linearkombination dieser Vektoren ist wieder ein Eigenvektor zum Eigenwert λ. Die Gesamtheit aller solcher Linearkombinationen wird mit

$$\text{span}\{x^{(1)}, \ldots, x^{(p)}\} \equiv \{x \in \mathbb{R}^n : x = a_1 x^{(1)} + \cdots + a_p x^{(p)}; \ a_j \in \mathbb{R}\}$$

bezeichnet und heißt der durch $x^{(1)}, \ldots, x^{(p)}$ aufgespannte p-dimensionale *Teilraum*, beziehungsweise der zu λ gehörende *Eigenraum*.

4. Zu jeder symmetrischen Matrix $A \in \mathbb{R}^{n \times n}$ existieren eine orthogonale Matrix $Q \in \mathbb{R}^{n \times n}$ und eine Diagonalmatrix $\Lambda \in \mathbb{R}^{n \times n}$, sodass gilt:

$$A = Q \Lambda Q^T. \tag{3.7}$$

Die Diagonalelemente von Λ sind die Eigenwerte von A und die Spalten von Q enthalten die zugehörigen Eigenvektoren. Aus (3.7) ergibt sich nach Links- und Rechtsmultiplikation mit Q^T bzw. Q:

$$\Lambda = Q^T A Q = Q^{-1} A Q. \tag{3.8}$$

Eine Transformation von A in $\bar{A} \equiv M^{-1} A M$, mit regulärem M, wird *Ähnlichkeitstransformation* genannt. Die Matrizen A und $\bar{A}$ heißen *ähnlich*. Eine solche Transformation ändert die Eigenwerte nicht. Eine Ähnlichkeitstransformation mit orthogonalem $Q = M$ (siehe Formel (3.8)) bezeichnet man als *orthogonale Ähnlichkeitstransformation*. Eigenwerte und Symmetrie bleiben dabei erhalten.

5. Es kann sehr einfach gezeigt werden:
(λ, x) ist Eigenpaar von A genau dann, falls $(\lambda, \bar{x})$ Eigenpaar von $\bar{A}$ ist. Zwischen x und $\bar{x}$ besteht der Zusammenhang

$$x = Q \bar{x} \quad \text{bzw.} \quad \bar{x} = Q^T x. \tag{3.9}$$

3.1.3 Gerschgorin-Kreise

Wie wir im Abschnitt 3.2 sehen werden, erfordert die Anwendung von Iterationsverfahren zur Berechnung der Eigenwerte und Eigenvektoren von Matrizen gewisse Vorkenntnisse hinsichtlich der Lage dieser Eigenwerte. Mit der sogenannten *Technik der Gerschgorin[1]-Kreise* lassen sich gewisse Schranken für die Eigenwerte einer Matrix geometrisch ermitteln.

Es sei $A = (a_{ij})$ eine komplexwertige Matrix der Dimension $n \times n$. Wir suchen Bedingungen dafür, dass eine komplexe Zahl $z \in \mathbb{C}$ *kein Eigenwert* von A ist. Hierzu werde definiert:

$$\sigma_i \equiv \sum_{\substack{j=1 \\ j \neq i}}^{n} |a_{ij}| \quad \text{für } i = 1, 2, \ldots, n. \tag{3.10}$$

Es gilt nun der

Satz 3.4. *Die komplexe Zahl $z \in \mathbb{C}$ erfülle*

$$|z - a_{ii}| > \sigma_i \quad \text{für } i = 1, 2, \ldots, n. \tag{3.11}$$

Dann ist z kein Eigenwert von A.

Beweis. Um die Behauptung zu zeigen, gehen wir von der *Gegenannahme* aus, d. h., wir nehmen an, dass es zum Eigenwert z einen Eigenvektor x gibt, mit:

$$Ax = z\,x, \quad \|x\| = 1.$$

Die obige Eigenwertgleichung lässt sich mit $D \equiv \text{diag}(a_{11}, \ldots, a_{nn})$ und $B \equiv A - D$ wie folgt formulieren

$$[(D - zI) + B]x = 0.$$

Die Matrix $D - zI$ ist eine Diagonalmatrix mit den Diagonalelementen $a_{ii} - z$, die wegen der Voraussetzung (3.11) nicht verschwinden. Somit ist $D - zI$ regulär und man erhält

$$x = -(D - zI)^{-1}Bx \equiv \tilde{B}x. \tag{3.12}$$

Die Summe der Beträge der Elemente in der i-ten Zeile von $\tilde{B}$ ist gegeben zu

---

[1] Semjon Aranowitsch Gerschgorin (1901–1933), weißrussisch-sowjetischer Mathematiker. Er konstruierte einen Apparat zum Zeichnen von Ellipsen, von dem ein Exemplar im Deutschen Museum in München steht.

$$\tilde{\sigma}_i = \frac{1}{|a_{ii} - z|} \sum_{\substack{j=1 \\ j \neq i}}^{n} |a_{ij}|, \quad i = 1, 2, \ldots, n.$$

Wegen (3.11) gilt $\tilde{\sigma}_i < 1$, $i = 1, \ldots, n$, d. h., die Zeilensummennorm von $\tilde{B}$ ist nach oben echt durch Eins beschränkt. Deshalb besitzt die lineare Fixpunkt-Gleichung (3.12) *genau eine* Lösung. Wie man unschwer erkennt, erfüllt aber auch $x = 0$ diese Gleichung, was im Widerspruch dazu steht, dass x ein Eigenvektor ist. Somit handelt es sich bei z sicher um keinen Eigenwert. ☐

Um dieses Resultat noch anschaulicher zu formulieren, werde

$$R_i \equiv \{z \in \mathbb{C} : |z - a_{ii}| \leq \sigma_i\}, \quad i = 1, 2, \ldots, n, \tag{3.13}$$

definiert. Die Kreisscheiben R_i heißen (*zeilenorientierte*) Gerschgorin-Kreise. Da für die Eigenwerte z die Bedingung (3.11) nicht erfüllt ist, gilt der folgende Satz.

Satz 3.5. *Jeder Eigenwert einer komplexwertigen Matrix liegt in der Vereinigung ihrer Gerschgorin-Kreise.*

Beweis. Die Aussage wurde durch die obige Herleitung gezeigt. ☐

Die Lage der Eigenwerte lässt sich noch genauer analysieren, wie in der Folgerung 3.1 aufgezeigt wird.

Folgerung 3.1. *Ist U die Vereinigung von k und V die Vereinigung der übrigen Gerschgorin-Kreise einer komplexwertigen Matrix, und sind U und V disjunkt, dann enthält U unter Berücksichtigung von Vielfachheiten genau k Eigenwerte.*

Beweis. Wir betrachten die durch $t \in \mathbb{R}$ parametrisierte Schar von Matrizen

$$A(t) \equiv D + tB, \quad 0 \leq t \leq 1.$$

Es gilt $A(0) = D$ und $A(1) = A$. Für $t = 0$ ist die Aussage aufgrund von Satz 3.5 offensichtlich richtig. Da die Eigenwerte von $A(t)$ mit den Nullstellen des charakteristischen Polynoms $\chi_{A(t)}(\lambda)$ übereinstimmen und diese stetige Funktionen der Koeffizienten des Polynoms sind (Satz 3.1), hängen die Eigenwerte von $A(t)$ stetig von dem Parameter t ab. Damit folgt die Aussage unmittelbar, wenn man t von 0 nach 1 laufen lässt. ☐

Bemerkung 3.1. Die obigen Aussagen behalten ihre Gültigkeit, wenn man Kreisscheiben R_i^* zugrunde legt, deren Radien sich als Summe der Beträge der Nicht-Diagonalelemente der jeweiligen *Spalte* ergeben, d. h., wenn man anstelle von σ_i (siehe die Formel (3.10)) die Radien

$$\sigma_i^* \equiv \sum_{\substack{j=1 \\ j \neq i}}^{n} |a_{ji}| \quad \text{für } i = 1, 2, \ldots, n, \tag{3.14}$$

verwendet. Wir sprechen in diesem Falle von *spaltenorientierten* Gerschgorin-Kreisen.

☐

Beispiel 3.2. Gegeben sei die Matrix

$$A = \begin{bmatrix} 21 & 0 & 1 & -1 & -2 \\ 1 & -11 & 1 & 3 & 2 \\ 0 & -1 & -13 & 3 & -3 \\ 3 & 0 & -1 & 21 & 3 \\ -3 & 2 & -1 & 2 & 9 \end{bmatrix}. \tag{3.15}$$

Die zugehörigen Eigenwerte sind

$$\lambda_{1/2} = 0.214577575 \cdot 10^2 \pm 0.163182200 \cdot 10^1 \, i, \quad \lambda_3 = 0.828017514 \cdot 10^1,$$
$$\lambda_4 = -0.123961420 \cdot 10^2, \qquad\qquad \lambda_5 = -0.117995481 \cdot 10^2.$$

Wie man leicht nachrechnet, besitzt die Matrix A die *zeilenorientierten* Gerschgorin-Kreise:

$$R_1 = \{z \in \mathbb{C} : |z - 21| \le 4\}, \quad R_2 = \{z \in \mathbb{C} : |z + 11| \le 7\},$$
$$R_3 = \{z \in \mathbb{C} : |z + 13| \le 7\}, \quad R_4 = \{z \in \mathbb{C} : |z - 21| \le 7\},$$
$$R_5 = \{z \in \mathbb{C} : |z - 9| \le 8\}.$$

In der Abbildung 3.1 sind die zeilenorientierten Gerschgorin-Kreise der Matrix (3.15) angegeben.

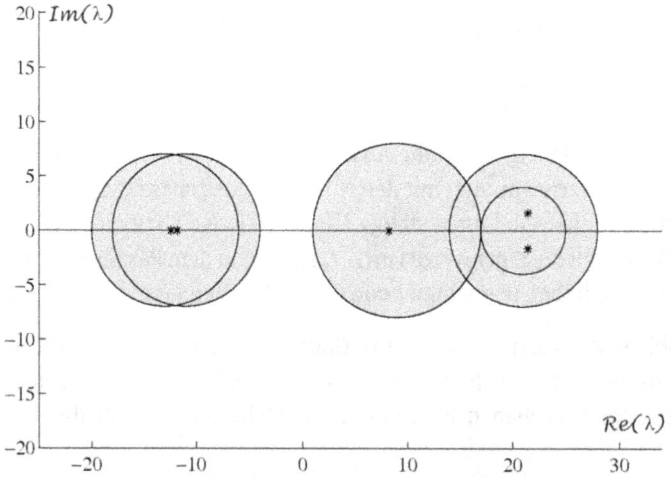

Abb. 3.1: Die zeilenorientierten Gerschgorin-Kreise der Matrix A in der komplexen Ebene. (Das Symbol „*" kennzeichnet die Eigenwerte.)

Die entsprechenden *spaltenorientierten* Gerschgorin-Kreise (siehe die Bemerkung 3.1) sind:

$$R_1^* = \{z \in \mathbb{C} : |z - 21| \le 7\}, \quad R_2^* = \{z \in \mathbb{C} : |z + 11| \le 3\},$$

$$R_3^* = \{z \in \mathbb{C} : |z + 13| \le 4\}, \quad R_4^* = \{z \in \mathbb{C} : |z - 21| \le 9\},$$

$$R_5^* = \{z \in \mathbb{C} : |z - 9| \le 10\}.$$

Die graphische Darstellung dieser Kreise kann der Abbildung 3.2 entnommen werden.

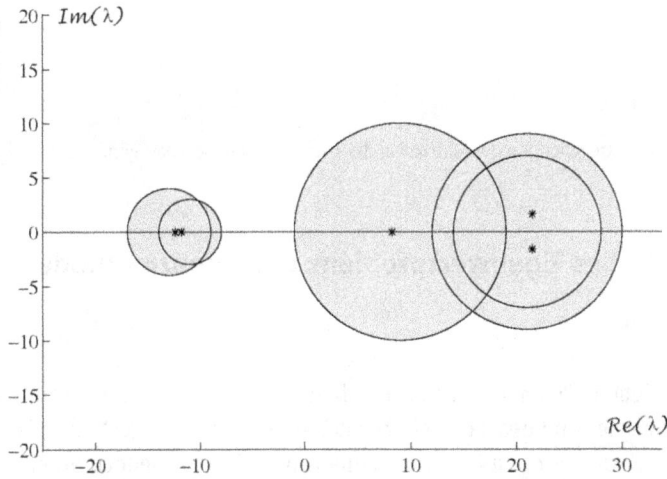

Abb. 3.2: Die spaltenorientierten Gerschgorin-Kreise der Matrix A in der komplexen Ebene. (Das Symbol „$*$" kennzeichnet die Eigenwerte.)

In beiden Fällen erkennt man zwei zusammenhängende Bereiche. In Übereinstimmung mit der Folgerung 3.1 enthält der erste Bereich zwei Eigenwerte, während sich im zweiten Bereich die verbleibenden drei Eigenwerte befinden. Die Abschätzung lässt sich aber noch durch die Betrachtung des Durchschnittes der zeilenorientierten und spaltenorientierten Gerschgorin-Kreise verbessern, wie die Abbildung 3.3 zeigt.

Für den Spektralradius von A bekommt man somit die (sehr grobe) Einschließung

$$\rho(A) = \max_{1 \le i \le 5} |\lambda_i| : \quad 1 \le \rho(A) \le 28.$$

Folglich handelt es sich bei A um keine konvergente Matrix. $\qquad\qquad$ □

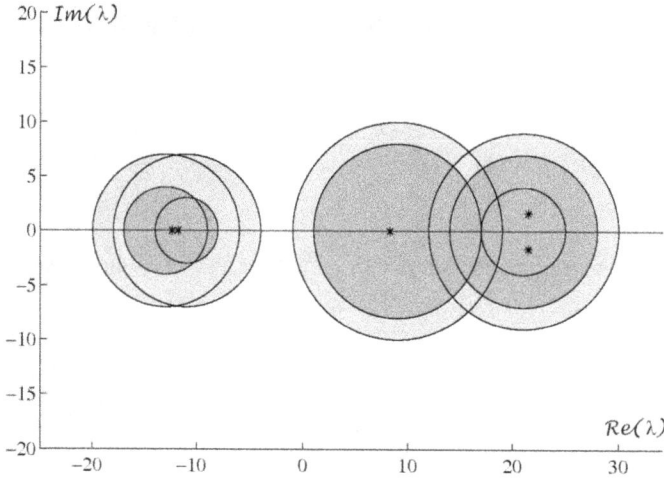

Abb. 3.3: Der Durchschnitt beider Kreismengen der Matrix A in der komplexen Ebene. (Das Symbol „∗" kennzeichnet die Eigenwerte.)

3.2 Nichtsymmetrisches Eigenwertproblem: die Potenzmethode

3.2.1 Das Grundverfahren

Die im Folgenden beschriebene *Potenzmethode* ermöglicht die numerische Berechnung eines bestimmten Eigenwertes und des dazugehörigen Eigenvektors. Das Verfahren ist auch unter dem Namen *Vektoriteration* bekannt. Seine Anwendung ist jedoch an einschneidende Bedingungen gebunden.

Voraussetzung 3.1. Die Matrix A der Dimension $n \times n$ besitze die n Eigenwerte $\lambda_1, \ldots, \lambda_n$ mit den zugehörigen Eigenvektoren $v^{(1)}, \ldots, v^{(n)}$, die linear unabhängig seien. Des Weiteren werde vorausgesetzt, dass A genau einen Eigenwert enthält, der betragsmäßig alle anderen überragt (im Folgenden als *dominanter Eigenwert* bezeichnet):

$$|\lambda_1| > |\lambda_2| \geq |\lambda_3| \geq \cdots \geq |\lambda_n| \geq 0. \tag{3.16}$$
□

Wegen der linearen Unabhängigkeit der Eigenvektoren $v^{(1)}, \ldots, v^{(n)}$ existieren zu einem beliebigen Vektor $x^{(0)} \in \mathbb{C}^n$ reelle Konstanten $\alpha_1, \ldots, \alpha_n$, sodass sich dieser als Linearkombination der $v^{(j)}$ darstellen lässt:

$$x^{(0)} = \sum_{j=1}^{n} \alpha_j v^{(j)}. \tag{3.17}$$

Die sukzessive Multiplikation beider Seiten von (3.17) mit $A, A^2, \ldots, A^k$ ergibt

$$Ax^{(0)} = \sum_{j=1}^{n} a_j Av^{(j)} = \sum_{j=1}^{n} a_j \lambda_j v^{(j)},$$

$$A^2 x^{(0)} = \sum_{j=1}^{n} a_j \lambda_j Av^{(j)} = \sum_{j=1}^{n} a_j \lambda_j^2 v^{(j)},$$

$$\vdots$$

$$A^k x^{(0)} = \sum_{j=1}^{n} a_j \lambda_j^k v^{(j)}. \qquad (3.18)$$

Zieht man nun den Faktor $a_1 \lambda_1^k$ aus jedem Summanden auf der rechten Seite heraus, so resultiert:

$$A^k x^{(0)} = a_1 \lambda_1^k \left[v^{(1)} + \frac{a_2}{a_1} \left(\frac{\lambda_2}{\lambda_1} \right)^k v^{(2)} + \cdots + \frac{a_n}{a_1} \left(\frac{\lambda_n}{\lambda_1} \right)^k v^{(n)} \right]. \qquad (3.19)$$

Die Voraussetzung $|\lambda_1| > |\lambda_j|$, $j = 2, 3, \ldots, n$, impliziert, dass für $k \to \infty$ die Koeffizienten von $v^{(2)}, \ldots, v^{(n)}$ gegen Null konvergieren. Bis auf den Vorfaktor $a_1 \lambda_1^k$ unterscheidet sich $A^k x^{(0)}$ somit immer weniger von $v^{(1)}$, d. h., die Richtung von $A^k x^{(0)}$ approximiert für $k \to \infty$ diejenige von $v^{(1)}$ beliebig genau.

Für die numerische Bestimmung des Eigenvektors $v^{(1)}$ ist die Vorgehensweise (3.18) jedoch noch nicht geeignet, da für $k \to \infty$ der Vorfaktor $a_1 \lambda_1^k$ in (3.19) im Falle $|\lambda_1| < 1$ gegen Null bzw. im Falle $|\lambda_1| > 1$ gegen ∞ konvergiert, sodass entweder mit Exponentenunterlauf oder Exponentenüberlauf gerechnet werden muss. Diese numerischen Schwierigkeiten lassen sich aber beseitigen, indem man die Potenzen von $A^k x^{(0)}$ geeignet skaliert.

Zu Beginn der skalierten Variante hat man einen Startvektor $x^{(0)} \in \mathbb{C}^n$ auszuwählen, für den gilt:

$$\left\| x^{(0)} \right\|_\infty = 1 \equiv x_{p_0}^{(0)}. \qquad (3.20)$$

Die Norm $\| \cdot \|_\infty$ ist für Elemente aus $\mathbb{C}^n$ analog wie im reellen Fall zu verstehen. Durch (3.20) ist ein Index p_0 festgelegt. Es sei

$$y^{(1)} \equiv Ax^{(0)} = \sum_{j=1}^{n} a_j Av^{(j)} = \sum_{j=1}^{n} a_j \lambda_j v^{(j)}.$$

Dann berechnet sich $\mu^{(1)} \equiv y_{p_0}^{(1)}$ zu:

$$\mu^{(1)} = \frac{y_{p_0}^{(1)}}{1} = \frac{a_1 \lambda_1 v_{p_0}^{(1)} + \sum_{j=2}^{n} a_j \lambda_j v_{p_0}^{(j)}}{a_1 v_{p_0}^{(1)} + \sum_{j=2}^{n} a_j v_{p_0}^{(j)}} = \lambda_1 \left[\frac{a_1 v_{p_0}^{(1)} + \sum_{j=2}^{n} a_j \frac{\lambda_j}{\lambda_1} v_{p_0}^{(j)}}{a_1 v_{p_0}^{(1)} + \sum_{j=2}^{n} a_j v_{p_0}^{(j)}} \right].$$

Mit $p_1, 1 \leq p_1 \leq n$, werde diejenige kleinste ganze Zahl bezeichnet, für welche $|y_{p_1}^{(1)}| = \|y^{(1)}\|_\infty$ gilt. Schließlich definiert man den Vektor $x^{(1)} \equiv y^{(1)}/y_{p_1}^{(1)}$, für den $x_{p_1}^{(1)} = 1 = \|x^{(1)}\|_\infty$ gilt. Damit ist der erste Iterationsschritt des Verfahrens abgeschlossen.

Im zweiten Schritt bestimmt man

$$y^{(2)} \equiv Ax^{(1)} = \frac{1}{y_{p_1}^{(1)}}Ay^{(1)} = \frac{1}{y_{p_1}^{(1)}}\sum_{j=1}^{n}a_j\lambda_jAv^{(j)} = \frac{1}{y_{p_1}^{(1)}}\sum_{j=1}^{n}a_j\lambda_j^2v^{(j)}$$

$$= \frac{a_1\lambda_1^2v^{(1)} + a_2\lambda_2^2v^{(2)} + \cdots + a_n\lambda_n^2v^{(n)}}{a_1\lambda_1v_{p_1}^{(1)} + a_2\lambda_2v_{p_1}^{(2)} + \cdots + a_n\lambda_nv_{p_1}^{(n)}},$$

$$\mu^{(2)} \equiv y_{p_1}^{(2)} = \frac{a_1\lambda_1^2v_{p_1}^{(1)} + a_2\lambda_2^2v_{p_1}^{(2)} + \cdots + a_n\lambda_n^2v_{p_1}^{(n)}}{a_1\lambda_1v_{p_1}^{(1)} + a_2\lambda_2v_{p_1}^{(2)} + \cdots + a_n\lambda_nv_{p_1}^{(n)}}$$

$$= \lambda_1\left[\frac{a_1v_{p_1}^{(1)} + a_2(\frac{\lambda_2}{\lambda_1})^2v_{p_1}^{(2)} + \cdots + a_n(\frac{\lambda_n}{\lambda_1})^2v_{p_1}^{(n)}}{a_1v_{p_1}^{(1)} + a_2(\frac{\lambda_2}{\lambda_1})v_{p_1}^{(2)} + \cdots + a_n(\frac{\lambda_n}{\lambda_1})v_{p_1}^{(n)}}\right],$$

$$p_2: \quad 1 \leq p_2 \leq n, \quad |y_{p_2}^{(2)}| = \|y^{(2)}\|_\infty,$$

$$x^{(2)} \equiv \frac{1}{y_{p_2}^{(2)}}y^{(2)}.$$

Die weiteren Iterationsschritte ergeben sich entsprechend, sodass ein beliebiger Schritt der Potenzmethode wie folgt dargestellt werden kann:

$$y^{(k)} = Ax^{(k-1)},$$

$$\mu^{(k)} \equiv y_{p_{k-1}}^{(k)} = \lambda_1\left[\frac{a_1v_{p_{k-1}}^{(1)} + \sum_{j=2}^{n}(\frac{\lambda_j}{\lambda_1})^ka_jv_{p_{k-1}}^{(j)}}{a_1v_{p_{k-1}}^{(1)} + \sum_{j=2}^{n}(\frac{\lambda_j}{\lambda_1})^{k-1}a_jv_{p_{k-1}}^{(j)}}\right],$$ \hfill (3.21)

$$p_k: \quad 1 \leq p_k \leq n, \quad |y_{p_k}^{(k)}| = \|y^{(k)}\|_\infty,$$

$$x^{(k)} \equiv \frac{y^{(k)}}{y_{p_k}^{(k)}}.$$

Neben der Voraussetzung 3.1 möge noch eine weitere Bedingung an den Startvektor $x^{(0)}$ erfüllt sein.

Voraussetzung 3.2. In der Darstellung (3.17) des Startvektors $x^{(0)}$ gelte $a_1 \neq 0$. ☐

Ist diese Voraussetzung in der Praxis nicht erfüllt (das stellt man i. allg. anhand der Divergenz der Potenzmethode fest), dann wird üblicherweise der Startvektor $x^{(0)}$ gewechselt. Im Englischen bezeichnet man ein solches Vorgehen als *„trial and error"*.

Der Verfahrensvorschrift (3.21) ist zu entnehmen, dass sich unter den Voraussetzungen 3.1 und 3.2 wegen $|\frac{\lambda_j}{\lambda_1}| < 1, j = 2, \ldots, n$, der Grenzwert

$$\lim_{k\to\infty}\mu^{(k)} = \lambda_1$$ \hfill (3.22)

ergibt. Es kann darüber hinaus gezeigt werden, dass die Vektorfolge $\{x^{(k)}\}_{k=0}^{\infty}$ gegen einen Eigenvektor v, mit $\|v\|_{\infty} = 1$, konvergiert, der zum dominanten Eigenwert λ_1 gehört [86].

Für die genauere Untersuchung der Konvergenzeigenschaften des Verfahrens benötigen wir den Begriff der Konvergenzordnung.

Definition 3.1. Es sei $\{x^{(k)}\}_{k=0}^{\infty}$ eine Folge, die gegen den Grenzwert x^* konvergiert. Weiter bezeichne $e^{(k)}$ den absoluten Fehler $e^{(k)} \equiv x^{(k)} - x^*$, $k \geq 0$. Existieren positive Konstanten α und β mit

$$\lim_{k\to\infty} \frac{\|e^{(k+1)}\|}{\|e^{(k)}\|^{\alpha}} = \beta, \quad \beta \neq 0, \tag{3.23}$$

dann besitzt $\{x^{(k)}\}_{k=0}^{\infty}$ die *Konvergenzordnung* α mit der *asymptotischen Fehlerkonstanten* β. □

Gilt $\alpha = 1$, dann spricht man von *linearer* Konvergenz, im Falle $\alpha = 2$ von *quadratischer* Konvergenz. Ist insbesondere $\alpha > 1$, dann handelt es sich um *superlineare* Konvergenz. Lineare Konvergenz bedingt, dass eine asymptotische Fehlerkonstante β kleiner als Eins vorliegt. Insbesondere konvergiert hier die Folge um so schneller, je kleiner β ist.

Offensichtlich wird die *Konvergenzgeschwindigkeit* der Folge $\{\mu^{(k)}\}_{k=1}^{\infty} \to \lambda_1$ durch $(\lambda_j/\lambda_1)^k$, $j = 2, 3, \ldots, n$, beeinflusst. Der entscheidende Term dabei ist $(\lambda_2/\lambda_1)^k$, d. h., das Konvergenzverhalten dieser Folge lässt sich symbolisch in der Form

$$|\mu^{(k)} - \lambda_1| = O\left(\left|\frac{\lambda_2}{\lambda_1}\right|^k\right) \tag{3.24}$$

ausdrücken. Mit anderen Worten formuliert heißt dies, es existiert eine positive Konstante C, sodass gilt:

$$\lim_{k\to\infty} \frac{|\mu^{(k)} - \lambda_1|}{|\frac{\lambda_2}{\lambda_1}|^k} = C. \tag{3.25}$$

Damit ergibt sich

$$\lim_{k\to\infty} \frac{|\mu^{(k+1)} - \lambda_1|}{|\mu^{(k)} - \lambda_1|} = \left|\frac{\lambda_2}{\lambda_1}\right|. \tag{3.26}$$

Die Formel (3.26) sagt aus, dass hier lineare Konvergenz vorliegt ($\alpha = 1$), die um so schneller verläuft, je kleiner $\beta = |\lambda_2/\lambda_1|$ ist.

Bemerkung 3.2. Für die Konvergenz der Potenzmethode ist es eigentlich nicht erforderlich, dass die Matrix A nur einfache Eigenwerte besitzt (wie oben vereinfachend angenommen wurde). So gilt:

1. Ist die *Vielfachheit* des betragsgrößten Eigenwertes λ_1 gleich r, $r > 1$, und sind $v^{(1)}, \ldots, v^{(r)}$ die zugehörigen linear unabhängigen Eigenvektoren, dann konvergiert die Potenzmethode ebenfalls gegen λ_1, wie sich leicht zeigen lässt.

2. Die Folge $\{x^{(k)}\}_{k=0}^{\infty}$ konvergiert gegen einen, zu λ_1 gehörenden und auf Eins normierten Eigenvektor, der sich als Linearkombination von $v^{(1)}, \ldots, v^{(r)}$ darstellt und von der Wahl des Startvektors $x^{(0)}$ abhängt. □

Im m-File 3.1 ist die Potenzmethode als MATLAB-Funktion implementiert.

m-File 3.1: potenz.m

```
 1  function [ew,ev]=potenz(A,tol,kmax)
 2  % function [ev,ew]=potenz(A,[tol,kmax])
 3  % Berechnet fuer die Matrix A den betragsmaessig
       groessten
 4  % Eigenwert und den zugehoerigen Eigenvektor mit der
 5  % Potenzmethode
 6  %
 7  % A: (n x n)-Matrix,
 8  % tol: gewuenschte relative Genauigkeit,
 9  % kmax: maximale Iterationszahl,
10  % ew: Eigenwert von A,
11  % ev: normierter Eigenvektor von A.
12  %
13  [n,m]=size(A);
14  if n ~= m, error('Matrix A nicht quadratisch!'), end
15  if nargin == 1, tol=1e-15; kmax=50*n; end
16  ev=ones(n,1);
17  p=1;
18  ew=1;
19  for k=1:kmax
20      y=A*ev;
21      ewn=y(p);
22      dew=ewn-ew;
23      ew=ewn;
24      [~,p]=max(abs(y));
25      if y(p) ~= 0
26      ev=y/y(p);
27      if abs(dew)/(abs(ew)+eps) < tol, break, end
28      else
29          ew=0;
```

```
30        ev=0*ev;
31        return
32     end
33  end
34  end
```

3.2.2 Inverse Potenzmethode

Die sogenannte *inverse Potenzmethode* basiert auf der soeben beschriebenen gewöhnlichen Potenzmethode, führt aber i. allg. zu schnellerer Konvergenz. Sie ermöglicht zudem die numerische Approximation eines beliebigen (nicht zwingend betragsgrößten!) Eigenwertes.

Wie bisher werde davon ausgegangen, dass die Matrix A die Eigenwerte $\lambda_1, \ldots, \lambda_n$ sowie die zugehörigen linear unabhängigen Eigenvektoren $v^{(1)}, \ldots, v^{(n)}$ besitzt. Überführt man nun die Matrix A unter Verwendung einer noch geeignet zu wählenden Zahl $q \in \mathbb{C}$ in die Matrix

$$B \equiv (A - qI)^{-1}, \quad q \neq \lambda_i, \quad i = 1, 2, \ldots, n, \tag{3.27}$$

dann ergibt sich der folgende Satz.

Satz 3.6. *Die Eigenwerte der in Formel* (3.27) *definierten Matrix B sind*

$$(\lambda_1 - q)^{-1}, (\lambda_2 - q)^{-1}, \ldots, (\lambda_n - q)^{-1}.$$

Die zugehörigen Eigenvektoren stimmen mit denen der Matrix A überein, d. h., die Eigenvektoren sind $v^{(1)}, \ldots, v^{(n)}$.

Beweis. Mit dem Eigenvektor w und dem Eigenwert γ lautet das Eigenwertproblem für die Matrix B:

$$Bw = \gamma w, \quad \text{d. h.,} \quad (A - qI)^{-1} w = \gamma w.$$

Hieraus erhält man $w = \gamma(A - qI)w$ und nach Umordnung $Aw = \frac{1+\gamma q}{\gamma} w$. Folglich gilt $\lambda = \frac{1+\gamma q}{\gamma}$, d. h., $\gamma = \frac{1}{\lambda-q}$ und $w = v$. $\qquad\square$

Die *inverse Potenzmethode* ergibt sich nun aus der direkten Anwendung der gewöhnlichen Potenzmethode auf die Matrix $B \equiv (A - qI)^{-1}$. Für den k-ten Schritt erhält man damit die folgende Vorschrift:

$$y^{(k)} = (A - qI)^{-1} x^{(k-1)},$$

$$\mu^{(k)} = y_{p_{k-1}}^{(k)} = \frac{y_{p_{k-1}}^{(k)}}{x_{p_{k-1}}^{(k-1)}} = \frac{\sum_{j=1}^{n} a_j \frac{1}{(\lambda_j - q)^k} v_{p_{k-1}}^{(j)}}{\sum_{j=1}^{n} a_j \frac{1}{(\lambda_j - q)^{k-1}} v_{p_{k-1}}^{(j)}}, \tag{3.28}$$

$$p_k : \quad 1 \le p_k \le n, \quad |y_{p_k}^{(k)}| = \|y^{(k)}\|_\infty,$$

$$x^{(k)} = \frac{y^{(k)}}{y_{p_k}^{(k)}}.$$

Die Folge $\{\mu^{(k)}\}$ konvergiert jetzt gegen $1/(\lambda_l - q)$, mit

$$\frac{1}{|\lambda_l - q|} \equiv \max_{1 \le i \le n} \frac{1}{|\lambda_i - q|}. \tag{3.29}$$

Dabei bezeichnet λ_l denjenigen Eigenwert von A, der zu q am nächsten liegt. Ist der Index l explizit bekannt, dann lässt sich $\mu^{(k)}$ in (3.28) wie folgt schreiben:

$$\mu^{(k)} = \frac{1}{\lambda_l - q} \left[\frac{a_l v_{p_{k-1}}^{(l)} + \sum_{\substack{j=1 \\ j \ne l}}^{n} a_j [\frac{\lambda_l - q}{\lambda_j - q}]^k v_{p_{k-1}}^{(j)}}{a_l v_{p_{k-1}}^{(l)} + \sum_{\substack{j=1 \\ j \ne l}}^{n} a_j [\frac{\lambda_l - q}{\lambda_j - q}]^{(k-1)} v_{p_{k-1}}^{(j)}} \right]. \tag{3.30}$$

Offensichtlich wird durch die Festlegung der Zahl q das Konvergenzverhalten der Folge $\{\mu^{(k)}\}_{k=1}^{\infty}$ bestimmt. Damit tatsächlich Konvergenz eintritt, muss $1/(\lambda_l - q)$ ein eindeutig dominanter Eigenwert von B sein. Je näher man q an den Eigenwert λ_l von A platziert, um so mehr erhöht sich die Konvergenzgeschwindigkeit. Für die zugehörige Konvergenzordnung gilt nämlich:

$$\lim_{k \to \infty} \frac{|\mu^{(k+1)} - \frac{1}{\lambda_l - q}|}{|\mu^{(k)} - \frac{1}{\lambda_l - q}|} = \left| \frac{\lambda_l - q}{\lambda - q} \right|, \tag{3.31}$$

wobei λ denjenigen Eigenwert von A bezeichnet, der nach λ_l den kleinsten Abstand zu q aufweist.

Für die praktische Realisierung des Verfahrens sind noch die folgenden Gesichtspunkte von Interesse.

Bemerkung 3.3.
1. Die Berechnung von $y^{(k)}$ in (3.28) wird i. allg. mittels Gauß-Elimination vorgenommen. Die LU-Faktorisierung ist dabei nur einmal erforderlich.
2. Für die Berechnung eines bestimmten Eigenwertes mit der inversen Potenzmethode kann eine Schätzung von q durch die Methode der Gerschgorin-Kreise vorgenommen werden.

3. Zu einem vorgegebenen Startvektor $x^{(0)}$ lässt sich eine Schätzung für den Eigenwert über den sogenannten *Rayleigh[2]-Quotienten* bestimmen:

$$q = \frac{(x^{(0)})^T A x^{(0)}}{(x^{(0)})^T x^{(0)}}.$$

□

Das m-File 3.2 enthält eine MATLAB-Implementierung der inversen Potenzmethode.

m-File 3.2: ipotenz.m

```
1  function [ew,ev]=ipotenz(A,q,tol,nmax)
2  % function [ev,ew]=ipotenz(A,q,[tol,nmax])
3  % Berechnet fuer die Matrix A den zu q
       naechstgelegenen
4  % Eigenwert und den zugehoerigen Eigenvektor mit der
5  % inversen Potenzmethode
6  %
7  % A: (n x n)-Matrix,
8  % q: komplexe Zahl 'nahe' am gesuchten Eigenwert,
9  % tol: gewuenschte relative Genauigkeit,
10 % nmax: maximale Iterationszahl,
11 % ev: normierter Eigenvektor von A,
12 % ew: Eigenwert von A ('nahe' q).
13 %
14 [n,m]=size(A);
15 if n ~= m, error('Matrix A nicht quadratisch!'), end
16 if nargin == 2, tol=1e-12; nmax=50*n; end
17 [L,U,p]=lupart(A-q*eye(n));
18 y=eye(n,1); z=zeros(n,1); ev=z;ew=inf;
19 for i=1:nmax
20     x=y;
21 for k=1:n
22     z(k)=x(k)-L(k,1:k-1)*z(1:k-1);
23 end
24 for k=n:-1:1
25     y(k)=(z(k)-U(k,k+1:n)*y(k+1:n))/U(k,k);
26 end
27 [~,pk]=max(abs(y)); ypk=y(pk);
```

---

2 John William Strutt, 3. Baron Rayleigh (1842–1919) war ein englischer Physiker und Mathematiker, der sich mit Lichtstreuung, Eigenwertproblemen und der Bestimmung elektrischer Einheiten beschäftigte.

```
28  y=y(p)/ypk;
29  if norm(x-y)/(norm(y)+eps) < tol
30      ew=1/ypk+q; ev(p)=y/norm(y); return
31  end
32  end
33  disp ('maximale Iterationszahl erreicht')
```

Beispiel 3.3. Gegeben sei die Matrix

$$A = \begin{bmatrix} -4 & 14 & 0 \\ -5 & 13 & 0 \\ -1 & 0 & 2 \end{bmatrix}.$$

Die zugehörigen exakten Eigenwerte sind $\lambda_1 = 6$, $\lambda_2 = 3$ und $\lambda_3 = 2$. Damit besitzt diese Matrix den dominanten Eigenwert λ_1 und die Potenzmethode zur Approximation von λ_1 kann angewendet werden. Der Aufruf der MATLAB-Funktion potenz.m (siehe das m-File 3.1) mit $\lambda^{(0)} = 1$, $v^{(0)} = (1,1,1)^T$, tol $= 10^{-10}$ und kmax $= 200$ ergibt nach 33 Iterationsschritten die Approximationen:

$$\lambda = 6.0000000, \quad v = \begin{pmatrix} 1.0000000 \\ 0.7142857 \\ -0.2500000 \end{pmatrix}.$$

Nun wollen wir einen Wert von q, der nahe bei λ_1 liegt, wählen und die inverse Potenzmethode mit den gleichen Eingabeparametern anwenden. Hierzu kann z. B. der Rayleigh-Quotient mit $x = (1,1,1)^T$ verwendet werden, d. h.

$$q = \frac{x^T A x}{x^T x} = 6.3333333.$$

Mit der MATLAB-Funktion ipotenz.m (siehe das m-File 3.2) ergeben sich nach nur noch 16 Iterationsschritten die Approximationen:

$$\lambda = 6.0000000, \quad v = \begin{pmatrix} 0.7974005 \\ 0.5695718 \\ -0.1993501 \end{pmatrix}.$$

Schließlich wollen wir die inverse Potenzmethode noch dazu verwenden, einen anderen Eigenwert der Matrix A zu bestimmen. Für die Approximation von $\lambda_3 = 2$ muss q in der Nähe von λ_3 gewählt werden. Mit $q = 2.2$ und den bisher verwendeten Eingabedaten ergeben sich nach 18 Iterationsschritten die Approximationen:

$$\lambda = 1.999999999982361, \quad v = \begin{pmatrix} 0.000000000017639 \\ 0.000000000008819 \\ 1.000000000000000 \end{pmatrix}.$$

Dies zeigt, dass die inverse Potenzmethode zur Bestimmung eines einzelnen Eigenwertes sehr gut geeignet ist. □

3.2.3 Deflationstechniken

Zahlreiche Techniken sind möglich, um weitere Eigenwerte einer Matrix zu approximieren, wenn bereits eine Näherung für den dominanten Eigenwert ermittelt wurde. Wir betrachten hier gewisse Abspaltungsverfahren, die unter dem Begriff *Deflationstechniken* bekannt sind. Ihr Grundprinzip lässt sich wie folgt beschreiben: Aus der gegebenen Matrix A wird eine neue Matrix B konstruiert, die bis auf den dominanten Eigenwert die gleichen Eigenwerte wie A besitzt. Der dominante Eigenwert ist in B durch den Eigenwert Null ersetzt. Die Grundlage für diese Deflationstechniken stellt der folgende Satz dar.

Satz 3.7. *Die $(n \times n)$-Matrix A besitze die Eigenwerte $\lambda_1, \ldots, \lambda_n$ mit den zugehörigen Eigenvektoren $v^{(1)}, \ldots, v^{(n)}$. Die Vielfachheit von λ_1 sei Eins. Ist x ein n-dimensionaler Vektor mit der Eigenschaft, dass $x^T v^{(1)} = 1$ gilt, dann besitzt die Matrix*

$$B \equiv A - \lambda_1 v^{(1)} x^T \tag{3.32}$$

die Eigenwerte $0, \lambda_2, \ldots, \lambda_n$ sowie die Eigenvektoren $v^{(1)}, w^{(2)}, \ldots, w^{(n)}$. Dabei stehen $v^{(i)}$ und $w^{(i)}$ wie folgt in Beziehung:

$$v^{(i)} = (\lambda_i - \lambda_1) w^{(i)} + \lambda_1 x^T w^{(i)} v^{(1)}, \quad i = 2, 3, \ldots, n. \tag{3.33}$$

Beweis.

1. $Bv^{(1)} = (A - \lambda_1 v^{(1)} x^T) v^{(1)} = Av^{(1)} - \lambda_1 v^{(1)} \overset{=1}{\overbrace{x^T v^{(1)}}} = 0 \cdot v^{(1)}$, d. h., $v^{(1)}$ ist Eigenvektor von B zum Eigenwert 0.

2. Für die Eigenvektoren $w^{(2)}, \ldots, w^{(n)}$ von B verwenden wir folgenden Ansatz (die unbekannten Parameter a_i sind noch geeignet zu bestimmen):

$$w^{(i)} = \frac{1}{\lambda_i - \lambda_1} v^{(i)} - \frac{a_i}{\lambda_i - \lambda_1} v^{(1)}, \quad i = 2, \ldots, n.$$

Man berechnet

$$
Bw^{(i)} = (A - \lambda_1 v^{(1)} x^T)\left(\frac{1}{\lambda_i - \lambda_1} v^{(i)} - \frac{\alpha_i}{\lambda_i - \lambda_1} v^{(1)} \right)
$$

$$
= \frac{\lambda_i}{\lambda_i - \lambda_1} v^{(i)} - \frac{\alpha_i}{\lambda_i - \lambda_1} A v^{(1)} - \frac{\lambda_1}{\lambda_i - \lambda_1} v^{(1)} x^T v^{(i)}
$$

$$
+ \frac{\alpha_i \lambda_1}{\lambda_i - \lambda_1} v^{(1)} \underbrace{x^T v^{(1)}}_{=1}
$$

$$
= \lambda_i \left[\frac{1}{\lambda_i - \lambda_1} v^{(i)} - \frac{\lambda_1}{\lambda_i (\lambda_i - \lambda_1)} v^{(1)} x^T v^{(i)} \right].
$$

Wird nun $\alpha_i \equiv \frac{\lambda_1}{\lambda_i} x^T v^{(i)}$ gesetzt, dann erkennt man unmittelbar, dass der Vektor

$$
w^{(i)} = \frac{1}{\lambda_i - \lambda_1} v^{(i)} - \frac{\lambda_1}{\lambda_i (\lambda_i - \lambda_1)} x^T v^{(i)} v^{(1)}
$$

der Eigenvektor zum Eigenwert λ_i ist. Die Umstellung nach $v^{(i)}$ ergibt

$$
v^{(i)} = (\lambda_i - \lambda_1) w^{(i)} + \frac{\lambda_1}{\lambda_i} x^T v^{(i)} v^{(1)}. \tag{3.34}
$$

Hieraus resultiert

$$
x^T v^{(i)} = (\lambda_i - \lambda_1) x^T w^{(i)} + \frac{\lambda_1}{\lambda_i} x^T v^{(i)} \overbrace{x^T v^{(1)}}^{=1}.
$$

Diese Formel lässt sich wie folgt umformen:

$$
\left(1 - \frac{\lambda_1}{\lambda_i} \right) x^T v^{(i)} = (\lambda_i - \lambda_1) x^T w^{(i)}
$$

$$
\hookrightarrow \quad \left(\frac{\lambda_i - \lambda_1}{\lambda_i} \right) x^T v^{(i)} = (\lambda_i - \lambda_1) x^T w^{(i)}
$$

$$
\hookrightarrow \quad x^T v^{(i)} = \lambda_i x^T w^{(i)}.
$$

Setzt man das letzte Resultat in Formel (3.34) ein, so ergibt sich

$$
v^{(i)} = (\lambda_i - \lambda_1) w^{(i)} + \lambda_1 x^T w^{(i)} v^{(1)},
$$

d. h., die Formel (3.33) ist bestätigt. Eine einfache Rechnung zeigt schließlich, dass das System $v^{(1)}, w^{(2)}, \ldots, w^{(n)}$ linear unabhängig ist. $\qquad \square$

Eine in der Praxis oft verwendete Deflationstechnik ist die *Deflation nach Wieland*[3]. Hier setzt man

$$x \equiv \frac{1}{\lambda_1 v_i^{(1)}} (a_{i1}, a_{i2}, \ldots, a_{in})^T. \tag{3.35}$$

In (3.35) bezeichnet $v_i^{(1)}$ eine Komponente von $v^{(1)}$, die nicht verschwindet. Die Zahlen $a_{i1}, \ldots, a_{in}$ sind die Elemente der i-ten Zeile von A. Diese Wahl von x ergibt

$$x^T v^{(1)} = \frac{1}{\lambda_1 v_i^{(1)}} (a_{i1}, a_{i2}, \ldots, a_{in}) \left(v_1^{(1)}, v_2^{(1)}, \ldots, v_n^{(1)}\right)^T$$

$$= \frac{1}{\lambda_1 v_i^{(1)}} \underbrace{\sum_{j=1}^{n} a_{ij} v_j^{(1)}}_{\substack{i\text{-te Komponente} \\ \text{von } Av^{(1)}}}.$$

Da $Av^{(1)} = \lambda_1 v^{(1)}$ ist, folgt unmittelbar $x^T v^{(1)} = \frac{1}{\lambda_1 v_i^{(1)}} (\lambda_1 v_i^{(1)}) = 1$, d. h., der Vektor x erfüllt die Voraussetzungen von Satz 3.7.

Man beachte, dass mit (3.35) gilt: die i-te Zeile von $B \equiv A - \lambda_1 v^{(1)} x^T$ besteht nur aus Nullen.

Ist $\lambda \neq 0$ ein beliebiger Eigenwert von B zum Eigenvektor w, dann impliziert die Gleichung $Bw = \lambda w$, dass die i-te Komponente von w ebenfalls Null sein muss. Dies bedeutet aber: die i-te Spalte der Matrix B liefert keinen Beitrag zum Produkt $Bw = \lambda w$. Deshalb kann die Matrix B durch eine Matrix B' der Dimension $(n-1) \times (n-1)$ ersetzt werden, die durch Streichen der i-ten Zeile und der i-ten Spalte in B erhalten wird. Offensichtlich besitzt die Matrix B' die Eigenwerte $\lambda_2, \lambda_3, \ldots, \lambda_n$. Gilt nun $|\lambda_2| > |\lambda_3|$, dann kann die Potenzmethode wiederum auf B' angewendet werden, um den neuen dominanten Eigenwert λ_2 sowie den zugehörigen Eigenvektor $(w^{(2)})'$ (der Matrix B') numerisch zu ermitteln. Um schließlich den entsprechenden Eigenvektor der ursprünglichen Matrix A zu finden, konstruiert man einen Vektor $w^{(2)}$, indem zwischen die Komponenten $(w_{i-1}^{(2)})'$ und $(w_i^{(2)})'$ eine Null-Komponente eingefügt wird und berechnet danach $v^{(2)}$ entsprechend der Formel (3.33).

Das oben dargestellte Verfahren kann (theoretisch) dazu verwendet werden, um sukzessive *alle* Eigenwerte und Eigenvektoren von A numerisch zu approximieren. Dieser Prozess erweist sich jedoch als sehr empfindlich gegenüber Rundungsfehlern. Seine Anwendung ist deshalb nur für einige (wenige) ausgewählte Eigenwerte und Eigenvektoren sachgemäß. Sind alle Eigenwerte einer Matrix zu approximieren, dann sollte auf Verfahren zurückgegriffen werden, die auf Ähnlichkeitstransformationen beruhen. Im

---

[3] Helmut Wielandt (1910–2001), deutscher Mathematiker. Von 1946 bis 1951 war er Außerordentlicher Professor an der Universität Mainz und von 1951 bis 1976 Ordentlicher Professor an der Universität Tübingen. Von 1960–2002 war er Mitglied der Akademie der Wissenschaften Heidelberg.

folgenden Abschnitt betrachten wir für *symmetrische* Matrizen derartige Techniken. Ihre Übertragung auf den Fall nichtsymmetrischer Matrizen soll der Spezialliteratur zu diesem Gegenstand vorbehalten bleiben (siehe z. B. [22]).

Beispiel 3.4. Betrachtet werde wieder die im Beispiel 3.3 studierte Matrix A. Mit der Potenzmethode bzw. der inversen Potenzmethode haben wir den Eigenwert $\lambda_1 = 6$ bereits bestimmt. Es sollen nun mit der Deflationstechnik die restlichen beiden Eigenwerte λ_2 und λ_3 approximiert werden. Entsprechend der Deflation nach Wieland (siehe die Formel (3.35)) ist zuerst der Vektor x zu berechnen. Wir verwenden hier den Index $i = 1$, da die erste Komponente von $v^{(1)} = 1$ ist und sich damit die Rechnung vereinfacht. Es ergibt sich:

$$x \equiv \frac{1}{\lambda_1 v_i^{(1)}}(a_{i1}, a_{i2}, \ldots, a_{in})^T = \frac{1}{6}\begin{pmatrix} -4 \\ 14 \\ 0 \end{pmatrix}.$$

Damit die Deflationstechnik angewendet werden kann, muss die Voraussetzung $x^T v^{(1)} = 1$ erfüllt sein. Man überzeugt sich schnell davon, dass dies hier der Fall ist:

$$\frac{1}{6}(-4 \ 14 \ 0)\begin{pmatrix} 1 \\ 0.71428571 \\ -0.25 \end{pmatrix} = 0.999999990000000.$$

Nun ist nach der Vorschrift (3.32) die Matrix B zu bestimmen. Diese ergibt sich zu

$$B \equiv A - \lambda_1 v^{(1)} x^T = \begin{bmatrix} -4 & 14 & 0 \\ -5 & 13 & 0 \\ -1 & 0 & 2 \end{bmatrix} - 6\begin{pmatrix} 1 \\ 0.71428571 \\ -0.25 \end{pmatrix}\frac{1}{6}(-4 \quad 14 \quad 0)$$

$$= \begin{bmatrix} 0 & 0 & 0 \\ -2.14285716 & 3.00000006 & 0 \\ -2.00000000 & 3.500000000 & 2.00000000 \end{bmatrix}.$$

Damit verbleibt die reduzierte Matrix $B' \in \mathbb{R}^{2\times2}$, deren Eigenwerte mit den gesuchten zwei Eigenwerten von B übereinstimmen. Diese ist

$$\begin{bmatrix} 3 & 0 \\ 3.5 & 2 \end{bmatrix}.$$

Für die zugehörige charakteristische Gleichung ergibt sich

$$\det\left(\begin{bmatrix} \lambda - 3 & 0 \\ 3.5 & \lambda - 2 \end{bmatrix}\right) = (\lambda - 3)(\lambda - 2) = 0.$$

Die Lösungen $\lambda_2 = 3$ und $\lambda_3 = 2$ sind die gesuchten Eigenwerte von A. ☐

3.3 Symmetrisches Eigenwertproblem: QR-Methode

In diesem Abschnitt betrachten wir den Spezialfall, dass im Eigenwertproblem (3.1) eine *symmetrische* Matrix $A \in \mathbb{R}^{n \times n}$ auftritt. Zur Bestimmung des dominanten Eigenwertes von A (falls ein solcher existiert) lässt sich natürlich auch hier die Potenzmethode anwenden. Andererseits ist es für symmetrische Matrizen relativ einfach, Verfahren zu konstruieren, mit denen sich *alle* (reellen) Eigenwerte numerisch stabil berechnen lassen. Diese numerischen Techniken basieren im Wesentlichen auf der Existenz einer orthogonalen Ähnlichkeitstransformation der Form (3.8). Sie kann mit geeigneten orthogonalen Transformationsmatrizen erzeugt werden, die wir im Folgenden darstellen wollen.

3.3.1 Transformationsmatrizen: Givens-Rotationen

Im Kapitel 2 haben wir ausführlich die Gauß-Transformationen (2.17) studiert und gezeigt, wie man mit ihrer Hilfe eine vollbesetzte Matrix in eine obere $\triangle$-Gestalt überführen kann. Eine wichtige Eigenschaft der Gauß-Transformationen war, dass ihre Inversen ohne aufwendige Berechnungen direkt aufgeschrieben werden können, d. h.,

$$L_k = I - l_k \left(e^{(k)}\right)^T \quad \Rightarrow \quad L_k^{-1} = I + l_k \left(e^{(k)}\right)^T.$$

Offensichtlich sind aber die Gauß-Transformationen keine orthogonalen Matrizen. Dies hat zur Konsequenz, dass beim Eliminationsprozess Instabilitätseffekte auftreten können, die sich nur mit einer zusätzlichen Pivotisierungsstrategie (partielle oder vollständige Pivotisierung) reduzieren lassen.

Wir wollen jetzt *orthogonale* Matrizen (die perfekt konditioniert sind!) betrachten, mit denen man ebenfalls eine Matrix in eine obere $\triangle$-Gestalt transformieren kann. Die Inverse einer orthogonalen Matrix erhält man durch Transponieren, sodass auch hier die Invertierung mit nur geringem Aufwand ausgeführt werden kann.

Als *Givens*[4]-*Rotationen* (Synonyme sind u. a.: *Givens-Matrizen, Givens-Transformationen*; manchmal werden diese auch *Jacobi-Rotationen* genannt) bezeichnet man Matrizen der folgenden Form, die von W. Givens im Jahre 1953 erstmalig verwendet wurden:

---

4 James Wallace Givens, Jr. (1910–1993), Mathematiker und Pionier der Informatik.

$$
G_{kl} = \begin{bmatrix}
1 & & & & & & & & & \\
 & \ddots & & & & & & & & \\
 & & 1 & & & & & & & \\
 & & & c & \cdots & \cdots & \cdots & s & & \\
 & & & \vdots & 1 & & & \vdots & & \\
 & & & \vdots & & \ddots & & \vdots & & \\
 & & & \vdots & & & 1 & \vdots & & \\
 & & & -s & \cdots & \cdots & \cdots & c & & \\
 & & & & & & & & 1 & \\
 & & & & & & & & & \ddots \\
 & & & & & & & & & & 1
\end{bmatrix}
\begin{matrix} \\ \\ \\ \leftarrow \text{Zeile } k \\ \\ \\ \\ \leftarrow \text{Zeile } l \\ \\ \\ \\ \end{matrix} \qquad (3.36)
$$

$$
\uparrow \qquad \qquad \uparrow
$$
$$
\text{Spalte } k \qquad \text{Spalte } l
$$

wobei c und s wie folgt in Relation stehen: $c^2 + s^2 = 1$. Letztere Gleichung legt nahe, c und s mittels eines Winkels θ in der Form $c = \cos(\theta)$ und $s = \sin(\theta)$ zu schreiben. Vom geometrischen Standpunkt aus gesehen, beschreibt die obige Matrix eine Drehung um den Winkel θ in der (k, l)-Ebene. Diese geometrische Interpretation spielt bei unseren Betrachtungen jedoch nur eine untergeordnete Rolle, sodass wir die Abhängigkeit von θ nicht explizit angeben werden. Offensichtlich sind Givens-Rotationen Rang-2 Modifikationen der Einheitsmatrix.

Weitaus wichtiger für die weiteren Untersuchungen ist die folgende Eigenschaft der Matrizen G_{kl}. Wie man sich leicht davon überzeugen kann, erfüllen diese $(G_{kl})^T G_{kl} = I$, d. h., es handelt sich um *orthogonale* Matrizen. Wendet man G_{kl} auf einen Vektor $x \in \mathbb{R}^n$ an, so folgt:

$$
x \to y = G_{kl}x, \quad \text{mit}
$$

$$
y_i = (G_{kl}x)_i = \begin{cases} cx_k + sx_l, & \text{falls } i = k, \\ -sx_k + cx_l, & \text{falls } i = l, \\ x_i, & \text{sonst.} \end{cases} \qquad (3.37)
$$

Multipliziert man eine Matrix $A = [a_1|a_2|\ldots|a_n] \in \mathbb{R}^{n \times n}$ von *links* mit G_{kl}, so operiert die Givens-Transformation auf den Spalten dieser Matrix:

$$
G_{kl}A = [G_{kl}a_1|\ldots|G_{kl}a_n].
$$

Ein Blick auf (3.37) lehrt, dass bei einer derartigen Transformation nur die beiden *Zeilen* k und l der Matrix A modifiziert werden.

Wir wollen jetzt die Frage untersuchen: Wie sind die Matrixelemente c und s in (3.36) zu wählen, damit eine Komponente des Vektors y zu Null gemacht wird? Hierzu reicht es aus, den Spezialfall $n = 2$ zu betrachten, da die Givens-Transformation G_{kl} nur das k-te und das l-te Element von $x \in \mathbb{R}^n$ verändert. Es sei deshalb $x \in \mathbb{R}^2$ ein zu transformierender Vektor, dessen Komponenten $x_1^2 + x_2^2 \neq 0$ erfüllen mögen. Damit ergibt sich das folgende Bestimmungssystem für c und s:

$$
\begin{bmatrix} c & s \\ -s & c \end{bmatrix} \begin{pmatrix} x_1 \\ x_2 \end{pmatrix} = \begin{pmatrix} r \\ 0 \end{pmatrix}, \quad \text{d.h.} \quad \begin{aligned} x_1 c + x_2 s &= r \\ -x_1 s + x_2 c &= 0. \end{aligned} \tag{3.38}
$$

Aus der letzten Gleichung folgt $c = \frac{x_1}{x_2} s$. Wird dies in die erste Gleichung eingesetzt, so erhält man

$$
\left(\frac{x_1^2}{x_2} + x_2 \right) s = r, \quad \text{d.h.} \quad s = \frac{x_2}{x_1^2 + x_2^2} r. \tag{3.39}
$$

Hieraus ergibt sich

$$
c = \frac{x_1}{x_2} \frac{x_2}{x_1^2 + x_2^2} r = \frac{x_1}{x_1^2 + x_2^2} r. \tag{3.40}
$$

Die Voraussetzung $s^2 + c^2 = 1$ führt nun auf

$$
\frac{x_2^2 r^2}{(x_1^2 + x_2^2)^2} + \frac{x_1^2 r^2}{(x_1^2 + x_2^2)^2} = 1 \quad \hookrightarrow \quad r^2(x_1^2 + x_2^2) = (x_1^2 + x_2^2)^2 \quad \hookrightarrow \quad r^2 = x_1^2 + x_2^2,
$$

woraus $r = \pm\sqrt{x_1^2 + x_2^2}$ folgt. Setzt man dies in (3.39) und (3.40) ein, so ergibt sich schließlich

$$
c = \frac{x_1}{r}, \quad s = \frac{x_2}{r}, \quad r = \pm\sqrt{x_1^2 + x_2^2}. \tag{3.41}
$$

Üblicherweise verwendet man für r das positive Vorzeichen, was wir im Folgenden auch tun wollen. Des Weiteren wird von einigen Autoren vorgeschlagen, den Algorithmus so zu modifizieren, dass anstelle der Division durch r nur durch eine Zahl dividiert wird, die betragsmäßig nahe bei Eins liegt, um einem möglichen Exponentenüberlauf vorzubeugen (siehe z. B. [22]). Der Nutzen dieser Strategie ist auf den heutigen Computern nicht mehr ersichtlich.

Kehren wir nun wieder zum allgemeinen Fall zurück. Um im Vektor $x \in \mathbb{R}^n$ die Komponente x_l zu eliminieren, d. h., $y_l = 0$ zu erzeugen, hat man daher

$$
c = \frac{x_k}{r}, \quad s = \frac{x_l}{r} \quad \text{und} \quad r = \sqrt{x_k^2 + x_l^2} \tag{3.42}
$$

zu setzten.

Beispiel 3.5. Für den Vektor $x = (4, 3, 2)^T$ soll die Givens-Transformation G_{12} berechnet werden, sodass die zweite Komponente von $y = G_{12}x$ zu Null wird. Anschließend ist die erhaltene Transformation auf x anzuwenden.

Lösung: Es gilt

$$x = \begin{pmatrix} 4 \\ 3 \\ 2 \end{pmatrix}, \quad k = 1, \quad l = 2 \quad r = \sqrt{16 + 9} = \sqrt{25} = 5, \quad c = \frac{4}{5}, \quad s = \frac{3}{5},$$

$$G_{12} = \begin{bmatrix} \frac{4}{5} & \frac{3}{5} & 0 \\ -\frac{3}{5} & \frac{4}{5} & 0 \\ 0 & 0 & 1 \end{bmatrix}, \quad G_{12}x = \begin{bmatrix} \frac{4}{5} & \frac{3}{5} & 0 \\ -\frac{3}{5} & \frac{4}{5} & 0 \\ 0 & 0 & 1 \end{bmatrix} \begin{pmatrix} 4 \\ 3 \\ 2 \end{pmatrix} = \begin{pmatrix} 5 \\ 0 \\ 2 \end{pmatrix}. \qquad \square$$

Beispiel 3.6. Im vorangegangenen Text wurden Givens-Rotationen

$$G = \begin{bmatrix} c & s \\ -s & c \end{bmatrix}, \quad c^2 + s^2 = 1,$$

betrachtet, mit denen man durch Anwendung auf einen Vektor $x = (x_1, x_2)^T$ die zweite Komponente x_2 in eine Null transformieren kann.

Es soll nun eine analoge Rechenvorschrift für c, s und r entwickeln werden, wenn anstelle von G eine sogenannte *Givens-Spiegelung*

$$F = \begin{bmatrix} -c & s \\ s & c \end{bmatrix}, \quad c^2 + s^2 = 1,$$

verwendet wird.

Die entwickelte Vorschrift ist dann auf den Vektor $x = (1, 2)^T$ anzuwenden, sodass ein Vektor $y = F x$, mit $y_2 = 0$, resultiert.

Lösung: Wir setzen

$$\begin{bmatrix} -c & s \\ s & c \end{bmatrix} \begin{pmatrix} x_1 \\ x_2 \end{pmatrix} = \begin{pmatrix} r \\ 0 \end{pmatrix}.$$

Es ergeben sich die Gleichungen

$$-x_1 c + x_2 s = r, \quad x_1 s + x_2 c = 0.$$

Daraus bestimmen sich

$$s = \frac{x_2 r}{x_1^2 + x_2^2}, \quad c = -\frac{x_1 r}{x_1^2 + x_2^2}.$$

Unter Zuhilfenahme der Bedingung $s^2 + r^2 = 1$ folgt

$$r^2 = x_1^2 + x_2^2, \quad \text{bzw.} \quad r = \pm\sqrt{x_1^2 + x_2^2}.$$

Setzt man $r = +\sqrt{x_1^2 + x_2^2}$, dann ergeben sich für c und s die Ausdrücke

$$s = \frac{x_2}{r}, \quad c = -\frac{x_1}{r}.$$

Für den Vektor $x = (1,2)^T$ ist $r = \sqrt{1+4} = \sqrt{5}$. Damit berechnen sich $s = \frac{2}{\sqrt{5}}$ und $c = -\frac{1}{\sqrt{5}}$. Somit sind in diesem Fall

$$F = \begin{bmatrix} \frac{1}{\sqrt{5}} & \frac{2}{\sqrt{5}} \\ \frac{2}{\sqrt{5}} & -\frac{1}{\sqrt{5}} \end{bmatrix}, \quad y = Fx = \begin{pmatrix} \sqrt{5} \\ 0 \end{pmatrix}. \qquad \square$$

Das m-File 3.3 berechnet zu einem vorgegebenen Vektor $x = (x_k, x_l)^T$ die zugehörige Givens-Rotation G_{kl} sowie den transformierten Vektor $G_{kl}x = (r, 0)^T$.

m-File 3.3: givens.m

```
1  function [G,x] = givens(xk,xl)
2  % function [G,x] = givens(xk,xl)
3  % Berechnet die (2x2)-Givens-Rotation und den
       zugehoerigen
4  % transformierten Vektor
5  %
6  % x_k, x_l: Komponenten des zu transformierenden
       Vektors x,
7  % G: erzeugte Givens-Rotation,
8  % x: transformierter Vektor x=(r,0)'.
9  %
10 if xl~=0
11     r=norm([xk,xl]);
12     G=[xk,xl;-xl,xk]/r;
13     x=[r;0];
14 else
15     G=eye(2);
16     x=[xk;0];
17 end
```

Die Givens-Transformationen G_{kl} kann man auch dazu verwenden, eine gegebene Matrix $A \in \mathbb{R}^{n \times n}$ auf obere $\triangle$-Gestalt zu bringen. Im Unterschied zu der auf den (nicht-orthogonalen) Gauß-Transformationen L_k basierenden LU-Faktorisierung (siehe Kapitel 2) wird der resultierende obere $\triangle$-Faktor bei der Verwendung orthogonaler Transformationsmatrizen üblicherweise mit R ($r_{ij} = 0, i > j$) bezeichnet.

Für eine Matrix $A \in \mathbb{R}^{4 \times 4}$ lässt sich diese Transformation schematisch wie folgt beschreiben:

$$A = \begin{bmatrix} \times & \times & \times & \times \\ \times & \times & \times & \times \\ \times & \times & \times & \times \\ \times & \times & \times & \times \end{bmatrix} \xrightarrow{G_{34}^{(1)} \cdot} \begin{bmatrix} \times & \times & \times & \times \\ \times & \times & \times & \times \\ \times & \times & \times & \times \\ 0 & \times & \times & \times \end{bmatrix} \xrightarrow{G_{23}^{(1)} \cdot} \begin{bmatrix} \times & \times & \times & \times \\ \times & \times & \times & \times \\ 0 & \times & \times & \times \\ 0 & \times & \times & \times \end{bmatrix}$$

$$\xrightarrow{G_{12}^{(1)} \cdot} \begin{bmatrix} \times & \times & \times & \times \\ 0 & \times & \times & \times \\ 0 & \times & \times & \times \\ 0 & \times & \times & \times \end{bmatrix} \xrightarrow{G_{34}^{(2)} \cdot} \begin{bmatrix} \times & \times & \times & \times \\ 0 & \times & \times & \times \\ 0 & \times & \times & \times \\ 0 & 0 & \times & \times \end{bmatrix} \xrightarrow{G_{23}^{(2)} \cdot} \begin{bmatrix} \times & \times & \times & \times \\ 0 & \times & \times & \times \\ 0 & 0 & \times & \times \\ 0 & 0 & \times & \times \end{bmatrix} \xrightarrow{G_{34}^{(3)} \cdot} R.$$

Die oben verwendete Konvention, mit dem Symbol „$\times$" ein Element zu kennzeichnen, das Null oder ungleich Null sein kann (mit großer Wahrscheinlichkeit aber ungleich Null ist), während das Symbol „0" für ein tatsächliches Nullelement steht, geht auf J. H. Wilkinson zurück. Die Darstellung einer Matrix in dieser Form wird nach Stewart [78] ein *Wilkinson Diagramm* genannt.

Für das vorliegende Beispiel kann aus dem zugehörigen Wilkinson Diagramm die folgende Transformation abgelesen werden:

$$G_{34}^{(3)} \, G_{23}^{(2)} \, G_{34}^{(2)} \, G_{12}^{(1)} \, G_{23}^{(1)} \, G_{34}^{(1)} \, A = R.$$

Führt man die Bezeichnung $Q \equiv (G_{34}^{(1)})^T \cdots (G_{34}^{(2)})^T \, (G_{23}^{(2)})^T \, (G_{34}^{(3)})^T$ ein, dann lässt sich A in der faktorisierten Form

$$A = Q R \tag{3.43}$$

angeben, die man nun „*QR-Faktorisierung*" nennt. Im Unterschied zur *LU*-Faktorisierung handelt es sich bei der Matrix $Q \in \mathbb{R}^{n \times n}$ um keine untere $\triangle$-Matrix. Vielmehr ist Q eine vollbesetzte, *orthogonale* Matrix, d. h., sie erfüllt die Bedingung $Q^T Q = Q Q^T = I$.

Man kann sich leicht davon überzeugen, dass für die *QR*-Faktorisierung einer beliebigen Matrix $A \in \mathbb{R}^{n \times n}$ mittels Givens-Transformationen ein *Rechenaufwand* von etwa $1/2 \, n^2$ Quadratwurzelberechnungen sowie $2 n^3$ flops erforderlich ist.

Das m-File 3.4 berechnet die *QR*-Faktorisierung einer gegebenen Matrix $A \in \mathbb{R}^{n \times m}$, $n \geq m$, unter Zuhilfenahme des zuvor dargestellten m-Files 3.3.

m-File 3.4: qrgivens.m

```
1  function [Q,R] = qrgivens(A)
2  % function [Q,R] = qrgivens(A)
```

```
3   % Berechnet die QR-Faktorisierung von A mit
4   % Givens-Rotationen
5   %
6   % A: (n x m)-Matrix, n >= m,
7   % Q: orthogonale (n x n)-Matrix,
8   % R: (n x m)-Matrix mit oberer(m x m)-Dreiecksmatrix.
9   %
10  [n,m]=size(A);
11  Q=eye(n);
12  for k=1:m
13      [~,l]=max(abs(A(k+1:n,k)));
14      l=l+k;
15      if A(k,k)==0 && A(l,k)==0,
16       error('Matrix A hat nicht vollen Rang'),
17      end
18      j=find(A(k+1:n,k)~=0)+k;
19      j=[l;j(j~=l)]';
20      for l=j
21          [G,x]=givens(A(k,k),A(l,k));
22          Q([k,l],:)=G*Q([k,l],:);
23          A(k,k)=x(1);
24          A(l,k)=0;
25          A([k,l],k+1:m)=G*A([k,l],k+1:m);
26      end
27  end
28  Q=Q';
29  R=triu(A);
30  end
```

Wurde für eine Matrix $A \in \mathbb{R}^{n \times n}$ die QR-Faktorisierung berechnet, dann lässt sich die Lösung x eines linearen Gleichungssystems $Ax = b$ wie folgt numerisch ermitteln. Die Substitution von $A = QR$ in $Ax = b$ ergibt:

$$Ax = b \quad \hookrightarrow \quad QRx = b \quad \hookrightarrow \quad Rx = Q^T b.$$

Dies führt auf die im Algorithmus 3.1 dargestellte Lösungstechnik für lineare Gleichungssysteme.

Mit dem m-File 3.5 kann die Lösung eines linearen Gleichungssystems auf der Grundlage von Givens-Transformationen berechnet werden. Dieses Programm ist nicht nur auf Givens-Transformationen beschränkt, sondern ermöglicht auch die Lösung des Systems $Ax = b$ unter Verwendung anderer QR-Faktorisierungstechniken, wie

Algorithmus 3.1: Elimination mit *QR*-Faktorisierung.

> 1. Schritt: Man bestimme die *QR*-Faktorisierung der Matrix A: $A = QR$,
> R obere $\triangle$-Matrix, Q orthogonale Matrix.
> 2. Schritt: Man berechne den Hilfsvektor z mittels
>   Matrix-Vektor-Multiplikation $z = Q^T b$.
> 3. Schritt: Man berechne den Lösungsvektor x mittels Rückwärts-Substitution
>   aus dem oberen $\triangle$-System $Rx = z$.

die Householder *QR*-Faktorisierung (siehe Abschnitt 3.3.2) sowie die Gram-Schmidt und die modifizierte Gram-Schmidt *QR*-Faktorisierung (siehe den Band 2 dieses Textes).

m-File 3.5: linqrgl.m

```
 1  function x=linqrgl(A,b,typ)
 2  % function x=linqrgl(A,b,typ)
 3  % Berechnet die Loesung eines linearen
       Gleichungssystems
 4  % Ax=b mit den folgenden QR-Faktorisierungstechniken:
 5  % Givens-, Householder-, Gram-Schmidt- und
       modifizierte
 6  % Gram-Schmidt-Faktorisierung.
 7  %
 8  %
 9  % A: (m x n)-Matrix
10  % b: m-dim-Vektor
11  % typ: String mit == 'givens'  Givens-Rotation
12  %                     'house'   Householder-Verfahren
13  %                     'grasch'  mit Gram-Schmidt-
       Verfahren
14  %                     'mgrasch' mit modifiziertem
15  %                               Gram-Schmidt-Verfahren
16  %
17  % x: Loesung des linearen Quadratmittelproblems
18  % ||b - A*x||2 ==> min
19  %
20  [m,n]=size(A);
21  x=zeros(n,1);
22  switch typ
23      case 'givens'
```

```
24        [Q,R]=qrgivens(A);
25     case 'house'
26        [Q,R]=qrhouse(A);
27     case 'grasch'
28        [Q,R]=grasch(A);
29     case 'mgrasch'
30        [Q,R]=mgrasch(A);
31     otherwise
32        s=['typ kann nur ''givens'', ''house''']
33        s=[s,'''grasch'' oder ''mgrasch'' sein']
34        error(s)
35  end
36  b=Q(:,1:n)'*b;
37  for k=n:-1:1
38     x(k)=(b(k)-R(k,k+1:n)*x(k+1:n))/R(k,k);
39  end
```

Da die QR-Faktorisierung ausschließlich mit orthogonalen (Givens-) Transformationsmatrizen realisiert wird, erweist sich das Verfahren als extrem stabil. Eine zusätzliche Pivotisierungsstrategie ist deshalb nicht erforderlich. Trotzdem verwendet man in der Praxis zur Lösung linearer Gleichungssysteme $Ax = b$ viel häufiger die LU-Faktorisierung, da diese nur ein Drittel des Rechenaufwandes benötigt (siehe den Abschnitt 2.2). Bei *schwach besetzten* Matrizen fällt der Vergleich jedoch wesentlich günstiger aus. Hier liegt das eigentliche Einsatzgebiet der QR-Faktorisierung mittels Givens-Transformationen.

3.3.2 Transformationsmatrizen: Householder-Reflexionen

Im Jahre 1958 führte A. S. Householder[5] Matrizen $H \in \mathbb{R}^{n \times n}$ der folgenden Gestalt ein [35]:

$$H = I - \frac{2}{v^T v} v v^T, \tag{3.44}$$

wobei $v \in \mathbb{R}^n$ einen beliebigen nichtverschwindenden Vektor bezeichnet. Da diese Matrizen – aus geometrischer Sicht – eine Spiegelung (Reflexion) an der auf v senkrecht stehenden Hyperebene beschreiben, werden sie auch als *Householder-Reflexionen*

---

[5] Alston Scott Householder (1904–1993), US-amerikanischer Mathematiker und Pionier der numerischen linearen Algebra. Er organisierte die berühmten *Gatlinburg Conferences* über Numerische Mathematik, die heute immer noch unter dem Namen *Householder Symposia* stattfinden.

(Synonyme: *Householder-Matrizen, Householder-Transformationen*) bezeichnet. Der Vektor *v* heißt *Householder-Vektor*. Da, wie im Falle der Givens-Transformationen, geometrischen Aspekte hier keine Rolle spielen, sprechen wir im Folgenden nur von Householder-Transformationen.

Folgende Eigenschaften zeichnen die Householder-Transformationen *H* aus:

1. *H* ist *symmetrisch*, denn es gilt

$$H = I - \left(\frac{2}{v^T v}\right) v v^T \quad \Rightarrow \quad H^T = I - \left(\frac{2}{v^T v}\right)(v v^T)^T = \underbrace{I - \left(\frac{2}{v^T v}\right) v v^T}_{=H}.$$

2. *H* ist *orthogonal*, denn es gilt

$$HH^T = HH = \left(I - \left(\frac{2}{v^T v}\right) v v^T\right)\left(I - \left(\frac{2}{v^T v}\right) v v^T\right)$$

$$= I - \left(\frac{4}{v^T v}\right) v v^T + \frac{4}{(v^T v)^2} v \underbrace{v^T v}_{\text{Skalar!}} v^T$$

$$= I - \left(\frac{4}{v^T v}\right) v v^T + \left(\frac{4}{(v^T v)^2} v^T v\right) v v^T$$

$$= I.$$

3. *H* ist *involutorisch*, d. h., $H^2 = I$ ergibt sich unmittelbar aus 1. und 2.

Die Householder-Transformationen stimmen darüber hinaus in zwei Merkmalen mit den im Abschnitt 2.2 betrachteten Gauß-Transformationen überein. So handelt es sich bei beiden Matrizen um eine Rang-1 Modifikation der Einheitsmatrix. Des Weiteren können sowohl die Gauß-Transformationen als auch die Householder-Transformationen dazu verwendet werden, bei ihrer Anwendung auf einen vorgegebenen Vektor *x* im resultierenden Vektor *y* = *Ax gleichzeitig* mehrere Komponenten zu Null zu machen. Dem gegenüber lässt sich mit den im vorangegangenen Abschnitt eingeführten Givens-Transformationen nur in einer Komponente von *y* eine Null erzeugen.

Soll nun $0 \neq x \in \mathbb{R}^n$ mit Hilfe einer Householder-Transformation auf ein Vielfaches des ersten Einheitsvektors $e^{(1)} \in \mathbb{R}^n$ abgebildet werden, dann erhält man

$$y = Hx = \left(I - \frac{2}{v^T v} v v^T\right) x = x - \left(\frac{2 v^T x}{v^T v}\right) v \equiv -\alpha e^{(1)}, \quad \alpha \in \mathbb{R}. \tag{3.45}$$

Hieraus folgt $\frac{2 v^T x}{v^T v} v = x + \alpha e^{(1)}$, d. h., $v = (\frac{v^T v}{2 v^T x})(x + \alpha e^{(1)})$. Da sich die Transformationsmatrizen (3.44) für *v* und $\hat{v} \equiv c v$, $0 \neq c \in \mathbb{R}$, nicht unterscheiden, können wir $v = x + \alpha e^{(1)}$, $\alpha \in \mathbb{R}$, schreiben. Hiermit berechnet man nun

$$v^T x = x^T x + \alpha x_1 \quad \text{und} \quad v^T v = x^T x + 2\alpha x_1 + \alpha^2,$$

sodass sich für Hx der Ausdruck

$$Hx = \left(1 - 2\frac{x^T x + \alpha x_1}{x^T x + 2\alpha x_1 + \alpha^2}\right)x - 2\alpha\frac{v^T x}{v^T v}e^{(1)}$$

ergibt. Damit Hx zu einem Vielfachen von $e^{(1)}$ wird, muss der Faktor vor x verschwinden. Dies führt auf

$$1 - 2\frac{x^T x + \alpha x_1}{x^T x + 2\alpha x_1 + \alpha^2} = 0 \quad \hookrightarrow \quad \alpha^2 = x^T x, \quad \text{d.h.,}$$

$$\alpha = \pm\|x\|_2. \tag{3.46}$$

Legt man somit für einen beliebigen Vektor $x \in \mathbb{R}^n$ den Householder-Vektor $v \in \mathbb{R}^n$ zu $v = x \pm \|x\|_2 e^{(1)}$ fest, dann gilt

$$Hx = \left(I - \frac{2}{v^T v}vv^T\right)x = \mp\|x\|_2 e^{(1)}. \tag{3.47}$$

Da α bis auf das Vorzeichen durch die obige Vorschrift bestimmt ist, wählt man zur Vermeidung von möglichen *Auslöschungen* bei der praktischen Berechnung des Householder-Vektors $v = (x_1 + \alpha, x_2, \ldots, x_n)^T$ besser

$$\alpha \equiv \text{sign}(x_1)\,\|x\|_2. \tag{3.48}$$

Oftmals wird v noch so normalisiert, dass $v_1 = 1$ gilt. Dies ist für eine effektive Speicherung des Householder-Vektors sinnvoll; der Teilvektor $(v_2, \ldots, v_n)^T$ wird dann als *wesentlicher Teil* von v bezeichnet.

Eine Matrix $A = [a_1|a_2|\ldots|a_n] \in \mathbb{R}^{n \times n}$ lässt sich ebenfalls mit Hilfe von Householder-Transformationen in eine obere $\triangle$-Gestalt überführen, indem man sukzessive die Elemente unterhalb der Diagonalen eliminiert. Im ersten Schritt einer solchen Transformation werden in der Spalte a_1 in den Positionen $2, \ldots, n$ Nullen erzeugt, sodass man

$$A \equiv A^{(1)} \to A^{(2)} \equiv H_1 A^{(1)} = \left[\begin{pmatrix} -\alpha^{(1)} \\ 0 \\ \vdots \\ 0 \end{pmatrix}, a_2^{(2)}, a_3^{(2)}, \ldots, a_n^{(2)}\right],$$

erhält, mit

$$H_1 = I - \frac{2}{(v^{(1)})^T v^{(1)}}\,v^{(1)}(v^{(1)})^T, \quad v^{(1)} \equiv a_1^{(1)} + \alpha^{(1)}e^{(1)}$$

$$\alpha^{(1)} \equiv \text{sign}(a_{11}^{(1)})\,\|a_1^{(1)}\|_2.$$

Nach dem k-ten Schritt ist A bis auf eine Restmatrix $T^{(k+1)} \in \mathbb{R}^{(n-k)\times(n-k)}$ auf obere $\triangle$-Gestalt gebracht:

$$
A^{(k+1)} =
\begin{bmatrix}
\times & \cdots & \cdots & \cdots & \times \\
0 & \ddots & & & \vdots \\
\vdots & \ddots & \times & \cdots & \times \\
\vdots & & 0 & & \\
\vdots & & \vdots & T^{(k+1)} & \\
0 & \cdots & 0 & &
\end{bmatrix},
\quad k = 1, \ldots, n-1.
$$

Ab der 2. Transformationsmatrix muss darauf geachtet werden, dass bereits erzeugte Nullen nicht wieder zerstört werden! Man konstruiert deshalb folgende *orthogonale* Matrizen

$$
H_{k+1} =
\begin{bmatrix}
I_k & 0 \\
0 & \hat{H}_{k+1}
\end{bmatrix},
\tag{3.49}
$$

wobei $\hat{H}_{k+1} \in \mathbb{R}^{(n-k)\times(n-k)}$ wie im ersten Schritt mit $T^{(k+1)}$ anstelle von A gebildet wird. Auf diese Weise lassen sich in der nächsten Teilspalte unterhalb der Diagonalen Nullen erzeugen. Nach genau $n-1$ Schritten erhält man die obere $\triangle$-Matrix $R \equiv H_{n-1}\cdots H_1 A$, d. h., unter Beachtung der Orthogonalität und Symmetrie der Transformationsmatrizen H_i ergibt sich die folgende QR-Faktorisierung von A:

$$
A = QR, \quad Q \equiv H_1 \cdots H_{n-1}.
\tag{3.50}
$$

Wie man leicht nachrechnet, ergibt sich für eine beliebige Matrix $A \in \mathbb{R}^{n\times n}$ bei der QR-Faktorisierung auf der Basis von Householder-Transformationen ein *Rechenaufwand* von $4/3\,n^3$ flops. Diese Schätzung geht jedoch davon aus, dass die Matrix Q in faktorisierter Form abgespeichert wird, d. h., in jedem Teilschritt werden nur die wesentlichen Teile der Householder-Vektoren gespeichert. Eine nachträgliche explizite Berechnung der Matrix Q würde noch einmal $4/3\,n^3$ flops erfordern. Damit ergibt sich dann ein Gesamtaufwand von $8/3\,n^3$ flops.

Im m-File 3.6 ist eine mögliche Implementierung der Householder-QR-Faktorisierung für die MATLAB dargestellt. Die Householder-Vektoren werden dabei so normiert, dass $v^T v = 1$ gilt. Dadurch entfällt der Nenner in der Darstellung (3.44). Zur Lösung eines linearen Gleichungssystems kann wieder auf das m-File 3.5 zurückgegriffen werden.

m-File 3.6: qrhouse.m

```
1   function [Q,R] = qrhouse(A)
2   % function [Q,R] = qrhouse(A)
3   % Berechnet die QR-Faktorisierung von A mit
4   % Householder-Reflexionen
5   %
6   % A: (n x m)-Matrix, n >= m,
7   % Q: orthogonale (n x n)-Matrix,
8   % R: (n x m)-Matrix mit oberer(m x m)-Dreiecksmatrix.
9   %
10  [n,m]=size(A);
11  Q=eye(n);
12  for k=1:m
13      v=A(k:n,k);
14      nx=norm(v);
15      if nx ~= 0
16          alpha=sign(v(1))*nx;
17          v(1)=v(1)+alpha;
18          v=v/norm(v);   % damit ist v'*v=1
19  % Q = Q * H
20          Q(:,k:n)=Q(:,k:n)-2*(Q(:,k:n)*v)*v';
21  % A = H * A
22          A(k:n,k+1:m)=A(k:n,k+1:m)-2*v*(v'*A(k:n,k+1:m
            ));
23          A(k,k)=-alpha;
24      else
25          error('Matrix A hat nicht vollen Rang')
26      end
27  end
28  R=triu(A);
29  end
```

Beispiel 3.7. Gegeben seien

$$A = \begin{bmatrix} 0 & -4 & 2 \\ 6 & -3 & -2 \\ 8 & 1 & -1 \end{bmatrix} \quad \text{und} \quad b = \begin{pmatrix} -2 \\ -6 \\ 7 \end{pmatrix}. \tag{3.51}$$

Gesucht ist ein $x \in \mathbb{R}^3$ mit $Ax = b$. Diese Lösung ist mittels einer Householder-QR-Faktorisierung von A zu bestimmen. Die Householder-Vektoren v sollen dabei so normiert werden, dass jeweils die erste Komponente gleich Eins ist. Man berechnet:

$$a_1^{(1)} = \begin{pmatrix} 0 \\ 6 \\ 8 \end{pmatrix} \quad \Rightarrow \quad \bar{v}^{(1)} = \begin{pmatrix} 0 \\ 6 \\ 8 \end{pmatrix} + \underbrace{\sqrt{0^2 + 6^2 + 8^2}}_{\alpha^{(1)}=10} \cdot \begin{pmatrix} 1 \\ 0 \\ 0 \end{pmatrix} = \begin{pmatrix} 10 \\ 6 \\ 8 \end{pmatrix}$$

$$\Rightarrow \quad v^{(1)} = \begin{pmatrix} 1 \\ 0.6 \\ 0.8 \end{pmatrix},$$

$$(v^{(1)})^T v^{(1)} = 1^2 + 0.6^2 + 0.8^2 = 2, \quad v^{(1)}(v^{(1)})^T = \begin{bmatrix} 1.00 & 0.60 & 0.80 \\ 0.60 & 0.36 & 0.48 \\ 0.80 & 0.48 & 0.64 \end{bmatrix}.$$

Die Householder-Matrix H_1 und das neue $A^{(2)}$ bestimmen sich zu

$$H_1 = I_3 - \frac{2}{(v^{(1)})^T v^{(1)}} v^{(1)}(v^{(1)})^T = \begin{bmatrix} 1 & 0 & 0 \\ 0 & 1 & 0 \\ 0 & 0 & 1 \end{bmatrix} - \frac{2}{2} \begin{bmatrix} 1.00 & 0.60 & 0.80 \\ 0.60 & 0.36 & 0.48 \\ 0.80 & 0.48 & 0.64 \end{bmatrix}$$

$$= \begin{bmatrix} 0 & -0.60 & -0.80 \\ -0.60 & 0.64 & -0.48 \\ -0.80 & -0.48 & 0.36 \end{bmatrix},$$

$$A^{(2)} = H_1 A^{(1)} = \begin{bmatrix} -10 & 1 & 2 \\ 0 & 0 & -2 \\ 0 & 5 & -1 \end{bmatrix}.$$

Die erste Spalte der (2×2)-Restmatrix ist nun $\hat{a}_2^{(2)} = (0, 5)^T$. Folgende Berechnungen werden durchgeführt:

$$\bar{v}^{(2)} = \begin{pmatrix} 0 \\ 5 \end{pmatrix} + \underbrace{\sqrt{0^2 + 5^2}}_{\alpha^{(2)}=5} \begin{pmatrix} 1 \\ 0 \end{pmatrix} = \begin{pmatrix} 5 \\ 5 \end{pmatrix} \quad \Rightarrow \quad v^{(2)} = \begin{pmatrix} 1 \\ 1 \end{pmatrix},$$

$$(v^{(2)})^T v^{(2)} = 1^2 + 1^2 = 2, \quad v^{(2)}(v^{(2)})^T = \begin{bmatrix} 1 & 1 \\ 1 & 1 \end{bmatrix},$$

$$\hat{H}_2 = I_2 - \frac{2}{(v^{(2)})^T v^{(2)}} v^{(2)}(v^{(2)})^T = \begin{bmatrix} 1 & 0 \\ 0 & 1 \end{bmatrix} - \frac{2}{2} \begin{bmatrix} 1 & 1 \\ 1 & 1 \end{bmatrix} = \begin{bmatrix} 0 & -1 \\ -1 & 0 \end{bmatrix}.$$

Somit ergibt sich

$$H_2 = \begin{bmatrix} 1 & 0 & 0 \\ 0 & 0 & -1 \\ 0 & -1 & 0 \end{bmatrix}.$$

Es ist nun

$$R = A^{(3)} = H_2 A^{(2)} = \begin{bmatrix} 1 & 0 & 0 \\ 0 & 0 & -1 \\ 0 & -1 & 0 \end{bmatrix} \begin{bmatrix} -10 & 1 & 2 \\ 0 & 0 & -2 \\ 0 & 5 & -1 \end{bmatrix} = \begin{bmatrix} -10 & 1 & 2 \\ 0 & -5 & 1 \\ 0 & 0 & 2 \end{bmatrix}.$$

Schließlich ergibt sich

$$Q = H_1 H_2 = \begin{bmatrix} 0 & -0.60 & -0.80 \\ -0.60 & 0.64 & -0.48 \\ -0.80 & -0.48 & 0.36 \end{bmatrix} \begin{bmatrix} 1 & 0 & 0 \\ 0 & 0 & -1 \\ 0 & -1 & 0 \end{bmatrix}$$

$$= \begin{bmatrix} 0 & 0.80 & 0.60 \\ -0.60 & 0.48 & -0.64 \\ -0.80 & -0.36 & 0.48 \end{bmatrix}.$$

Auf der Grundlage dieser QR-Faktorisierung bestimmt sich die Lösung x des Gleichungssystems $Ax = b$ wie folgt:

$$Rx = Q^T b = \begin{bmatrix} 0 & 0.80 & 0.60 \\ -0.60 & 0.48 & -0.64 \\ -0.80 & -0.36 & 0.48 \end{bmatrix}^T \begin{pmatrix} -2 \\ -6 \\ 7 \end{pmatrix} \quad \Rightarrow \quad x = \begin{pmatrix} 1 \\ 2 \\ 3 \end{pmatrix}. \qquad \square$$

Bemerkung 3.4. Ein Vorteil der Givens-Transformationen gegenüber den Householder-Transformationen bei der Realisierung einer QR-Faktorisierung ist ihre einfache Parallelisierbarkeit. In der Literatur gibt es eine Vielzahl von Vorschlägen, wie ein entsprechender Parallelalgorithmus konstruiert werden kann. Hier soll beispielhaft auf die Arbeit von M. Tapia-Romero, A. Meneses-Viveros und E. Hernandez-Rubio [79] verwiesen werden. $\qquad \square$

3.3.3 Transformationsmatrizen: Schnelle Givens-Transformationen

Wie im Falle der gewöhnlichen Givens-Transformationen (siehe Abschnitt 3.3.1) lassen sich auch die sogenannten *Schnellen Givens-Transformationen* am besten anhand eines (2×2)-Beispiels darstellen.

Gegeben seien ein Vektor $x \in \mathbb{R}^2$ sowie eine Diagonalmatrix $D = \text{diag}(d_1, d_2) \in \mathbb{R}^{2 \times 2}$ mit positiven Diagonalelementen. An die Stelle der bekannten Givens-Matrix

$$G = \begin{bmatrix} c & s \\ -s & c \end{bmatrix}$$

tritt jetzt die Matrix

$$M_1 \equiv \begin{bmatrix} \beta_1 & 1 \\ 1 & \alpha_1 \end{bmatrix}. \tag{3.52}$$

Mit ihr bilden wir

$$M_1^T x = \begin{pmatrix} \beta_1 x_1 + x_2 \\ x_1 + \alpha_1 x_2 \end{pmatrix} \tag{3.53}$$

sowie

$$M_1^T D M_1 = \begin{bmatrix} d_2 + \beta_1^2 d_1 & d_1 \beta_1 + d_2 \alpha_1 \\ d_1 \beta_1 + d_2 \alpha_1 & d_1 + \alpha_1^2 d_2 \end{bmatrix} \equiv D_1. \tag{3.54}$$

Für die Multiplikation (3.53) sind somit nur noch 2 Gleitpunkt-Multiplikationen erforderlich. Die Multiplikation mit einer gewöhnlichen Givens-Matrix würde 4 Gleitpunkt-Multiplikationen benötigen.

Ist $x_2 \neq 0$, dann ergibt sich mit

$$\alpha_1 = -\frac{x_1}{x_2}, \quad \beta_1 = -\alpha_1 \frac{d_2}{d_1} \tag{3.55}$$

für das Produkt (3.53)

$$M_1^T x = \begin{pmatrix} x_2(1 + \gamma_1) \\ 0 \end{pmatrix}, \quad \gamma_1 \equiv -\alpha_1 \beta_1 = \frac{d_2}{d_1} \frac{x_1^2}{x_2^2}, \tag{3.56}$$

d. h., in der zweiten Komponente des Resultatevektors wird eine Null erzeugt. Des Weiteren geht in (3.54) die Matrix D_1 in die Diagonalmatrix

$$D_1 = M_1^T D M_1 = \begin{bmatrix} d_2(1 + \gamma_1) & 0 \\ 0 & d_1(1 + \gamma_1) \end{bmatrix} \tag{3.57}$$

über.

Gilt analog $x_1 \neq 0$ und definiert man

$$M_2 \equiv \begin{bmatrix} 1 & \alpha_2 \\ \beta_2 & 1 \end{bmatrix}, \tag{3.58}$$

dann ergeben sich mit

$$\alpha_2 = -\frac{x_2}{x_1}, \quad \beta_2 = -\alpha_2 \frac{d_1}{d_2} \tag{3.59}$$

entsprechende Resultate:

$$M_2^T x = \begin{pmatrix} x_1(1 + \gamma_2) \\ 0 \end{pmatrix}, \quad \gamma_2 = -\alpha_2 \beta_2 = \frac{d_1}{d_2} \frac{x_2^2}{x_1^2} \tag{3.60}$$

und

$$D_2 \equiv M_2^T D M_2 = \begin{bmatrix} d_1(1 + \gamma_2) & 0 \\ 0 & d_2(1 + \gamma_2) \end{bmatrix}. \tag{3.61}$$

Im Unterschied zu den Givens-Transformationen sind die Matrizen M_1 und M_2 nicht orthogonal. Aus ihnen lassen sich aber die orthogonalen Matrizen

$$S_1 \equiv D^{1/2} M_1 D_1^{-1/2} \quad \text{und} \quad S_2 \equiv D^{1/2} M_2 D_2^{-1/2} \tag{3.62}$$

bilden. Von der Orthogonalität der Matrizen S_i, $i = 1, 2$, überzeugt man sich wie folgt:

$$S_i^T S_i = D_i^{-1/2} M_i^T D^{1/2} D^{1/2} M_i D_i^{-1/2} = D_i^{-1/2} M_i^T D M_i D_i^{-1/2}$$
$$= D_i^{-1/2} D_i D_i^{-1/2} = I.$$

Für die so konstruierten orthogonalen Matrizen S_1 und S_2 gilt:

$$S_i^T (D^{-1/2} x) = D_i^{-1/2} M_i^T D^{1/2} D^{-1/2} x = D_i^{-1/2} M_1^T x, \quad i = 1, 2.$$

Somit ist

$$\dot{S}_1^T (D^{-1/2} x) = D_1^T \begin{pmatrix} x_2(1 + \gamma_1) \\ 0 \end{pmatrix}, \quad S_2^T (D^{-1/2} x) = D_2^T \begin{pmatrix} x_1(1 + \gamma_2) \\ 0 \end{pmatrix}, \tag{3.63}$$

d. h., die zweite Komponente des Vektors x wird auch wieder in eine Null transformiert. Offensichtlich besteht für die Größen γ_1 und γ_2 der Zusammenhang

$$\gamma_1 \gamma_2 = 1. \tag{3.64}$$

Deshalb lässt sich stets diejenige Transformation M_i auswählen, für die der zugehörige *Wachstumsfaktor* $(1 + \gamma_i)$ nach oben durch 2 beschränkt ist.

Wir kommen nun zu folgender Definition.

Definition 3.2. Matrizen der Form

$$M_1 = \begin{bmatrix} \beta_1 & 1 \\ 1 & \alpha_1 \end{bmatrix} \quad \text{bzw.} \quad M_2 = \begin{bmatrix} 1 & \alpha_2 \\ \beta_2 & 1 \end{bmatrix},$$

für die $-1 \leq \alpha_i \beta_i \leq 0$ gilt, heißen *Schnelle Givens-Transformationen* (engl.: *fast Givens transformations*). □

Die Vormultiplikation mit einer Schnellen Givens-Transformation erfordert im Vergleich mit der gewöhnlichen Givens-Transformation nur die Hälfte an Multiplikationen. Auch das Zu-Null-Machen einer Komponente kann ohne die explizite Berechnung von Quadratwurzeln realisiert werden!

Der $(n \times n)$-Fall lässt sich analog der gewöhnlichen Givens-Transformationen darstellen. An die Stelle der Matrizen G_{kl} (siehe Formel (3.36)) treten jetzt *Transformationen vom Typ 1* (Erweiterung von M_1)

$$F(k,l,\alpha,\beta) \equiv \begin{bmatrix} 1 & & & & & & & & & \\ & \ddots & & & & & & & & \\ & & 1 & & & & & & & \\ & & & \beta & \cdots & \cdots & \cdots & 1 & & \\ & & & \vdots & 1 & & & \vdots & & \\ & & & \vdots & & \ddots & & \vdots & & \\ & & & \vdots & & & 1 & \vdots & & \\ & & & 1 & \cdots & \cdots & \cdots & \alpha & & \\ & & & & & & & & 1 & \\ & & & & & & & & & \ddots \\ & & & & & & & & & & 1 \end{bmatrix} \begin{array}{l} \\ \\ \\ \leftarrow \text{Zeile } k \\ \\ \\ \\ \leftarrow \text{Zeile } l \\ \\ \\ \\ \end{array} \quad , \quad (3.65)$$

$$\begin{array}{cc} \uparrow & \uparrow \\ \text{Spalte } k & \text{Spalte } l \end{array}$$

bzw. *Transformationen vom Typ 2* (Erweiterung von M_2)

$$F(k,l,\alpha,\beta) \equiv \begin{bmatrix} 1 & & & & & & & & & \\ & \ddots & & & & & & & & \\ & & 1 & & & & & & & \\ & & & 1 & \cdots & \cdots & \cdots & \alpha & & \\ & & & \vdots & 1 & & & \vdots & & \\ & & & \vdots & & \ddots & & \vdots & & \\ & & & \vdots & & & 1 & \vdots & & \\ & & & \beta & \cdots & \cdots & \cdots & 1 & & \\ & & & & & & & & 1 & \\ & & & & & & & & & \ddots \\ & & & & & & & & & & 1 \end{bmatrix} \begin{array}{l} \\ \\ \\ \leftarrow \text{Zeile } k \\ \\ \\ \\ \leftarrow \text{Zeile } l \\ \\ \\ \\ \end{array} \quad . \quad (3.66)$$

$$\begin{array}{cc} \uparrow & \uparrow \\ \text{Spalte } k & \text{Spalte } l \end{array}$$

Wir wollen nun darstellen, wie sich die Schnellen Givens-Transformationen dazu verwenden lassen, um von einer Matrix $A \in \mathbb{R}^{n\times n}$ die QR-Faktorisierung zu berechnen.

Wie bei den gewöhnlichen Givens-Transformationen führt die sukzessive Anwendung von Schnellen Givens-Transformationen M_j (jede einzelne Matrix M_j soll jetzt eine Transformation vom Typ 1 oder 2 darstellen) zu einer oberen Dreiecksmatrix

$$M_N^T \cdots M_2^T M_1^T A = T \quad \text{obere } \triangle\text{-Matrix.} \quad (3.67)$$

Setzt man im ersten Schritt $D = I$, dann gilt

$$M_1^T M_1 = D_1, \quad M_2^T D_1 M_2 = D_2, \quad \ldots, \quad M_N^T D_{N-1} M_N = D_N.$$

Es ist aber

$$
\begin{aligned}
D_N &= M_N^T D_{N-1} M_N \\
&= M_N^T M_{N-1}^T D_{N-2} M_{N-1} M_N \\
&= M_N^T M_{N-1}^T M_{N-2}^T D_{N-3} M_{N-2} M_{N-1} M_N \\
&\vdots \\
&= M_N^T M_{N-1}^T \cdots M_1^T M_1 M_2 \cdots M_N.
\end{aligned}
\tag{3.68}
$$

Mit $M \equiv M_1 M_2 \cdots M_N$ lassen sich (3.67) und (3.68) in der Form

$$M^T A = T, \quad D_N = M^T M$$

schreiben. Setzt man schließlich

$$Q \equiv M D_N^{-1/2}, \tag{3.69}$$

so ergibt sich

$$Q^T A = D_N^{-1/2} M^T A = D_N^{-1/2} T \equiv R \quad \text{obere } \triangle\text{-Matrix.} \tag{3.70}$$

Die Matrix Q ist orthogonal, da

$$Q^T Q = D_N^{-1/2} M^T M D_N^{-1/2} = I$$

gilt. Wir haben damit das folgende Ergebnis erhalten.

Folgerung 3.2. *Die orthogonale Matrix Q lässt sich durch das Paar (M, D) repräsentieren, mit*

$$M = M_1 M_2 \cdots M_N \quad \text{und} \quad D = M^T M. \tag{3.71}$$

Es gilt dann

$$Q^T A = R \quad \text{bzw.} \quad A = QR, \tag{3.72}$$

mit

$$Q \equiv M D^{-1/2}, \quad R \equiv D^{-1/2} T \quad \text{und} \quad T \equiv M^T A. \tag{3.73}$$

$\square$

Bemerkung 3.5. Die Schnellen Givens-Transformationen sind ein Beispiel dafür, dass die Anzahl der in einem numerischen Verfahren abzuarbeitenden flops nicht allein die Effektivität bestimmt, mit der dieses Verfahren auf einem Rechner (und der dabei verwendeten Programmiersprache) abläuft. Ihre Effektivität hängt von der spezifischen Anwendung und der verwendeten Rechenumgebung ab. Die Vorteile der Schnellen Givens-Transformationen sind:

– *Reduzierte Rechenkosten*: sie reduzieren die Anzahl der Multiplikationsoperationen erheblich, in dem sie die Struktur der (2×2)-Transformationsmatrix nutzen, bei der zwei Einträge gleich Eins sind. Dies macht sie rechnerisch effizient, insbesondere für bestimmte Gitterreduktionsalgorithmen wie die Diagonalreduktion.

– *Parallelisierung*: Givens-Rotationen, einschließlich schneller Varianten, sind im Vergleich zu den Householder-Reflexionen leichter zu parallelisieren, was sie für moderne Rechenumgebungen vorteilhaft macht.

– *Schwach besetzte Matrizen*: Givens-Rotationen eignen sich besonders gut für schwach besetzte Matrizen, da sie mit einzelnen Elementen und nicht mit ganzen Spalten oder Zeilen arbeiten.

Dem stehen aber gegenüber:

– *Mehraufwand*: Schnelle Givens-Transformationen können in einigen Fällen zu zusätzlichem Overhead (z. B. zu zusätzlichen Berechnungen in bestimmten Schritten eines Algorithmus) führen, der ihren Effizienzgewinn wieder aufwiegt.

– *Voll besetzte Matrizen*: bei voll besetzten Matrizen sind die Householder-Reflexionen oftmals vorzuziehen, da sie die Reduzierung ganzer Spalten auf einmal ermöglichen, was insgesamt zu weniger Operationen und einer besseren Speichernutzung führt.

– *Numerische Stabilität*: die gewöhnlichen Givens-Rotationen können bei bestimmten Anwendungen etwas genauer sein als die Schnellen Givens-Transformationen, was je nach den verwendeten Genauigkeitsanforderungen entscheidend sein kann.

– *Verwendung in der* MATLAB: es kann beobachtet werden, dass die Implementierungen der Schnellen Givens QR-Transformation in der MATLAB mehr Rechenzeit benötigen als jene der Givens QR-Transformationen. Die Gründe für diese Beobachtung findet der Leser u. a. in der interessanten Arbeit von Alan Genz et al. [20] beschrieben. Da in dem vorliegenden Buch die MATLAB eine wichtige Rolle spielt, sollte dieser Hinweis unbedingt beachtet werden.

Zusammenfassend lässt sich Folgendes feststellen. Die Schnellen Givens-Transformationen liefern in bestimmten Problemstellungen, wie z. B. bei Operationen mit schwach besetzten Matrizen oder parallelisierbaren Aufgaben, hervorragende Ergebnisse. Sie sind jedoch nicht immer besser als andere Verfahren wie die Householder-Transformationen für voll besetzte Matrizen oder für umfangreiche Berechnungen. Die Wahl hängt von der Struktur des mathematischen Problems und der Rechenumgebung ab. □

3.3.4 QR-Algorithmus für symmetrische Eigenwertprobleme

In diesem Abschnitt soll die Frage beantwortet werden, wie sich *sämtliche* Eigenwerte einer reellen symmetrischen Matrix $A \in \mathbb{R}^{n \times n}$ simultan berechnen lassen.

Für derartige Matrizen ist bekannt (siehe Abschnitt 3.1.2):
1. A besitzt nur reelle Eigenwerte $\lambda_1, \dots, \lambda_n \in \mathbb{R}$ und
2. die Eigenvektoren von A bilden eine Orthonormalbasis $\eta_1, \dots, \eta_n \in \mathbb{R}^n$, d. h., es gilt:

$$Q^T A Q = \Lambda \equiv \operatorname{diag}(\lambda_1, \dots, \lambda_n), \qquad (3.74)$$

mit $Q \equiv [\eta_1 | \dots | \eta_n] \in \mathbb{R}^{n \times n}$.

Die Formel (3.74) legt nahe, die Matrix A mittels orthogonaler Matrizen in Diagonalgestalt zu überführen, da die Eigenwerte unter Ähnlichkeitstransformationen invariant sind. Versucht man jedoch, eine symmetrische Matrix durch Konjugation mit Householder-Matrizen auf Diagonalgestalt zu bringen, so erweist sich dies als unmöglich, wie das folgende Beispiel zeigt:

$$
\begin{bmatrix}
\times & \times & \cdots & \times \\
\times & \times & \cdots & \times \\
\vdots & \vdots & & \vdots \\
\times & \times & \cdots & \times
\end{bmatrix}
\xrightarrow{H_1 \cdot}
\begin{bmatrix}
\times & \times & \cdots & \times \\
0 & \times & \cdots & \times \\
\vdots & \vdots & & \vdots \\
0 & \times & \cdots & \times
\end{bmatrix}
\xrightarrow{\cdot H_1^T}
\begin{bmatrix}
\times & 0 & \cdots & 0 \\
\times & \times & \cdots & \times \\
\vdots & \vdots & & \vdots \\
\times & \times & \cdots & \times
\end{bmatrix}.
$$

Anders ist es, wenn man A nur auf *Tridiagonalgestalt* bringen möchte. In diesem Falle stören sich die Householder-Matrizen von links und rechts nicht gegenseitig:

$$
\begin{bmatrix}
\times & \times & \times & \cdots & \times \\
\times & \times & \times & \cdots & \times \\
\times & \times & \times & \cdots & \times \\
\vdots & \vdots & \vdots & & \vdots \\
\times & \times & \times & \cdots & \times
\end{bmatrix}
\xrightarrow{P_1 \cdot}
\begin{bmatrix}
\times & \times & \times & \cdots & \times \\
\times & \times & \times & \cdots & \times \\
0 & \times & \times & \cdots & \times \\
\vdots & \vdots & \vdots & & \vdots \\
0 & \times & \times & \cdots & \times
\end{bmatrix}
\xrightarrow{\cdot P_1^T}
\begin{bmatrix}
\times & \times & 0 & \cdots & 0 \\
\times & \times & \times & \cdots & \times \\
0 & \times & \times & \cdots & \times \\
\vdots & \vdots & \vdots & & \vdots \\
0 & \times & \times & \cdots & \times
\end{bmatrix}.
$$

$$(3.75)$$

Es gilt hierzu der folgende Satz.

Satz 3.8. *Es sei eine symmetrische Matrix $A \in \mathbb{R}^{n \times n}$ gegeben. Dann existiert eine orthogonale Matrix $P \in \mathbb{R}^{n \times n}$, die das Produkt von $n - 2$ Householder-Reflexionen ist, sodass PAP^T Tridiagonalgestalt besitzt.*

Beweis. Bei Fortsetzung der in (3.75) aufgezeigten Strategie erzeugt man Householder-Transformationen $P_1, \dots, P_{n-2}$, sodass sich

$$\underbrace{P_{n-2}\cdots P_1}_{P}\, A\, \underbrace{P_1^T \cdots P_{n-2}^T}_{P^T} = \begin{bmatrix} \times & \times & & & & \\ \times & \times & \times & & & \\ & \ddots & \ddots & \ddots & & \\ & & \times & \times & \times \\ & & & \times & \times \end{bmatrix}$$

ergibt. Damit liegt die behauptete Tridiagonalgestalt vor. □

Das Ausgangsproblem (sämtliche Eigenwerte einer reellen symmetrischen Matrix simultan zu berechnen) kann nun auf die Bestimmung der Eigenwerte einer *symmetrischen Tridiagonalmatrix* zurückgeführt werden.

Die folgende Technik, die unter dem Namen *QR*-Iteration bekannt ist, wurde unabhängig und etwa gleichzeitig von G. F. Francis [18] und V. N. Kublanovskaya [40] vorgeschlagen. Es handelt sich dabei um eine Modifikation des auf H. Rutishauser [65] zurückgehenden sogenannten *LR*-Algorithmus. Die Grundidee von Rutishauser[6] war die Erzeugung einer Folge von Matrizen $\{A_k\}_{k=1}^{\infty}$, $A_1 \equiv A$, nach der folgenden Vorschrift: für jede Matrix A_k wird eine *LU*-Faktorisierung $A_k = L_k U_k$ durchgeführt. Danach wird eine neue Matrix A_{k+1} durch Vertauschung der *LU*-Faktoren erzeugt, d. h., $A_{k+1} = U_k L_k$. Daran schließt sich wieder eine *LU*-Faktorisierung von A_{k+1} an, etc. Man kann nun unter bestimmten Voraussetzungen beweisen, dass die Matrizen A_k gegen eine obere △-Matrix A_∞ konvergieren, deren Diagonalelemente $(A_\infty)_{kk}$ mit den Eigenwerten der ursprünglichen Matrix A übereinstimmen. Die beschriebene *LR*-Iteration versagt jedoch, wenn eine der entstehenden Matrizen A_k keine *LU*-Faktorisierung besitzt. Auch treten Schwierigkeiten dadurch auf, dass zwar diese Faktorisierung (theoretisch) existieren kann, aber oftmals (numerisch) ein schlecht konditioniertes Problem darstellt.

Wir konzentrieren uns deshalb im Weiteren auf die sogenannte *QR*-Iteration, bei der die beschriebenen Nachteile der *LR*-Iteration vermieden werden. Formal ergibt sich die *QR*-Iteration aus der *LR*-Iteration, indem man in jedem Schritt des Verfahrens die *LU*-Faktorisierung durch eine *QR*-Faktorisierung ersetzt. Man erzeugt somit eine Folge von Matrizen $\{A_k\}_{k=1}^{\infty}$ nach dem im Algorithmus 3.2 beschriebenen Iterationsverfahren.

Für die so erzeugten Matrizen A_k lassen sich nun die folgende Aussagen zeigen.

Satz 3.9. *Es gilt:*

1. *die A_k, $k = 1, 2, \ldots$, sind konjugiert zu A,*
2. *ist A symmetrisch, dann trifft das auch auf alle A_k zu,*
3. *ist A symmetrisch und tridiagonal, dann gilt dies auch für alle A_k.*

---

6 Heinz Rutishauser (1918–1970), schweizer Mathematiker und Pionier der Numerischen Mathematik. Er war zusammen mit Ambros Speiser maßgeblich an der Entwicklung des ersten Schweizer Computers ERMETH beteiligt. Bereits 1951 beschrieb er das Prinzip eines Compilers und der dafür notwendigen zusätzlichen Programmbefehle. Auch wirkte er an der Definition der Programmiersprachen Algol 58 und Algol 60 mit.

Algorithmus 3.2: *QR*-Iteration.

$$A_1 = A$$
for $k = 1, 2, \ldots$
$\qquad A_k = Q_k R_k$
$\qquad$(QR-Faktorisierung mittels Givens-Rotationen)
$\qquad A_{k+1} = R_k Q_k$
$\qquad$(Vertauschung der Faktoren)
end

Beweis.

1. Es seien $A = QR$ und $A' = RQ$. Dann gilt

$$QA'Q^T = QRQQ^T = QR = A.$$

2. Es gilt:

$$(A')^T = (A')^T Q^T Q = Q^T R^T Q^T Q = Q^T A^T Q = Q^T A Q = A'.$$

3. Es sei A symmetrisch und tridiagonal. Die orthogonale Matrix Q werde mit $n-1$ Givens-Rotationen $G_{12}, \ldots, G_{n-1,n}$ erzeugt, sodass sich Q zu $Q^T = G_{n-1,n} \cdots G_{12}$ darstellt. Man erhält dann

Nach 2. ist A' wieder symmetrisch. Dies bedeutet jedoch, dass die neu erzeugten und mit „•" gekennzeichneten Elemente (fill-in) verschwinden müssen. Somit ist auch A' tridiagonal. $\qquad\qquad\qquad\qquad\qquad$ $\square$

Bezüglich der Konvergenz der *QR*-Iteration gilt der folgende Satz.

Satz 3.10. *Es sei $A \in \mathbb{R}^{n \times n}$ symmetrisch und besitze die Eigenwerte $\lambda_1, \ldots, \lambda_n$, mit*

$$|\lambda_1| > |\lambda_2| > \cdots > |\lambda_n| > 0.$$

Die Matrizen A_k, Q_k und R_k mögen wie im Algorithmus 3.2 definiert sein. Dann gilt mit $A_k = (a_{ij}^{(k)})$:
1. $\lim_{k \to \infty} Q_k = I$,
2. $\lim_{k \to \infty} R_k = \Lambda \equiv \mathrm{diag}(\lambda_1, \ldots, \lambda_n)$,
3. $a_{ij}^{(k)} = O(|\frac{\lambda_i}{\lambda_j}|^k)$ *für $i > j$.*

Beweis. Siehe z. B. die Monographie von J. H. Wilkinson [86]. □

Bemerkung 3.6. Eine genaue Analyse zeigt, dass das Verfahren auch im Falle *mehrfacher* Eigenwerte $\lambda_i = \cdots = \lambda_j$ konvergiert. Falls aber $\lambda_i = -\lambda_{i+1}$ gilt, kann keine Konvergenz mehr nachgewiesen werden. □

Liegen zwei Eigenwerte λ_i, λ_{i+1} betragsmäßig dicht beieinander, so konvergiert das Verfahren nur sehr langsam. In diesem Fall verwendet man üblicherweise sogenannte *Shift-Strategien*. Man versucht hier, die beiden Eigenwerte dichter an den Nullpunkt zu verschieben, um damit den Quotienten $|\lambda_{i+1}/\lambda_i|$ zu verkleinern. In jedem Iterationsschritt k wird ein *Shift-Parameter* σ_k eingeführt und anstelle vom Algorithmus 3.2 der Algorithmus 3.3 verwendet.

Algorithmus 3.3: *QR*-Iteration mit Shift.

$A_1 = A$
for $k = 1, 2, \ldots$
    $A_k - \sigma_k I = Q_k R_k$
    (*QR*-Faktorisierung mittels Givens-Rotationen)
    $A_{k+1} = R_k Q_k + \sigma_k I$
    (Vertauschung der Faktoren)
end

Der Algorithmus 3.3 erzeugt eine Folge von Matrizen A_k, für die gilt:
1. $A_k - \sigma_k I = Q_k R_k \hookrightarrow Q_k^T A_k - \sigma_k Q_k^T = R_k \hookrightarrow Q_k^T A_k Q_k - \sigma_k I = R_k Q_k$, d. h., $Q_k^T A_k Q_k = A_{k+1}$.
   Somit sind A_k und A_{k+1} konjugiert zueinander.
2. die Folge $\{A_k\}_{k=1}^{\infty}$ konvergiert gegen Λ mit der Geschwindigkeit

$$a_{ij}^{(k)} = O\left(\left|\frac{\lambda_i - \sigma_1}{\lambda_j - \sigma_1}\right| \times \cdots \times \left|\frac{\lambda_i - \sigma_k}{\lambda_j - \sigma_k}\right|\right) \quad \text{für } i > j.$$

Um zu einer Konvergenzbeschleunigung zu gelangen, sollte σ_k möglichst nahe an den Eigenwerten λ_i, λ_{i+1} liegen. Zur Bestimmung eines solchen σ_k wird von J. H. Wilkinson die sogenannte *explizite* Shift-Strategie vorgeschlagen, die sich wie folgt skizzieren lässt. Das untere Ende der Tridiagonalmatrix A_k werde in der Form

$$
\begin{matrix}
\ddots & & \ddots & \\
& \ddots & c_{n-1}^{(k)} & d_n^{(k)} \\
& & d_n^{(k)} & c_n^{(k)}
\end{matrix}
$$

dargestellt. Die untere (2×2)-Blockmatrix besitzt zwei Eigenwerte. Der Shift-Parameter σ_k wird nun gleich demjenigen Eigenwert gesetzt, der näher an $c_n^{(k)}$ liegt.

Bessere Ergebnisse lassen sich mit den *impliziten* Shift-Strategien erzielen [86]. Ihre Darstellung würde jedoch den Rahmen dieses Textes sprengen.

Neben den Eigenwerten interessieren natürlich auch die zugehörigen *Eigenvektoren*. Sie lassen sich wie folgt numerisch approximieren. Ist $Q \in \mathbb{R}^{n \times n}$ eine orthogonale Matrix, für die gilt

$$A \approx Q^T \Lambda Q, \quad \Lambda = \mathrm{diag}(\lambda_1, \ldots, \lambda_n),$$

dann approximieren die Spalten von Q die Eigenvektoren von A, d. h.,

$$Q \approx [\eta_1 | \eta_2 | \ldots | \eta_n].$$

Damit ergibt sich das im Algorithmus 3.4 dargestellte Gesamt-Verfahren zur Berechnung sämtlicher Eigenwerte und Eigenvektoren einer symmetrischen Matrix. Eine MATLAB-Implementierung dieses Algorithmus ist im m-File 3.7 angegeben.

Algorithmus 3.4: *QR*-Algorithmus.

---

1. Schritt: Man reduziere A mittels Householder-Reflexionen auf Tridiagonalgestalt: $\boldsymbol{A} \rightarrow \boldsymbol{A_1} = \boldsymbol{PAP^T}$, A_1 symmetrisch und tridiagonal, P orthogonal.
2. Schritt: Man approximiere die Eigenwerte von A mit der *QR*-Iteration unter Verwendung von Givens-Rotationen, die auf A_1 angewendet werden: $\boldsymbol{GA_1G^T} \approx \Lambda$, G ist das Produkt aller Givens-Rotationen $G_{ij}^{(k)}$.
3. Schritt: Die Spalten von GP approximieren die Eigenvektoren von A, d. h.,
$\boldsymbol{GP} \approx [\boldsymbol{\eta_1 | \eta_2 | \ldots | \eta_n}].$

Insgesamt erfordert der obige *QR*-Algorithmus einen *Rechenaufwand* von:
1. $\approx 4/3\, n^3$ flops für die Transformation auf Tridiagonalgestalt sowie
2. $\approx O(n^2)$ flops pro Schritt der *QR*-Iteration.

m-File 3.7: qralg.m

```
 1  function [Q,R,k]=qralg(A,Tol,kmax)
 2  % function [Q,R,k]=qralg(A,[Tol,kmax])
 3  % Berechnet die Eigenwerte und Eigenvektoren einer
 4  % symmetrischen Matrix mit der QR-Iteration
 5  %
 6  % A: symmetrische (n x n)-Matrix,
 7  % Tol: gewuenschte Genauigkeit,
 8  % kmax: maximale Iterationszahl,
 9  % Q: in den Spalten sind die normierten Eigenvektoren
        von A,
10  % R: die Eigenwerte von A sind auf der Diagonalen von
        R,
11  % k: benoetigte Anzahl an Iterationen.
12  %
13  [n,m]=size(A);
14  if n ~= m, error('Matrix A nicht quadratisch!'), end
15  if nargin < 2, Tol=1e-14; kmax=n*50; end
16  Q=eye(n);
17  for k=1:n-2
18      v=A(k+1:n,k); nx=norm(v);
19      if nx ~= 0
20          alpha=sign(v(1))*nx; v(1)=v(1)+alpha;
21          v=v/norm(v);  % damit ist v'*v=1
22  % Q = Q * H
23          Q(:,k+1:n)=Q(:,k+1:n)-2*(Q(:,k+1:n)*v)*v';
24  % A = H * A * H
25          A(k+1:n,k+1:n)=A(k+1:n,k+1:n) ...
26                          -2*v*(v'*A(k+1:n,k+1:n));
27          A(k+1:n,k+1:n)=A(k+1:n,k+1:n) ...
28                          -2*(A(k+1:n,k+1:n)*v)*v';
29          A(k+1,k)=-alpha; A(k,k+1)=-alpha;
30      else
31          error('Matrix A hat nicht vollen Rang')
32      end
33  end
34  A=triu(A,-1)-triu(A,2);
35  for k=1:kmax
36      [QQ,R]=qrgivens(A); d1=diag(R,1); Q=Q*QQ;
37      if norm(d1,inf) < Tol, R=diag(diag(R)); return
```

```
38        end
39        A=R*QQ;
40   end
41   end
```

3.4 Aufgaben

Aufgabe 3.1. Die Matrix $A \in \mathbb{R}^{n \times n}$ sei symmetrisch und besitze die Eigenwerte $\lambda_1, \lambda_2, \ldots, \lambda_n$. Für $x \in \mathbb{R}^n$ und $\lambda \in \mathbb{R}$ sei $d \equiv Ax - \lambda x$. Zeigen Sie:

$$\min_i |\lambda_i - \lambda| \le \frac{\|d\|_2}{\|x\|_2}.$$

Aufgabe 3.2. Für jede der folgenden Behauptungen beweise man, dass sie richtig ist oder gebe ein Gegenbeispiel an. Hierbei sei A eine beliebige $(n \times n)$-dimensionale Matrix. Wir schreiben abkürzend „EW" für Eigenwert.

1. Falls λ ein EW von A ist und μ eine komplexe Zahl bezeichnet, dann ist $\lambda - \mu$ ein EW von $A - \mu I$.
2. Ist A reell und λ ein EW von A, dann ist auch $-\lambda$ ein EW von A.
3. Ist A reell und λ ein EW von A, dann ist auch $\bar\lambda$ ein EW von A.
4. Ist λ ein EW von A und ist A nichtsingulär, dann ist λ^{-1} ein EW von A^{-1}.
5. Verschwinden alle EWe von A, dann ist $A = 0$.
6. Ist die Matrix A diagonalisierbar und sind alle ihre EWe gleich, dann ist A eine Diagonalmatrix.

Aufgabe 3.3.

1. Beweisen Sie: Für jeden Eigenwert λ_i einer Matrix $A \in \mathbb{R}^{n \times n}$ und für eine beliebige Matrix $B \in \mathbb{R}^{n \times n}$ gilt entweder $\det(\lambda_i I - B) = 0$ oder es ist $\lambda_i \in M \equiv \{\lambda \in \mathbb{C} : \|(\lambda I - B)^{-1}(A - B)\| \ge 1\}$.
2. Beweisen Sie mit Hilfe von 1. den Satz von *Gerschgorin*: Für die Eigenwerte $\lambda_1, \lambda_2, \ldots, \lambda_n$ von $A = (a_{ij}) \in \mathbb{R}^{n \times n}$ gilt:

$$\lambda_i \in \bigcup_{j=1}^n K_j, \quad K_j \equiv \left\{ \lambda : |\lambda - a_{jj}| \le \sum_{\substack{k=1 \\ k \ne j}}^n |a_{jk}| \right\}.$$

Aufgabe 3.4. Es sei $A \in \mathbb{R}^{n \times n}$ eine Matrix, deren Zeilensummen alle gleich α sind.

1. Man zeige, dass α ein Eigenwert von A ist.
2. Man gebe den zugehörigen Eigenvektor an.

Aufgabe 3.5. Es sei $A \in \mathbb{R}^{n \times n}$.
1. Man zeige, dass A und A^T die gleichen Eigenwerte besitzen.
2. Besitzen auch A und A^T die gleichen Eigenvektoren? Man beweise diese Aussage oder gebe ein Gegenbeispiel an.

Aufgabe 3.6. Gibt es einen reellen Wert für den Parameter α, sodass die Matrix

$$A = \begin{bmatrix} 1 & 0 & \alpha \\ 4 & 2 & 0 \\ 6 & 5 & 3 \end{bmatrix}$$

1. ausschließlich reelle Eigenwerte besitzt?
2. nur komplexe Eigenwerte mit nichtverschwindenden Imaginärteilen besitzt?

Man gebe entweder den Wert von α an, für den die Bedingungen erfüllt sind, oder begründe, warum ein solcher nicht existiert.

Aufgabe 3.7. Es seien $A \in \mathbb{R}^{n \times n}$ symmetrisch, $\lambda \in \mathbb{R}$ und $u \in \mathbb{R}^n$ mit $\|u\|_2 = 1$. Beweisen Sie die Äquivalenz folgender Aussagen:
1. Es existiert eine symmetrische Matrix $\triangle A \in \mathbb{R}^{n \times n}$ mit $(A+\triangle A)u = \lambda u$ und $\|\triangle A\|_2 \leq \varepsilon$.
2. Für $r \equiv Au - \lambda u$ gilt $\|r\|_2 \leq \varepsilon$.

Aufgabe 3.8. Es sei $A \in \mathbb{R}^{n \times n}$ eine Matrix vom Rang 1. Dann ist A von der Form uv^T, wobei u und v zwei n-dimensionale nichtverschwindende Vektoren bezeichnen.
1. Man zeige, dass der Skalar $u^T v$ ein Eigenwert von A ist.
2. Wie lauten die anderen Eigenwerte von A?
3. Es werde die Potenzmethode auf A angewendet. Wie viele Iterationen sind erforderlich, damit das Verfahren exakt gegen denjenigen Eigenvektor von A konvergiert, der zum dominanten Eigenwert gehört?

Aufgabe 3.9. Es sei $A \in \mathbb{R}^{n \times n}$ symmetrisch und besitze die Eigenwerte

$$|\lambda_1| > |\lambda_2| \geq \cdots \geq |\lambda_{n-1}| \geq |\lambda_n|.$$

Das *Mises-Rayleigh*-Verfahren (ohne Normierungen) zur Berechnung von λ_1 hat die Form

$$y^{(0)} : \text{Startvektor}, \quad y^{(k+1)} = Ay^{(k)}, \quad \mu_{k+1} = \frac{(y^{(k+1)})^T y^{(k)}}{(y^{(k)})^T y^{(k)}}, \quad k = 0,1,2,\ldots$$

1. Beweisen Sie: $\mu_{k+1} = \lambda_1[1 + O(\varepsilon^{2k})]$ für $k \to \infty$, mit $\varepsilon = \lambda_2/\lambda_1$.
2. Welche analoge Beziehung gilt für das *einfache Mises-Verfahren* (Potenzmethode)?
3. Leiten Sie aus der obigen Iterationsvorschrift eine numerisch brauchbare Realisierung des *Mises-Rayleigh*-Verfahrens her!

Aufgabe 3.10. Die Matrix $A \in \mathbb{R}^{n \times n}$ besitze die Eigenwerte

$$\lambda_1 > \lambda_2 \geq \cdots \geq \lambda_{n-1} \geq \lambda_n.$$

Der Eigenwert λ_1 soll mit der Potenzmethode, angewandt auf die Matrix $\tilde{A} \equiv A - \mu I$, $\mu \in \mathbb{R}$ berechnet werden.

1. Welcher Zusammenhang besteht zwischen den Eigenwerten λ_i und den Eigenwerten $\tilde{\lambda}_i$ von $\tilde{A}$?
2. Für welche $\mu \in \mathbb{R}$ ist $\tilde{\lambda}_1$ dominant?
3. Die Konvergenzgeschwindigkeit der Potenzmethode wird für die oben genannten μ-Werte durch die Größe $g(\mu) \equiv (\max_{i=2,\dots,n} |\tilde{\lambda}_i|)/|\tilde{\lambda}_1|$ bestimmt. Berechnen Sie deren Minimumstellen sowie die zugehörigen Minima.
4. Wie kann λ_n unter der Voraussetzung $\lambda_n < \lambda_{n-1}$ in den dominanten Eigenwert von $\tilde{A}$ transformiert werden?

Aufgabe 3.11.
1. Es sei $u \in \mathbb{R}^3$, $u^T u = 1$ und $E \equiv \{x \in \mathbb{R}^3 : u^T x = 0\}$. Konstruieren Sie eine lineare Abbildung $H : \mathbb{R}^3 \to \mathbb{R}^3$, sodass $y = Hx$ die Spiegelung von x an E ist.
2. Verallgemeinern Sie H für den n-dimensionalen Fall.
3. Berechnen Sie $\|H\|_2$ und H^{-1}.
4. Berechnen Sie alle Eigenwerte und Eigenvektoren von H.
5. Es seien $x, y \in \mathbb{R}^n$ mit $\|x\|_2 = \|y\|_2$ gegeben. Bestimmen Sie ein $u \in \mathbb{R}^n$ mit $u^T u = 1$, sodass gilt: $y = Hx$.
6. Es sei $x \in \mathbb{R}^n$, mit $x \neq 0$, gegeben. Bestimmen Sie ein $u \in \mathbb{R}^n$ mit $u^T u = 1$ sodass gilt: $Hx = \rho e^{(k)}$. Hierbei bezeichnet $e^{(k)}$ den k-ten Einheitsvektor und ρ ist eine geeignete reelle Zahl. Schreiben Sie ein MATLAB-Programm, das die obige Transformation realisiert.

Aufgabe 3.12. Zeigen Sie:
1. Das Eigenwertproblem $Ax = \lambda x$, $A \in \mathbb{R}^{n \times n}$, kann mit Hilfe geeigneter Householder-Transformationen $H_k = I - 2u^{(k)}(u^{(k)})^T$, $(u^{(k)})^T u^{(k)} = 1$, $k = 1, \dots, n-2$, in die Form $By = \lambda y$ transformiert werden, wobei $B \in \mathbb{R}^{n \times n}$ eine obere *Hessenberg*[7]-Matrix ist und A sowie B gleiche Eigenwerte besitzen.
2. Das Eigenwertproblem $Ax = \lambda x$, $A \in \mathbb{R}^{n \times n}$ symmetrisch, kann mit Hilfe der vom *Gauß*-Algorithmus bekannten *Frobenius*-Matrizen in die Form $By = \lambda y$ transformiert werden, wobei $B \in \mathbb{R}^{n \times n}$ eine symmetrische Tridiagonalmatrix ist und A sowie B gleiche Eigenwerte besitzen.

---

7 Gerhard Hessenberg (1874–1925) war ein deutscher Mathematiker. Er beschäftigte sich in seinen Arbeiten u. a. mit Differentialgeometrie (geodätische Linien) und Grundlagenfragen der Geometrie.

Aufgabe 3.13. Der Algorithmus 3.5 beschreibt das zum QR-Verfahren analoge *LR-Cholesky*-Verfahren zur simultanen Bestimmung aller Eigenwerte einer positiv definiten Matrix $A \in \mathbb{R}^{n \times n}$:

Algorithmus 3.5: *LR*-Cholesky-Verfahren.

$$A_1 = A$$
for $k = 1, 2, \ldots$
    Berechnung der CHOLESKY-Faktorisierung $A_k = G_k G_k^T$
    $A_{k+1} = G_k^T G_k$
end

Beweisen Sie:
1. Das *LR-Cholesky*-Verfahren erzeugt eine Folge von symmetrischen ähnlichen Matrizen A_k.
2. Das *LR-Cholesky*-Verfahren ist konvergent. Die Folge der A_k konvergiert gegen eine Diagonalmatrix Λ, deren Diagonalelemente gleich den Eigenwerten von A sind.

Aufgabe 3.14. Gegeben sei eine Matrix $A \in \mathbb{R}^{3 \times 3}$. Durch links- und/oder rechtsseitige Multiplikationen mit orthogonalen Transformationsmatrizen Q_j (Givens- oder Householder-Matrizen) sollen die nichtverschwindenden Elemente von A zu Null gemacht werden. Wir betrachten die folgenden drei Matrixstrukturen:

$$
1) \begin{bmatrix} \times & \times & 0 \\ 0 & \times & \times \\ 0 & 0 & \times \end{bmatrix}, \quad
2) \begin{bmatrix} \times & \times & 0 \\ \times & 0 & \times \\ 0 & \times & \times \end{bmatrix}, \quad
3) \begin{bmatrix} \times & \times & 0 \\ 0 & 0 & \times \\ 0 & 0 & \times \end{bmatrix}.
$$

Für jede dieser Matrizen entscheide man, welche der unten angegebenen Situationen zutrifft. Die jeweilige Behauptung ist zu begründen.
1. Die Zielstellung lässt sich durch eine Folge linksseitiger Multiplikationen mit den Matrizen Q_j erreichen;
2. Es gilt nicht 1., aber durch eine Folge links- und rechtsseitiger Multiplikationen mit den Matrizen Q_j ist dies möglich;
3. Das Ziel kann nicht durch eine Folge von links- und rechtsseitigen Multiplikationen mit den Matrizen Q_j erhalten werden.

Aufgabe 3.15. Es sei das verallgemeinerte Eigenwertproblem $Ax = \lambda Bx$ mit den Matrizen $A, B \in \mathbb{R}^{n \times n}$ gegeben. Zeigen Sie:
1. Ist A symmetrisch und B positiv definit, dann kann die obige Aufgabe in ein Eigenwertproblem $Cy = \lambda y$ mit einer symmetrischen Matrix $C \in \mathbb{R}^{n \times n}$ und $y \in \mathbb{R}^n$ überführt werden, wobei A und C ähnliche Matrizen sind.

HINWEIS: *Cholesky*-Faktorisierung.

2. Falls A, B nicht symmetrisch sind, dann kann die obige Aufgabe in ein Eigenwert-problem $\tilde{A}y = \lambda\tilde{B}y$, mit den gleichen Eigenwerten, transformiert werden. Dabei ist $\tilde{A}$ eine obere *Hessenberg*-Matrix und $\tilde{B}$ eine obere $\triangle$-Matrix.

   HINWEIS: Benutzen Sie *Householder*-Transformationen zur Realisierung der Fakto-risierungen $\hat{B} = \hat{Q}B$ und $\hat{A} = \hat{Q}A$; $\hat{Q}$ orthogonale Matrix, $\hat{B}$ obere $\triangle$-Matrix. Verwen-den Sie *Givens*-Rotationen zur Realisierung von $\tilde{A} = \tilde{Q}\hat{A}Z$, $\tilde{B} = \tilde{Q}\hat{B}Z$, wobei $\tilde{Q}$ und Z orthogonale Matrizen sind.

Aufgabe 3.16. Man beweise, dass eine reelle quadratische Matrix A der Ordnung n sym-metrisch ist, wenn sie n orthogonale Eigenvektoren besitzt.

Aufgabe 3.17.

1. Wie lauten die Eigenwerte der *Householder*-Matrix $H = I - 2\frac{vv^T}{v^Tv} \in \mathbb{R}^{n \times n}$, wobei $v \in \mathbb{R}^n$ einen nichtverschwindenden Vektor bezeichnet?

2. Welches sind die Eigenwerte der *Givens*-Transformation $G = \begin{bmatrix} c & s \\ -s & c \end{bmatrix} \in \mathbb{R}^{2 \times 2}$, wobei $c^2 + s^2 = 1$ gilt?

Aufgabe 3.18. Man bestimme die Eigenwerte der (100×100)-Matrix $A = (a_{ij})$ mit den Elementen:

$$a_{ij} \equiv \begin{cases} 101 - i, & j = i \\ (-1)^{i+j+1}\frac{40}{i+j-2}, & j < i \\ \frac{40}{102}, & i = 1 \text{ und } j = 2 \\ 40, & i = 1 \text{ und } j = 100 \\ 0, & \text{sonst.} \end{cases}$$

Aufgabe 3.19. Man bestimme die Eigenwerte der Matrix

$$A = \begin{bmatrix} B & 2B \\ 4B & 3B \end{bmatrix},$$

mit

$$B \equiv \begin{bmatrix} 5C & -C \\ 5C & C \end{bmatrix} \quad \text{und} \quad C \equiv \begin{bmatrix} -2 & 2 & 2 & 2 \\ -3 & 3 & 2 & 2 \\ -2 & 0 & 4 & 2 \\ -1 & 0 & 0 & 5 \end{bmatrix}.$$

Aufgabe 3.20. Man bestimme die Eigenwerte der Matrix

$$A = \begin{bmatrix} B & 2B \\ 4B & 3B \end{bmatrix},$$

mit

$$B \equiv \begin{bmatrix} 3C & 3C \\ 5C & C \end{bmatrix}, \quad C \equiv \begin{bmatrix} 6D & -D & D & 0 \\ 8D & 0 & D & 2D \\ -2D & 0 & D & 2D \\ 5D & -D & -D & D \end{bmatrix}, \quad D \equiv \begin{bmatrix} -2 & 2 & 2 & 2 \\ -3 & 3 & 2 & 2 \\ -2 & 0 & 4 & 2 \\ -1 & 0 & 0 & 5 \end{bmatrix}.$$

4 Nichtlineare Gleichungen in einer Variablen

4.1 Problemstellung

In den vorangegangenen Kapiteln wurden verschiedene Techniken zur numerischen Bestimmung von Lösungen linearer Gleichungen beschrieben. Viele Vorgänge in den Naturwissenschaften und der Technik lassen sich durch lineare Gleichungen sachgemäß modellieren. Jedoch sind den linearen Modellen oftmals sehr schnell Grenzen gesetzt. So werden zum Beispiel Tierpopulationen in den üblichen biologischen Modellen durch eine Gleichung der Form

$$p(x) = a\, e^{bx} \tag{4.1}$$

charakterisiert, wobei x die Zeitvariable bezeichnet, $p(x)$ die Größe der Population darstellt und a, b Konstanten sind, die die Ausgangsgröße der Population sowie ihre Wachstumsgeschwindigkeit beschreiben. In der Gleichung (4.1) ist der funktionale Zusammenhang zwischen der Population und der Zeit *nichtlinear*. Möchte man nun ermitteln, zu welchem Zeitpunkt die betrachtete Population den Wert α annimmt, dann hat man eine nichtlineare skalare Gleichung

$$f(x) = 0 \tag{4.2}$$

mit der nichtlinearen Funktion

$$f : \mathbb{R} \to \mathbb{R}, \quad f(x) \equiv \alpha - a\, e^{bx}$$

nach x aufzulösen. Durch die Anwendung der Logarithmusfunktion lässt sich hier (4.2) wiederum in eine lineare Gleichung überführen. Aber bereits für die modifizierte Modellgleichung

$$\hat{p}(x) = a\, e^{bx} + c\, x^2 + d\, x^3$$

ist das nicht mehr möglich.

---

1 Peter Bienewitz (1495–1552), deutscher Mathematiker, Astronom, Geograph sowie Kartograf. Er ist besser bekannt als Peter Apian oder Petrus Apianus. Im Jahre 1527 veröffentlichte er als erster Abendländer – vor Blaise Pascal – eine Variante des Pascalschen Dreiecks. Nach ihm ist der Mondkrater Apianus benannt.

https://doi.org/10.1515/9783112205624-004

Ein wichtiger Spezialfall nichtlinearer Gleichungen liegt vor, wenn f ein Polynom ist:

$$f(x) = a_0 + a_1 x + a_2 x^2 + \cdots + a_n x^n = \sum_{k=0}^{n} a_k x^k. \tag{4.3}$$

Hier garantiert der *Fundamentalsatz der Algebra* die Existenz von genau n reellen oder komplexen Nullstellen, bei deren Zählung man die Vielfachheit der jeweiligen Nullstelle zu berücksichtigen hat. Einen ersten Hinweis auf diesen Sachverhalt findet man in dem Buch von Peter Roth[2] [63], der aber dort nicht bewiesen wird. Der Beweis wurde schließlich von Carl Friedrich Gauß im Jahr 1799 in seiner Dissertation (an der Braunschweigischen Landesuniversität in Helmstedt) geliefert.

Für eine beliebige Funktion f ist es i. allg. sehr schwierig festzustellen, wie viele Lösungen die Gleichung (4.2) tatsächlich besitzt. Möglich sind keine, eine einzige, mehrere oder gar unendlich viele Lösungen. Eine einfache Bedingung, die sicherstellt, dass die Funktion $f \in \mathbb{C}^1$ in einem gegebenen Intervall (a, b) höchstens eine Nullstelle besitzt, ist $f'(x) > 0$ für alle $x \in (a, b)$ (oder entsprechend $f'(x) < 0$ für alle $x \in (a, b)$). Gilt andererseits für eine Funktion $f \in \mathbb{C}[a, b]$ die Beziehung $f(a)f(b) < 0$, dann liegt *mindestens* eine Nullstelle im Intervall (a, b).

Von Lindfield und Penny [45] werden die folgenden zwei Beispiele nichtlinearer skalarer Gleichungen angegeben, die den unterschiedlichen Charakter der Lösungen nichtlinearer Gleichungen sehr anschaulich verdeutlichen:

$$0 = f(x) \equiv x^6 - 2x^5 - 8x^4 + 14x^3 + 11x^2 - 28x + 12$$
$$= (x - 1)^3 (x + 2)^2 (x - 3) \quad \text{und} \tag{4.4}$$
$$0 = f(x) \equiv e^{-\frac{x}{10}} \sin(10x). \tag{4.5}$$

In der Abbildung 4.1 ist die Funktion $f(x)$ aus (4.4) graphisch dargestellt. Sie besitzt in $x = 1$ eine *dreifache*, in $x = -2$ eine *doppelte* und in $x = 3$ eine *einfache* Wurzel. Wie wir später sehen, versagen im Falle *mehrfacher* Wurzeln die numerischen Standardalgorithmen, sodass sich gewisse Modifikationen der Verfahren erforderlich machen. Dies gilt auch für Nullstellen, die sehr dicht beieinander liegen.

Für nichtlineare Gleichungen, die transzendente Funktionen enthalten, ist es i. allg. nicht möglich, alle Nullstellen zu berechnen. Entweder ist die genaue Anzahl der Nullstellen nicht bekannt oder aber es gibt unendlich viele Nullstellen. Letztere Situation ist in der Abbildung 4.2 anhand des Graphen der Funktion $f(x)$ aus (4.5) für Werte $x \in (0, 20)$ dargestellt. Je mehr man das x-Intervall vergrößert, um so mehr Lösungen treten auf; sie liegen darüber hinaus noch sehr dicht beieinander.

In den nachfolgenden Abschnitten werden die wichtigsten numerischen Verfahren zur Lösung skalarer nichtlinearer Probleme betrachtet. Gegeben sei somit eine Glei-

---

2 Rechenmeister in Nürnberg, gestorben 1617.

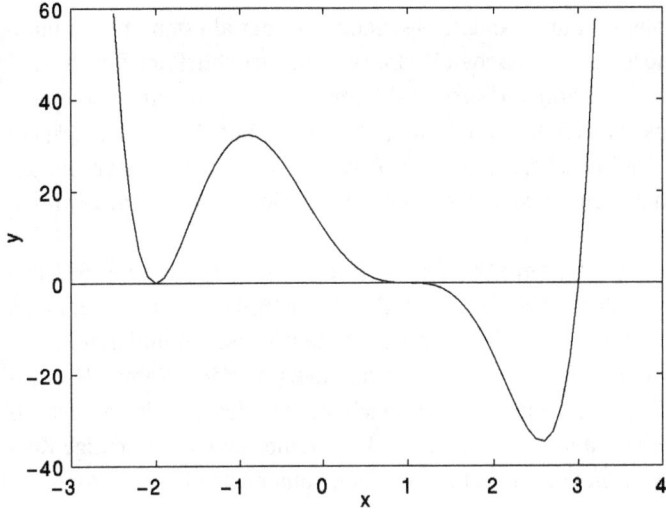

Abb. 4.1: Graph der Funktion $f(x)$ aus (4.4).

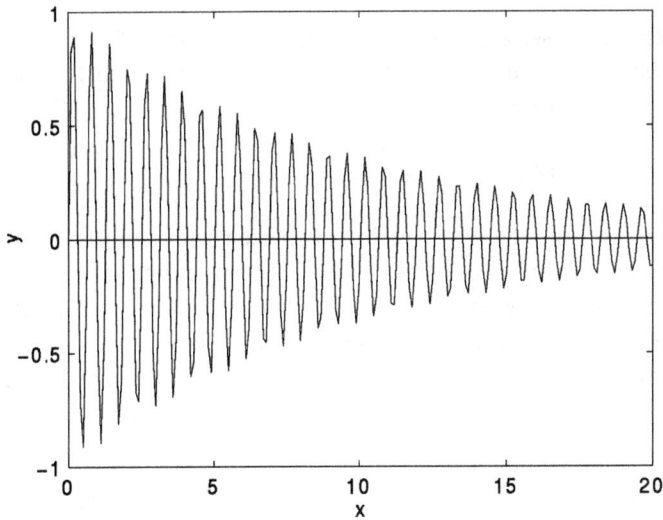

Abb. 4.2: Graph der Funktion $f(x)$ aus (4.5).

chung der Form

$$f(x) = 0, \quad f : \mathbb{R} \to \mathbb{R}. \tag{4.6}$$

Numerisch zu bestimmen sind einige oder auch alle reellen Werte der Variablen x, die dieser Gleichung genügen. Die Lösungen von (4.6) werden *Nullstellen* oder auch *Wurzeln* genannt.

Bei der obigen Problemstellung handelt es sich um eine der ältesten Approximationsaufgaben. Die zugehörigen numerischen Verfahren sind ausschließlich *iterativ* und variieren vom klassischen Newton-Verfahren (Abschnitt 4.3) bis hin zum Quotienten-Differenzen-Algorithmus für Polynomfunktionen, der auf H. Rutishauser zurückgeht (Abschnitt 4.9.2). Allein die Tatsache, dass nur für Polynome bis zum Grad vier eine geschlossene Lösung existiert, zeigt, dass man hier auf die Iterationsverfahren angewiesen ist.

Das in der Praxis am häufigsten verwendete Newton-Verfahren wurde 1669 von Isaac Newton[3] entwickelt und von Joseph Raphson[4] im Jahre 1690 erstmalig in der heute üblichen Form aufgeschrieben; es ist daher in der westeuropäischen und amerikanischen Literatur sowohl unter dem Namen *Newton-* als auch unter dem Namen *Newton-Raphson-Verfahren* zu finden. Im Russischen bezeichnet man das Verfahren auch als *Verfahren von Newton und Kantorowitsch*, da von L. W. Kantorowitsch[5] wichtige Konvergenzaussagen zum Newton-Verfahren in abstrakten Räumen bewiesen wurden.

4.2 Fixpunkt-Iteration

Wir wollen an dieser Stelle voraussetzen, dass die nichtlineare Gleichung (4.6) bereits in eine sogenannte *iterierfähige Form* (auch *Fixpunkt-Gleichung* genannt)überführt wurde oder bereits in dieser Gestalt vorliegt:

$$x = g(x), \quad g : [a,b] \subset \mathbb{R} \to \mathbb{R}. \tag{4.7}$$

Die iterierfähige Form zeichnet sich dadurch aus, dass auf beiden Seiten der Gleichung die Unbekannte x steht – auf der linken Seite sogar isoliert. Die Überführung von (4.6) in (4.7) ist i. allg. nicht eindeutig und kann oftmals auf vielfältige Weise vorgenommen werden. Eine solche Möglichkeit ergibt sich stets mit der Wahl $g(x) \equiv x - f(x)$. Wie wir aber sehen werden, erweist sich diese spezielle Wahl in den meisten Fällen als völlig ungeeignet.

Definition 4.1. Ist die nichtlineare Funktion g auf dem Intervall $I \equiv [a, b]$ definiert und gilt $g(x^*) = x^*$ für ein $x^* \in I$, dann sagt man, dass g den *Fixpunkt* x^* in I besitzt. □

---

3 Sir Isaac Newton (1643–1727), englischer Naturforscher und Verwaltungsbeamter. Aufgrund seiner Leistungen, vor allem auf den Gebieten der Physik und Mathematik, gilt Newton als einer der bedeutendsten Wissenschaftler aller Zeiten. Die *Principia Mathematica* werden als eines der wichtigsten wissenschaftlichen Werke eingestuft.

4 Joseph Raphson (1648–1715), englischer Mathematiker. In seinem Buch *Analysis aequationum universalis* aus dem Jahre 1690 stellte er das Newton-Raphson-Verfahren zur Lösung nichtlinearer Gleichungen dar.

5 Leonid Witaljewitsch Kantorowitsch (1912–1986), sowjetischer Mathematiker und Ökonom. Ihm wurde 1975 der Wirtschaftsnobelpreis verliehen.

Bedingungen für die Existenz und Eindeutigkeit eines solchen Fixpunktes sind im folgenden Satz angegeben.

Satz 4.1 (Variante des Banachschen[6] Fixpunktsatzes).

1. Ist $g \in \mathbb{C}[a,b]$ eine reelle Funktion, die die Bedingung

$$g(x) \in [a,b] \quad \text{für alle } x \in [a,b] \quad (\text{SELBSTABBILDUNG}) \tag{4.8}$$

erfüllt, dann besitzt g mindestens einen Fixpunkt $x^* \in [a,b]$.

2. Es möge darüber hinaus $g'(x)$ auf (a,b) existieren und stetig sein. Erfüllt $g'(x)$ mit einer reellen Konstanten L die Beziehung

$$|g'(x)| \leq L < 1 \quad \text{für alle } x \in (a,b), \quad (\text{KONTRAKTION}) \tag{4.9}$$

dann besitzt g genau einen Fixpunkt $x^* \in [a,b]$.

Beweis.

1. Gilt $g(a) = a$ oder $g(b) = b$, dann ist die Existenz eines Fixpunktes offensichtlich. Es werde deshalb angenommen, dass $g(a) > a$ und $g(b) < b$ ist. Wir definieren die Funktion $h(x) \equiv g(x) - x$. Diese ist stetig auf $I = [a,b]$ und erfüllt

$$h(a) = g(a) - a > 0 \quad \text{und} \quad h(b) = g(b) - b < 0.$$

Nach dem Zwischenwertsatz existiert ein $x^* \in (a,b)$ mit $h(x^*) = 0$. Somit besteht die Beziehung $g(x^*) - x^* = 0$, d. h., x^* ist ein Fixpunkt von g.

2. Es gelte (4.9) und x^*, x^{**} seien 2 Fixpunkte in I mit $x^* \neq x^{**}$. Nach dem Mittelwertsatz existiert ein $\xi \in (a,b)$ mit

$$|x^* - x^{**}| = |g(x^*) - g(x^{**})| = |g'(\xi)||x^* - x^{**}| \leq L|x^* - x^{**}| < |x^* - x^{**}|.$$

Aus diesem Widerspruch folgt $x^* = x^{**}$, d. h., der Fixpunkt ist in I eindeutig bestimmt. $\qquad\square$

Um nun den Fixpunkt einer Funktion g numerisch zu berechnen, wählt man eine *Startnäherung* $x_0 \in I$ und erzeugt eine Folge $\{x_k\}_{k=0}^{\infty}$ mittels der Iterationsvorschrift:

$$x_k = g(x_{k-1}), \quad k = 1, 2, \ldots \tag{4.10}$$

Konvergiert diese Folge gegen x^* und ist g stetig, dann gilt:

---

6 Stefan Banach (1892–1945), polnischer Mathematiker. Er ist der Begründer der modernen Funktionalanalysis.

$$x^* = \lim_{k \to \infty} x_k = \lim_{k \to \infty} g(x_{k-1}) = g\Big(\lim_{k \to \infty} x_{k-1} \Big) = g(x^*),$$

d. h., man erhält eine Lösung von $x = g(x)$. Diese Methode wird *Fixpunkt-Iteration* genannt.

In der Abbildung 4.3 ist ein typischer Verlauf der Fixpunkt-Iteration graphisch veranschaulicht. Eingezeichnet sind die Graphen der Funktionen $y = x$ und $y = g(x)$, die auf der linken bzw. der rechten Seite der Fixpunkt-Gleichung (4.7) stehen. Der Fixpunkt x^* (kleiner nicht ausgefüllter Kreis) ergibt sich als Schnittpunkt der beiden Kurven. Beginnend mit einem Startwert x_0 wird der zugehörige Kurvenpunkt $g(x_0)$ bestimmt. Die neue Iterierte x_1 ergibt sich dann durch Spiegelung an der Geraden $y = x$. Dieser Prozess wird so lange fortgesetzt, bis man hinreichend nahe an den Schnittpunkt x^* herangekommen ist (Konvergenz) oder aber sich immer weiter von x^* entfernt (Divergenz). Der Abbildung 4.3 ist zu entnehmen, dass hier die Folge $\{x_k\}_{k=0}^{\infty}$ gegen x^* konvergiert.

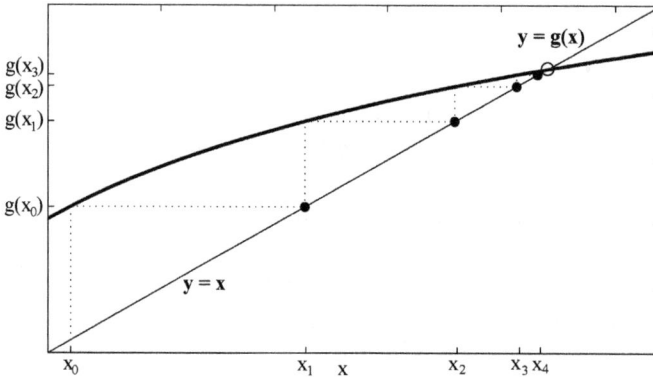

Abb. 4.3: Fixpunkt-Iteration.

Eine Implementierung der Fixpunkt-Iteration in Form der MATLAB-Funktion `fixp` ist mit dem m-File 4.1 gegeben. Dabei muss eine weitere Funktion g bereitgestellt werden, die die rechte Seite der Fixpunkt-Gleichung $x = g(x)$ beschreibt.

m-File 4.1: fixp.m

```
1  function [x,afx,i,ind] = fixp(x0,TOL,N0)
2  % function [x,i,ind] = fixp(x0,[TOL,N0])
3  % Berechnet einen Fixpunkt von x=g(x) mit der
4  % Fixpunkt-Iteration
5  %
6  % x0: Startwert,
7  % TOL: Toleranz,
```

```
 8  % N0:  maximale  Iterationsschrittanzahl,
 9  % x:  letzte  Iterierte,
10  % i:  benoetigte  Anzahl  an  Iterationen,
11  % afx:  afx=abs(x-g(x)),
12  % ind:  Information  ueber  den  Rechenverlauf,  mit:
13  % ind=1:  Verfahren  konvergiert,  'Loesung'  x  ist
          berechnet,
14  % ind=2:  maximale  Iterationsschrittanzahl  N0
          ueberschritten.
15  %
16  x=x0;  i=0;
17  if  nargin  <  2,  TOL=1e-6;  N0=100;  end
18  while  i<  N0
19      xn=g(x);
20      if  abs(xn-x)  <  TOL*(1+abs(x))
21          ind=1;  x=xn;  afx=abs(x-g(x));  return
22      end
23      i=i+1;  x=xn;
24  end
25  % maximale  Iterationsschrittanzahl  N0  ueberschritten
26  afx=abs(x-g(x));
27  ind=2;
```

Anhand eines Beispiels sollen die Eigenschaften der Fixpunkt-Iteration demonstriert werden.

Beispiel 4.1. Wir betrachten die Gleichung

$$f(x) \equiv x + e^x - 2 = 0. \tag{4.11}$$

Die exakte Lösung x^* lässt sich wie folgt darstellen:

$$x^* = 2 - \text{lambertw}(0, \exp(2))$$

$$\approx 0.4428544010023885831413279999933681971626212937347968471,$$

wobei „lambertw" die Lambert-W-Funktion[7] bezeichnet [10] und an der Stelle $\exp(2) \approx$ 7.39 auf dem oberen Ast W_0 auszuwerten ist (siehe die Abbildung 4.4).

---

7 Die Lambert-W-Funktion (auch unter dem Namen Omegafunktion oder Produktlogarithmus bekannt) ist nach Johann Heinrich Lambert benannt und stellt die Umkehrfunktion von $f(x) = x \, e^x$ dar. Sie kann nicht als elementare Funktion ausgedrückt werden.

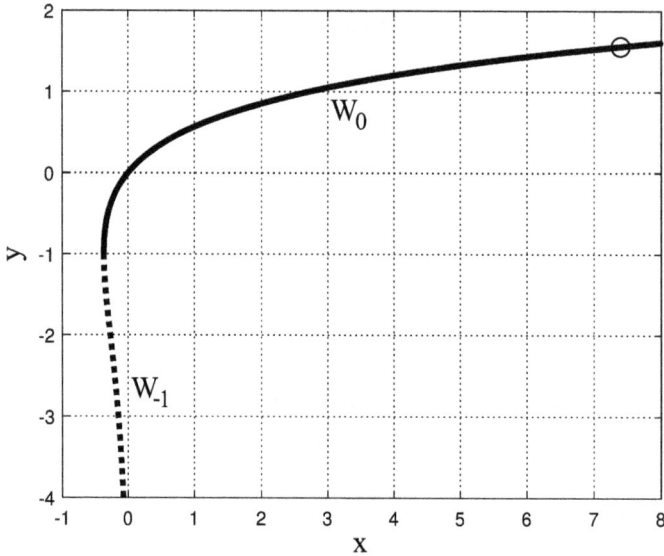

Abb. 4.4: Die beiden Hauptäste der Lambert-W-Funktion.

Die Gleichung (4.11) kann sofort in die iterierfähige Form (4.7) überführt werden, indem man x auf der linken Seite allein stehen lässt: $x = 2 - e^x$. Hieraus resultiert die Iterationsvorschrift

$$x_k = 2 - e^{x_{k-1}}, \quad k = 1, 2, \dots$$

Die für die Anwendung des m-Files 4.1 erforderliche MATLAB-Funktion von $g(x)$ lautet hier

```
function y = g(x)
y = 2 - exp(x);
```

Verwendet man den Startwert $x_0 = 0$, eine Genauigkeit TOL $= 10^{-6}$ sowie N0 $= 25$, dann ergibt sich nach dem Aufruf

$$[x,i,ind] = fixp(0,1e-6,25)$$

das folgende Ergebnis: ind $= 2$ und x $= 1.99527$, d. h., die maximale Iterationsschrittzahl wird überschritten. Es ist deshalb sinnvoll, die ersten Glieder der intern erzeugten Folge $\{x_k\}_{k=0}^{\infty}$ auszugeben:

$$x_1 = 1, \qquad x_2 = -0.71828, \quad x_3 = 1.51241, \quad x_4 = -2.53766,$$
$$x_5 = 1.92095, \quad x_6 = -4.82743, \quad \text{etc.}$$

Offensichtlich liegt keine Konvergenz vor. Jetzt schreiben wir die Gleichung in der Form $e^x = 2 - x$ und logarithmieren beide Seiten. Es resultiert $x = \ln(2 - x)$. Hieraus ergibt sich die neue Iterationsvorschrift

$$x_k = \ln(2 - x_{k-1}), \quad k = 1, 2, \ldots$$

Somit hat man nun die MATLAB-Funktion

```
function y = g(x)
y = log(2-x);
```

bereitzustellen. Startet man wie zuvor, dann erzeugt das m-File 4.1 das Resultat ind = 1 und x = 0.44285, d. h., es liegt in diesem Falle Konvergenz vor. Einen Eindruck, wie schnell die Folge $\{x_k\}_{k=0}^{\infty}$ konvergiert, erhält man, wenn die intern erzeugten Iterierten direkt ausgegeben werden:

$$x_1 = 0.69315, \quad x_2 = 0.26762, \quad x_3 = 0.54950, \quad x_4 = 0.37191,$$
$$x_5 = 0.48741, \quad \ldots \quad x_{12} = 0.44083, \quad x_{13} = 0.44415,$$
$$x_{14} = 0.44202, \quad x_{15} = 0.44339, \quad x_{16} = 0.44251, \quad \ldots$$
$$x_{30} = 0.44285$$

Offensichtlich konvergiert das Verfahren relativ langsam. □

Das obige Beispiel zeigt, dass bei der Anwendung der Fixpunkt-Iteration eine Vorschrift erforderlich ist, nach der die Funktion g bestimmt werden kann. Sie sollte sich nicht auf Spezialfälle beziehen, sondern möglichst allgemeingültig sein. Insbesondere sind dabei die folgenden Eigenschaften wichtig:
1. die resultierende Folge der Iterierten soll gegen eine Lösung $x^* \in I$ von (4.7) konvergieren, sowie
2. diese Folge $\{x_k\}_{k=0}^{\infty}$ soll darüber hinaus möglichst schnell konvergieren.

Einen ersten Schritt in diese Richtung stellt das im folgenden Satz formulierte Resultat dar.

Satz 4.2. *Es sei $g \in \mathbb{C}[a, b]$ und es werde vorausgesetzt, dass für alle $x \in [a, b]$ die Beziehung $g(x) \in [a, b]$ gilt. Des Weiteren existiere g' auf (a, b) mit*

$$|g'(x)| \leq L < 1 \quad \text{für alle } x \in (a, b). \tag{4.12}$$

Ist x_0 ein beliebiger Startwert aus dem Intervall $[a, b]$, dann konvergiert die durch

$$x_k = g(x_{k-1}), \quad k = 1, 2, \ldots,$$

definierte Folge $\{x_k\}_{k=0}^{\infty}$ gegen den eindeutigen Fixpunkt x^* in $[a, b]$.

Beweis. Nach dem Satz 4.1 existiert ein eindeutiger Fixpunkt x^* in I. Da g das Intervall I in sich selbst abbildet, ist die Folge $\{x_k\}_{k=0}^{\infty}$ für alle $k \geq 0$ definiert und es gilt $x_k \in I$ für alle k. Unter Verwendung der Ungleichung $|g'(x)| \leq L < 1$ und dem Mittelwertsatz ergibt sich

$$|x_k - x^*| = |g(x_{k-1}) - g(x^*)| = |g'(\xi)| \, |x_{k-1} - x^*| \leq L \, |x_{k-1} - x^*|, \quad \xi \in (a, b).$$

Die sukzessive Anwendung dieser Ungleichung liefert

$$|x_k - x^*| \leq L \, |x_{k-1} - x^*| \leq L^2 \, |x_{k-2} - x^*| \leq \cdots \leq L^k \, |x_0 - x^*|. \qquad (4.13)$$

Da $L < 1$ ist, erhält man schließlich

$$\lim_{k \to \infty} |x_k - x^*| \leq \lim_{k \to \infty} L^k \, |x_0 - x^*| = 0,$$

d. h., $\{x_k\}_{k=0}^{\infty} \to x^*$. $\qquad\qquad \square$

Den Satz 4.2 wollen wir anhand eines Beispiels demonstrieren.

Beispiel 4.2. Die Funktion $f(x) = x^3 + 4x^2 - 10$ besitzt eine eindeutige Nullstelle im Intervall $[1, 2]$. Die zugehörige Gleichung

$$x^3 + 4x^2 - 10 = 0$$

lässt sich auf verschiedene Weise in eine iterierfähige Form $x = g(x)$ überführen:
(a) $x = g_1(x) = x - x^3 - 4x^2 + 10$.
 Für $g_1(x) = x - x^3 - 4x^2 + 10$ berechnet sich $g_1'(x) = 1 - 3x^2 - 8x$. Es gibt kein Intervall $[a, b]$, das x^* enthält und für das $|g_1'(x)| < 1$ gilt. Damit ist keine Konvergenz zu erwarten.
(b) $x = g_2(x) = \sqrt{\dfrac{10}{x} - 4x}$.
 Die Funktion $g_2(x)$ bildet nicht $[1, 2]$ in $[1, 2]$ ab. Setzt man $x = 2$ ein, so sieht man unmittelbar, dass der Radikant negativ wird. Darüber hinaus gibt es kein Intervall, das x^* enthält und für das $|g_2'(x)| < 1$ gilt, da $|g_2'(x^*)| \approx 3.4$ ist.
(c) $x = g_3(x) = \frac{1}{2} \sqrt{10 - x^3}$.
 Für die Funktion $g_3(x)$ ist

$$g_3'(x) = -\frac{3}{4} x^2 (10 - x^3)^{-\frac{1}{2}} < 0 \quad \text{für } x \in [1, 2].$$

Damit verhält sich g_3 auf $[1, 2]$ streng monoton fallend. Man berechnet $g_3'(1) = -0.25$ und $g_3'(2) = -2.121$, sodass $|g_3'(x)| < 1$ für alle $x \in [1, 2]$ nicht erfüllt ist. Somit kann die Konvergenz nicht nachgewiesen werden.

Wenn man aber das Intervall zu $[1, 1.5]$ verkleinert, so ist $g_3'(1.5) = -0.6556$, d. h. auf diesem Intervall ist die Bedingung $|g_3'(x)| < 1$ erfüllt. Die Funktion g_3 ist streng monoton fallend und es gilt

$$1 < 1.28 \approx g_3(1.5) \le g_3(x) \le g_3(1) = 1.5, \quad \text{für alle } x \in [1, 1.5],$$

sodass g_3 eine Selbstabbildung auf dem Intervall $[1, 1.5]$ darstellt. Hieraus folgt nun die Konvergenz.

(d) $x = g_4(x) = \sqrt{\frac{10}{4+x}}$.

Die Funktion g_4 ist auf dem Intervall $[1, 2]$ monoton fallend mit positiven Funktionswerten. Es gilt $g_4(1) = \sqrt{2} \approx 1.414$ und $g_4(2) \approx 1.29$. Damit ist g_4 auf dem gegebenen Intervall eine Selbstabbildung.

Weiter ist

$$|g_4'(x)| = \left| \frac{-5}{\sqrt{10}(4+x)^{\frac{3}{2}}} \right| \le \frac{5}{\sqrt{10}(5)^{\frac{3}{2}}} < 0.15 \quad \text{für alle } x \in [1, 2],$$

woraus unmittelbar die Konvergenz folgt. □

Aus dem Satz 4.2 lässt sich sehr einfach eine a priori Fehlerschranke für die k-te Iterierte ableiten, in die nur der Startwert x_0 eingeht.

Folgerung 4.1. *Erfüllt g die Voraussetzungen von Satz 4.2, dann ergibt sich die folgende a priori Fehlerschranke:*

$$|x_k - x^*| \le L^k \max\{x_0 - a, b - x_0\}, \quad k = 1, 2, \dots$$

Beweis. Aus der Formel (4.13) folgt sofort:

$$|x_k - x^*| \le L^k |x_0 - x^*| \le L^k \max\{x_0 - a, b - x_0\}, \quad \text{da } x^* \in I \text{ ist.} \quad \square$$

Eine weitere (genauere) a priori Fehlerschranke für x_k lässt sich gewinnen, wenn man das Ergebnis des ersten Iterationsschrittes x_1 mit hinzuzieht.

Folgerung 4.2. *Erfüllt g die Voraussetzungen von Satz 4.2, dann gilt:*

$$|x_k - x^*| \le \frac{L^k}{1-L} |x_0 - x_1|, \quad k = 1, 2, \dots.$$

Beweis. Für $k \ge 1$ gilt:

$$|x_{k+1} - x_k| = |g(x_k) - g(x_{k-1})| \le L |x_k - x_{k-1}| \le \dots \le L^k |x_1 - x_0|.$$

Somit ist für $l > k \ge 1$:

$$\begin{aligned} |x_l - x_k| &= |x_l - x_{l-1} + x_{l-1} - \dots + x_{k+1} - x_k| \\ &\le |x_l - x_{l-1}| + |x_{l-1} - x_{l-2}| + \dots + |x_{k+1} - x_k| \\ &\le L^{l-1} |x_1 - x_0| + L^{l-2} |x_1 - x_0| + \dots + L^k |x_1 - x_0| \\ &= L^k (1 + L + L^2 + \dots L^{l-k-1}) |x_1 - x_0|. \end{aligned}$$

Es ist aber nach dem Satz 4.2: $\lim_{l\to\infty} x_l = x^*$, sodass

$$|x^* - x_k| = \lim_{l\to\infty} |x_l - x_k| \leq L^k |x_1 - x_0| \sum_{i=0}^{\infty} L^i = \frac{L^k}{1-L} |x_1 - x_0|. \qquad \square$$

Die Folgerungen 4.1 und 4.2 lassen erkennen, dass die Konvergenzgeschwindigkeit der Fixpunkt-Iteration sehr stark durch die Schranke L an die erste Ableitung von g beeinflusst wird. Insbesondere hängt die Konvergenzgeschwindigkeit von dem Term $L^k/(1-L)$ ab. Dies impliziert, dass um so schnellere Konvergenz vorliegt, je kleiner L ist. Für $L \approx 1$ erweist sich die Fixpunkt-Iteration als ein extrem langsames Verfahren.

Abschließend soll noch darauf hingewiesen werden, dass das spezielle Verhalten der Fixpunkt-Iteration vom Anstieg der Funktion $g(x)$ im Fixpunkt x^* abhängt. Hierzu wollen wir die folgenden Fälle unterscheiden:

1. $g'(x^*) > 1$: Die Folge der Iterierten *divergiert monoton*.
    Für die Funktion $g(x) = x^3 + 1$ und den Startwert $x_0 = -1.3$ ist dies in der Abbildung 4.5(a) dargestellt. Der Fixpunkt ist $x^* = -1.3257\ldots$

2. $g'(x^*) < -1$: Die Folge der Iterierten *divergiert oszillierend*.
    Für die Funktion $g(x) = 1 - x^3$ und den Startwert $x_0 = 0.7$ ist dies in der Abbildung 4.5(b) dargestellt. Der Fixpunkt ist $x^* = 0.6823\ldots$

3. $0 < g'(x^*) < 1$: Die Folge der Iterierten *konvergiert monoton*.
    Für die Funktion $g(x) = 3\sin(x)/4$ und den Startwert $x_0 = 1.2$ ist dies in der Abbildung 4.6(a) dargestellt. Der Fixpunkt ist $x^* = 0$.

4. $-1 < g'(x^*) < 0$: Die Folge der Iterierten *konvergiert oszillierend*.
    Für die Funktion $g(x) = -e^x - x^3/10$ und den Startwert $x_0 = -0.1$ ist dies in der Abbildung 4.6(b) dargestellt. Der Fixpunkt ist $x^* = -0.5562\ldots$

5. $g'(x^*) = 1$: Dies ergibt nur Sinn, falls $g(x) = x$ ist.
    Man begründe dies.

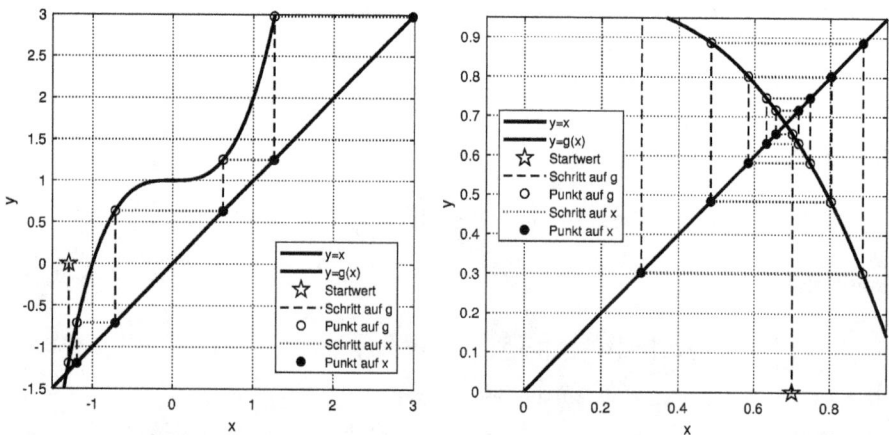

Abb. 4.5: (a) der Fall $g'(x^*) > 1$; (b) der Fall $g'(x^*) < -1$.

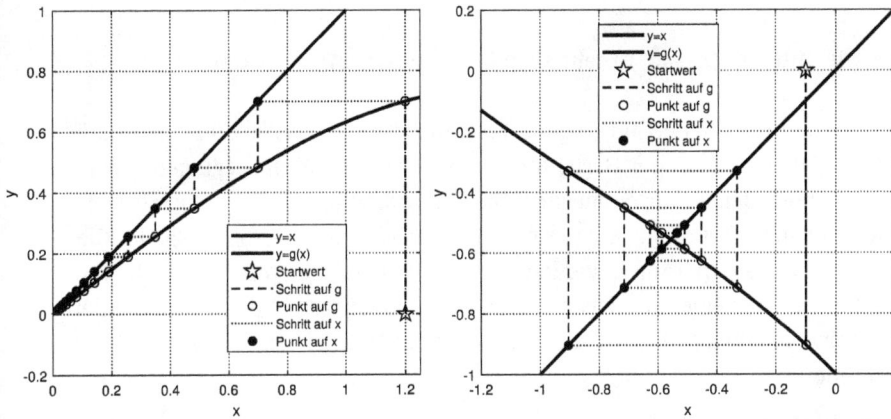

Abb. 4.6: (a) der Fall $0 < g'(x^*) < 1$; (b) der Fall $-1 < g'(x^*) < 0$.

6. $g'(x^*) = 0$: Die Folge der Iterierten *konvergiert überlinear*.
   Für die Funktion $g(x) = 1$ und den Startwert $x_0 = 2$ stelle man dies in einer Abbildung dar. Der Fixpunkt ist $x^* = 1$.
7. $g'(x^*) = -1$: Die Folge der Iterierten *divergiert*.
   Für die Funktion $g(x) = x + 1$ und den Startwert $x_0 = 0.75$ stelle man dies in einer Abbildung dar. Der Fixpunkt ist $x^* = 0.5$.

4.3 Newton-Verfahren und Sekanten-Verfahren

Die Numerik nichtlinearer Probleme basiert im Wesentlichen auf zwei grundlegenden Prinzipien:

1. *Lokalisierungsprinzip* – die Untersuchung wird nur in einer hinreichend kleinen Umgebung um die als existent vorausgesetzte Lösung x^* durchgeführt,
2. *Linearisierungsprinzip* – in dieser kleinen Umgebung wird die nichtlineare Funktion durch eine *lineare* Funktion approximiert und deren (einfach zu berechnende) Nullstelle als Näherung für x^* verwendet.

Das *Newton-Verfahren* ist eine der bekanntesten und am weitesten verbreiteten numerischen Techniken zur Lösung nichtlinearer Gleichungen. Wir wollen es mittels der beiden oben genannten Prinzipien herleiten. Hierzu sollen die folgenden Annahmen getroffen werden.

Voraussetzung 4.1. Es möge gelten:

1. $f \in \mathbb{C}^2[a,b]$,
2. es existiert mindestens eine Nullstelle x^* von (4.6) im Intervall $[a,b]$; mit $\tilde{x}$ werde eine Näherung für x^* bezeichnet,

3. $f'(x^*) \neq 0$, und
4. die Differenz $|\bar{x} - x^*|$ ist sehr klein (zumindest gilt $|\bar{x} - x^*| < 1$). ☐

Die dritte Voraussetzung ist ganz wesentlich für die Konstruktion numerischer Verfahren. Bevor wir mit der Herleitung des Newton-Verfahrens beginnen, möchten wir hierzu einige Bemerkungen machen. Die Voraussetzung $f'(x^*) \neq 0$ beschreibt mathematisch den Sachverhalt, dass es sich bei x^* um eine *einfache* Nullstelle der Gleichung $f(x) = 0$ handelt. Hierdurch werden beispielsweise solche Probleme wie $f(x) = x^2$, bei welchen $x^* = 0$ eine mehrfache Wurzel darstellt, ausgeschlossen. Insbesondere folgt aus der Bedingung $f'(x^*) \neq 0$ die *Isoliertheit* der Nullstelle x^* im Sinne der folgenden Definition.

Definition 4.2. Eine Lösung x^* der Gleichung $f(x) = 0$ wird *isoliert* genannt, wenn es eine (beliebig kleine!) Umgebung um x^* gibt, in der keine weitere Lösung liegt. ☐

An die Stelle der Eindeutigkeit von Lösungen *linearer* Gleichungen tritt bei *nichtlinearen* Gleichungen der oben definierte Begriff der Isoliertheit. Er ist Ausdruck dafür, dass für nichtlineare Probleme i. allg. nur noch eine *lokale* Analyse möglich ist (Lokalisierungsprinzip). So garantiert die Isoliertheit von x^* zumindest lokal (in einer kleinen Umgebung um x^*) die Eindeutigkeit dieser Lösung.

Wir wollen uns nun der Konstruktion des Newton-Verfahrens zuwenden. Das Linearisierungsprinzip, d. h. die Bestimmung einer linearen Gleichung, die lokal die nichtlineare Gleichung approximiert, lässt sich für eine skalare nichtlineare Funktion $f(x)$ auf zwei Arten realisieren, die aus der Schulmathematik wohlbekannt sind:
1. mittels der *Punkt-Richtungsgleichung*, oder
2. mittels der *Zweipunkte-Gleichung*.

Zuerst soll die Punkt-Richtungsgleichung verwendet werden. Man wählt einen Startwert x_0 in der Nähe von x^* und berechnet $f(x_0)$ sowie $f'(x_0)$. Offensichtlich hat man dazu die Ableitung der gegebenen Funktion $f(x)$ vorher analytisch zu bestimmen. Man sagt deshalb, dass das resultierende Verfahren nicht *direkt implementierbar* ist. Die Gerade, welche durch den Punkt $(x_0, f(x_0))$ mit dem Anstieg $m = f'(x_0)$ verläuft, wird üblicherweise in der Form

$$y - y_0 = m(x - x_0)$$

angegeben. Mit $y = f(x)$ und $y_0 = f(x_0)$ ergibt sich daraus die gesuchte *lineare* Ersatzfunktion zu

$$l_1(x) \equiv f(x_0) + f'(x_0)(x - x_0), \tag{4.14}$$

die geometrisch die Tangente im Punkte $(x_0, f(x_0))$ an die Kurve $f(x)$ darstellt. Als Näherung für die Nullstelle x^* von $f(x)$ wird nun die Nullstelle $x = x_1$ von $l_1(x)$ verwendet.

Wir setzen

$$0 = f(x_0) + f'(x_0)(x - x_0)$$

und erhalten

$$x_1 = x_0 - \frac{f(x_0)}{f'(x_0)}. \tag{4.15}$$

Der so berechnete Wert x_1 wird i. allg. noch keine genaue Approximation für x^* sein. Deshalb setzt man die aufgezeigte Strategie fort und berechnet an der Stelle x_1 den Funktionswert $f(x_1)$ sowie den Wert der Ableitung $f'(x_1)$. Damit ist man in der Lage, im Punkte $(x_1, f(x_1))$ wiederum die Punkt-Richtungsgleichung anzuwenden, d. h. die neue *lineare* Ersatzfunktion (Tangente) zu ermitteln:

$$l_2(x) \equiv f(x_1) + f'(x_1)(x - x_1). \tag{4.16}$$

Deren Nullstelle ist

$$x_2 = x_1 - \frac{f(x_1)}{f'(x_1)}. \tag{4.17}$$

Auch x_2 wird i. allg. noch nicht die geforderte Genauigkeit besitzen, sodass dieser Prozess weiter fortgesetzt werden muss. Daraus resultiert die folgende allgemeine Iterationsvorschrift, die als *Newton-Verfahren* bekannt ist. Ausgehend von einem noch geeignet zu wählenden Startwert x_0 erzeugt dieses eine Folge $\{x_k\}_{k=0}^{\infty}$ mittels der Vorschrift:

$$x_k = x_{k-1} - \frac{f(x_{k-1})}{f'(x_{k-1})}, \quad k = 1, 2, \ldots \tag{4.18}$$

Die Iteration (4.18) wurde in der vorliegenden Form erstmalig von J. Raphson[8] im Jahre 1690 vorgeschlagen. Sie wird jedoch üblicherweise nach Isaac Newton benannt, da dieser bereits einige Jahre früher (1669) eine ähnliche Technik entwickelte. Der Ursprung der Iterationsverfahren zur Lösung nichtlinearer Gleichungen lässt sich ungefähr 600 Jahre zurückverfolgen. So geht auf al-Kāshī[9] eine sehr elegante Methode zur Lösung der kubischen Gleichung $\sin(3\alpha) = 3x - 4x^3$ zurück, die als Vorläufer des Newton-Verfahrens gedeutet werden kann. Auch F. Vieta beschäftigte sich bereits mit numeri-

---

8 Joseph Raphson (geboren 1648 in Middlesex, England; gestorben 1715) war ein englischer Mathematiker. Er wurde 1691 in die Royal Society gewählt aufgrund seines 1690 erschienenen Buches *Analysis aequationum universalis*, welches das Newton-Verfahren zur numerischen Lösung von nichtlinearen Gleichungen und speziell von Wurzeln algebraischer Gleichungen enthält.

9 Ghiyath al-Din Jamshid Mas'ud al-Kāshī (1380–1429), iranischer Astronom und Mathematiker, der am Observatorium von Samarkand arbeitete und an der dort neu gegründeten Universität lehrte.

schen Techniken zur Behandlung nichtlinearer Gleichungen. Ihm wird von den Histori-
kern ein nicht unbedeutender Einfluss auf den jungen Newton zugeschrieben.

Das Newton-Verfahren lässt sich auch als eine spezielle Form der Fixpunkt-Iteration
$x_k = g(x_{k-1})$, $k = 1, 2, \ldots$, interpretieren, indem man die zugehörige Funktion $g(x)$ wie
folgt definiert:

$$g(x) \equiv x - \frac{f(x)}{f'(x)}. \tag{4.19}$$

In der Abbildung 4.7 ist ein Beispiel für den graphischen Verlauf der Newton-
Iteration dargestellt.

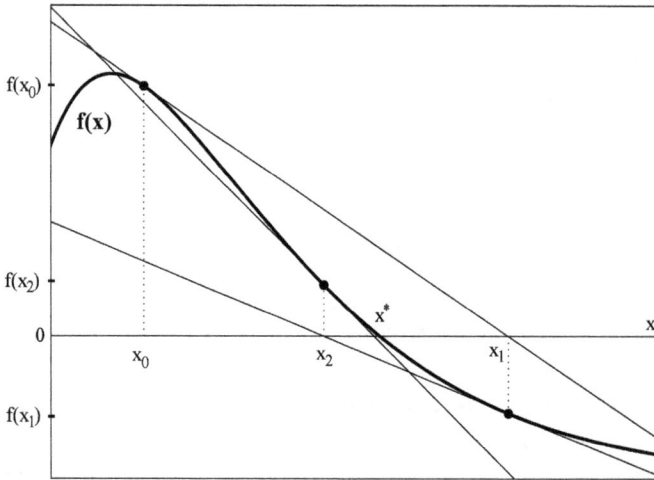

Abb. 4.7: Newton-Verfahren.

Im Gegensatz zur Abbildung 4.3 kann hier die gegebene Funktion $f(x)$ direkt eingezeichnet werden. Man beginnt wieder mit einem Startwert x_0 und berechnet den
Funktionswert $f(x_0)$. Verschwindet dieser, dann hat man bereits die Nullstelle x^* vorliegen, was in der Praxis aber kaum der Fall sein wird. Anderenfalls berechnet man
noch $f'(x_0)$ und legt durch den Punkt $(x_0, f(x_0))$ die Tangente an den Graphen von $f(x)$.
Als neue Näherung x_1 wird nun die Nullstelle der Tangente (d. h. deren Schnittpunkt mit
der x-Achse) verwendet. Die beschriebene Strategie setzt man jetzt so lange fort, bis die
Iterierten der Nullstelle x^* hinreichend nahegekommen sind (Konvergenz) oder aber
man feststellt, dass sie sich von x^* wegbewegen bzw. um die Nullstelle zyklisch hin- und
herspringen und diese somit nie erreichen können (Divergenz). Offensichtlich ist in der
Abbildung 4.7 ein konvergenter Fall dargestellt.

MAN BEACHTE: Bei der allgemeinen Fixpunkt-Iteration wird die nichtlineare Gleichung ebenfalls (trivial!) linearisiert, indem man die Iterierte x_{k-1} in die rechte Seite

$g(x)$ einsetzt. In diesem Falle spricht man auch von einem „Abtöten" der Nichtlinearität.

Das Newton-Verfahren kann nun wie im m-File 4.2 angegeben, in eine MATLAB-Funktion überführt werden. Vom Anwender sind zwei weitere Funktionen f und fstrich bereitzustellen, die die Funktion $f(x)$ bzw. deren Ableitung $f'(x)$ beschreiben.

m-File 4.2: newton1.m

```
1  function [x,afx,i,ind] = newton1(x0,TOL,N0)
2  % function [x,afx,i,ind] = newton1(x0,[TOL,N0])
3  % Berechnet eine Nullstelle von f(x) mit dem
4  % Newton-Verfahren
5  %
6  % x0: Startwert,
7  % TOL: Toleranz,
8  % N0: maximale Iterationsschrittanzahl,
9  % x: letzte Iterierte,
10 % afx: abs(f(x)),
11 % i: benoetigte Anzahl an Iterationen,
12 % ind: Information ueber den Rechenverlauf, mit:
13 % ind=1: Verfahren konvergiert, 'Loesung' x ist
        berechnet,
14 % ind=2: maximale Iterationsschrittanzahl N0
        ueberschritten.
15 %
16 x=x0; i=0;
17 if nargin < 2, TOL=1e-12; N0=100; end
18 while i < N0
19     fx=f(x);
20     if abs(fx) < TOL
21 % x ist 'Loesung'
22         ind=1; afx=abs(f(x)); return
23     end
24     fsx=fstrich(x);
25     if fsx == 0
26 % Newton-Verfahren nicht durchfuehrbar
27         ind=3; afx=abs(f(x)); return
28     end
29 % Loesung der linearen Gleichung fsx*y=-fx
30     y=-fx/fsx;
31     if abs(y) < TOL*(1+abs(x))
```

```
32  % x ist 'Loesung'
33          ind=1; afx=abs(f(x)); return
34      end
35      i=i+1; x=x+y;
36  end
37  % maximale Iterationsschrittanzahl N0 ueberschritten
38  afx=abs(f(x));
39  ind=2;
```

Bezüglich der Konvergenz des Newton-Verfahrens gilt der folgende Satz.

Satz 4.3. *Es sei* $f \in \mathbb{C}^2[a,b]$. *Ist* $x^* \in [a,b]$ *eine Lösung von* (4.6), *für die* $f'(x^*) \neq 0$ *gilt, dann existiert ein* $\delta > 0$, *sodass das Newton-Verfahren für jede Startnäherung* $x_0 \in [x^* - \delta, x^* + \delta]$ *eine Folge* $\{x_k\}_{k=0}^{\infty}$ *erzeugt, die gegen* x^* *konvergiert.*

Beweis. Der Beweis basiert auf der Fixpunkt-Gleichung $x = g(x)$, mit $g(x)$ nach (4.19). Um den Satz 4.2 anwenden zu können, ist ein Intervall $I_1 \equiv [x^* - \delta, x^* + \delta] \subset I$ zu bestimmen, für welches gilt:

1. g bildet I_1 in sich selbst ab, und
2. $|g'(x)| \leq L < 1$ für $x \in I_1$.

Da $f'(x^*) \neq 0$ und f' stetig ist, lässt sich ein $\delta_1 > 0$ finden, sodass $f'(x) \neq 0$ für $x \in [x^* - \delta_1, x^* + \delta_1] \subset I$. Damit ist g definiert und stetig auf $[x^* - \delta_1, x^* + \delta_1]$. Gleiches gilt auch für

$$g'(x) = 1 - \frac{f'(x)f'(x) - f(x)f''(x)}{[f'(x)]^2} = \frac{f(x)f''(x)}{[f'(x)]^2},$$

da $f \in \mathbb{C}^2[a,b]$ und $g \in \mathbb{C}^1[x^* - \delta_1, x^* + \delta_1]$. In der Lösung wird

$$g'(x^*) = \frac{f(x^*)f''(x^*)}{[f'(x^*)]^2} = 0.$$

Da g' stetig ist, impliziert diese Gleichung die Existenz eines δ, mit $0 < \delta \leq \delta_1$ und $|g'(x)| \leq L < 1$ für $x \in [x^* - \delta, x^* + \delta]$.

Es verbleibt noch zu zeigen, dass

$$g : [x^* - \delta, x^* + \delta] \to [x^* - \delta, x^* + \delta].$$

Ist $x \in [x^* - \delta, x^* + \delta]$, dann folgt für ein ξ zwischen x und x^*:

$$|g(x) - x^*| = |g(x) - g(x^*)| = |g'(\xi)||x - x^*| \leq L|x - x^*| < |x - x^*|.$$

Wegen $x \in [x^* - \delta, x^* + \delta]$ gilt:

$$|x - x^*| \leq \delta \quad \hookrightarrow \quad |g(x) - x^*| < \delta \quad \hookrightarrow \quad g : [x^* - \delta, x^* + \delta] \to [x^* - \delta, x^* + \delta].$$

Damit sind alle Voraussetzungen des Satzes 4.2 erfüllt, d. h.,

$$\{x_k\}_{k=1}^{\infty} : \quad x_k = g(x_{k-1}), \quad k = 1, 2, 3, \ldots, \quad \text{mit } g(x) \equiv x - \frac{f(x)}{f'(x)}$$

konvergiert gegen x^* für einen beliebigen Startwert $x_0 \in [x^* - \delta, x^* + \delta]$. □

Das Newton-Verfahren bietet auch eine Möglichkeit, die Wurzel aus einer reellen, nichtnegativen Zahl zu berechnen, wie uns das folgende Beispiel zeigt.

Beispiel 4.3. Bestimmt werden soll eine Näherung für $x = \sqrt{a}$, $a \in \mathbb{R}$ und $a \geq 0$. Ein erster Schritt besteht darin, die Wurzelberechnung in ein Nullstellenproblem für eine Funktion $f(x)$ zu überführen. Offensichtlich ist hier $f(x) = x^2 - a = 0$. Nun kann das Newton-Verfahren zur Berechnung einer Nullstelle der obigen Gleichung verwendet werden. Wir wollen dies für $a = 6$, d. h. $x = \sqrt{6}$ realisieren. Damit wir einen Vergleichswert haben, sei bereits bekannt, dass $x^* = \sqrt{6} = 2.449489742783178\ldots$ ist. Als Startwert für das Newton-Verfahren muss eine Zahl in der Nähe von x^* gewählt werden. Wir setzen deshalb $x^{(0)} = 2$. Für das Newton-Verfahren ergibt sich nun

$$x_k = x_{k-1} - \frac{f(x_{k-1})}{f'(x_{k-1})} = x_{k-1} - \frac{x_{k-1}^2 - 6}{2x_{k-1}}. \tag{4.20}$$

Mit dem gewählten Startwert $x^{(0)} = 2$ berechnen sich daraus die folgenden Iterierten (die geltenden Stellen sind unterstrichen):

$$x_1 = \underline{2}.5, \quad x_2 = \underline{2.4}5, \quad x_3 = \underline{2.449489}795918367, \quad x_4 = \underline{2.44948974278317}9.$$

Die in jedem Iterationsschritt erzeugten geltenden Stellen (gS) sind in der Tabelle 4.1 eingetragen. Somit verdoppeln sich in etwa die geltenden Stellen von Iterationsschritt zu Iterationsschritt.

Tab. 4.1: Geltende Stellen gS der Iterierten.

k	1	2	3	4
gS	1	2	7	14

Ein viel älteres Verfahren zur Berechnung einer Quadratwurzel geht auf Heron von Alaxandria[10] zurück. Es lässt sich auch direkt aus dem Newton-Verfahren herleiten:

---

10 Heron von Alaxandria war ein griechischer Mathematiker und Ingenieur des 1. Jahrhunderts nach Christus. In der Mathematik sind das sogenannte Heron-Verfahren und die Heronsche Formel nach ihm benannt.

$$x_k = x_{k-1} - \frac{x_{k-1}^2 - a}{2x_{k-1}} = \frac{x_{k-1}^2 + a}{2x_{k-1}}$$

$$= \left(x_{k-1} + \frac{a}{x_{k-1}} \right)/2. \tag{4.21}$$

Das Heron-Verfahren (4.21) benötigt pro Iterationsschritt an Aufwand nur 3 flops, während die direkte Umsetzung (4.20) des Newton-Verfahrens 5 flops erfordert. □

Wir wollen uns jetzt der zweiten Möglichkeit zuwenden, wie man lokal eine lineare Ersatzfunktion bestimmen kann, nämlich auf der Grundlage der Zweipunkte-Gleichung. In diesem Fall hat man zwei Startwerte x_0 und x_1 in der Nähe der Lösung x^* zu wählen sowie die zugehörigen Funktionswerte $f(x_0)$ und $f(x_1)$ zu berechnen. Die durch die beiden Punkte $(x_0, f(x_0))$ und $(x_1, f(x_1))$ verlaufende Gerade ist eine Sekante, die durch die folgende Zweipunkte-Gleichung bestimmt ist:

$$\frac{y - y_1}{x - x_1} = \frac{y_1 - y_0}{x_1 - x_0},$$

mit $y_0 = f(x_0)$ und $y_1 = f(x_1)$. Stellt man die obige Gleichung nach y um, dann ergibt sich die gesuchte *lineare* Ersatzfunktion zu

$$l_1(x) \equiv y_1 + \frac{y_1 - y_0}{x_1 - x_0}(x - x_1). \tag{4.22}$$

Als neue Näherung für die Nullstelle x^* von $f(x)$ wird die Nullstelle $x = x_2$ von $l_1(x)$ verwendet. Wir setzen deshalb

$$0 = y_1 + \frac{y_1 - y_0}{x_1 - x_0}(x - x_1)$$

und erhalten durch Umstellung nach x

$$x_2 = x_1 - \frac{f(x_1)(x_1 - x_0)}{f(x_1) - f(x_0)}. \tag{4.23}$$

Dieser Prozess wird nun weiter fortgesetzt, indem man jetzt die Sekante durch die Punkte

$$(x_1, f(x_1)) \quad \text{und} \quad (x_2, f(x_2))$$

legt und deren Nullstelle $x = x_3$ als neue Approximation für x^* verwendet. Daraus ergibt sich schließlich die allgemeine Iterationsvorschrift für das sogenannte *Sekanten-Verfahren*:

Man wähle zwei Startnäherungen x_0, x_1 in der Nähe von x^* und erzeuge eine Folge $\{x_k\}_{k=0}^{\infty}$ mittels der Iterationsvorschrift:

$$x_k = x_{k-1} - \frac{f(x_{k-1})(x_{k-1} - x_{k-2})}{f(x_{k-1}) - f(x_{k-2})}, \quad k = 1, 2, \ldots \qquad (4.24)$$

Das Sekanten-Verfahren lässt sich auch direkt aus dem Newton-Verfahren herleiten, indem man die Ableitung $f'(x_{k-1})$ geeignet approximiert und damit zu einem direkt implementierbaren Verfahren kommt. Die naheliegende Approximation

$$f'(x_{k-1}) \approx \frac{f(x_{k-1} + h) - f(x_{k-1})}{h}, \quad h > 0 \text{ hinreichend klein,}$$

würde jedoch in jedem Schritt eine zusätzliche Funktionswertberechnung $f(x_{k-1} + h)$ benötigen. Aus der Sicht des erforderlichen Rechenaufwandes ist es deshalb günstiger, für die genäherte Berechnung der Ableitung nur Funktionswerte in den Iterierten, d. h., $f(x_i)$, $i \in \{0, 1, 2, \ldots\}$, zuzulassen. Diese Funktionswerte werden für das Newton-Verfahren sowieso benötigt. Man erhält daraus die Approximationsvorschrift

$$f'(x_{k-1}) \approx \frac{f(x_{k-1}) - f(x_{k-2})}{x_{k-1} - x_{k-2}},$$

deren Genauigkeit sicher dann ausreicht, wenn die Iterierten bereits nahe bei der Lösung liegen. Setzt man diesen Näherungsausdruck in die Formel (4.18) des Newton-Verfahrens ein, dann resultiert das Sekanten-Verfahren (4.24).

In der Abbildung 4.8 ist das Sekanten-Verfahren grafisch dargestellt.

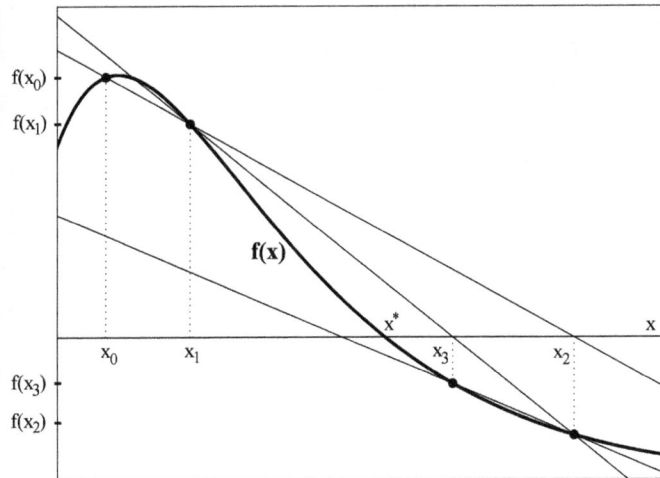

Abb. 4.8: Sekanten-Verfahren.

Die formelmäßige Darstellung (4.24) des Sekanten-Verfahrens ist jedoch für die Implementierung auf einem Rechner nicht gut geeignet, da häufig ein *Exponentenüberlauf* auftritt. Die folgende Umsetzung des Verfahrens (siehe auch das m-File 4.3) verhindert diesen Exponentenüberlauf und mögliche *Auslöschungen*, wenn man nur sichert, dass in jedem Iterationsschritt die Bedingung $|f(x_{k-1})| < |f(x_{k-2})|$ erfüllt ist (anderenfalls hat man lediglich x_{k-1} und x_{k-2} miteinander zu vertauschen):

$$x_k = x_{k-1} - \frac{(x_{k-2} - x_{k-1})s_k}{1 - s_k}, \quad s_k \equiv \frac{f(x_{k-1})}{f(x_{k-2})}, \quad k = 2, 3, \dots \tag{4.25}$$

Im m-File 4.3 ist das Sekanten-Verfahren als MATLAB-Funktion sekante dargestellt. Der Anwender hat eine weitere MATLAB-Funktion f bereitzustellen, die die Funktion $f(x)$ der Gleichung $f(x) = 0$ beschreibt.

m-File 4.3: sekante.m

```
1   function [x,afx,i,ind] = sekante(x0,x1,TOL,N0)
2   % function [x,afx,i,ind] = sekante(x0,x1,[TOL,N0])
3   % Berechnet eine Nullstelle von f(x) mit dem
4   % Sekanten-Verfahren
5   %
6   % x0,x1: Startwerte,
7   % TOL: Toleranz,
8   % N0: maximale Iterationsschrittanzahl,
9   % x: letzte Iterierte,
10  % afx: abs(f(x)),
11  % i: benoetigte Anzahl an Iterationen,
12  % ind: Information ueber den Rechenverlauf, mit:
13  % ind=1: Verfahren konvergiert, 'Loesung' x ist
            berechnet,
14  % ind=2: maximale Iterationsschrittanzahl N0
            ueberschritten.
15  %
16  i=0; qa=f(x0); qn=f(x1);
17  if nargin < 3, TOL=1e-12; N0=100; end
18  if abs(qa) > abs(qn)
19      xa=x0; xn=x1;
20  else
21      xa=x1; xn=x0; s=qn; qn=qa; qa=s;
22  end
23  while i < N0
24      s=qn/qa; r=1-s; t=s*(xa-xn); x=xn-t/r; fx=f(x);
25      if t == 0
26  % Sekanten-Verfahren nicht durchfuehrbar
27          ind=3; return
```

```
28        end
29        x=xn-t/r;
30        if abs(fx) < TOL
31 % x ist 'Loesung'
32            ind=1; afx=abs(f(x)); return
33        end
34        if abs(x-xn) < TOL*(1+abs(x))
35 % x ist 'Loesung'
36            ind=1; afx=abs(f(x)); return
37        end
38        i=i+1;
39        if abs(fx) > abs(qn)
40            xa=x; qa=fx;
41        else
42            xa=xn; qa=qn; xn=x; qn=fx;
43        end
44    end
45    % maximale Iterationsschrittanzahl N0 ueberschritten
46    afx=abs(f(x));
47    ind=2;
48 end
```

Bemerkung 4.1. Das Sekanten-Verfahren ist kein Spezialfall der gewöhnlichen Fixpunkt-Iteration $x_k = g(x_{k-1})$, wie wir sie am Anfang dieses Kapitels kennengelernt haben. Das Sekanten-Verfahren ist nämlich von der allgemeinen Gestalt

$$x_k = g(x_{k-1}, x_{k-2}),$$

d. h., x_k wird sowohl aus x_{k-1} als auch aus x_{k-2} berechnet. Eine solche Iterationsvorschrift, die auf zwei bereits berechneten Iterierten basiert, nennt man *Zweischritt-Verfahren*, während die Fixpunkt-Iteration und das Newton-Verfahren typische Vertreter eines *Einschritt-Verfahrens* sind. Gehen in die Funktion g mehr als nur eine Iterierte ein, dann spricht man allgemein von einem *Mehrschritt-Verfahren*. □

4.4 Das Verfahren von Müller

Die bisher betrachteten numerischen Verfahren zur Behandlung einer skalaren nichtlinearen Gleichung basieren alle auf dem Linearisierungsprinzip: die nichtlineare Funktion $f(x)$ wird lokal durch eine Gerade ersetzt und der Schnittpunkt dieser mit der x-Achse ergibt eine Näherung für die gesuchte Lösung x^*. Es liegt nun der Gedanke nahe, anstelle einer linearen Ersatzfunktion eine quadratische Parabel zu verwenden. Die hieraus resultierende Methode, die im Folgenden kurz vorgestellt werden soll, wird üblicherweise als das *Verfahren von Müller* [53] bezeichnet (in der englischsprachigen Literatur wird dieses Verfahren auch *Muller's method* genannt).

Es seien drei paarweise verschiedene Punkte

$$(x_0, f(x_0)), \quad (x_1, f(x_1)), \quad (x_2, f(x_2))$$

auf dem Graphen der Funktion $f(x)$ in der Nähe von $(x^*, 0)$ gegeben. Durch diese Punkte ist ein quadratisches Polynom $P_2(x)$ eindeutig festgelegt. Eine „passende" Nullstelle von $P_2(x)$ wird nun als neue (verbesserte) Approximation der Wurzel x^* von (4.6) verwendet. Ist das zugehörige Residuum noch zu groß, dann wählt man wiederum drei Kurvenpunkte (einschließlich der soeben ermittelten neuen Näherung) aus und setzt den Prozess entsprechend fort.

Wir wollen ohne Einschränkung der Allgemeinheit annehmen, dass x_2 augenblicklich die beste Approximation der Wurzel x^* darstellt. Dann werde die Variablentransformation $y = x - x_2$ durchgeführt. Wir setzen des Weiteren $h_0 \equiv x_0 - x_2$ und $h_1 \equiv x_1 - x_2$. Das quadratische Polynom in der neuen Variablen y sei

$$P_2(y) \equiv a y^2 + b y + c.$$

Wir bestimmen nun die noch unbestimmten Koeffizienten a, b und c, indem $P_2(y)$ an drei Punkten berechnet wird:

$$
\begin{aligned}
y = h_0: &\quad a \cdot h_0^2 + b \cdot h_0 + c = f(x_0) \equiv f_0, \\
y = h_1: &\quad a \cdot h_1^2 + b \cdot h_1 + c = f(x_1) \equiv f_1, \\
y = 0: &\quad a \cdot 0^2 + b \cdot 0 + c = f(x_2) \equiv f_2.
\end{aligned}
\tag{4.26}
$$

Aus der dritten Gleichung in (4.26) ergibt sich $c = f_2$. Substituiert man dies in die ersten beiden Gleichungen von (4.26) und verwendet die Definitionen $u_0 \equiv f_0 - f_2$, $u_1 \equiv f_1 - f_2$, dann resultiert das System

$$
\begin{aligned}
a h_0^2 + b h_0 &= f_0 - f_2 = u_0, \\
a h_1^2 + b h_1 &= f_1 - f_2 = u_1.
\end{aligned}
\tag{4.27}
$$

Eine Lösung von (4.27) lässt sich nun mit der *Cramerschen Regel* ermitteln. Die zugehörigen Determinanten berechnen sich zu

$$
D = \begin{vmatrix} h_0^2 & h_0 \\ h_1^2 & h_1 \end{vmatrix} = h_0 h_1 (h_0 - h_1),
$$

$$
D_1 = \begin{vmatrix} u_0 & h_0 \\ u_1 & h_1 \end{vmatrix} = u_0 h_1 - u_1 h_0,
\tag{4.28}
$$

$$D_2 = \begin{vmatrix} h_0^2 & u_0 \\ h_1^2 & u_1 \end{vmatrix} = u_1 h_0^2 - u_0 h_1^2.$$

Somit ergeben sich für die Koeffizienten a und b die Werte

$$a = \frac{D_1}{D} \quad \text{und} \quad b = \frac{D_2}{D}.$$

Nun kann man die Wurzeln $y = z_1$ und $y = z_2$ des Polynoms $P(y)$ bestimmen:

$$z_{1,2} = -\frac{2c}{b \pm \sqrt{b^2 - 4ac}}. \tag{4.29}$$

Aus Stabilitätsgründen wird man diejenige Wurzel in (4.29) verwenden, die den kleinsten Absolutbetrag besitzt (d. h.: ist $b > 0$, dann wählt man im Nenner das Pluszeichen; ist $b < 0$, dann das Minuszeichen; ist $b = 0$, dann kann + oder – verwendet werden). Die neue (verbesserte) Approximation für x^* ergibt sich schließlich zu

$$x_3 = x_2 + z_{1(2)}. \tag{4.30}$$

Nachdem x_3 berechnet wurde, braucht das Verfahren nur noch reinitialisiert zu werden. Hierzu wählt man x_1 und x_2 als diejenigen zwei Werte in der Menge $\{x_0, x_1, x_2\}$ aus, die am nächsten zu x_3 liegen. Das Verfahren wird dann mit x_1, x_2 und x_3 fortgesetzt (anstelle von x_0, x_1, x_2), d. h., man bestimmt entsprechend eine neue Näherung x_4. Damit ist ein Iterationsschritt des Verfahrens von Müller erklärt. Es erfordert nur die Berechnung eines Funktionswertes pro Iterationsschritt und kommt ohne Ableitungen von $f(x)$ aus.

Ist $a = 0$, dann geht $P_2(x)$ in eine Gerade und somit das Verfahren von Müller in das Sekanten-Verfahren über. Sind $a = b = 0$, dann liegt die Situation $f(x_0) = f(x_1) = f(x_2)$ vor. In diesem Falle muss man die Iteration mit veränderten Startwerten neu beginnen.

Obwohl das Verfahren von Müller i. allg. zur Berechnung *reeller* Wurzeln von $f(x)$ verwendet wird, kann es trotzdem vorkommen, dass man *komplexwertige* Approximationen erhält. Verantwortlich hierfür ist der Term $\sqrt{b^2 - 4ac}$ in (4.29). In diesen Fällen werden die Imaginärteile jedoch betragsmäßig klein sein und es ist deshalb zulässig, sie gleich Null zu setzen. Damit werden die Berechnungen wieder auf reelle Zahlen zurückgeführt.

Das Sekanten-Verfahren und das Verfahren von Müller legen nun folgende Verallgemeinerung nahe. Angenommen, man kennt $k + 1$ verschiedene Approximationen $x_{i-k}, \ldots, x_{i-1}, x_i$ einer Nullstelle x^* von $f(x)$. Dann bestimmt man das Interpolationspolynom $Q(x)$ vom Grade k mittels der Interpolationsbedingungen (siehe hierzu auch die Ausführungen im zweiten Band, Kapitel 1)

$$Q(x_{i-j}) = f(x_{i-j}), \quad j = 0, 1, \ldots, k,$$

und wählt als neue Approximation x_{i+1} diejenige Wurzel von $Q(x)$ aus, die am nächsten zu x_i liegt. Für $k = 1$ erhält man das Sekanten-Verfahren, während sich für $k = 2$ das Verfahren von Müller ergibt. Die Verfahren für $k \geq 3$ werden nur sehr selten betrachtet, da man für die Wurzeln der zugehörigen Interpolationspolynome keine einfach auszuwertenden Formel zur Hand hat.

4.5 Intervall-Verfahren

Die bisher betrachteten Verfahren erzeugen eine *Zahlenfolge*, die unter geeigneten Voraussetzungen gegen eine Lösung von (4.6) konvergiert. Es gibt auch eine Vielzahl von Methoden, die anstelle einer Zahlenfolge eine *Intervall-Folge* generieren, wobei die einzelnen Intervalle die zu approximierende Lösung x^* einschließen. Ein solches Intervall-Verfahren nennt man *konvergent*, wenn die Länge der zugehörigen Intervalle gegen Null geht. Der Hauptvorteil der Intervall-Verfahren ist in ihrer Natur begründet; man kann unmittelbar auf eine strenge Fehlereinschließung zurückgreifen. Ist nämlich $[a, b]$ ein Intervall, welches die Lösung x^* enthält, dann ergibt sich unmittelbar $|a - x^*| \leq |a - b|$. Der Nachteil dieser neuen Verfahrensklasse ist jedoch, dass ein Startintervall gefunden werden muss, das x^* enthält. Sind zwei Stellen a und b bekannt, für die $f(a)f(b) < 0$ gilt, und ist $f \in \mathbb{C}[a, b]$, dann besitzt f in $[a, b]$ mindestens eine Nullstelle, denn f muss alle Werte zwischen $f(a)$ und $f(b)$ annehmen, insbesondere den Wert 0 für ein x zwischen a und b.

Die einfachste Intervall-Technik ist das sogenannte *Bisektionsverfahren*. Sein Prinzip lässt sich wie folgt beschreiben. Angenommen, es ist ein Intervall $[a, b]$ bekannt, in dem sich mindestens eine Lösung x^* von (4.6) befindet. Zu Beginn des Verfahrens setzt man $a_1 \equiv a$ und $b_1 \equiv b$. Das Intervall $[a_1, b_1]$ wird nun in zwei gleich große Teilintervalle $[a_1, x_1]$ und $[x_1, b_1]$ unterteilt, wobei x_1 den zugehörigen Intervall-Mittelpunkt bezeichnet:

$$x_1 = \frac{1}{2}(a_1 + b_1). \tag{4.31}$$

Gilt $f(x_1) = 0$, dann ist die Nullstelle x^* durch $x = x_1$ gegeben. Ist dies nicht der Fall, dann besitzt $f(x_1)$ entweder dasselbe Vorzeichen wie $f(a_1)$ oder $f(b_1)$. Weisen $f(x_1)$ und $f(a_1)$ dasselbe Vorzeichen auf, dann liegt x^* in dem Intervall (x_1, b_1) und man setzt $a_2 \equiv x_1$ und $b_2 \equiv b_1$. Haben andererseits $f(x_1)$ und $f(a_1)$ unterschiedliche Vorzeichen, dann liegt x^* in dem Intervall (a_1, x_1) und man setzt $a_2 \equiv a_1$ und $b_2 \equiv x_1$. Der Prozess wird jetzt auf dem Teilintervall $[a_2, b_2]$ wiederholt, d. h., $[a_3, b_3], [a_4, b_4], \ldots$, werden gebildet. Jedes neue Teilintervall wird die Nullstelle x^* enthalten und halb so groß wie das vorherige Intervall sein. Da sich die Länge der Intervalle in jedem Iterationsschritt halbiert, konvergiert das Bisektionsverfahren stets.

Eine Aussage bezüglich der Konvergenzgeschwindigkeit des obigen Verfahrens findet sich im folgenden Satz.

Satz 4.4. *Es werde vorausgesetzt, dass* $f \in \mathbb{C}[a,b]$ *ist und* $f(a)f(b) < 0$ *gilt. Das Bisektionsverfahren erzeugt dann eine Folge von Intervall-Mittelpunkten* $\{x_k\}_{k=1}^{\infty}$, *die gegen eine in* $[a,b]$ *liegende Nullstelle* x^* *von (4.6) konvergiert mit der Eigenschaft*

$$|x_k - x^*| \le \frac{b-a}{2^k}, \quad k = 1, 2, \ldots \tag{4.32}$$

Beweis. Für jedes $k \ge 1$ hat man

$$b_k - a_k = \frac{1}{2^{k-1}}(b-a) \quad \text{und} \quad x^* \in (a_k, b_k).$$

Da sich nun für alle $k \ge 1$ der Intervall-Mittelpunkt zu $x_k = \frac{1}{2}(a_k + b_k)$ bestimmt, ergibt sich

$$|x_k - x^*| \le \frac{1}{2}(b_k - a_k) = \frac{b-a}{2^k}. \qquad \square$$

Im m-File 4.4 ist das Bisektionsverfahren als MATLAB-Funktion bisek.m implementiert. Der Anwender muss wiederum eine Funktion f bereitstellen, die die Funktion $f(x)$ beschreibt.

m-File 4.4: bisek.m

```
 1  function [xa,xb,i,ind] = bisek(a,b,TOL,N0)
 2  % function [xa,xb,i,ind] = bisek(a,b,[TOL,N0])
 3  % Berechnet eine Nullstelle f(x) mit
 4  % dem Bisektionsverfahren
 5  %
 6  % a und b: Intervallgrenzen mit a < b und f(a)*f(b)
         <0,
 7  % TOL: Toleranz,
 8  % N0: maximale Iterationsschrittanzahl,
 9  % xa,xb: [xa,xb] verkleinertes Intervall, das eine
10  % Nullstelle enthaelt,
11  % i: benoetigte Anzahl an Iterationen,
12  % ind: Information ueber den Rechenverlauf, mit:
13  % ind=1: Verfahren konvergiert, 'Loesung' x ist
         berechnet,
14  % ind=2: maximale Iterationsschrittanzahl N0
         ueberschritten.
15  %
16  i=0; xa=a; xb=b; fa=f(a);
17  if nargin < 3, TOL=1e-12; N0=100; end
```

```
18  while i < N0
19      x=(xa+xb)/2; fx=f(x);
20      if (b-a)/2 < TOL*(1+abs(a))
21  % x ist 'Loesung'
22          ind=1; return
23      end
24      i=i+1;
25      if fa*fx > 0
26          xa=x; fa=fx;
27      else
28          xb=x;
29      end
30  end
31  %    maximale Iterationsschrittanzahl N0
        ueberschritten
32  ind=2;
```

Anhand des folgenden Beispiels wollen wir das praktische Verhalten des Bisektionsverfahrens demonstrieren.

Beispiel 4.4. Gegeben seien die Funktion $f(x) \equiv x + e^x - 2$ sowie das Grundintervall $I \equiv [0,1]$. Da $f(0)f(1) < 0$ ist, befindet sich in I mindestens eine Nullstelle x^* von $f(x)$. Diese soll mit dem Bisektionsverfahren approximiert werden. Es ergibt sich die folgende Intervall-Folge:

$$[0,1], \quad [0,0.5], \quad [0.25,0.5], \quad [0.375,0.5], \quad [0.4375,0.5], \quad [0.4375,0.46875], \quad \dots$$

Nach 17 Iterationsschritten erhält man schließlich das Intervall $[0.44285,0.44286]$, in dem sich eine Nullstelle von $f(x)$ befindet. Die Länge 1 des Ausgangsintervalls hat sich somit auf etwa 10^{-5} reduziert. □

Die Anzahl der erforderlichen Iterationsschritte des Bisektionsverfahrens hängt von der Intervall-Länge ab und hat keinen Bezug zur tatsächlich verwendeten Funktion $f(x)$ (siehe Satz 4.4). Deshalb ist die Konvergenzgeschwindigkeit des Verfahrens extrem niedrig, sodass es in der Praxis sehr selten Verwendung findet. Man wird jedoch immer dann auf diese Intervall-Technik zurückgreifen, wenn die Funktion $f(x)$ stetig, aber nicht differenzierbar ist. Denn in diesem Falle sind das Newton-Verfahren und seine Modifikationen nicht sachgemäß.

Die obige Beschreibung des Bisektionsverfahrens ist traditionell. Die folgende Herleitung orientiert sich an der Strategie der Abschnitte 4.1 und 4.2, die nichtlineare Funktion $f(x)$ lokal durch eine lineare Funktion $l_1(x)$ zu approximieren. Beim Bisektionsverfahren ersetzt man nun $f(x)$ durch diejenige Gerade $l_1(x)$, die durch die Punkte

$(x_0, \text{sign}(f(x_0))$ und $(x_1, \text{sign}(f(x_1))$ verläuft. Gilt $f(x_0) < 0$ und $f(x_1) > 0$, so ergibt sich diese Gerade zu

$$l_1(x) = -1 + 2\frac{x - x_0}{x_1 - x_0}. \tag{4.33}$$

Wie man sich leicht davon überzeugen kann, ist $l_1(x) = 0$ für $x = (x_0 + x_1)/2$, d. h., die x-Achse wird von dieser Geraden genau im Intervall-Mittelpunkt geschnitten. Bei $l_1(x)$ handelt es sich aber um eine sehr grobe Approximation von $f(x)$, da die Funktionswerte von f vollständig ignoriert werden und nur die Vorzeichen in die Berechnungen eingehen. Die Abbildung 4.9 veranschaulicht diese Situation graphisch.

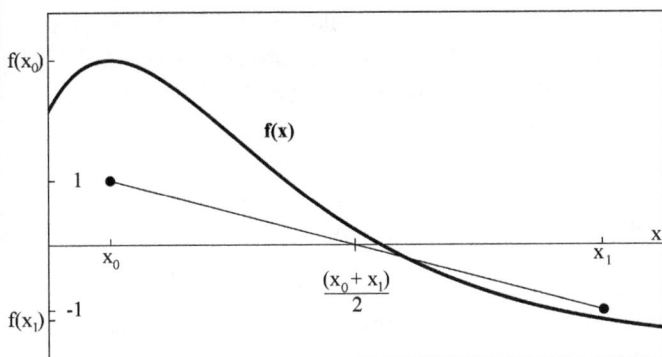

Abb. 4.9: Bisektionsverfahren.

Oftmals wird das Bisektionsverfahren fälschlicherweise auch als *Regula Falsi*[11] bezeichnet. Im Unterschied zum Bisektionsverfahren berechnet man aber hier anstelle des Intervall-Mittelpunktes den (vom Sekanten-Verfahren her bekannten) *Sekanten-Punkt*:

$$x_2 = x_1 - \frac{(x_1 - x_0)f(x_1)}{f(x_1) - f(x_0)}. \tag{4.34}$$

Die Strategie des Bisektionsverfahrens wird ansonsten beibehalten. Die Regula Falsi besitzt die negative Eigenschaft, in der Mehrzahl der Fälle nicht *intervallmäßig* zu konvergieren, d. h., die Intervall-Länge geht nicht gegen Null. Die Folge der Intervalle konvergiert dann gegen ein Intervall $[a^\star, b^\star]$, mit der Eigenschaft $b^\star - a^\star \neq 0$. Damit ist es im eigentlichen Sinne kein Intervall-Verfahren. Ein Randpunkt dieses Intervalls stimmt jedoch mit der gesuchten Lösung $x^\star$ überein. Dies lässt sich mit dem Sekanten-Verfahren

---

[11] Hierbei handelt es sich um eine sehr alte numerische Technik, die bereits im 5. Jahrhundert von indischen Mathematikern verwendet wurde. Der unter dem Namen *Fibonacci* bekannte und im 13. Jahrhundert lebende Leonardo Pisano nannte das Verfahren *regula duarum falsarum positionum*. Im 16. und 17. Jahrhundert wurde es u. a. als *regula positionum* abgekürzt.

einfacher erreichen! Wir wollen dieses Verhalten anhand des folgenden Beispiels demonstrieren.

Beispiel 4.5. Wie im Beispiel 4.4 seien die Funktion $f(x) \equiv x + e^x - 2$ sowie das Intervall $I \equiv [0, 1]$ gegeben. Die in I enthaltene Nullstelle x^* von $f(x)$ soll jetzt mit der Regula Falsi approximiert werden. Es ergibt sich die folgende Intervall-Folge:

$$[0, 1], \qquad [0.36788, 1], \qquad [0.43006, 1], \qquad [0.44067, 1], \qquad [0.44248, 1],$$
$$[0.44279, 1], \qquad [0.44284, 1], \qquad [0.44285, 1], \quad \ldots$$

Wie man sieht, verändert sich der rechte Randpunkt nicht, d. h., der Sekantenpunkt liegt immer *links* von der Nullstelle. Trotzdem kann man schließen, dass eine Nullstelle nahe bei $x = 0.44285$ liegt. Ein Vergleich mit der vom Bisektionsverfahren benötigten Anzahl von Iterationsschritten zeigt, dass die Regula Falsi hier schneller konvergiert. Eine vernünftige Einschließung durch die entstehenden Teilintervalle ist aber erwartungsgemäß nicht gegeben! $\qquad\qquad \square$

4.6 Fehleranalyse der Iterationsverfahren

In der Definition 3.1 wurde der Begriff der (theoretischen) Konvergenzordnung bzw. der Konvergenzgeschwindigkeit eines Iterationsverfahrens eingeführt. Danach besitzt ein Verfahren die Konvergenzordnung α, falls die absoluten Fehler $e_k \equiv x_k - x^*$ der zugehörigen Iterierten x_k für eine reelle Konstante $\beta \neq 0$ die folgende asymptotische Beziehung erfüllen:

$$\lim_{k \to \infty} \frac{|e_{k+1}|}{|e_k|^\alpha} = \beta. \tag{4.35}$$

Diese Beziehung kann auch für ein hinreichend großes k_0 in der äquivalenten Form

$$|e_{k+1}| = \beta |e_k|^\alpha \quad \text{für } k \geq k_0 \tag{4.36}$$

angegeben werden. Wichtig ist dabei in jedem Falle, dass es sich bei der Konvergenzordnung um eine asymptotische Größe handelt.

Um die numerischen Verfahren sachgemäß analysieren zu können sind noch einige weitere Begriffe und Kenngrößen erforderlich.

Definition 4.3. Es bezeichne wie bisher $e_k \equiv x_k - x^*$ den absoluten Fehler der k-ten Iterierten. Dann wird die Beziehung

$$e_{k+1} = \zeta \, e_k^\alpha + O(e_k^{\alpha+1}) \tag{4.37}$$

die zugehörige *Fehlergleichung* genannt. Wenn die Fehlergleichung existiert, dann ist α die Konvergenzordnung des Iterationsverfahrens [81, 57]. $\qquad\qquad \square$

Definition 4.4. Es sei r die von einem Verfahren pro Iterationsschritt benötigte Anzahl von Berechnungen der gegebenen Funktion f und ihrer Ableitungen. Die Effizienz des Iterationsverfahrens wird mit dem Konzept des *Effizienz-Index* gemessen, welcher zu

$$I_{\text{eff}} \equiv a^{\frac{1}{r}} \tag{4.38}$$

definiert ist, wobei a die Konvergenzordnung des Verfahrens bezeichnet [81]. □

Definition 4.5 (Vermutung von Kung und Traub [42]). Es sei $x_{k+1} = g(x_k)$ ein Iterationsverfahren, das pro Iterationsschritt r Funktionsberechnungen erfordert. Dann gilt

$$a(g) \le a_{\text{opt}} = 2^{r-1}, \tag{4.39}$$

wobei a_{opt} die maximale Konvergenzordnung bezeichnet. □

Definition 4.6. Die *numerische Konvergenzordnung* COC (engl. $\underline{C}$omputational $\underline{O}$rder of $\underline{C}$onvergence) einer konvergenten Folge $\{x_k\}_{k \ge 0}$ ist definiert zu

$$\bar{a}_k \equiv \frac{\ln |e_{k+1}/e_k|}{\ln |e_k/e_{k-1}|}, \tag{4.40}$$

wobei x_{k-1}, x_k und x_{k+1} drei aufeinanderfolgende Iterierte in der Nähe der Nullstelle x^* sind und $e_k = x_k - x^*$ gilt (siehe [85]). □

Ein wesentlicher Nachteil der numerischen Konvergenzordnung ist, dass für ihre Bestimmung die exakte Lösung x^* bekannt sein muss. Um dies zu vermeiden, wird in [24] die approximierte numerische Konvergenzordnung eingeführt.

Definition 4.7. Die *approximierte numerische Konvergenzordnung* (ACOC) einer konvergenten Folge $\{x_k\}_{k \ge 0}$ ist definiert zu

$$\hat{a}_k \equiv \frac{\ln |\hat{e}_{k+1}/\hat{e}_k|}{\ln |\hat{e}_k/\hat{e}_{k-1}|}, \tag{4.41}$$

mit $\hat{e}_k \equiv x_k - x_{k-1}$. □

In der Arbeit [24] wird nun gezeigt, dass für alle gegen x^* konvergierenden Folgen $\{x_k\}$, die mit einem Startwert x_0 nahe bei x^* beginnen, die Werte von $\bar{a}_k$ und $\hat{a}_k$ für $k \to \infty$ gegen die (theoretische) Konvergenzordnung a konvergieren.

Wir kommen abschließend noch zu einem Begriff, der für die Anwendung eines Iterationsverfahrens eine wichtige Rolle spielt.

Definition 4.8. Der *Einzugsbereich* E(f, x^*) eines Iterationsverfahrens ist die Menge aller Startwerte x_0, welche bei dessen Anwendung auf die nichtlineare Gleichung (4.6) nach unendlich vielen Iterationsschritten eine gegen die exakte Lösung x^* konvergierende Folge $\{x_k\}_{k=0}^{\infty}$ liefern. Der Einzugsbereich E(f, x^*) ist eine Teilmenge vom Definitionsbereich D(f) der gegebenen Funktion $f(x)$. Gehört der gesamte Definitionsbereich zum Einzugsbereich eines Verfahrens, dann spricht man von *globaler Konvergenz*. Umfasst der Einzugsbereich hingegen nur eine (kleine) Umgebung der Lösung x^*, so spricht man von *lokaler Konvergenz*. □

Wir betrachten jetzt die zur Lösung der Fixpunkt-Gleichung $x = g(x)$ sachgemäße Fixpunkt-Iteration $x_k = g(x_{k-1}), k = 1, 2, \ldots$ Die folgenden Voraussetzungen mögen dabei erfüllt sein:

Voraussetzung 4.2.
1. $g \in \mathbb{C}^1(a, b)$,
2. g ist eine Selbstabbildung auf $I \equiv [a, b]$, und
3. $|g'(x)| \leq L < 1$ für alle $x \in (a, b)$. □

Der Satz 4.2 sagt dann aus, dass g einen eindeutigen Fixpunkt $x^* \in I$ besitzt und dass für $x_0 \in I$ die durch (4.10) definierte Folge $\{x_k\}_{k=0}^{\infty}$ gegen x^* konvergiert.

Wir wollen jetzt zeigen, dass die Konvergenz immer dann *linear* sein wird, wenn die Beziehung $g'(x^*) \neq 0$ erfüllt ist. Für eine positive ganze Zahl k gilt:

$$e_{k+1} \equiv x_{k+1} - x^* = g(x_k) - g(x^*) = g'(\xi_k)(x_k - x^*) = g'(\xi_k)e_k; \quad \xi_k \in (x_k, x^*).$$

Aus $\{x_k\}_{k=0}^{\infty} \to x^*$ folgt $\{\xi_k\}_{k=0}^{\infty} \to x^*$. Da g' als stetig auf (a, b) vorausgesetzt wurde, gilt die Beziehung $\lim_{k \to \infty} g'(\xi_k) = g'(x^*)$. Dies impliziert nun

$$\lim_{k \to \infty} \frac{|e_{k+1}|}{|e_k|} = \lim_{k \to \infty} |g'(\xi_k)| = |g'(x^*)|, \quad \text{d. h.} \quad \lim_{k \to \infty} \frac{|e_{k+1}|}{|e_k|^1} = |g'(x^*)|.$$

Somit besitzt die Fixpunkt-Iteration immer dann eine lineare Konvergenzordnung, falls $g'(x^*) \neq 0$ gilt. Konvergenz höherer Ordnung ist nur im Falle $g'(x^*) = 0$ möglich.

Um das Verhalten linear konvergenter Verfahren mit dem quadratisch konvergenter Techniken zu vergleichen, nehmen wir an, dass zwei Iterationsverfahren zur Verfügung stehen, mit:

$$\lim_{k \to \infty} \frac{|e_{k+1}|}{|e_k|} = \beta, \quad \text{mit } 0 < \beta < 1, \quad \text{und}$$

$$\lim_{k \to \infty} \frac{|\tilde{e}_{k+1}|}{|\tilde{e}_k|^2} = \tilde{\beta}, \quad \text{mit } \tilde{\beta} > 0, \quad |\tilde{\beta}\tilde{e}_0| < 1.$$

Zur Vereinfachung werde vorausgesetzt, dass für alle hinreichend großen k das asymptotische Verhalten der Fehler-Folgen bereits eingetreten ist (siehe die Formel (4.36)), d. h., es möge

$$|e_{k+1}| = \beta |e_k| \quad \text{und} \quad |\tilde{e}_{k+1}| = \tilde{\beta} |\tilde{e}_k|^2$$

gelten. Hieraus erhält man

$$|e_{k+1}| = \beta^{k+1}|e_0|,$$

$$|\tilde{e}_{k+1}| = \tilde{\beta}|\tilde{e}_k|^2 = \tilde{\beta}\tilde{\beta}^2|\tilde{e}_{k-1}|^4 = \cdots = \tilde{\beta}^{2^{k+1}-1}|\tilde{e}_0|^{2^{k+1}} = \left(\tilde{\beta}|\tilde{e}_0|\right)^{2^{k+1}-1}|\tilde{e}_0|. \tag{4.42}$$

Die Formeln (4.42) können auch dazu verwendet werden, um die Anzahl erforderlicher Iterationsschritte zur Erreichung einer vorgegebenen Fehlertoleranz der Lösung abzuschätzen.

Beispiel 4.6. Gegeben seien die Fixpunkt-Iteration $x_{k+1} = g(x_k) = \ln(2 - x_k)$ sowie der Startwert $x_0 = 1$. Der zugehörige Fixpunkt ist $x^* = 0.44285\ldots$

Es soll abgeschätzt werden, wie viele Iterationsschritte N erforderlich sind, damit für den Fehler der $(k + 1)$-ten Iterierten $|e_{k+1}| \leq 10^{-6}$ gilt.

Lösung: Wir wollen im Weiteren 5 Stellen nach dem Dezimalpunkt verwenden. Für die Iterationsfunktion $g(x) = \ln(2 - x)$ bestimmt sich die erste Ableitung zu

$$g'(x^*) = \frac{1}{2 - x^*} = 0.64220.$$

Folglich liegt ein linear konvergentes Verfahren vor und es ist $\beta = g'(x^*) = 0.64220$. Für den Fehler des Startwertes gilt $|e_0| = 0.55715$.

Somit muss

$$\beta^{N+1}|e_0| = (0.64220)^{N+1} \cdot 0.55715 \leq 10^{-6}$$

gelten. Man berechnet nun:

$$N + 1 \geq \frac{-13.231}{-0.44286} = 29.875, \quad \text{d.h.} \quad N \approx 29.$$

Damit sind etwa 29 Iterationsschritte erforderlich, um die Lösung mit der vorgegebenen Genauigkeit zu berechnen. □

Es soll nun anhand eines Beispiels gezeigt werden, dass bei einem quadratisch konvergenten Verfahren viel weniger Iterationsschritte zum Erreichen einer vorgegebenen Genauigkeit erforderlich sind als bei einem linear konvergenten Verfahren.

Beispiel 4.7. Ausgangspunkt seien wieder die Formeln (4.42). Wir wollen hier von der folgenden (nicht außergewöhnlichen) Konstellation ausgehen: $|e_0| = |\tilde{e}_0| = 1$, $\beta = \tilde{\beta} = 0.75$. Bestimmt werden soll die erforderliche Anzahl N von Iterationsschritten, damit der Fehler gleich oder kleiner 10^{-8} ist.

1. Für das linear konvergente Verfahren berechnet man entsprechend den obigen Ausführungen

$$0.75^{N+1} \leq 10^{-8} \quad \hookrightarrow \quad N + 1 \geq \frac{-8}{\log_{10} 0.75} \approx 64.$$

Somit benötigt ein Verfahren mit der Konvergenzordnung Eins ungefähr 63 Iterationsschritte, um die geforderte Genauigkeit zu erreichen.

2. Für das quadratisch konvergente Verfahren ergibt sich demgegenüber:

$$0.75^{2^{N+1}-1} \le 10^{-8} \quad \hookrightarrow \quad 2^{N+1} - 1 \ge \frac{-8}{\log_{10} 0.75} \approx 64,$$

d. h., das Verfahren mit der Konvergenzordnung 2 benötigt zur Lösung der gestellten Aufgabe nicht mehr als 5 oder 6 Iterationsschritte. □

Eine andere wichtige Eigenschaft quadratisch konvergenter Verfahren lässt sich wie folgt illustrieren. Nimmt man einmal $x_k \approx 1$ an und stellt den Fehler in der Form $|e_k| = 10^{-b_k}, b_k > 0$, dar, dann stimmt b_k im Wesentlichen mit der Anzahl geltender Ziffern der k-ten Iterierten überein. Aus $|e_{k+1}| = \beta|e_k|^2$ folgt unmittelbar

$$10^{-b_{k+1}} = \beta 10^{-2b_k} \quad \hookrightarrow \quad -b_{k+1} = \log_{10}\beta - 2b_k \quad \hookrightarrow \quad b_{k+1} = 2b_k - \log_{10}\beta.$$

Letztere Gleichung sagt aus, dass sich die Anzahl geltender Ziffern in jedem Schritt ungefähr verdoppelt.

Bemerkung. Bei den bisherigen Betrachtungen sind wir immer davon ausgegangen, dass der Iterationsindex k oberhalb eines k_0 liegt, ab dem erst die Beziehung (4.36) gilt. Bis dahin kann die Iteration viel langsamer vonstattengehen. Dies legt die Idee nahe, in manchen Situationen ein sogenanntes *hybrides* Verfahren zu verwenden, das aus der Kombination eines Intervall-Verfahrens und einem sich anschließenden schnell konvergenten Verfahren ($\alpha \gg 1$) besteht. Das stets konvergente, aber sehr langsame Intervall-Verfahren dient nur dazu, mit den Iterierten in die Nähe des Bereichs zu kommen, ab dem die Formel (4.36) gilt.

Diese günstigen Eigenschaften quadratisch konvergenter Verfahren führen auf die Frage, welche speziellen Schemata nun die Konvergenzordnung 2 besitzen. Der nachfolgende Satz gibt eine Antwort darauf.

Satz 4.5. *Es sei x^* eine Lösung von $x = g(x)$. Diese erfülle $g'(x^*) = 0$ und g'' sei auf einem offenen Intervall, das x^* enthält, stetig. Dann existiert ein $\delta > 0$, sodass für jedes $x_0 \in [x^* - \delta, x^* + \delta]$ die Fixpunkt-Iteration mindestens zu einem quadratischen Schema wird. Ist des Weiteren $0 < \frac{|g''(x)|}{2} \le M$ für alle $x \in [x^* - \delta, x^* + \delta]$ erfüllt und gilt $M|e_0| < 1$, dann wird die Fixpunkt-Iteration mit der Konvergenzordnung 2 konvergieren.*

Beweis. Man wählt ein $\delta > 0$, sodass auf dem zugehörigen Intervall $[x^* - \delta, x^* + \delta]$ gilt: $|g'(x)| \le L < 1$ und g'' ist stetig. Die Bedingung $|g'(x)| \le L < 1$ sichert, dass die Glieder der Folge $\{x_k\}_{k=0}^\infty$ in $[x^* - \delta, x^* + \delta]$ enthalten sind. Die Funktion $g(x)$ möge jetzt für $x \in [x^* - \delta, x^* + \delta]$ in eine Taylorreihe entwickelt werden:

$$g(x) = g(x^*) + g'(x^*)(x - x^*) + \frac{g''(x^*)}{2}(x - x^*)^2 + O((x - x^*)^3).$$

Die Voraussetzungen $g(x^*) = x^*$ und $g'(x^*) = 0$ ergeben

$$g(x) = x^* + \frac{g''(x^*)}{2}(x - x^*)^2 + O((x - x^*)^3).$$

Speziell für $x = x_k$ folgt daraus

$$x_{k+1} = g(x_k) = x^* + \frac{g''(x^*)}{2}(x_k - x^*)^2 + O((x_k - x^*)^3).$$

Dies impliziert unmittelbar die in der Definition 4.3 erklärte Fehlergleichung

$$e_{k+1} = \zeta e_k^2 + O(e_k^3), \quad \text{mit } \zeta = \frac{g''(x^*)}{2}. \tag{4.43}$$

Da $|g'(x)| \leq L < 1$ auf $[x^* - \delta, x^* + \delta]$ ist und g das Intervall $[x^* - \delta, x^* + \delta]$ in sich abbildet, ergibt sich mit dem Satz 4.2, dass die Folge $\{x_k\}_{k=0}^{\infty}$ gegen x^* bzw. die Folge $\{e_k\}_{k=0}^{\infty}$ gegen Null konvergiert. Verwendet man dies in der Formel (4.43), so ergibt sich

$$\lim_{k \to \infty} \frac{|e_{k+1}|}{|e_k|^2} = |\zeta|.$$

Gilt $g''(x^*) \neq 0$, dann ist die Beziehung (4.35) mit $\beta = |\zeta|$ erfüllt und es liegt ein Verfahren 2. Ordnung vor. Anderenfalls ist es von noch höherer Konvergenzordnung. Gilt weiter $0 < \frac{|g''(x)|}{2} \leq M$ für alle $x \in [x^* - \delta, x^* + \delta]$, dann berechnet man

$$|e_{k+1}| \leq M |e_k|^2 \leq M^3 |e_{k-1}|^4 \leq \cdots \leq (M |e_0|)^{2^{k+1}-1} |e_0|.$$

Die Voraussetzung $M |e_0| < 1$ erweist sich deshalb als hinreichend dafür, dass das quadratische Schema konvergent ist. $\quad\square$

Wir wollen jetzt die Konvergenzordnung des Newton-Verfahrens (4.18) untersuchen. Die zugehörige Iterationsfunktion $g(x)$ besitzt die in (4.19) angegebene Gestalt

$$g(x) = x - \frac{f(x)}{f'(x)}.$$

Die Ableitung $g'(x)$ berechnet sich daraus zu

$$g'(x) = 1 - \frac{f'(x)f'(x) - f(x)f''(x)}{(f'(x))^2} = \frac{f(x)f''(x)}{(f'(x))^2}.$$

Nach dem Satz 4.5 ist für die Konvergenzordnung des Verfahrens das Verhalten von $g'(x)$ in der Lösung x^* entscheidend. Es ist

$$g'(x^*) = \frac{f(x^*)f''(x^*)}{(f'(x^*))^2}.$$

Da der Zähler unabhängig vom Wert $f''(x^*)$ wegen $f(x^*) = 0$ verschwindet und vorausgesetzt wurde, dass x^* eine einfache Lösung ist (d. h. $f'(x^*) \neq 0$), erfüllt das Newton-Verfahren die wichtige Beziehung $g'(x^*) = 0$. Somit liegt mindestens quadratische Konvergenz vor. Darüber hinaus lässt sich mit einer einfachen Rechnung bestätigen, dass $g''(x^*) \neq 0$ gilt, was nun impliziert, dass das Newton-Verfahren genau die Konvergenzordnung $\alpha = 2$ besitzt.

Die soeben bestimmte (theoretische) Konvergenzordnung wollen wir jetzt auf der Grundlage der Definitionen 4.6 und 4.7 numerisch bestätigen. Um die Folgen der zugehörigen $\bar{a}_k$ und $\hat{a}_k$ sachgemäß bestimmen zu können, muss die Rechnung mit extrem hoher Genauigkeit durchgeführt werden. Wir haben hierzu das Newton-Verfahren unter Verwendung des symbolic tool der MATLAB realisiert.

Beispiel 4.8. Wie im Beispiel 4.1 sei die Gleichung

$$f(x) = x + e^x - 2 = 0$$

gegeben. Ausgehend vom Startwert $x_0 = 0$ ergeben sich mit dem Newton-Verfahren die in der Tabelle 4.2 angegebenen Iterierten.

Tab. 4.2: Mit dem Newton-Verfahren berechnete Iterierte $x_0, \ldots, x_7$.

k	x_k
0	0
1	0.5
2	0.4438516719953635884027485856362288031168015867277245923 51
3	0.4428547038297466202547850292303622661079313462695554405 16
4	0.4428544010024165043357813202850430587947095713040666692 514
5	0.4428544010023885831413280002366991280421575885460167864 11
6	0.4428544010023885831413279999933681971626212937347968473 5
7	0.4428544010023885831413279999933681971626212937347968471 8

In der Tabelle 4.3 sind nun die zur Bestimmung der numerischen Konvergenzordnung (COC) und der approximierten numerischen Konvergenzordnung (ACOC) erforderlichen $\bar{a}_k$ und $\hat{a}_k$ aufgeführt. Für deren Berechnung wurde auf die Iterierten in der Tabelle 4.2 zurückgegriffen. Es ist offensichtlich, dass die beiden Folgen gegen den Grenzwert 2 (theoretische Konvergenzordnung des Newton-Verfahrens) konvergieren. □

Im k-ten Schritt des Newton-Verfahrens hat man die beiden Funktionswerte $f(x_k)$ und $f'(x_k)$ zu berechnen. Damit sind in der Definition 4.4 $r = 2$ und $\alpha = 2$ zu setzen, sodass sich für das Newton-Verfahren der zugehörige Effizienz-Index zu $I_{\text{eff}} = \sqrt{2} = 1.41421\ldots$ ergibt.

Tab. 4.3: $\bar{a}_k$ und $\hat{a}_k$ für das Newton-Verfahren (4.18).

k	$\bar{a}_k$	$\hat{a}_k$
1	1.9770749472230733404585710872602	
2	2.0007273901071053392166197298341	1.8435071367048302
3	2.0000070943984308945639651939039	2.0092394811282114
4	2.0000000010791534502668414513783	2.0000820550739513
5	2.0000000000000000497499147968716	2.0000000124625780
6	2.0000000000000000000000000000002	2.0000000000000005

Des Weiteren ist hier die Vermutung von Kung und Traub (siehe die Definition 4.5) mit $r = 2$ erfüllt und das Newton-Verfahren besitzt die optimale Konvergenzordnung.

Alle bisherigen Betrachtungen basierten auf der Hypothese, dass das Ausgangsproblem (4.1) eine einfache (und damit auch isolierte) Lösung besitzt. Wir wollen jetzt die folgenden Fragen beantworten:

1. Welche Lösungen x^*, für die $f'(x^*) = 0$ gilt, können noch mit Modifikationen der bisher genannten numerischen Standardtechniken berechnet werden?
2. Wie sehen derartige Modifikationen aus?

Ist x^* eine *mehrfache* Nullstelle von (4.6), dann lassen sich stets eine *eindeutige* Funktion $q(x)$ sowie eine positive ganze Zahl m finden, sodass

$$f(x) = (x - x^*)^m q(x), \quad q(x^*) \neq 0 \tag{4.44}$$

gilt. Die Zahl m wird als *Vielfachheit* der Wurzel x^* bezeichnet. Es ist offensichtlich, dass eine solche mehrfache Wurzel ebenfalls isoliert ist, obwohl die Beziehung $f'(x^*) \neq 0$ nicht mehr gilt. Wendet man nun das Newton-Verfahren zur Bestimmung dieser mehrfachen Wurzel an, dann ergibt sich der im Folgenden dargestellte Sachverhalt. Die Substitution von (4.44) in die Darstellung (4.19) von $g'(x)$ erfordert die Berechnung von $f'(x)$ und $f''(x)$. Man erhält

$$\begin{aligned}
f'(x) &= m(x - x^*)^{m-1} q(x) + (x - x^*)^m q'(x) \\
&= (x - x^*)^{m-1}\{mq(x) + (x - x^*)q'(x)\}, \\
f''(x) &= (m - 1)(x - x^*)^{m-2}\{mq(x) + (x - x^*)q'(x)\} \\
&\quad + (x - x^*)^{m-1}\{mq'(x) + q'(x) + (x - x^*)q''(x)\} \\
&= (x - x^*)^{m-2}\{m(m - 1)q(x) + 2m(x - x^*)q'(x) + (x - x^*)^2 q''(x)\}, \\
f'(x)^2 &= (x - x^*)^{m-1}(x - x^*)^{m-1}\{mq(x) + (x - x^*)q'(x)\}^2.
\end{aligned}$$

Hieraus folgt

$$g'(x) = \frac{m(m-1)q(x)^2 + 2m(x-x^*)q(x)q'(x) + (x-x^*)^2 q(x)q''(x)}{m^2 q(x)^2 + 2m(x-x^*)q(x)q'(x) + (x-x^*)^2 q'(x)^2}.$$

Schließlich ergibt sich

$$\lim_{x \to x^*} g'(x) = \frac{m^2 - m}{m^2} = 1 - \frac{1}{m} \quad (\neq 0). \tag{4.45}$$

Somit konvergiert das Newton-Verfahren nur noch *linear*, falls x^* eine mehrfache Nullstelle von $f(x)$ ist. Des Weiteren wird $f'(x_{k-1})$ für wachsendes k immer kleiner, sodass mit numerischen Problemen wie Exponentenüberlauf gerechnet werden muss. Man spricht in diesem Falle von einer *numerischen Singularität*. Eine durch praktische Erfahrungen belegte Regel sagt aus, dass man im Falle einer mehrfachen Nullstelle diese mit dem Newton-Verfahren nur noch auf etwa die Hälfte der verwendeten Mantissenstellen approximieren kann. Es ergibt auch keinen Sinn die Iteration darüber hinaus fortzusetzen, da das Ergebnis durch die numerischen Fehler dann wieder verfälscht wird.

Durch die folgenden Überlegungen lässt sich auf der Basis des Newton-Verfahrens jedoch wieder ein *quadratisch* konvergentes Verfahren zur numerischen Approximation mehrfacher Wurzeln konstruieren. Die erwähnten Probleme mit der numerischen Singularität bleiben jedoch bestehen. Angenommen, es ist bekannt, dass $f(x)$ eine m-fache Nullstelle x^* besitzt. Dann ist es sachgemäß (im Hinblick auf die Beibehaltung einer relativ hohen Konvergenzordnung), die Iterationsfunktion des Newton-Verfahrens wie folgt zu modifizieren

$$\tilde{g}(x) = x - \frac{m f(x)}{f'(x)}. \tag{4.46}$$

Das so modifizierte Newton-Verfahren nimmt damit die Gestalt

$$x_k = x_{k-1} - \frac{m f(x_{k-1})}{f'(x_{k-1})} \tag{4.47}$$

an. Man berechnet

$$\tilde{g}'(x) = 1 - m + m \frac{f(x) f''(x)}{f'(x)^2} = 1 - m + m g'(x).$$

Deshalb ergibt sich unter Beachtung von (4.45)

$$\lim_{x \to x^*} \tilde{g}'(x) = 1 - m + m\left(1 - \frac{1}{m}\right) = 0.$$

Das modifizierte Newton-Verfahren (4.47) konvergiert somit im Falle einer m-fachen Nullstelle x^* von $f(x)$ wieder quadratisch. Es besitzt wie das ursprüngliche Newton-Verfahren den Effizienz-Index $I_{\text{eff}} = \sqrt{2}$ und ist optimal.

Die Vielfachheit der Nullstelle ist aber i. allg. nicht a priori bekannt. Man kann sich dann folgendermaßen helfen. Aus der Darstellung (4.44) von $f(x)$ ergibt sich

$$f'(x) = m\left(x - x^*\right)^{m-1} q(x) + \left(x - x^*\right)^m q'(x).$$

Man betrachtet nun anstelle der Ausgangsgleichung $f(x) = 0$ die nichtlineare Gleichung $\Phi(x) = 0$, wobei die Funktion $\Phi(x)$ wie folgt definiert ist

$$\Phi(x) \equiv \frac{f(x)}{f'(x)} = \left(x - x^*\right) \frac{q(x)}{m\,q(x) + (x - x^*)\,q'(x)} \equiv \left(x - x^*\right) \hat{q}(x).$$

Offensichtlich stellt x^* auch eine Nullstelle von $\Phi(x)$ dar, die wegen $\hat{q}(x^*) \neq 0$ zu einer *einfachen* Nullstelle von Φ geworden ist. Das Newton-Verfahren sollte deshalb nicht auf die Ausgangsgleichung, sondern auf $\Phi(x) = 0$ angewendet werden, um quadratische Konvergenz zu erzielen. Die zugehörige Iterationsvorschrift lautet:

$$x_k = x_{k-1} - \frac{\Phi(x_{k-1})}{\Phi'(x_{k-1})}, \quad k = 1, 2, \ldots$$

In Termen der Funktion $f(x)$ lässt sich dieses modifizierte Newton-Verfahren wie folgt schreiben:

$$x_k = x_{k-1} - \frac{f(x_{k-1})f'(x_{k-1})}{f'(x_{k-1})^2 - f(x_{k-1})f''(x_{k-1})}. \tag{4.48}$$

Hierbei ist aber zu beachten, dass die quadratische Konvergenz der Iterationsfolge durch die Berechnung höherer Ableitungen von f erkauft wird. Da in (4.48) drei Funktionen berechnet werden müssen (d. h. es ist $r = 3$), verschlechtert sich der Effizienz-Index zu $I_{\text{eff}} = \sqrt[3]{2} = 1.2599\ldots$. Auch ist dann die Konvergenzordnung nicht mehr optimal (siehe die Definition 4.5). Hat man beim Newton-Verfahren „nur" $f'(x)$ analytisch zu bestimmen, so muss in der Vorschrift (4.48) darüber hinaus $f''(x)$ gebildet und berechnet werden. Dies stellt einen nicht unerheblichen Aufwand dar.

Wir wollen jetzt der Frage nachgehen, inwieweit sich eine numerische Approximation der ersten Ableitung beim Newton-Verfahren – also der Übergang zum Sekanten-Verfahren – auf die Konvergenzgeschwindigkeit auswirkt. Das Sekanten-Verfahren lautet in der Darstellung (4.24):

$$x_k = x_{k-1} - f(x_{k-1}) \frac{x_{k-1} - x_{k-2}}{f(x_{k-1}) - f(x_{k-2})}.$$

Der absolute Fehler $e_k \equiv x_k - x^*$ der Iterierten x_k berechnet sich deshalb zu

$$\begin{aligned}
e_k &= e_{k-1} - \frac{f(x_{k-1})}{f(x_{k-1}) - f(x_{k-2})}(e_{k-1} - e_{k-2}) \\
&= e_{k-1} - \frac{f(x^* + e_{k-1})}{f(x^* + e_{k-1}) - f(x^* + e_{k-2})}(e_{k-1} - e_{k-2}).
\end{aligned} \tag{4.49}$$

An der Stelle $x = x^*$ werde $f(x)$ in eine Taylorreihe entwickelt.

$$f(x^* + e_{k-1}) = e_{k-1}f'(x^*) + \frac{1}{2}e_{k-1}^2 f''(x^*) + \cdots,$$

$$f(x^* + e_{k-2}) = e_{k-2}f'(x^*) + \frac{1}{2}e_{k-2}^2 f''(x^*) + \cdots.$$

Die Differenz beider Reihen ergibt

$$f(x^* + e_{k-1}) - f(x^* + e_{k-2})$$
$$= (e_{k-1} - e_{k-2})f'(x^*) + \frac{1}{2}(e_{k-1} - e_{k-2})(e_{k-1} + e_{k-2})f''(x^*) + \cdots$$

Die Substitution der Reihenentwicklungen in (4.49) führt auf

$$e_k = e_{k-1} - \frac{(e_{k-1}f'(x^*) + \frac{1}{2}e_{k-1}^2 f''(x^*) + \cdots)(e_{k-1} - e_{k-2})}{(f'(x^*) + \frac{1}{2}(e_{k-1} + e_{k-2})f''(x^*) + \cdots)(e_{k-1} - e_{k-2})}$$

$$= \frac{\frac{1}{2}e_{k-1}e_{k-2}f''(x^*) + \text{T.h.O.}}{f'(x^*) + \text{T.h.O.}}; \quad \text{T.h.O.} \doteq \text{Terme höherer Ordnung}$$

Im Sinne einer *asymptotisch* gültigen Analyse des Konvergenzverhaltens, d. h. für hinreichend kleine $|e_{k-1}|$ und $|e_{k-2}|$, gilt deshalb

$$|e_k| \asymp \left|\frac{f''(x^*)}{2f'(x^*)}\right| |e_{k-1}| |e_{k-2}|.$$

Definiert man $C \equiv |\frac{f''(x^*)}{2f'(x^*)}|$, dann ergibt sich daraus die (genäherte) Differenzengleichung

$$|e_k| = C |e_{k-1}| |e_{k-2}|. \tag{4.50}$$

Wir versuchen, diese Differenzengleichung mit dem Ansatz

$$|e_{k-1}| = K |e_{k-2}|^r, \quad K > 0, \quad r \geq 1, \tag{4.51}$$

zu lösen. Mit (4.51) gilt auch $|e_k| = K|e_{k-1}|^r$. Deshalb ist

$$|e_k| = K |e_{k-1}|^r = K K^r |e_{k-2}|^{r^2}. \tag{4.52}$$

Die Substitution des Ansatzes (4.51) in die Differenzengleichung (4.50) ergibt

$$|e_k| = C |e_{k-1}| |e_{k-2}| = C K |e_{k-2}|^{r+1}. \tag{4.53}$$

Setzt man schließlich die Ausdrücke (4.52) und (4.53) für $|e_k|$ gleich, so resultiert

$$KK^r |e_{k-2}|^{r^2} = CK |e_{k-2}|^{r+1}.$$ (4.54)

Diese Gleichung kann für alle (hinreichend große) k nur dann gelten, falls:

$$C = K^r \quad \text{und} \quad r^2 = r + 1.$$

Die positive Lösung der quadratischen Gleichung lautet $r = \frac{1}{2}(1 + \sqrt{5}) = 1.618\ldots$ Für die Konvergenzordnung α und die asymptotische Fehlerkonstante β des *Sekanten-Verfahrens* erhält man damit

$$\alpha = r = \frac{1}{2}(1 + \sqrt{5}) = 1.618\ldots, \quad \beta = K = C^{\frac{1}{r}} = C^{0.618\ldots}.$$ (4.55)

Da α größer als 1 ist, spricht man von *superlinearer* Konvergenz des Sekanten-Verfahrens. Die Verringerung von $\alpha = 2$ (Newton-Verfahren) auf $\alpha = 1.618\ldots$ ist nicht dramatisch, wenn man berücksichtigt, dass die Konvergenzordnung nur eine *asymptotische* Größe ist. Bevor sich die Konvergenzordnung auf die Geschwindigkeit der jeweiligen Iterationsfolge auswirkt, ist i. allg. bereits eine große Anzahl von Iterationsschritten durchgeführt worden. Diese sind dazu erforderlich, um überhaupt in die Nähe der Lösung x^* zu kommen, in der dann die Formel (4.35) ihre Gültigkeit besitzt.

Wir wollen abschließend das Verfahren von Müller betrachten. Die hier auftretenden Fehler $e_i \equiv x_i - x^*$ erfüllen in der Umgebung einer einfachen Nullstelle x^* von $f(x)$ die Beziehung

$$e_{i+1} = e_i e_{i-1} e_{i-2} \left(-\frac{f^{(3)}(x^*)}{6f'(x^*)} + O(e) \right),$$ (4.56)

mit $e \equiv \max(|e_i|, |e_{i-1}|, |e_{i-2}|)$. Mit analogen Techniken wie bei dem Sekanten-Verfahren kann man zeigen, dass die Konvergenzordnung des Verfahrens von Müller mindestens $\alpha = 1.84\ldots$ ist. Dabei bestimmt sich α als die größte Wurzel der kubischen Gleichung $r^3 - r^2 - r = 1$.

4.7 Techniken zur Konvergenzbeschleunigung

Es sei $\{x_k\}_{k=0}^{\infty}$ eine *linear* konvergente Folge mit dem Grenzwert x^*. Damit ist für $e_k \equiv x_k - x^*$ die Beziehung

$$\lim_{k \to \infty} \frac{|e_{k+1}|}{|e_k|} = \beta, \quad 0 < \beta < 1,$$ (4.57)

erfüllt. Um nach einer Folge $\{\hat{x}_k\}_{k=0}^{\infty}$ zu suchen, die schneller gegen x^* konvergiert, gehen wir von den folgenden Annahmen aus.

Voraussetzung 4.3.

1. Die Beziehung (4.36) sei (mit einem hinreichend großen k_0) für alle $k \geq k_0$ erfüllt, und

2. die absoluten Fehler e_k haben alle das gleiche Vorzeichen. □

Dann gilt $e_{k+1} = \beta e_k$. Weiter ist

$$x_{k+2} = e_{k+2} + x^* = \beta e_{k+1} + x^* = \beta(x_{k+1} - x^*) + x^*. \tag{4.58}$$

Ersetzt man $(k + 1)$ durch k, dann resultiert daraus

$$x_{k+1} = \beta(x_k - x^*) + x^*. \tag{4.59}$$

Die Subtraktion der Gleichung (4.59) von (4.58) ergibt $x_{k+2} - x_{k+1} = \beta(x_{k+1} - x_k)$, woraus

$$\beta = \frac{x_{k+2} - x_{k+1}}{x_{k+1} - x_k} \tag{4.60}$$

folgt. Die Auflösung von (4.58) nach x^* ergibt $x^* = (x_{k+2} - \beta x_{k+1})/(1 - \beta)$. Substituiert man (4.60) in diese Formel, so resultiert

$$x^* = \frac{x_{k+2} - \frac{x_{k+2}-x_{k+1}}{x_{k+1}-x_k} x_{k+1}}{1 - \frac{x_{k+2}-x_{k+1}}{x_{k+1}-x_k}} = \frac{x_{k+2}(x_{k+1} - x_k) - x_{k+1}(x_{k+2} - x_{k+1})}{x_{k+1} - x_k - x_{k+2} + x_{k+1}}$$

$$= \frac{x_{k+2}x_k - x_{k+1}^2}{x_{k+2} - 2x_{k+1} + x_k}. \tag{4.61}$$

Der auf der rechten Seite stehende Ausdruck kann nun wie folgt umgeformt werden:

$$x^* = \frac{x_k x_{k+2} - x_{k+1}^2}{x_{k+2} - 2x_{k+1} + x_k}$$

$$= \frac{(x_k^2) + x_k x_{k+2} - (2x_k x_{k+1}) + (2x_k x_{k+1}) - (x_k^2) - x_{k+1}^2}{x_{k+2} - 2x_{k+1} + x_k}$$

$$= \frac{(x_k^2 + x_k x_{k+2} - 2x_k x_{k+1}) - (x_k^2 - 2x_k x_{k+1} + x_{k+1}^2)}{x_{k+2} - 2x_{k+1} + x_k}$$

$$= x_k - \frac{(x_{k+1} - x_k)^2}{x_{k+2} - 2x_{k+1} + x_k}.$$

Da die Voraussetzung 4.3 i. allg. nicht für beliebiges k erfüllt ist, wird sich x^* in der Realität nicht exakt in der obigen Form darstellen. Jedoch ist zu erwarten, dass die Folge $\{\hat{x}_k\}_{k=0}^{\infty}$ mit

$$\hat{x}_k = x_k - \frac{(x_{k+1} - x_k)^2}{x_{k+2} - 2x_{k+1} + x_k} \tag{4.62}$$

schneller gegen x^* konvergiert als die ursprüngliche Folge $\{x_k\}_{k=0}^{\infty}$. Diese Technik der Konvergenzbeschleunigung nennt man *Aitkens*[12] $\triangle^2$-*Prozess*. Die folgende Definition führte zu dieser Namensgebung.

Definition 4.9. Gegeben sei eine Folge $\{x_k\}_{k=0}^{\infty}$. Unter den zugehörigen *vorwärtsgenommenen Differenzen* (1. Ordnung) $\triangle x_k$ sollen die Ausdrücke

$$\triangle x_k \equiv x_{k+1} - x_k, \quad k = 0, 1, \dots \tag{4.63}$$

verstanden werden. Vorwärtsgenommene Differenzen höherer Ordnung $\triangle^n x_k$ seien wie folgt rekursiv erklärt:

$$\triangle^n x_k \equiv \triangle(\triangle^{n-1} x_k), \quad n \geq 2, \quad \triangle^1 x_k \equiv \triangle x_k. \tag{4.64}$$

$\square$

Diese Definition impliziert nun

$$\begin{aligned} \triangle^2 x_k &= \triangle(\triangle x_k) = \triangle(x_{k+1} - x_k) = \triangle x_{k+1} - \triangle x_k \\ &= (x_{k+2} - x_{k+1}) - (x_{k+1} - x_k) = x_{k+2} - 2x_{k+1} + x_k. \end{aligned} \tag{4.65}$$

Weiter gilt:

$$\begin{aligned} \triangle^3 x_k &= x_{k+3} - 3x_{k+2} + 3x_{k+1} - x_k, \\ \triangle^4 x_k &= x_{k+4} - 4x_{k+3} + 6x_{k+2} - 4x_{k+1} + x_k, \\ &\vdots \\ \triangle^n x_k &= x_{k+n} - n\,x_{k+n-1} + \frac{n(n-1)}{2!}\,x_{k+n-2} \\ &\quad - \frac{n(n-1)(n-2)}{3!}\,x_{k+n-3} + \cdots + (-1)^n x_k \end{aligned} \tag{4.66}$$

Die n-te vorwärtsgenommene Differenz wird oftmals auch in der einprägsamen Form

$$\begin{aligned} \triangle^n x_k &= x_{k+n} - \binom{n}{1}x_{k+n-1} + \binom{n}{2}x_{k+n-2} - \cdots + (-1)^i \binom{n}{i}x_{k+n-i} \\ &\quad + \cdots + (-1)^n x_k \end{aligned} \tag{4.67}$$

angegeben. Dabei ist das Symbol

$$\binom{n}{k} \equiv \frac{n(n-1)(n-2)(n-3)\cdots(n-k+1)}{k!}$$

---

[12] Alexander Craig Aitken (1895–1967), ein neuseeländischer Mathematiker, der sich mit numerischer Mathematik, Statistik und linearer Algebra beschäftigte. Wegen seiner außergewöhnlichen Fertigkeiten im Kopfrechnen war er als „*The Human Computer*" und damit als Rechenkünstler bekannt. Laut Wikipaedia konnte er die ersten 2000 Stellen von π auswendig aufsagen.

das übliche Symbol für die Binomialkoeffizienten. Im Band 2, Kapitel 1, werden wir noch zwei weitere Differenzenarten (rückwärtsgenommene und zentrale Differenzen) kennenlernen, die in der Numerischen Mathematik ebenfalls von praktischer Bedeutung sind.

Die Formel (4.62) kann nun unter Verwendung vorwärtsgenommener Differenzen wie folgt aufgeschrieben werden:

$$\hat{x}_k = x_k - \frac{(\triangle x_k)^2}{\triangle^2 x_k}, \quad k = 0, 1, \ldots \tag{4.68}$$

Die Bezeichnung „Aitkens $\triangle^2$-Prozess" geht auf diese formale Darstellung des zuvor beschriebenen Iterationsprozesses zurück.

Im folgenden Satz wird bestätigt, dass die Folge $\{\hat{x}_k\}_{k=0}^\infty$ schneller gegen x^* konvergiert als die ursprüngliche Folge $\{x_k\}_{k=0}^\infty$.

Satz 4.6. *Gegeben sei eine Folge $\{x_k\}_{k=0}^\infty$, die gegen den Grenzwert x^* konvergiert. Weiter sei $e_k \equiv x_k - x^*$, mit $e_k \neq 0$ für alle $k \geq 0$. Ist*

$$\lim_{k \to \infty} \frac{e_{k+1}}{e_k} = \beta, \quad 0 < |\beta| < 1,$$

dann konvergiert die Folge $\{\hat{x}_k\}_{k=0}^\infty$ schneller als die Folge $\{x_k\}_{k=0}^\infty$ gegen x^*, d. h., es gilt

$$\lim_{k \to \infty} \frac{\hat{x}_k - x^*}{x_k - x^*} = 0.$$

Beweis. Das asymptotische Verhalten des Fehlers e_k werde wie folgt dargestellt:

$$e_{k+1} = (\beta + \delta_k)e_k, \quad \text{mit } \lim_{k \to \infty} \delta_k = 0. \tag{4.69}$$

Daraus ergibt sich unmittelbar $e_{k+2} = (\beta + \delta_{k+1})e_{k+1} = (\beta + \delta_{k+1})(\beta + \delta_k)e_k$. Für die vorwärtsgenommenen Differenzen erster und zweiter Ordnung erhält man

$$\begin{aligned}
\triangle x_k &= x_{k+1} - x^* - (x_k - x^*) = e_{k+1} - e_k = (\beta - 1 + \delta_k)e_k \\
\triangle^2 x_k &= e_{k+2} - 2e_{k+1} + e_k \\
&= [\beta^2 - 2\beta + 1 + (\beta\delta_k + \beta\delta_{k+1} + \delta_k\delta_{k+1} - 2\delta_k)]e_k \\
&\equiv [(\beta - 1)^2 + \tilde{\delta}_k]e_k,
\end{aligned} \tag{4.70}$$

mit $\lim_{k \to \infty} \tilde{\delta}_k = 0$. Da $|\beta| < 1$ ist, folgt für hinreichend großes k, dass $\triangle^2 x_k \neq 0$ ist, d. h., der Nenner von (4.68) verschwindet nicht. Für den Fehler $\eta_k \equiv \hat{x}_k - x^*$ ergibt sich schließlich

$$\eta_k = e_k - \frac{[(\beta - 1) + \delta_k]^2}{(\beta - 1)^2 + \tilde{\delta}_k}e_k = \frac{\tilde{\delta}_k - 2(\beta - 1)\delta_k - \delta_k^2}{(\beta - 1)^2 + \tilde{\delta}_k}e_k. \tag{4.71}$$

Berücksichtigt man nun (4.69) und (4.70), so impliziert (4.71), dass

$$\lim_{k\to\infty}\frac{\eta_k}{e_k} = \lim_{k\to\infty}\frac{\tilde{\delta}_k - 2(\beta-1)\delta_k - \delta_k^2}{(\beta-1)^2 + \tilde{\delta}_k} = 0$$

gilt. $\qquad\qquad\qquad\qquad\qquad\qquad\qquad\qquad\qquad\qquad\qquad\qquad$ □

Den obigen Ausführungen ist zu entnehmen, dass sich mit dem Aitkenschen $\triangle^2$-Prozess die Konvergenz jeder linear konvergenten Folge beschleunigen lässt. Die Vorschrift, nach der die ursprüngliche Folge erzeugt wird, spielt dabei keine Rolle. Das Ergebnis ist jedoch noch insofern für die praktische Verwendung unbefriedigend, als dass erst einmal die linear konvergente Folge mit einem numerischen Verfahren (recht aufwendig) konstruiert werden muss, bevor daraus die schneller konvergente Folge gebildet werden kann. Von Steffensen[13] stammt nun der Gedanke, beide Folgen miteinander zu kombinieren. Aus den ersten drei Iterierten der langsam konvergenten Folge konstruiert man sofort mittels des $\triangle^2$-Prozesses eine Iterierte der schneller konvergenten Folge und nimmt diese mit in die aktuelle Folge auf. Diese Strategie wird nun sukzessive fortgesetzt.

Die Anwendung der soeben beschriebenen Technik auf die Folge der Fixpunkt-Iterierten ist unter dem Namen *Steffensen-Verfahren* bekannt und soll kurz dargestellt werden. Es seien x_k, x_{k+1} und x_{k+2} drei aufeinanderfolgende Iterierte der (linear konvergenten) Fixpunkt-Iteration. Aus diesen erhält man nach (4.62)

$$\hat{x}_k = x_k - \frac{(x_{k+1}-x_k)^2}{x_{k+2}-2x_{k+1}+x_k} = x_k - \frac{(g(x_k)-x_k)^2}{g(g(x_k))-2g(x_k)+x_k}.$$

Nun wird $x_{k+1} \equiv \hat{x}_k$ gesetzt und daraus ein $\hat{x}_{k+1}$ berechnet. Führt man diesen Prozess so weiter, dann ergibt sich die Iterationsvorschrift

$$x_{k+1} = x_k - \frac{(g(x_k)-x_k)^2}{g(g(x_k))-2g(x_k)+x_k} \equiv \tilde{g}(x_k), \quad k = 0,1,2\ldots \qquad (4.72)$$

Für die Konvergenzgeschwindigkeit der obigen Steffensen-Iteration gilt der folgende Satz.

Satz 4.7. *Ist die Konvergenzordnung der Fixpunkt-Iteration $x_{k+1} = g(x_k)$ gleich Eins, dann besitzt das Steffensen-Verfahren mindestens die Konvergenzordnung 2.*

Beweis. Wir nehmen an, dass die Funktion $g(x)$ hinreichend oft stetig differenzierbar ist. Für den absoluten Fehler $e_k \equiv x_k - x^*$ ergibt sich:

$$e_{k+1} = e_k - \frac{[g(x^*+e_k)-x^*-e_k]^2}{g(g(x^*+e_k))-2g(x^*+e_k)+x^*+e_k} \equiv e_k - \frac{Z}{N}. \qquad (4.73)$$

---

[13] Johan Frederik Steffensen (1873–1961), dänischer Mathematiker und Statistiker.

In der Formel (4.73) sollen an der Stelle $x = x^*$ sowohl der Zähler Z als auch der Nenner N in Taylorreihen entwickelt werden (der besseren Übersichtlichkeit halber unterdrücken wir hierbei den Index k).

$$g(x^* + e) = x^* + eg'(x^*) + \frac{1}{2}e^2g''(x^*) + O(e^3),$$

$$g(g(x^* + e)) = g\left(x^* + eg'(x^*) + \frac{1}{2}e^2g''(x^*) + O(e^3)\right)$$

$$= x^* + eg'(x^*)^2 + \frac{1}{2}e^2g'(x^*)g''(x^*)(1 + g'(x^*)) + O(e^3).$$

Hieraus ergibt sich

$$Z = \left((g'(x^*) - 1) + \frac{1}{2}eg''(x^*)\right)^2 e^2 + O(e^4),$$

$$N = \left((g'(x^*) - 1)^2 + \frac{1}{2}e(g'(x^*)^2 + g'(x^*) - 2)g''(x^*)\right)e + O(e^3).$$

Die Formel (4.73) nimmt damit die Gestalt

$$e_{k+1} = \frac{\frac{1}{2}g'(x^*)g''(x^*)(g'(x^*) - 1)\,e_k^2 + O(e_k^3)}{(g'(x^*) - 1)^2 + \frac{1}{2}g''(x^*)(g'(x^*)^2 + g'(x^*) - 2)\,e_k + O(e_k^2)}$$

$$= \frac{\frac{1}{2}g'(x^*)g''(x^*)\,e_k^2 + O(e_k^3)}{(g'(x^*) - 1) + \frac{1}{2}g''(x^*)(g'(x^*) + 2)\,e_k + O(e_k^2)}$$

$$= \frac{1}{2}\frac{g'(x^*)g''(x^*) + O(e_k)}{(g'(x^*) - 1) + O(e_k)}\,e_k^2$$

an. Wegen der linearen Konvergenz der Fixpunkt-Iteration gilt $0 < |g'(x^*)| < 1$. Unter der Annahme $g''(x^*) \neq 0$ folgt aus der obigen Formel die Konvergenz der e_k gegen Null, falls nur $|e_0|$ hinreichend klein ausfällt. Man berechnet dann weiter

$$\lim_{k \to \infty} \frac{|e_{k+1}|}{|e_k|^2} = \frac{1}{2}\left|\frac{g'(x^*)g''(x^*)}{g'(x^*) - 1}\right| \equiv \beta, \quad 0 < \beta < \infty,$$

woraus sich unmittelbar die Konvergenzordnung $\alpha = 2$ ablesen lässt. Im Falle $g''(x^*) = 0$ ist die Konvergenzordnung größer als zwei. □

Zusammenfassend ergibt sich für das Steffensen-Verfahren die im m-File 4.5 dargestellte MATLAB-Funktion steffensen. Dazu wird eine MATLAB-Funktion g für $g(x)$ benötigt.

m-File 4.5: steffensen.m

```
1  function [x,afx,i,ind] = steffensen(x0,TOL,N0)
2  % function [x,afx,i,ind] = steffensen(x0,[TOL,N0]);
3  % Berechnet eine Nullstelle von f(x) mit dem
4  % Steffenson-Verfahren
5  %
6  % x0: Startwert,
7  % TOL: Toleranz,
8  % N0: maximale Iterationsschrittanzahl,
9  % x: letzte Iterierte,
10 % i: benoetigte Anzahl an Iterationen,
11 % ind: Information ueber den Rechenverlauf, mit:
12 % ind=1: Verfahren konvergiert, 'Loesung' x ist
          berechnet,
13 % ind=2: maximale Iterationsschrittanzahl N0
          ueberschritten.
14 %
15 i=0; x=x0;
16 if nargin < 2, TOL=1e-12; N0=100; end
17 while i < N0
18     x1=g(x); x2=g(x1); dx=(x1-x)^2/(x2-2*x1+x); x=x-
          dx;
19     if abs(dx) < TOL*(1+abs(x))
20 % x ist 'Loesung'
21         ind=1; afx=abs(x-g(x)); return
22     end
23     i=i+1;
24 end
25 % maximale Iterationsschrittanzahl N0 ueberschritten
26 afx=abs(x-g(x));
27 ind=2;
28 end
```

Das Steffensen-Verfahren lässt sich nicht nur auf die Fixpunkt-Gleichung (4.7) anwenden, sondern kann auch direkt für das Nullstellenproblem (4.6) formuliert werden. Hierzu setzt man

$$f(x) \equiv x - g(x) = 0$$

und erhält aus der Formel (4.72) die Iterationsvorschrift

$$x_{k+1} = x_k - \frac{f(x_k)^2}{f(x_k + f(x_k)) - f(x_k)}. \tag{4.74}$$

Damit liegt ein ableitungsfreies Verfahren vor, das wie das Newton-Verfahren die (theoretische) Konvergenzordnung $\alpha = 2$ besitzt und optimal ist. Für die in den Beispielen 4.1 und 4.8 untersuchte nichtlineare Gleichung

$$f(x) = x + e^x - 2 = 0$$

sind in der Tabelle 4.4 die zugehörigen $\bar{a}_k$ und $\hat{a}k$ angegeben. Man erkennt, dass beide Folgen gegen den Grenzwert 2 konvergieren, d. h., die COC und die ACOC bestätigen die theoretische Aussage über die Konvergenzordnung des Steffensen-Verfahrens (4.74).

Tab. 4.4: $\bar{a}_k$ und $\hat{a}_k$ für das Steffensen-Verfahren (4.74).

k	$\bar{a}_k$	$\hat{a}_k$
1	1.71848748012586	
2	2.02136108939120	0.9815877
3	2.00317992923186	2.2415737
4	2.00006143249904	2.0242112
5	2.00000003911954	2.0004420
6	2.00000000000003	2.0000003

4.8 Ausblick: Verfahren höherer Konvergenzordnung

In diesem Abschnitt wollen wir dem Anwender einige Verfahren zur Lösung der skalaren nichtlinearen Gleichung (4.6) bereitstellen, die gegenüber dem Newton-Verfahren und dem Steffensen-Verfahren eine höhere Konvergenzordnung aufweisen. Wir beschränken uns jedoch auf ableitungsfreie Einschritt-Verfahren. In allen Fällen bezeichnet x_0 den zugehörigen Startwert.

Ein ableitungsfreies Iterationsverfahren der Konvergenzordnung 3, das 3 Funktionsberechnungen benötigt, wird in [36] vorgestellt. Es besitzt die folgende Form

$$y_k = x_k - \frac{f(x_k)^2}{f(x_k + f(x_k)) - f(x_k)},$$
$$x_{k+1} = x_k - \frac{f(x_k)^3}{(f(x_k + f(x_k)) - f(x_k))(f(x_k) - f(y_k))}. \tag{4.75}$$

Ein anderes Verfahren 3. Ordnung, das ebenfalls 3 Funktionsberechnungen erfordert, wird in [12] diskutiert:

$$y_k = x_k - \frac{f(x_k)^2}{f(x_k + f(x_k)) - f(x_k)},$$

$$x_{k+1} = x_k - \frac{f(x_k)(f(y_k) + f(x_k))}{f(x_k + f(x_k)) - f(x_k)}.$$

(4.76)

Offensichtlich sind beide obigen Verfahren nicht optimal. Sie besitzen aber einen hohen Effizienz-Index I_{eff}.

Ein optimales Verfahren 4. Ordnung, das auf 3 Funktionswertberechnungen basiert, findet man in [46]. Für dessen Darstellung wird der Begriff der dividierten Differenzen benötigt.

Definition 4.10. Gegeben seien die Stützstellen

$$x_0 < x_1 < \cdots < x_n.$$

Die *dividierte Differenz 0-ter Ordnung* $f[x_i]$ von $f(x)$ bezüglich der Stützstelle x_i ist erklärt zu:

$$f[x_i] \equiv f(x_i), \quad i = 0, \ldots, n.$$

Die dividierten Differenzen höherer Ordnung können jetzt induktiv definiert werden. Die *dividierte Differenz 1-ter Ordnung* $f[x_i, x_{i+1}]$ von $f(x)$ bezüglich x_i, x_{i+1} ist definiert zu:

$$f[x_i, x_{i+1}] \equiv \frac{f[x_{i+1}] - f[x_i]}{x_{i+1} - x_i}, \quad i = 0, \ldots, n - 1.$$

Sind die beiden dividierten Differenzen $(k-1)$-ter Ordnung

$$f[x_i, x_{i+1}, x_{i+2}, \ldots, x_{i+k-1}] \quad \text{und} \quad f[x_{i+1}, x_{i+2}, \ldots, x_{i+k-1}, x_{i+k}]$$

gegeben, dann berechnet sich die *dividierte Differenz k-ter Ordnung*

$$f[x_i, x_{i+1}, \ldots, x_{i+k}]$$

von $f(x)$ bezüglich der Stützstellen $x_i, x_{i+1}, \ldots, x_{i+k}$ zu:

$$f[x_i, x_{i+1}, \ldots, x_{i+k}] \equiv \frac{f[x_{i+1}, x_{i+2}, \ldots, x_{i+k}] - f[x_i, x_{i+1}, \ldots, x_{i+k-1}]}{x_{i+k} - x_i},$$

$$i = 0, \ldots, n - k. \qquad \square$$

Setzt man $z_k \equiv x_k + f(x_k)$, dann lässt sich nun das Verfahren wie folgt aufschreiben:

$$y_k = x_k - \frac{f(x_k)^2}{f(x_k + f(x_k)) - f(x_k)},$$

$$x_{k+1} = y_k - \frac{f[x_k, y_k] - f[y_k, z_k] + f[x_k, z_k]}{f[x_k, y_k]^2} f(y_k).$$

(4.77)

In [74] wird ebenfalls ein optimales Verfahren 4. Ordnung vorgeschlagen. Es hat die Gestalt

$$y_k = x_k - \frac{f(x_k)}{f[x_k, z_k]},$$

$$x_{k+1} = y_k - \frac{(z_k - y_k)f(y_k)}{(x_k - y_k)f[x_k, z_k] + (z_k - x_k)f[x_k, y_k]}\left(1 + 2\frac{f(y_k)}{f(z_k)}\right).$$

(4.78)

Abschließend soll noch eine Klasse von Verfahren 8. Ordnung, die jeweils 4 Funktionswertberechnungen benötigen, angegeben werden [80]. Die Verfahren sind optimal und bestätigen die Vermutung von Kung und Traub. Sie sind wie folgt aufgebaut:

$$w_k = x_k + \beta_i^{-1} f(x_k),$$

$$y_k = x_k - \frac{f(x_k)^2}{f(w_k) - f(x_k)},$$

$$z_k = y_k - \phi_j \frac{(x_k - y_k)f(y_k)}{f(x_k) - f(y_k)},$$

$$x_{k+1} = z_k - \omega_n \xi_l \left(\frac{f(z_k) - f(y_k)}{z_k - y_k} - \frac{f(y_k) - f(x_k)}{y_k - x_k} + \frac{f(z_k) - f(y_k)}{z_k - x_k}\right)^{-1} f(z_k).$$

(4.79)

Die in der Iterationsvorschrift (4.79) enthaltenen Parameter sind wie folgt erklärt:

$$\beta_i = i^{-1}, \quad i \in \mathbb{R}^+,$$

$$\phi_1 = \left(1 - \frac{f(y_k)}{f(w_k)}\right)^{-1}, \quad \phi_2 = 1 + \frac{f(y_k)}{f(w_k)},$$

$$\omega_1 = \left(1 - \frac{f(z_k)}{f(w_k)}\right)^{-1}, \quad \omega_2 = 1 + \frac{f(z_k)}{f(w_k)} + \left(\frac{f(z_k)}{f(w_k)}\right)^2,$$

$$\xi_1 = 1 - \frac{2f(y_k)^3}{f(w_k)^2 f(x_k)}, \quad \xi_2 = \left(1 + \frac{2f(y_k)^3}{f(w_k)^2 f(x_k)}\right)^{-1}.$$

(4.80)

Die unterschiedlichen Verfahrensvarianten ergeben sich aus (4.79), indem die in (4.80) angegebenen Parameter einfach variiert und oben eingesetzt werden.

4.9 Globalisierung lokal konvergenter Verfahren

In den vorangegangenen Abschnitten haben wir gesehen, dass die Iterationsverfahren zur Bestimmung einer Nullstelle von (4.6) i. allg. nur dann konvergieren, falls der Startwert x_0 bereits nahe bei der Lösung x^* liegt. Man spricht in diesem Falle von *lokaler Konvergenz*. Die in den Sätzen 4.2 bis 4.4 formulierten Konvergenzkriterien sind in der Praxis oftmals gar nicht überprüfbar. Sie stellen damit eigentlich nur eine *Tröstung* in dem Sinne dar, dass es sich bei der Menge der Problemstellungen, für die die zugehörigen numerischen Verfahren ein sinnvolles Ergebnis erzeugen, nicht um die leere

Menge handelt. Oftmals lässt sich jedoch ein vorliegendes Nullstellenproblem durch eine sehr naive Methode behandeln, deren englische Bezeichnung *trial and error* das Wesentliche dieser Strategie zum Ausdruck bringt. Man wählt nämlich relativ willkürlich einen Startwert x_0 (z. B. durch *Auswürfeln*) und führt eine gewisse (nicht zu große) Anzahl N von Iterationsschritten durch. Ist es hierdurch nicht gelungen, das Residuum $r(x_N) \equiv \frac{1}{2} f(x_N)^2$ unterhalb eines vorgegebenen (kleinen) Schwellenwertes zu reduzieren, dann wird x_0 als unbrauchbar eingestuft und verworfen. Nun modifiziert man den Startwert oder wählt einen völlig anderen und beginnt die Iteration von vorn. In der Mehrzahl der Fälle gelingt es, damit zu einer brauchbaren Approximation der gesuchten Nullstelle x^* zu gelangen. Es stellt sich jetzt natürlich die Frage, ob es nicht einen systematischeren Weg gibt, um geeignete Startwerte zu ermitteln. Insbesondere ist man an Strategien interessiert, mit denen sich die Konvergenz der numerischen Grundverfahren für (beinahe) beliebige Startwerte erzwingen lässt. Wie bei den linearen Gleichungen üblich, hätte man dann auch *global konvergente* Iterationsverfahren zur Lösung der nichtlinearen Nullstellenaufgabe zur Verfügung. Wir wollen im Folgenden zwei solche Techniken zur Globalisierung der lokal konvergenten Iterationsverfahren beschreiben.

4.9.1 Dämpfungsstrategien

Im Abschnitt 4.3 wurde das Newton-Verfahren zur Bestimmung einer Nullstelle x^* von (4.6)

$$x_k = x_{k-1} - \frac{f(x_{k-1})}{f'(x_{k-1})} \equiv x_{k-1} + y_{k-1}, \quad k = 1, 2, \ldots, \tag{4.81}$$

ausführlich studiert. Die Größe $y_{k-1} \equiv -\frac{f(x_{k-1})}{f'(x_{k-1})}$ bezeichnet man üblicherweise als die zugehörige *Newton-Korrektur*. Beim sogenannten *gedämpften* Newton-Verfahren verwendet man anstelle von (4.81) die modifizierte Vorschrift

$$x_k = x_k(\lambda_{k-1}) = x_{k-1} + \lambda_{k-1} y_{k-1}, \quad k = 1, 2, \ldots, \tag{4.82}$$

wobei $0 < \lambda_{k-1} \leq 1$ der sogenannte *Dämpfungsfaktor* ist. Bezeichnet x_{k-1} eine Näherung mit $f(x_{k-1}) \neq 0$, dann wird λ_{k-1} so bestimmt, dass der Monotonie-Test

$$r(x_{k-1} + \lambda_{k-1} y_{k-1}) < r(x_{k-1}) \tag{4.83}$$

erfüllt ist. Dabei stellt $r(\bar{x}) \equiv \frac{1}{2} f(\bar{x})^2$ das Residuum der gegebenen Funktion $f(x)$ für den Wert $x = \bar{x}$ dar. Anschließend setzt man λ_{k-1} in die rechte Seite von (4.82) ein und erhält die neue Iterierte x_k. Wie man leicht sieht, geht das gedämpfte Newton-Verfahren (4.82) für $\lambda_{k-1} = 1$ in das gewöhnliche Newton-Verfahren (4.81) über. Die dargestellte Dämpfungsstrategie basiert auf folgenden Überlegungen. Das Ziel aller Iterationsverfahren besteht darin, eine solche Approximation von x^* zu berechnen, für die das Residuum r sehr klein ist (in der Lösung gilt $r(x^*) = 0$). Man versucht deshalb, in jedem Iterationsschritt das Residuum weiter zu verkleinern. Ganz allgemein wird diese Technik als *Abstiegsverfahren* bezeichnet. Gelingt die Reduktion des Residuums mit dem gewöhnlichen Newton-Verfahren ($\lambda_{k-1} = 1$) nicht, dann *dämpft* man die Newton-Korrektur, d. h., es wird ein $\lambda_{k-1} < 1$ so ermittelt, dass die Beziehung (4.83) erfüllt ist. Die Existenz eines solchen Parameterwertes $\lambda_{k-1} > 0$ lässt sich wie folgt begründen. Definiert man $r_{k-1}(\lambda) \equiv \frac{1}{2} f(x_{k-1} + \lambda y_{k-1})^2$, dann ergibt sich durch Differentiation

$$\frac{dr_{k-1}(0)}{d\lambda} = f(x_{k-1}) f'(x_{k-1}) y_{k-1} = -f(x_{k-1})^2 < 0,$$

d. h., die Ableitung an der Stelle $\lambda = 0$ ist negativ und $r_{k-1}(\lambda)$ verhält sich fallend für kleine positive Werte von λ. Die Abstiegsbedingung 4.83 lässt sich also für eine genügend kleine Schrittweite $\lambda_{k-1} > 0$ stets erfüllen.

Der Name *gedämpftes Newton-Verfahren* weist darauf hin, dass nicht der volle Newton-Schritt y_{k-1}, sondern nur ein Bruchteil $\lambda_{k-1} y_{k-1}$ davon verwendet wird. Die praktische Bestimmung des Dämpfungsparameters λ_{k-1} anhand des Monotonie-Kriteriums (4.83) ist auf verschiedene Weise möglich. Eine recht einfache Vorschrift ergibt sich, wenn man λ_{k-1} aus einer endlichen Folge

$$\left\{ 1, \frac{1}{2}, \frac{1}{4}, \dots, \lambda_{\min} \right\}$$

auswählt und die Iteration abbricht, falls $\lambda_{k-1} < \lambda_{\min}$ gilt. In kritischen Situationen wird man zur Vermeidung von Exponentenüberlauf (x_k wird größer als die größte Maschinenzahl) versuchsweise mit $\lambda_0 = \lambda_{\min}$ beginnen. War λ_{k-1} erfolgreich, so wird man im nächsten Iterationsschritt den Parameterwert $\lambda_k = \min\{1, 2\lambda_{k-1}\}$ versuchen, um asymptotisch die quadratische Konvergenz des gewöhnlichen Newton-Verfahrens ($\lambda_{k-1} = 1$ in (4.82)) zu erreichen. War der Monotonie-Test mit λ_{k-1} verletzt, so wird man diesen mit $\lambda_{k-1} \equiv \lambda_{k-1}/2$ erneut testen. Effektivere Dämpfungsstrategien werden u. a. von Deuflhard [15] und Schwetlick [71] vorgeschlagen. So ersetzt Schwetlick die Monotoniebedingung (4.83) durch eine Ungleichung der Form

$$r(x_{k-1} + \lambda_{k-1} y_{k-1}) < \{1 + 2\delta\lambda_{k-1} + \delta\lambda_{k-1}^2\} r(x_{k-1}), \tag{4.84}$$

die sich für den Nachweis der Konvergenzeigenschaften des resultierenden Verfahrens besser eignet. In (4.84) ist $0 < \delta < 1$ eine vorzugebende Konstante. Da in der Umgebung einer einfachen Nullstelle für $\lambda_{k-1} = 1$ schnelle quadratische Konvergenz des Newton-Verfahrens vorliegt, wird man gleichfalls versuchen, die Bedingung (4.84) mit der Wahl von $\lambda_{k-1} = 1$ zu erfüllen. Ist dies jedoch nicht möglich, dann wird λ_{k-1} um einen Faktor $0 < \rho < 1$ verkleinert und der Test wiederholt, bis er nach endlich vielen Reduktionen von λ_{k-1} erfüllt ist.

Das genaue Vorgehen kann dem m-File 4.6 entnommen werden. Benötigt werden hier wieder MATLAB-Funktionen f und fstrich für $f(x)$ bzw. $f'(x)$. Vernünftige Verfahrensparameter sind zum Beispiel ρ (rho) = 0.5 und δ (delta) = 0.01.

m-File 4.6: newtond1.m

```
1  function [x,afx,i,ind] = newtond1(x0,delta,rho,TOL,N0
      )
2  % function [x,afx,i,ind] = newtond1(x0,[delta,rho,TOL
      ,N0])
3  % Berechnet eine Nullstelle von f(x) mit dem
      gedaempften
4  % Newton-Verfahren
5  %
6  % x0: Anfangsapproximation,
7  % 0 < delta,rho < 1: Verfahrenskonstanten,
8  % TOL: Toleranz,
9  % N0: maximale Iterationsschrittanzahl,
10 % x: letzte Iterierte,
11 % afx: abs(f(x),
12 % i: benoetigte Anzahl an Iterationen,
13 % ind: Information ueber den Rechenverlauf, mit:
14 % ind=1: Verfahren konvergiert, 'Loesung' x ist
      berechnet,
15 % ind=2: Zuwachs zu klein,
16 % ind=3: maximale Iterationsschrittanzahl N0
      ueberschritten
17 % oder Ableitung gleich Null,
18 %
19 x=x0; i=0; lambda=1;
20 if nargin < 2, delta=0.01; rho=0.5; TOL=1e-12; N0
      =100; end
21 while i < N0
22     fx=f(x);
23     if abs(fx) < TOL
24 % x ist 'Loesung'
25         ind=1; afx=abs(fx); return
26     end
27     fsx=fstrich(x);
28     if fsx == 0
29 % Newtonverfahren nicht durchfuehrbar
30         ind=3; afx=abs(f(x));return
```

```
31        end
32        y=-fx/fsx;
33        while f(x+lambda*y)^2 > (1+2*delta*lambda ...
34                              +delta*lambda^2)*fx^2
35            lambda=rho*lambda;
36        end
37        x=x+lambda*y; i=i+1;
38        if abs(lambda*y) < TOL*(1+abs(x))
39 % x ist 'Loesung'
40            ind=2; afx=abs(f(x)); return
41        end
42        lambda=min(lambda/rho,1);
43    end
44    % maximale Iterationsschrittanzahl N0 ueberschritten
45    afx=abs(f(x));
46    ind=3;
47    end
```

In [51] diskutiert C. B. Moler die folgende nichtlineare Gleichung, die von ihm ein „abartiges Beispiel" genannt wird:

$$f(x) = \text{sign}(x - a)\sqrt{|x - a|} = 0.$$

Die Nullstelle von $f(x)$ ist offensichtlich $x^* = a$. Setzt man $a = 2$ und startet das Newton-Verfahren mit $x_0 = 3$, dann ergeben sich die in der Abbildung 4.10(a) dargestellten Iterierten. Das Newton-Verfahren „dreht sich im Kreis", d. h., es *divergiert zyklisch*. Verwendet man nun die einfachste Variante einer Dämpfung, indem der Dämpfungsparameter in (4.82) zu $\lambda = 0.9$ fest gewählt wird, dann ergibt sich ein ganz anderes Bild. Die Iterierten konvergieren gegen die Lösung x^* (siehe die Abbildung 4.10(b)).

Abschließend wollen wir zeigen, dass die Dämpfungsstrategie nicht nur für eine Vergrößerung des Einzugsbereiches $E(f, x^*)$ eines Iterationsverfahrens (siehe die Definition 4.8) verwendet werden kann. Sie führt im Falle, dass die Gleichung (4.6) mehrere Lösungen besitzt, i. allg. auch zu einer Abgeschlossenheit der jeweiligen Einzugsbereiche. Dies wird im folgenden Beispiel demonstriert.

Beispiel 4.9. Gegeben sei die nichtlineare Gleichung

$$f(x) = \sin(x) = 0. \tag{4.85}$$

Im Intervall $[-2\pi, 2\pi]$ liegen die Nullstellen -2π, $-\pi$, 0, π und 2π. In der Abbildung 4.11 sind für das gewöhnliche Newton-Verfahren (4.81) die Einzugsbereiche dieser Lösungen angegeben. Man erkennt sehr deutlich, dass diese nicht zusammenhängend sind.

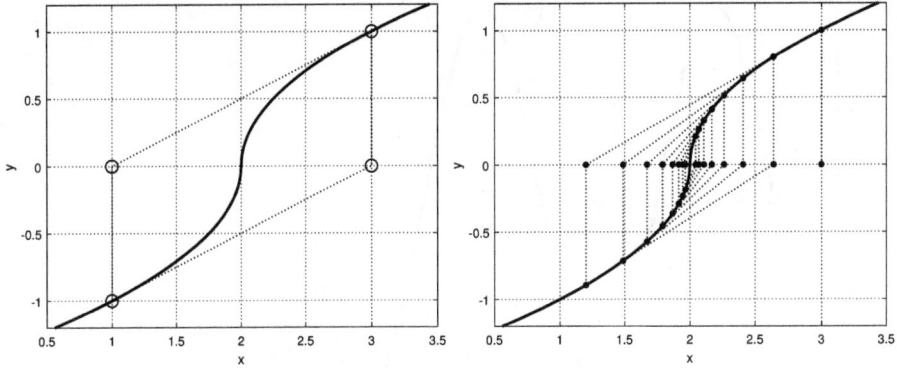

Abb. 4.10: (a) Newton-Verfahren; (b) Newton-Verfahren mit einfacher Dämpfung.

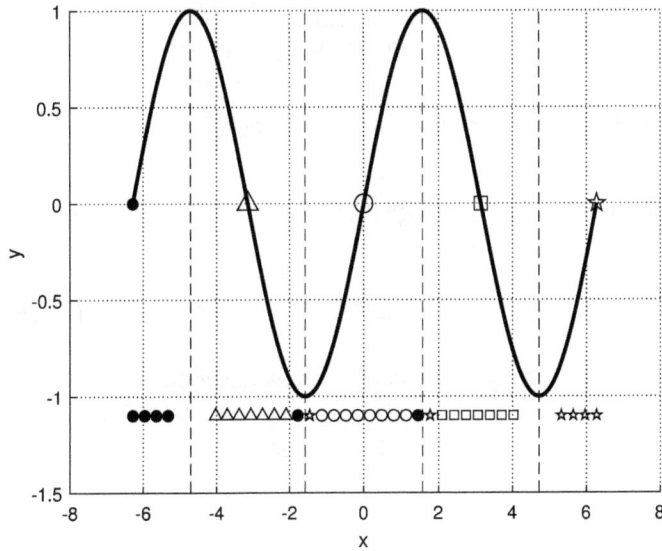

Abb. 4.11: Einzugsbereiche des Newton-Verfahrens für die Gleichung (4.79).

Wendet man nun das in dem m-File 4.6 implementierte gedämpfte Newton-Verfahren an, so ändert sich die Situation, d. h., die Einzugsbereiche der 5 Nullstellen sind alle zusammenhängend (siehe die Abbildung 4.12). Im Kapitel 5 über Systeme nichtlinearer Gleichungen gehen wir noch einmal auf diesen Sachverhalt ein. □

4.9.2 Homotopieverfahren

Eine alternative Möglichkeit, lokal konvergente Iterationsverfahren zu globalisieren, stellen die *Homotopie-* oder *Fortsetzungsverfahren* dar. Die gegebene nichtlineare Glei-

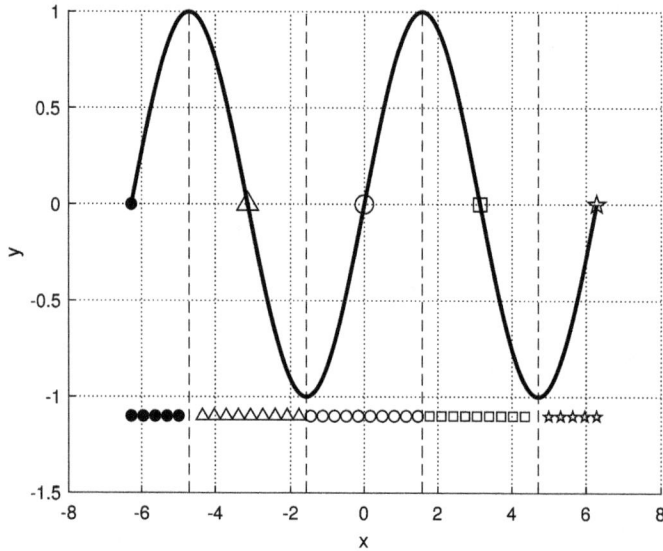

Abb. 4.12: Einzugsbereiche des gedämpften Newton-Verfahrens für die Gleichung (4.79).

chung $f(x) = 0$ wird dabei in eine einparametrige Familie von nichtlinearen Gleichungen

$$H(x,t) = 0, \quad t \in [0,1], \tag{4.86}$$

eingebettet. Die Funktion H soll die folgenden zwei Eigenschaften besitzen:
1. für $t = 1$ geht (4.86) in die eigentlich zu lösende Gleichung $f(x) = 0$ über, und
2. für $t = 0$ ist eine Lösung von (4.86) einfach zu bestimmen.

Beispielsweise lässt sich

$$H(x,t) \equiv t f(x) + (1-t) g(x) \tag{4.87}$$

verwenden, wenn die Gleichung $g(x) = 0$ einfach zu lösen ist. Eine andere Möglichkeit, die Gleichungsschar (4.86) vorzugeben, ist

$$H(x,t) \equiv f(x) - (1-t) f(x^0), \tag{4.88}$$

wobei x^0 eine (nicht notwendig gute) Näherung für die Lösung x^* von $f(x) = 0$ bezeichnet. Wir wollen nun voraussetzen, dass die Gleichung (4.86) für jedes $t \in [0,1]$ eine Lösung $x(t)$ besitzt, die stetig von t abhängt. Mit anderen Worten, es möge eine stetige Funktion $x : [0,1] \to \mathbb{R}$ existieren, sodass

$$H(x(t),t) = 0, \quad t \in [0,1], \quad x(0) = x^0.$$

Unter diesen Bedingungen beschreibt x eine Kurve im $\mathbb{R}$, wobei der eine Endpunkt in x^0 und der andere in der Lösung x^* von (4.6) liegt. Um x^* numerisch zu approximieren, unterteilt man üblicherweise das Intervall $[0,1]$ gemäß

$$0 = t_0 < t_1 < \cdots < t_m = 1 \tag{4.89}$$

und bestimmt die zugehörigen x-Werte nacheinander aus der Gleichung (4.86), im i-ten Schritt also $x = x^i = x(t_i)$ als Lösung von

$$H(x, t_i) = 0, \quad i = 1, \ldots, m. \tag{4.90}$$

In jedem Schritt dieses Homotopieverfahrens muss also selbst wieder eine nichtlineare Gleichung mittels einer *inneren* Iteration gelöst werden. Hierbei kann man auf die bekannten Iterationsverfahren für nichtlineare Gleichungen zurückgreifen, so z. B. auf das gedämpfte Newton-Verfahren, welches für das Problem (4.86) die folgende Gestalt besitzt

$$x_k^i = x_{k-1}^i - \lambda_{k-1} \frac{H(x_{k-1}^i, t_i)}{H'(x_{k-1}^i, t_i)}, \quad k = 1, 2, \ldots, \tag{4.91}$$

wobei H' die partielle Ableitung von $H(x,t)$ nach dem ersten Argument bezeichnet. Als Startwert für diese innere Iteration verwendet man die bereits berechnete Lösung x^{i-1} des $(i-1)$-ten Problems, d. h., $x_0^i \equiv x^{i-1} = x(t_{i-1})$. Der Iterationszyklus ist in der Abbildung 4.13 graphisch dargestellt.

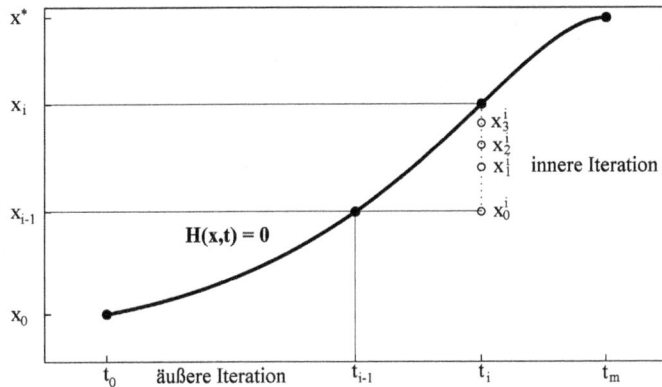

Abb. 4.13: Globalisierung mittels Homotopie.

Wegen der Stetigkeit von $x(t)$ kann der Fehler $x_0^i - x^i = x(t_{i-1}) - x(t_i)$ des Startwertes x_0^i bezüglich der gesuchten Lösung x^i von (4.86) beliebig klein gemacht werden, wenn nur die Schrittweite $h_{i-1} \equiv t_i - t_{i-1}$ hinreichend klein gewählt wird. Somit ist das

Newton-Verfahren für genügend kleines h_{i-1} durchführbar und quadratisch gegen x^i konvergent, d. h.,

$$x^i = x(t_i) = \lim_{k \to \infty} x_k^i.$$

Bei der praktischen Realisierung der obigen Homotopie-Strategie kann man h_i in Abhängigkeit vom Konvergenzverhalten des Newton-Verfahrens zur Berechnung von x_k^i wählen. Es bezeichne itvor die gewünschte (ideale) Anzahl der Iterationsschritte im gedämpften Newton-Verfahren. Dann wählt man die Schrittweite h_i auf der Basis der tatsächlich verwendeten Iterationsschritte ik im $(i-1)$-ten Homotopie-Schritt nach der Vorschrift

$$h_i = \frac{\text{itvor}}{ik} \, h_{i-1}.$$

Diese Strategie ist im m-File 4.7 realisiert, wobei hier auf das m-File 4.6 zurückgegriffen wird.

m-File 4.7: homoto.m

```
 1  function [xi,tend,aHxi,ind,ihom,itk] ...
 2              = homoto(x0,hmin,hmax,itvor,TOL,N0)
 3  % function [xi,tend,aHxi,ind,ihom,itk]
 4  %           = homoto(x0,[hmin,hmax,itvor,TOL,N0])
 5  % Implementierung des Homotopieverfahrens
 6  %
 7  % x0: Startwert fuer H(x,0) = 0,
 8  % hmin: minimale Homotopie-Schrittweite aus (0,1],
 9  % hmax: maximale Homotopie-Schrittweite aus (0,1],
10  % itvor: vorgegebene 'ideale' Iterationsanzahl des
11  % Newton-Verfahrens,
12  % TOL: Toleranz,
13  % N0: maximale Iterationsschrittanzahl,
14  % xi: letzte Iterierte,
15  % tend: letzter Wert von t,
16  % aHxi: Wert von H(xi,tend),
17  % ind: Information ueber den Rechenverlauf, mit:
18  % ind=1: Verfahren konvergiert, 'Loesung' x ist
           berechnet,
19  % ind=2: Loesung von H(x,0) = 0 kann mit Startwert x0
20  % nicht berechnet werden,
21  % ind=3: Schrittweite h ist 8x verkleinert worden,
```

```
22  % ind=4: maximale Iterationsschrittanzahl N0
        ueberschritten,
23  % ihom: Anzahl der Homotopie-Schritte,
24  % itk: Gesamtzahl der Newton-Schritte.
25  %
26  global t
27  if nargin <2, hmin=0.005; hmax=0.1; TOL=1e-6; N0=200;
        ...
28                    itvor=3;
29  end
30  itk=0; s=0; t=0; ihom=0;
31  % Loesung von H(x,0) = 0 wird berechnet
32  [x0,aHxi,ik,indn] = newtond1(x0);
33  if indn ~=1 && aHx > TOL, ind=2; tend=t; return, end
34  itk=itk+ik; h=hmax; xi=x0; zv=0;
35  while s < 1
36      if s+h>1, h=1-s; end
37      t=s+h;
38      % Loesen von H(x,t)= 0
39      [xip1,aHxi,ik,indn] = newtond1(xi);
40      itk=itk+ik; fakh=itvor/ik;
41      if itk>N0, ind=4; tend=t; return, end
42      if indn == 1 || aHxi < TOL
43          if fakh>1, h=min(max(h*fakh,hmin),hmax); end
44          xi=xip1; s=t; zv=0; ihom=ihom+1;
45      else
46          if fakh<1, h=min(max(h*fakh,hmin),hmax); end
47          zv=zv+1;
48          if zv > 8, ind=3; tend=t; return, end
49      end
50  end
51  % H(x,1) = 0 geloest
52  ind=1; tend=t;
53  end
```

Soll zum Beispiel die Nullstelle der Funktion

$$f(x) = x + e^x - 2 = 0$$

bestimmt werden (siehe auch das Beispiel 4.1), dann bietet sich

$$H(x,t) = t\left(x - 2 + e^x\right) + (1 - t)(x - 2)$$

als Homotopie-Funktion an, da sich die lineare Funktion $g(x) = x - 2 = 0$ einfach lösen lässt und ein Bestandteil von $f(x)$ ist. Die Ableitung von H bezüglich x ist

$$H'(x,t) \equiv Hs(x,t) = t\left(1 + e^x\right) + (1 - t).$$

Um das m-File 4.7 unter Verwendung des gedämpften Newton-Verfahrens (m-File 4.6) verwenden zu können, müssen $H(x,t)$ und $Hs(x,t)$ als MATLAB-Funktionen wie folgt bereitgestellt werden:

```
function y = f(x)
global t
y = t*(x-2+exp(x)) + (1-t)*(x-2);
```

und

```
function ys = fstrich(x)
global t
ys = t*(1+exp(x)) + (1-t);
```

Startet man das m-File 4.7 mit dem Aufruf

```
[xi,tend,aHxi,ind,ikom,itk]=homoto(0),
```

dann ergibt sich für $t = 1$ die Näherung $\bar{x} = 0.4428544010024$. Insgesamt werden dazu 38 Newton-Schritte sowie 11 Homotopie-Schritte benötigt.

Zum Abschluss wollen wir eine etwas andere Herangehensweise betrachten und zur Vereinfachung der Darstellung die spezielle Einbettung (4.88)

$$H(x,t) \equiv f(x(t)) - (1 - t)f(x^0) = 0 \tag{4.92}$$

verwenden. Differenziert man die Gleichung (4.92) bezüglich t, so ergibt sich

$$f'(x(t))x'(t) + f(x^0) = 0.$$

Unter der Voraussetzung, dass $f'(x)$ entlang der Lösungskurve nicht verschwindet, folgt nun unmittelbar

$$x'(t) = -\frac{f(x^0)}{f'(x(t))}. \tag{4.93}$$

Somit stellt sich die gesuchte Lösungskurve $x(t)$ als Lösung eines *Anfangswertproblems*, bestehend aus der Differentialgleichung (4.93) und der Anfangsbedingung $x(0) = x^0$, dar.

Dieses kann mit den üblichen numerischen Techniken für Anfangswertprobleme gewöhnlicher Differentialgleichungen gelöst werden (siehe z. B. [28, 31]). Die Rückführung des Problems auf ein Anfangswertproblem wird auch als *Davidenko-Verfahren* bezeichnet.

Bemerkung 4.2. Die in diesem Abschnitt betrachteten Strategien für die Globalisierung der nur lokal konvergenten Iterationsverfahren zur Lösung von (4.6) weisen alle einen schwerwiegenden Nachteil auf. Besitzt die ursprüngliche Gleichung mehr als nur eine isolierte Lösung, dann ist man zwar in der Lage, ausgehend von einem (fast) beliebigen Startwert, eine dieser Lösungen numerisch zu berechnen. Man kann aber i. allg. a priori nicht erkennen, um welche dieser Lösungen es sich handelt. Dies stellt für die Anwendungen ein ernst zu nehmendes Problem dar, wenn man aus der Vielfalt der Lösungen eine ganz bestimmte mit speziellen Eigenschaften (z. B. nichtnegativ) approximieren möchte. □

4.10 Nullstellen reeller Polynome

4.10.1 Anwendung des Newton-Verfahrens

Die Methoden der vorangegangenen Abschnitte, insbesondere das Newton-Verfahren, lassen sich auch auf Polynomgleichungen anwenden. Bei der Bestimmung der Wurzeln eines Polynoms (üblicherweise werden die Nullstellen einer Polynomgleichung als *Wurzeln* bezeichnet) sollte man jedoch die spezielle Struktur der Gleichung so gut wie möglich ausnutzen. Des Weiteren wird die Behandlung von Polynomgleichungen dadurch erschwert, dass man auch an den *komplexen* Wurzeln interessiert ist und oftmals sämtliche Wurzeln zu bestimmen sind. Deshalb stellt die Numerik von Polynomgleichungen einen speziellen Schwerpunkt dar, der bereits über 400 Jahre das Interesse der Mathematiker findet.

Wir beginnen mit der Zusammenstellung einiger theoretischer Resultate, die aus den Algebra-Kursen bereits bekannt sein dürften. Auf die zugehörigen Beweise soll deshalb verzichtet werden.

Das Polynom $P(x)$ werde in der Form

$$P(x) \equiv a_n x^n + a_{n-1} x^{n-1} + \cdots + a_1 x + a_0 \tag{4.94}$$

geschrieben, mit $a_i \in \mathbb{R}$. Die Variable x kann hier auch komplexe Werte annehmen. Ist $a_n \neq 0$, dann besitzt das Polynom den Grad n. Wir wollen dies abkürzend in der Form $\deg(P) = n$ schreiben. Das Ziel ist die numerische Berechnung aller oder einiger ausgewählter Wurzeln von P. Der folgende Satz sowie die damit verbundenen Folgerungen vermitteln, dass diese Zielstellung sinnvoll ist.

Satz 4.8 (Fundamentalsatz der Algebra). *Ist $P(x)$ ein Polynom mit $\deg(P) = n$, dann besitzt* (4.94) *mindestens eine (möglicherweise komplexe) Wurzel.*

Die folgende Aussage gibt an, wie ein vorliegendes Polynom faktorisiert dargestellt werden kann.

Folgerung 4.3. *Bezeichnet $P(x)$ ein Polynom mit* $\deg(P) \geq 1$, *dann existieren eindeutige (möglicherweise komplexe) Konstanten $x_1, x_2, \ldots, x_k$ und positive ganze Zahlen $m_1, m_2, \ldots, m_k$, für die gilt:*

$$P(x) = a_n(x - x_1)^{m_1}(x - x_2)^{m_2}\cdots(x - x_k)^{m_k}, \quad mit \sum_{i=1}^{k} m_i = n. \qquad (4.95)$$
□

Stellt nun $(x - x_i)^{m_i}$ einen Faktor von $P(x)$ dar, dann nennt man x_i eine Wurzel *mit der Vielfachheit m_i.*

Die Folgerung 4.3 sagt somit aus:

1. die Wurzeln von $P(x)$ sind eindeutig bestimmt, und
2. wird jede Wurzel x_i mit ihrer Vielfachheit gezählt, dann besitzt ein Polynom vom Grad n genau n Wurzeln.

Unter welchen Bedingungen zwei Polynome vom gleichen Grad n identisch sind, vermittelt die Folgerung 4.4.

Folgerung 4.4. *Es seien $P(x)$ und $Q(x)$ zwei Polynome mit jeweils* $\deg(P) \leq n$ *und* $\deg(Q) \leq n$. *Für paarweise verschiedene Zahlen $x_1, x_2, \ldots, x_k$, $k > n$, gelte*

$$P(x_i) = Q(x_i), \quad i = 1, \ldots, k.$$

Dann ist $P(x) = Q(x)$ für alle Werte von x. □

Besitzt ein Polynom komplexe Zahlen als Wurzeln, dann sind auch die zugehörigen konjugiert komplexen Zahlen Wurzeln der zugehörigen Polynomgleichung. Genauer gilt die im Satz 4.9 formulierte Aussage.

Satz 4.9. *Bezeichnet $z = a + b\,i$ eine komplexe Wurzel der Vielfachheit m des Polynoms $P(x)$, dann ist auch $\bar{z} = a - b\,i$ eine Wurzel der Vielfachheit m von $P(x)$. Des Weiteren ist $(x^2 + 2ax + a^2 + b^2)$ ein Faktor von $P(x)$.*

Die Anwendung des Newton-Verfahrens zur Bestimmung von Lösungen der Polynomgleichung (4.94) erfordert die fortlaufende Berechnung von Funktions- und Ableitungswerten von $P(x)$. Es ist deshalb sehr wichtig, hierfür einen effektiven Algorithmus zur Verfügung zu haben. Eine naheliegende Technik, den Wert des Polynoms $P(x)$ an einer Stelle $x = x_0$ zu bestimmen, besteht darin, zuerst die Potenzen $x_0^2, x_0^3, \ldots, x_0^n$ zu berechnen (das sind $(n-1)$ Multiplikationen), dann die Produkte $a_i\,x_0^i$, für $i = 1, 2, \ldots, n$, zu bilden (nochmals n Multiplikationen) und schließlich n Additionen auszuführen, um die Zwischenresultate aufzusummieren. Der Gesamtaufwand beträgt somit $2n - 1$ Multiplikationen und n Additionen. Der folgende Satz gibt demgegenüber einen viel effektiveren

Algorithmus an, der unter dem Namen *Horner-Schema*[14] bekannt ist und nur n Multiplikationen sowie n Additionen zur Berechnung von $P(x_0)$ benötigt. Neben dem geringeren Aufwand ist das Horner-Schema auch wesentlich günstiger in Bezug auf die Fortpflanzung von Rundungsfehlern. Das Horner-Schema wird in der Literatur oftmals auch als *synthetische Division* oder als *Regel von Ruffini*[15] bezeichnet.

Satz 4.10. *Es sei $P(x)$ ein Polynom n-ten Grades und es werde $b_n \equiv a_n$ gesetzt. Definiert man des Weiteren $b_k \equiv a_k + b_{k+1} x_0$ für $k = n - 1, n - 2, \ldots, 0$, dann ergibt sich $b_0 = P(x_0)$. Ist schließlich $Q(x) \equiv b_n x^{n-1} + b_{n-1} x^{n-2} + \cdots + b_2 x + b_1$, dann gilt*

$$P(x) = (x - x_0)Q(x) + b_0. \tag{4.96}$$

Beweis. Nach der Definition von $Q(x)$ ist:

$$
\begin{aligned}
&(x - x_0)Q(x) + b_0 \\
&= (x - x_0)(b_n x^{n-1} + \cdots + b_2 x + b_1) + b_0 \\
&= (b_n x^n + b_{n-1} x^{n-1} + \cdots + b_2 x^2 + b_1 x) \\
&\quad - (b_n x_0 x^{n-1} + \cdots + b_2 x_0 x + b_1 x_0) + b_0 \\
&= b_n x^n + (b_{n-1} - b_n x_0) x^{n-1} + \cdots + (b_1 - b_2 x_0)x + (b_0 - b_1 x_0).
\end{aligned}
$$

Die Voraussetzungen des Satzes implizieren $b_n = a_n$ und $b_k - b_{k+1} x_0 = a_k$, sodass unmittelbar $(x - x_0)Q(x) + b_0 = P(x)$ und $b_0 = P(x_0)$ folgt. □

Der Name Horner-*Schema* geht darauf zurück, dass es sich sehr einfach mit der Tabelle 4.5 realisieren lässt.

Tab. 4.5: Horner-Schema zur Berechnung von $P(x_0)$.

	a_n	a_{n-1}	a_{n-2}	$\cdots$	a_0
x_0		$+x_0 b_n$	$+x_0 b_{n-1}$	$\cdots$	$+x_0 b_1$
	$= b_n$	$= b_{n-1}$	$= b_{n-2}$	$\cdots$	$= b_0$

---

14 Das Verfahren ist nach dem Engländer William George Horner (1786–1837) benannt. Es stellt den einzigen bedeutsamen Beitrag von ihm zur Mathematik dar. Das Horner-Schema wurde am 1. Juli 1819 der Royal Society vorgelegt und noch im selben Jahr in den *Philosophical Transactions of the Royal Society* veröffentlicht. Horner war jedoch nicht der Erste, der diese Methode vorgeschlagen hat, sondern sie wurde bereits 500 Jahre früher von dem Chinesen Chu Shih-chieh (1270–1330) verwendet. Er gehört zu den bedeutendsten chinesischen Mathematikern, der in seiner Arbeit *Ssu-yuan yu-chien* (engl.: *Precious Mirror of the Four Elements*, erschienen 1303) neben anderen mathematischen Problemen auch eine Lösung für eine allgemeine Gleichung 14. Grades beschrieb. Er verwendete dazu eine Umwandlungsmethode, die er *fan fa* nannte und die eben Horner als das Horner-Schema wiederentdeckte.
15 Paolo Ruffini (1765–1822), italienischer Mathematiker und Philosoph.

Wir wollen jetzt anhand eines Beispiels den oben aufgezeigten Rechenweg demonstrieren.

Beispiel 4.10. Gegeben sei das Polynom $P(x) = 5x^4 + x^3 - 4x + 7$.

An der Stelle $x_0 = 2$ soll der Funktionswert $P(x_0)$ numerisch berechnet werden. Hierzu wird die Tabelle 4.5, wie in der Tabelle 4.6 angegeben, erstellt. Zuerst werden die Koeffizienten des Polynoms eingetragen und dann erfolgt die Abarbeitung spaltenweise.

Tab. 4.6: Horner-Schema für das Beispiel 4.4.

	Koeffizient von x^4	Koeffizient von x^3	Koeffizient von x^2	Koeffizient von x	konstanter Term
	5	1	0	−4	7
2		10	22	44	80
	5	11	22	40	(87)

Somit ergibt sich für $x_0 = 2$ der Funktionswert $P(x_0) = 87$. Des Weiteren lässt sich aus der Tabelle 4.6 ablesen, dass $P(x)$ in der folgenden Gestalt faktorisiert werden kann: $P(x) = (x - 2)(5x^3 + 11x^2 + 22x + 40) + 87$. ☐

Ein weiterer Vorteil des Horner-Schemas besteht darin, dass für die Berechnung des Ableitungswertes $P'(x_0)$ nur eine zusätzliche Zeile in der Tabelle 4.5 erforderlich ist. Es gilt nämlich:

$$P(x) = (x - x_0)Q(x) + b_0, \quad \text{mit } Q(x) = b_n x^{n-1} + b_{n-1} x^{n-2} + \cdots + b_2 x + b_1.$$

Die Differentiation dieses Ausdruckes ergibt $P'(x) = Q(x) + (x - x_0)Q'(x)$, d. h.,

$$P'(x_0) = Q(x_0). \tag{4.97}$$

Beispiel 4.11. Die Tabelle 4.5 soll für das Beispiel 4.10 weitergeführt werden, um $P'(x_0)$ zu berechnen. Es ergibt sich die Tabelle 4.7. ☐

Tab. 4.7: Erweitertes Horner-Schema für Beispiel 4.10.

	5	1	0	−4	7
$x_0 = 2$		10	22	44	80
	5	11	22	40	87 = $P(2)$
$x_0 = 2$		10	42	128	
	5	21	64	168 = $Q(2) = P'(2)$	

Die Realisierung des Horner-Schemas auf einem Computer wird man natürlich nicht in Tabellenform vornehmen. Das unten angegebene m-File 4.8 ist für die Computerrechnungen besser geeignet. Mit ihm lassen sich $P(x_0)$ und $P'(x_0)$ unter Verwendung des Horner-Schemas numerisch ermitteln.

m-File 4.8: horner.m

```
1  function [y,ys] = horner(p,x)
2  % function [y,ys] = horner(p,x)
3  % Berechnet fuer ein Polynom n-ten Grades an den
      Stellen x
4  % den Funktionswert und den Wert der Ableitung
5  %
6  % p: Vektor, der die Koeffizienten a(0),...,a(n)
7  % von P(x)=a(0)+a(1)x+ ... enthaelt,
8  % x: Vektor der Stellen, an denen das Polynom
      ausgewertet
9  % werden soll,
10 % y:  Funktionswerte von P(x),
11 % ys: Ableitungswerte von P'(x).
12 %
13 m=length(p);
14 y=0*x+p(m); ys=y;
15 for i=m-1:-1:2
16     y=x.*y+p(i);
17     ys=x.*ys+y;
18 end
19 y=x.*y+p(1);
```

Die Berechnung einer reellen Lösung x^* der Gleichung (4.94) kann mit dem Newton-Verfahren unter Verwendung des m-Files 4.8 vorgenommen werden. Ist die N-te Iterierte des Newton-Verfahrens eine hinreichend gute Approximation von x^*, dann gilt:

$$P(x) = (x - x_N)Q(x) + b_0 = (x - x_N)Q(x) + P(x_N) \approx (x - x_N)Q(x),$$

d. h., $(x - x_N)$ erweist sich als ein approximierter Faktor von $P(x)$. Im Folgenden wollen wir mit $\hat{x}_1 \equiv x_N$ die Approximation der zuerst betrachteten Wurzel x_1^* von $P(x)$ bezeichnen. $Q_1(x)$ sei der zugehörige approximierte Faktor. Dann gilt

$$P(x) \approx (x - \hat{x}_1)Q_1(x).$$

Nun kann man eine zweite Wurzel x_2^* von $P(x)$ approximieren, indem das Newton-Verfahren auf $Q_1(x)$ angewendet wird. Ist $P(x)$ ein Polynom n-ten Grades mit n *reellen* Wurzeln, dann führt die wiederholte Anwendung dieser Strategie zu $n - 2$ approximierten Wurzeln sowie zu einem approximierten quadratischen Faktor $Q_{n-2}(x)$. Die direkte Auflösung dieses Faktors ergibt die noch fehlenden Approximationen für die restlichen 2 Wurzeln von $P(x)$.

Obwohl dieses Vorgehen für die Approximation *aller* reellen Wurzeln eines Polynoms theoretisch anwendbar ist, führt die fortlaufende Verwendung nur approximierter Werte praktisch zu *sehr ungenauen* Resultaten. Dies gilt insbesondere für große n. Sieht man sich die soeben beschriebene *Deflations-Strategie* („Abdividierungs-Strategie") genauer an, dann stellt man fest, dass der Genauigkeitsverlust auf die folgende Ursache zurückzuführen ist. Nach der Bestimmung der genäherten Wurzeln $\hat{x}_1, \ldots, \hat{x}_k$ von $P(x)$ wird das Newton-Verfahren auf ein Polynom $Q_k(x)$ angewendet, das auf diesen Näherungen basiert und für welches

$$P(x) \approx (x - \hat{x}_1)(x - \hat{x}_2) \cdots (x - \hat{x}_k) Q_k(x)$$

gilt. Man berechnet somit die Approximation $\hat{x}_{k+1}$ einer Wurzel des nur näherungsweise bekannten Faktors $Q_k(x)$ und verwendet diese als Näherung für die exakte Wurzel x_{k+1}^* von $P(x)$. Anschließend wird wieder nur das reduzierte Polynom $Q_{k+1}(x)$ betrachtet, um die Approximation einer weiteren Wurzel von $P(x)$ zu berechnen. Dabei gilt

$$Q_k(x) \approx (x - \hat{x}_{k+1}) Q_{k+1}(x).$$

Eine Möglichkeit, diese Schwierigkeiten zu beseitigen, besteht darin, die approximierten Faktoren $Q_1(x), Q_2(x), \ldots, Q_{k-1}(x)$ von $P(x)$ zur Bestimmung erster (relativ ungenauer) Approximationen $\hat{x}_2, \hat{x}_3, \ldots, \hat{x}_k$ zu verwenden, um diese dann in einem zweiten Schritt zu verbessern. Der zweite Schritt besteht in der Anwendung des Newton-Verfahrens auf die ursprüngliche Polynomgleichung (4.94). Als Startwerte werden dabei die bereits berechneten Werte $\hat{x}_k$ benutzt. In der Regel sind dann zum Erreichen einer vorgegebenen Genauigkeit nur noch wenige Iterationsschritte erforderlich. Für die Bestimmung von $\hat{x}_{k+1}$ aus dem genäherten (dimensions-)reduzierten Polynom $Q_k(x)$ mittels des Newton-Verfahrens benötigt man jedoch hinreichend genaue Startwerte (lokale Konvergenz!). Derartige Startapproximationen lassen sich wie folgt finden. Man berechnet $P(x)$ an gewissen Stellen x_i, $i = 1, \ldots, m$, m hinreichend groß. Gilt $P(x_i) P(x_j) < 0$, dann impliziert der Zwischenwertsatz die Existenz mindestens einer Wurzel zwischen x_i und x_j. Die Aufgabe besteht nun darin, durch eine geschickte Wahl der x_i dafür zu sorgen, dass die Möglichkeit, einen Vorzeichenwechsel zu übersehen, minimal wird. Die dabei auftretenden Probleme lassen sich am folgenden Beispiel gut erkennen.

Beispiel 4.12. Gegeben sei das Polynom [9]

$$P(x) = 16 x^4 - 40 x^3 + 5 x^2 + 20 x + 6. \tag{4.98}$$

Bezeichnet x_k eine beliebige ganze Zahl, dann lässt sich unmittelbar $P(x_k) > 0$ zeigen. Wählt man andererseits $x_k = \frac{1}{4}k^2$, k ganzzahlig, dann ist ebenfalls $P(x_k) > 0$. Die Auswertung von $P(x)$ an unendlich vielen Stellen x_k würde folglich zu keiner Lokalisierung eines Intervalls $[x_i, x_j]$ führen, das eine Wurzel von $P(x)$ enthält. Tatsächlich besitzt das Polynom (4.98) aber die beiden reellen Nullstellen $x_1 = 1.241677$ und $x_2 = 1.970446$ sowie die konjugiert komplexen Nullstellen $x_{3,4} = -0.356062 \pm 0.162758\,i$. ☐

Wir haben damit gesehen, dass die obige Strategie für solche Polynome ungeeignet ist, deren Wurzeln sehr eng beieinander liegen. Eine bessere Vorgehensweise zur Ermittlung von Intervallen, die reelle Wurzeln von $P(x)$ enthalten, basiert auf folgender Beobachtung:

- $y \in (0,1] \iff \dfrac{1}{y} \in [1,\infty)$ und $y \in [-1,0) \iff \dfrac{1}{y} \in (-\infty,-1]$.

Verwendet man nun anstelle von x die Variable $1/y$, dann ergibt sich

$$P\left(\frac{1}{y}\right) = a_n\left(\frac{1}{y}\right)^n + a_{n-1}\left(\frac{1}{y}\right)^{n-1} + \cdots + a_1\left(\frac{1}{y}\right) + a_0$$
$$= \frac{1}{y^n}\left(a_n + a_{n-1}y + \cdots + a_1 y^{n-1} + a_0 y^n\right).$$

Es sei

$$\hat{P}(y) \equiv a_0 y^n + a_1 y^{n-1} + \cdots + a_{n-1}y + a_n. \tag{4.99}$$

Zwischen den Wurzeln von $\hat{P}$ und P besteht dann folgender Zusammenhang:

- $\hat{y} \neq 0$ ist Wurzel von $\hat{P}$ $\iff$ $1/\hat{y}$ ist Wurzel von P.

Um nun Approximationen für alle reellen Wurzeln von $P(x)$ zu berechnen, reicht es somit aus, nur die Intervalle $[-1,0]$ und $[0,1]$ abzusuchen und sowohl $P(x)$ als auch $\hat{P}(x)$ zu berechnen, um Vorzeichenwechsel festzustellen.

Gilt $P(x_i)\,P(x_j) < 0$, dann besitzt $P(x)$ eine Wurzel in $[x_i, x_j]$. Besteht andererseits die Beziehung $\hat{P}(x_i)\,\hat{P}(x_j) < 0$, dann besitzt $\hat{P}(x)$ eine Wurzel in $[x_i, x_j]$, woraus folgt, dass für $P(x)$ eine Wurzel in $[1/x_j, 1/x_i]$ vorliegt. Die Intervalle $[-1,0]$ und $[0,1]$ werden einzeln abgesucht, um den Fall $\hat{P}(x_i)\,\hat{P}(x_j) < 0$ für $x_i \in [-1,0)$ und $x_j \in (0,1]$ auszuschließen.

Es gibt viele Strategien, die x_i festzulegen. Für die meisten praktischen Probleme ist die folgende Methode ausreichend. Es wird ein geradzahliges (ganzes) N für die maximale Anzahl zu berechnender Punkte vorgegeben. Die Punkte selbst berechnet man dann nach der Vorschrift:

$$x_0 = -1, \quad x_i = x_{i-1} + \frac{2}{N}, \quad i = 1,\ldots,N.$$

Hieraus ergeben sich $m \equiv N + 1$ Punkte mit $x_0 = -1$, $x_{\frac{N}{2}} = 0$ und $x_N = 1$.

Beispiel 4.13. Es sollen die Wurzeln des folgenden Polynoms mit der obigen Technik berechnet werden, wobei eine 8-stellige Gleitpunktarithmetik zugrunde gelegt wird:

$$P(x) \equiv -2x^4 + x^3 + 10x^2 + 12x + 9.$$

Es sei $y \equiv \frac{1}{x}$. Damit ergibt sich

$$P\left(\frac{1}{y}\right) = -2\left(\frac{1}{y}\right)^4 + \left(\frac{1}{y}\right)^3 + 10\left(\frac{1}{y}\right)^2 + 12\left(\frac{1}{y}\right) + 9$$

$$= \frac{1}{y^4}(-2 + y + 10y^2 + 12y^3 + 9y^4), \quad \text{d. h.}$$

$$\hat{P}(x) = 9x^4 + 12x^3 + 10x^2 + x - 2.$$

Nachdem jetzt $P(x)$ und $\hat{P}(x)$ vorliegen, kann in $[-1, 1]$ nach Intervallen gesucht werden, die Wurzeln von $P(x)$ und/oder $\hat{P}(x)$ enthalten. Zur Berechnung der Funktionswerte ist jeweils das Horner-Schema angebracht. Die Tabelle 4.8 enthält die verwendeten Punkte in $[-1, 1]$ sowie die Werte von P und $\hat{P}$ an diesen Stellen.

Tab. 4.8: Funktionswerte für Beispiel 4.13.

x_i	$P(x_i)$	$\hat{P}(x_i)$	x_i	$P(x_i)$	$\hat{P}(x_i)$
−1.0000	4.0000	4.0000	0.2500	12.6328	−0.9023
−0.7500	4.5703	0.6602	0.5000	17.5000	3.0625
−0.5000	5.2500	−0.9375	0.7500	23.4141	12.2852
−0.2500	6.6016	−1.7773	1.0000	30.0000	30.0000
0	9.0000	−2.0000			

Da hier $\hat{P}(-0.75) = 0.6602$ und $\hat{P}(-0.5) = -0.9375$ sowie $\hat{P}(0.25) = -0.9023$ und $\hat{P}(0.5) = 3.0625$ gilt, besitzt $\hat{P}(x)$ sowohl in $(-0.75, -0.5)$ als auch in $(0.25, 0.5)$ mindestens eine Wurzel. Dies bedeutet wiederum, dass $P(x)$ jeweils mindestens eine Wurzel in den Intervallen $I_1 \equiv (-1/0.5, -1/0.75) = (-2, -4/3)$ und $I_2 \equiv (1/0.5, 1/0.25) = (2, 4)$ hat. Mit dem Startwert $x_0 = -1.4285714 \approx -1/0.7$ soll unter Verwendung des Newton-Verfahrens eine reelle Wurzel in I_1 berechnet werden. Nach 2 Iterationsschritten erhält man $x_2 = -1.5000820$. Das Horner-Schema ergibt dann die (genäherte) Faktorisierung von $P(x)$:

$$P(x) \approx (x + 1.500082)\,Q(x), \quad \text{mit}$$

$$Q(x) = -2.0000000\,x^3 + 4.000164\,x^2 + 3.999426\,x + 6.000533.$$

Da $Q(x)$ nur eine Näherung für den entsprechenden Faktor von $P(x)$ darstellt (für die numerisch berechnete Faktorisierung ergibt sich ein Rest von -0.0012915), sind die exakten Wurzeln von $Q(x)$ nur gewisse Näherungen für die Wurzeln von $P(x)$. Wegen des geringeren Grades von $Q(x)$ sind aber weniger Rechenoperationen für die weitere Wurzelberechnung erforderlich als für $P(x)$. Wie zuvor diskutiert wurde, approximiert man deshalb mit dem Newton-Verfahren zuerst die Wurzeln von $Q(x)$ und verbessert diese dann mittels des Newton-Verfahrens bezüglich $P(x)$. Die Anwendung des Newton-Verfahrens in Kombination mit dem Horner-Schema auf $Q(x)$ ergibt für den Startwert $x_0 = 3.3333333 \approx 1/0.3$ nach drei Iterationsschritten $x_2 = 3.0000118$. Jetzt liegen 2 approximierte Wurzeln von $P(x)$ vor:

$$\hat{x}_1 = 3.0000118 \quad \text{und} \quad \hat{x}_2 = -1.500082.$$

Wir wenden das Horner-Schema noch einmal an, um $P(x)$ zu faktorisieren:

$$P(x) \approx (x - \hat{x}_1)\,(x - \hat{x}_2)\,\hat{Q}(x).$$

Es ergibt sich damit die Tabelle 4.9.

Tab. 4.9: Faktorisierung von $P(x)$.

	−2	1	10	12	9
3.0000118		−6.0000236	−15.0001298	−15.0004484	−9.0013861
	−2.0000000	−5.0000236	−5.0001298	−3.0004484	−0.0013861
−1.5000820		3.000164	2.9999534	3.0004286	
	−2.0000000	−1.9998596	−2.0001764	-1.98×10^{-5}	

Negiert man die kleinen Reste -0.0013861 und -1.98×10^{-5}, dann lässt sich $P(x)$ wie folgt schreiben:

$$P(x) \approx (x - 3.0000118)\,(x + 1.500082)\,(-2.0000000\,x^2 - 1.9998596\,x - 2.0001764).$$

Schließlich erhält man aus der quadratischen Gleichung

$$\hat{Q}(x) \equiv -2.0000000\,x^2 - 1.9998596\,x - 2.0001764 = 0$$

für $\hat{x}_3$ und $\hat{x}_4$ die Approximationen

$$\hat{x}_3 = -0.4999649 + 0.8660966\,i \quad \text{und} \quad \hat{x}_4 = -0.4999649 - 0.8660966\,i.$$

Die Näherungen $\hat{x}_1$ und $\hat{x}_2$ für die reellen Nullstellen des gegebenen Polynoms können nun wie folgt verbessert werden. Man verwendet sie als Startwerte für das Newton-Verfahren, welches man jetzt auf $P(x) = 0$ anwendet. Da man schon sehr gute Näherungen vorliegen hat, sind nur noch wenige Iterationsschritte zum Erreichen einer benötigten Genauigkeit notwendig, sodass sich der hierfür erforderliche Aufwand in Grenzen hält. So ergeben sich jeweils in nur einem Iterationsschritt die auf 8 Stellen genauen

Approximationen für die reellen Nullstellen:

$$\hat{x}_1 = 3.0000000 \quad \text{und} \quad \hat{x}_2 = -1.5000000.$$

Um die Approximationen für $\hat{x}_3$ und $\hat{x}_4$ zu verbessern, müssten die hier dargestellten Iterationsverfahren (beispielsweise das Newton-Verfahren) *komplexwertig* realisiert werden, d. h., man startet mit der Näherung $\hat{x}_3$ unter Verwendung des ursprünglichen Problems $P(x) \equiv -2x^4 + x^3 + 10x^2 + 12x + 9 = 0$. Dieses Vorgehen erfordert jedoch einen beträchtlichen Aufwand an Arithmetik mit komplexen Zahlen. ☐

Das obige Beispiel zeigt, dass zur Berechnung *komplexer* Nullstellen spezielle Verfahren erforderlich sind, die ohne komplexwertige Arithmetik auskommen. Deren Grundidee kann wie folgt beschrieben werden. Anstelle der komplexen und der zugehörigen konjugiert komplexen Nullstellen ermittelt man den zugehörigen *quadratischen Faktor*. Dieser besitzt reelle Koeffizienten und kann mittels reeller Arithmetik berechnet werden. Anschließend bestimmt man die beiden komplexen Wurzeln nach der p-q-Formel aus der quadratischen Gleichung.

Zur genaueren Beschreibung des Vorgehens soll angenommen werden, dass das Polynom (4.94) die komplexe Wurzel $x \equiv \alpha + \beta i$ besitzt. Dann ist $\bar{x} \equiv \alpha - \beta i$ ebenfalls eine Wurzel von $P(x)$. Hieraus ergibt sich für den zugehörigen quadratischen Faktor die Darstellung $R(x) = x^2 - 2\alpha x + \alpha^2 + \beta^2$. Die Division von $P(x)$ durch $R(x)$ führt auf $P(x) = R(x)Q(x) + Ax + B$, wobei A und B Konstanten sowie $Q(x)$ ein Polynom vom Grad $n-2$ sind. Diese Division lässt sich ebenfalls mit einem geeigneten Horner-Schema realisieren. Hierzu sei $R(x) \equiv x^2 + b_1 x + b_0$.

Man rechnet nun wie in der Tabelle 4.10 angegeben:

1. Zuerst werden Nullen in den Positionen eingetragen, die nicht mit berechneten Werten zu besetzen sind: das sind das 2. und das 3. Element in der ersten Spalte, das 2. Element in der zweiten Spalte sowie das 3. Element in der letzten Spalte.
2. Die Elemente der ersten Zeile sind die Koeffizienten von $P(x)$.
3. Das Element in der Spalte j der 2. Zeile berechnet sich aus der Multiplikation von $-b_0$ mit der Summe der Elemente der Spalte $j-2$ (wobei die Spalten von links nach rechts mit 1 bis $n+1$ durchnummeriert seien).
4. Das Element in der Spalte j der 3. Zeile berechnet sich aus der Multiplikation von $-b_1$ mit der Summe der Elemente der Spalte $j-1$, für $j = 2, 3, \ldots, n$. Das Element in der letzten Spalte von Zeile 3 ist immer Null.

Tab. 4.10: Division von $P(x)$ durch $R(x)$ (quadratisches Horner-Schema).

	a_n	a_{n-1}	a_{n-2}	a_{n-3}	$\cdots$	a_1	a_0
b_0	0	0	$-b_0 s_n$	$-b_0 s_{n-1}$	$\cdots$	$\cdots$	$\cdots$
b_1	0	$-b_1 s_n$	$-b_1 s_{n-1}$	$-b_1 s_{n-2}$	$\cdots$	$\cdots$	0
	s_n	s_{n-1}	s_{n-2}	s_{n-3}	$\cdots$	s_1	s_0
						A	B

5. Die Koeffizienten des Polynoms Q sind $s_n, s_{n-1}, \ldots, s_2$.
6. Die Summe der Elemente der vorletzten Spalte ergibt A.
7. Die Summe der Elemente der letzten Spalte ergibt B.

Die obige Tabelle wird *quadratisches Horner-Schema* genannt. Anhand eines Beispiels wollen wir diese Rechenvorschrift noch einmal verdeutlichen.

Beispiel 4.14. Man verwende das quadratische Horner-Schema (Tabelle 4.10), um das Polynom

$$P(x) = x^6 - 2x^5 + 7x^4 - 4x^3 + 11x^2 - 2x + 5$$

durch den quadratischen Term $R(x) = x^2 - 2x + 1$ zu dividieren.

Aus der Tabelle 4.11 lässt sich nun unmittelbar ablesen

$$x^6 - 2x^5 + 7x^4 - 4x^3 + 11x^2 - 2x + 5$$
$$= (x^2 - 2x + 1)(x^4 + 6x^2 + 8x + 21) + 32x - 16. \qquad \square$$

Tab. 4.11: Quadratisches Horner-Schema für Beispiel 4.14.

	1	−2	7	−4	11	−2	5
1	0	0	−1	0	−6	−8	−21
−2	0	2	0	12	16	42	0
	1	0	6	8	21	(32)	(-16)

Das quadratische Horner-Schema kann auf einem Computer mit dem m-File 4.9 realisiert werden.

m-File 4.9: hornerq.m

```
1  function [q,z,c] = hornerq(p,b)
2  % function [q,z,c] = hornerq(p,b)
3  % Realisiert die Division eines Polynom n-ten Grades
       durch
4  % ein quadratisches Polynom
5  %
6  % p: Vektor, der die Koeffizienten a(0),...,a(n) von
       P(x)
7  % enthaelt,
8  % b: Vektor, der die beiden Koeffizienten b(0) und b
       (1)
```

```
  9  % von R(x) enthaelt,
 10  % q: Vektor, der die Koeffizienten q(0),...,q(n-2)
        von Q(x)
 11  % enthaelt,
 12  % z: Wert von A,
 13  % c: Wert von B.
 14  %
 15  m=length(p);
 16  z=p(m); c=p(m-1); q(m-2)=z;
 17  for i=m-1:-1:2
 18      zz=z; z=-b(2)*zz+c; c=-b(1)*zz+p(i-1);
 19      if i>2, q(i-2)=z; end
 20  end
```

Bemerkung 4.3.

1. In $R(x)$ muss der Koeffizient von x^2 gleich Eins sein, damit das m-File 4.9 angewendet werden kann.

2. $Ax + B$ ist der Restterm des Divisionsprozesses. Gilt $A = B = 0$, dann ist der Ausdruck $x^2 + b_1 x + b_0$ ein Faktor von $P(x)$. $\qquad\square$

Hat man nun mittels des quadratischen Horner-Schemas einen (genäherten) quadratischen Faktor $R(x)$ gefunden, dann ermittelt man Approximationen für die zugehörigen komplexen Wurzeln x und $\bar{x}$ nach der p-q-Formel

$$x^2 + px + q \equiv x^2 + b_1 x + b_0 = 0 \quad \Rightarrow \quad x_{1,2} = -\frac{p}{2} \pm i \sqrt{q - \left(\frac{p}{2}\right)^2}.$$

Falls erforderlich, lassen sich die Näherungen anschließend mit dem Newton-Verfahren in komplexer Arithmetik weiter verbessern. Bei der Anwendung des Newton-Verfahrens in dieser Situation erweist sich das zuvor dargestellte m-File 4.9 wieder als nützlich. Ist nämlich $x_0 = \alpha + \beta i$ eine approximierte komplexe Wurzel von $P(x)$, die man mit dem Newton-Verfahren verbessern möchte, dann lautet wie üblich der erste Iterationsschritt

$$x_1 = x_0 - \frac{P(x_0)}{P'(x_0)}.$$

Da die komplexe Zahl $x_0 = \alpha + \beta i$ zum quadratischen Faktor $R(x) = x^2 - 2\alpha x + (\alpha^2 + \beta^2)$ gehört, ist $R(x_0) = 0$. Wird das m-File 4.9 für die Division von $P(x)$ durch $R(x)$ herangezogen, dann lautet das Resultat

$$P(x) = R(x)Q(x) + Ax + B, \quad \text{wobei gilt} \quad P(x_0) = Ax_0 + B.$$

Des Weiteren ist

$$P'(x) = R(x)Q'(x) + R'(x)Q(x) + A,$$

woraus folgt:

$$P'(x_0) = R(x_0)Q'(x_0) + (2x_0 - 2a)Q(x_0) + A = 2\beta i Q(x_0) + A.$$

Zur Berechnung von $P'(x_0)$ bestimmt man zuerst mit dem m-File 4.9 den Wert $Q(x_0)$. Anschließend wird $P'(x_0) = 2\beta i Q(x_0) + A$ gesetzt.

Der Schwachpunkt dieses komplexen Wurzelberechnungsverfahrens (auf der Basis des m-Files 4.9) besteht darin, dass eine Anfangsapproximation für den quadratischen Faktor benötigt wird. Da die Bestimmung einer Anfangsnäherung selbst bei reellen Wurzeln kompliziert ist, sollte man nicht überrascht sein, dass hier eine substantielle Schwierigkeit vorliegt.

4.10.2 Das QD-Verfahren

Im Jahre 1954 wurde von H. Rutishauser [64] der sogenannte *Quotienten-Differenzen-Algorithmus* zur Berechnung der Eigenwerte einer symmetrischen tridiagonalen Matrix vorgeschlagen. Wir wollen hier eine Variante dieses Algorithmus, das QD-Verfahren, angeben, mit der sich alle Wurzeln eines Polynoms numerisch bestimmen lassen. Das (iterative) QD-Verfahren besitzt im Vergleich mit den bisher betrachteten Techniken den wesentlichen Vorteil, dass es ohne die aufwendige Suche nach geeigneten Startwerten auskommt. Andererseits erweist es sich aber als sehr empfindlich gegenüber Rundungsfehlern und besitzt nur eine geringe Konvergenzgeschwindigkeit. Das QD-Verfahren wird deshalb i. allg. nur zur Bestimmung von Anfangsapproximationen, sowohl für die reellen Wurzeln als auch für die quadratischen Faktoren der konjugiert komplexen Wurzeln herangezogen. Diese verbessert man dann anschließend mit dem Newton-Verfahren (bzw. mit seinen ableitungsfreien Varianten). Die zugehörige Theorie ist ziemlich umfangreich und würde den Rahmen dieses Textes sprengen (für weitergehende Ausführungen siehe z. B. [66]). Wir wollen hier nur die grundlegenden Ideen darstellen. Hierzu werde vorausgesetzt, dass alle Koeffizienten des Polynoms

$$P(x) = a_n x^n + a_{n-1} x^{n-1} + \cdots + a_2 x^2 + a_1 x + a_0$$

nicht verschwinden, d. h., es möge $a_0 \neq 0, \ldots, a_n \neq 0$ gelten.

Das QD-Verfahren zur Approximation der Wurzeln von (4.94) erzeugt zwei unterschiedliche Zahlenfolgen

$$\{e_i^{(k)}\}_{i=1}^{\infty}, \quad k = 1, \ldots, n+1, \quad \text{und} \quad \{q_i^{(k)}\}_{i=1}^{\infty}, \quad k = 1, \ldots, n.$$

Die Folgenelemente bestimmen sich dabei wie folgt:

$$e_i^{(1)} = 0, \quad i = 1, 2, \ldots, \quad e_i^{(n+1)} = 0, \quad i = 1, 2, \ldots,$$

$$e_1^{(k)} = \frac{a_{n-k}}{a_{n-k+1}}, \quad k = 2, \ldots, n,$$

$$q_1^{(1)} = -\frac{a_{n-1}}{a_n}, \quad q_1^{(k)} = 0, \quad k = 2, \ldots, n, \qquad (4.100)$$

$$q_{i+1}^{(k)} = e_i^{(k+1)} + q_i^{(k)} - e_i^{(k)}, \quad k = 1, \ldots, n, \quad i = 1, 2, \ldots,$$

$$e_{i+1}^{(k)} = \frac{q_{i+1}^{(k)} e_i^{(k)}}{q_{i+1}^{(k-1)}}, \quad k = 2, \ldots, n, \quad i = 1, 2, \ldots$$

Man beachte, dass dieser Prozess nur wohldefiniert ist, falls die Nenner in (4.100) nicht verschwinden. Obwohl die Konstruktionsvorschrift auf den ersten Blick kompliziert erscheint, lässt sie sich mithilfe der Tabelle 4.12 relativ einfach darstellen.

Tab. 4.12: Starttabelle für den QD-Algorithmus.

i	$e_i^{(1)}$	$q_i^{(1)}$	$e_i^{(2)}$	$q_i^{(2)}$	$e_i^{(3)}$	$q_i^{(3)}$	$\cdots$	$e_i^{(n)}$	$q_i^{(n)}$	$e_i^{(n+1)}$
1	0	$-\frac{a_{n-1}}{a_n}$	$\frac{a_{n-2}}{a_{n-1}}$	0	$\frac{a_{n-3}}{a_{n-2}}$	0	$\cdots$	$\frac{a_0}{a_1}$	0	0
2	0									0
3	0									0
$\vdots$	$\vdots$									$\vdots$

Zuerst werden die gegebenen Werte für $q_1^{(k)}$, $e_1^{(k)}$, $e_i^{(1)}$ und $e_i^{(n+1)}$ eingetragen. Der nächste Schritt besteht in der Konstruktion der $q_2^{(k)}$-Elemente in der zweiten Zeile. Man bestimmt sie, indem das unmittelbar rechts darüber stehende Element $e_1^{(k+1)}$ zum direkt darüber stehenden Element $q_1^{(k)}$ addiert und das unmittelbar links darüber stehende Element $e_1^{(k)}$ davon subtrahiert wird. Man erhält die Tabelle 4.13.

Tab. 4.13: Erster Teilschritt des QD-Algorithmus.

i	$e_i^{(1)}$	$q_i^{(1)}$	$e_i^{(2)}$	$q_i^{(2)}$	$e_i^{(3)}$	$q_i^{(3)}$	$\cdots$	$e_i^{(n)}$	$q_i^{(n)}$	$e_i^{(n+1)}$
1	0	$-\frac{a_{n-1}}{a_n}$	$\frac{a_{n-2}}{a_{n-1}} \overset{-}{\leftarrow} 0 \overset{+}{\leftarrow} \frac{a_{n-3}}{a_{n-2}}$		0		$\cdots$	$\frac{a_0}{a_1}$	0	0
2	0	$q_2^{(1)}$		$q_2^{(2)}$		$q_2^{(3)}$ $\cdots$			$q_2^{(n)}$	0
3	0									0
$\vdots$	$\vdots$									$\vdots$

Jetzt können die Elemente $e_2^{(k)}$ eingetragen werden. Man bestimmt sie, indem das unmittelbar rechts daneben stehende Element $q_2^{(k)}$ mit dem direkt darüber stehenden Element $e_1^{(k)}$ multipliziert und das entstehende Resultat durch das unmittelbar links daneben stehende Element $q_2^{(k-1)}$ dividiert wird. Man erhält die Tabelle 4.14.

Tab. 4.14: Zweiter Teilschritt des QD-Algorithmus.

i	$e_i^{(1)}$	$q_i^{(1)}$	$e_i^{(2)}$	$q_i^{(2)}$	$e_i^{(3)}$	$q_i^{(3)}$	$\cdots$	$e_i^{(n)}$	$q_i^{(n)}$	$e_i^{(n+1)}$
1	0	$-\frac{a_{n-1}}{a_n}$	$\frac{a_{n-2}}{a_{n-1}}$	0	$\frac{a_{n-3}}{a_{n-2}}$	0	$\cdots$	$\frac{a_0}{a_1}$	0	0
2	0	$q_2^{(1)}$	$e_2^{(2)}$	$q_2^{(2)} \overset{=}{\to}$	$e_2^{(3)}$	$q_2^{(3)}$	$\cdots$	$e_2^{(n)}$	$q_2^{(n)}$	0
3	0									0
$\vdots$	$\vdots$									$\vdots$

Der Prozess wird nun auf der Basis dieser zwei Teilschritte analog weitergeführt. Da in einem Teilschritt hauptsächlich multiplikative Operationen und im anderen Teilschritt hauptsächlich additive Operationen ausgeführt werden, erklärt sich der von Rutishauser für diese Rechenstrategie gewählte Name.

Zusammenfassend ergibt sich die im m-File 4.10 angegebene MATLAB-Funktion qd für das QD-Verfahren zur Bestimmung der Wurzeln eines Polynoms $P(x)$. Im Vektor wu werden die berechneten Wurzeln des Polynoms in komplexwertiger Darstellung ausgegeben. Der Anwender muss dabei selbst anhand der Größe des Imaginärteils entscheiden, ob es sich im Rahmen der Rechengenauigkeit um eine reelle oder eine komplexe Nullstelle handelt.

m-File 4.10: qd.m

```
1  function [wu,q,e,r,s,i,ind]=qd(a,TOL,N0)
2  % function [wu,q,e,r,s,i,ind]=qd(a,[TOL,N0])
3  % Berechnet die reellen und komplexen Wurzeln des
4  % Polynoms P(x) mit dem QD-Verfahren
5  %
6  % a: Polynomkoeffizenten des Polynoms
7  % P(x)=a1+a2*x+...+an-1*x^n,
8  % TOL: Toleranz,
9  % N0: maximale Iterationsschrittzahl,
10 % wu:   alle approximierten Wurzeln des Polynoms,
11 % q, e: Information ueber die approximierten
12 % reellen Wurzeln,
13 % r, s: approximierte quadratische Faktoren,
```

```
14   % i: Iterationsanzahl,
15   % ind(i)>0 Information ueber die Konvergenz der
         appromierten
16   % reellen Wurzeln,
17   % ind(i)=it Verfahren konvergiert, 'i-te reelle
         Wurzel'
18   % wurde im i-ten Iterationsschritt approximiert.
19   %
20   n=length(a)-1;
21   if nargin < 2, TOL=1e-6; N0=200*n; end
22   e=zeros(n+1,N0); q=zeros(n,N0); r=zeros(n,N0);
23   s=zeros(n,N0); ind=zeros(n,1); wu=NaN*ind;
24   q(1,1)=-a(n-1+1)/a(n+1);
25   for k=2:n
26       e(k,1)= a(n-k+1)/a(n-k+2);
27       ind(k)=0;
28   end
29   for i=2:N0
30       e(n+1,i)=0;
31       q(1,i) = e(2,i-1)+q(1,i-1) - e(1,i-1);
32       for k=2:n
33           q(k,i) = e(k+1,i-1) + q(k,i-1)-e(k,i-1);
34           if q(k-1,i)== 0, error('q=0'),end
35           e(k,i) = (q(k,i)*e(k,i-1))/q(k-1,i);
36           r(k,i) = q(k-1,i) + q(k,i);
37           s(k,i) = q(k-1,i-1)*q(k,i);
38       end
39       for  k=2:n
40           if abs(e(k,i))< TOL
41               if ind(k-1) == 0,  ind(k-1) = i; end
42           end
43       end
44       ind(n)=(sum(ind(1:n-1))==n-1);
45       if ind(n) == 1, break, end
46   end
47   q=q(:,i); s=s(:,i); r=r(:,i); e=e(:,i);
48   iw=1;
49   for j=1:n
50       if ind(j) >= 1
51           if iw > n, break, end
52           wu(iw) = q(iw); iw=iw+1;
53           if iw == n
```

```
54              wu(iw) = q(iw); break
55          end
56      else
57          if iw > n-1, break, end
58          wu([iw,1+iw])=qpol(-r(iw+1),s(iw+1),TOL);
                iw=iw+2;
59          end
60  end
61  end
62  %
63  function qw=qpol(p,q,TOL)
64  d=p^2/4-q;
65  if d > 0, qw=[NaN;NaN]; return, end
66  wd=sqrt(-d);
67  if wd < TOL, wd=0; end
68  qw=[-p/2+1i*wd;-p/2-1i*wd];
69  end
```

Folgende Schlüsse können nun aus dem Verhalten der Folgenelemente $e_i^{(k)}$ und $q_i^{(k)}$ gezogen werden [66]:

1. Gilt $\lim_{i \to \infty} e_i^{(k)} = \lim_{i \to \infty} e_i^{(k+1)} = 0$ für jedes $k = 1, \dots, n$, dann existiert $\lim_{i \to \infty} q_i^{(k)}$. Dieser Grenzwert stellt eine reelle Wurzel des Polynoms $P(x)$ dar.

2. Konvergiert die Folge $\{e_i^{(k)}\}_{i=1}^{\infty}$ jedoch für mindestens ein $k \in \{1, 2, \dots, n\}$ nicht gegen Null, dann konvergieren die Folgen $\{r_i\}_{i=1}^{\infty}$ und $\{s_i\}_{i=1}^{\infty}$ gegen die Grenzwerte $r^{(k)}$ bzw. $s^{(k)}$, wobei

$$r_i^{(k)} = q_i^{(k-1)} + q_i^{(k)}, \quad i = 2, 3, \dots,$$
$$s_i^{(k)} = q_{i-1}^{(k-1)} q_i^{(k)}, \qquad i = 2, 3, \dots \tag{4.101}$$

gilt. Der mit diesen Grenzwerten konstruierte Ausdruck $x^2 - r^{(k)}x + s^{(k)}$ ist ein quadratischer Faktor von $P(x)$, der zu einem Paar konjugiert komplexer Wurzeln gehört.

In beiden Fällen können die mit dem QD-Algorithmus erzeugten Näherungen als geeignete Startwerte für genauere und schnellere (jedoch nur lokal konvergente) Verfahren verwendet werden.

Folgende zwei Fragenstellungen sind bisher noch unbeantwortet geblieben:

1. Lässt sich der QD-Algorithmus auch auf Polynome anwenden, bei denen mindestens ein Koeffizient verschwindet?

2. Unter welchen Voraussetzungen verschwinden die Nenner in (4.100) nicht, und falls doch, was muss man tun, damit dies nicht mehr der Fall ist?

Die Beantwortung der ersten Frage ist relativ einfach. Ist mindestens ein Koeffizient des Polynoms $P(x)$ Null, dann hat man vor der Anwendung des QD-Algorithmus eine Variablentransformation

$$z = x + a \quad \text{mit einem geeignet gewählten } a \in \mathbb{R} \tag{4.102}$$

derart durchzuführen, dass das resultierende Polynom in der Variablen z keine nicht-verschwindenden Koeffizienten aufweist. Das Verfahren wird dann mit der Rücktrans-formation $x = z - a$ abgeschlossen.

Die zweite Frage ist wesentlich komplizierter zu beantworten. Hierzu wird von Ru-tishauser der Begriff einer positiven QD-Zeile eingeführt. So heißt eine Zeile

$$Z_i \equiv \{0, q_i^{(1)}, e_i^{(2)}, q_i^{(2)}, \ldots, e_i^{(n)}, q_i^{(n)}, 0\}$$

positiv, falls:

$$q_i^{(k)} > 0, \quad k = 1, \ldots, n, \quad \text{und} \quad e_i^{(k)} > 0, \quad k = 2, \ldots, n, \quad i = 2, \ldots$$

Die zugehörige Aussage von Rutishauser (siehe [66]) lautet nun wie folgt. Ist die Zeile Z_i positiv, so sind die aus ihr mit dem QD-Algorithmus erzeugten Zeilen Z_j, $j = i+1, \ldots$, ebenfalls positiv, d. h., das Verfahren ist uneingeschränkt durchführbar. Man spricht in diesem Falle von einem *positiven QD-Algorithmus*. Weiterführend lässt sich zeigen [70]: Sind die Nullstellen des Polynoms $P(x)$ reell und positiv, dann resultiert ein positiver QD-Algorithmus. Hat man andererseits keinen Spezialfall vorliegen, bei dem verschwin-dende Nenner in den Formeln (4.100) ausgeschlossen sind, dann kann man nur wieder mittels einer geeigneter Variablentransformation versuchen, die auftretenden Nullen im Tableau zu beseitigen.

Abschließend wollen wir die Funktionsweise des QD-Algorithmus anhand eines Bei-spiels demonstrieren. Die angegebenen Resultate wurden mit dem m-File 4.10 erzielt und auf 4 Stellen nach dem Dezimalpunkt gerundet.

Beispiel 4.15. Gegeben sei das Polynom

$$P(x) = (x - 1)(x + 2)(x - j)(x + j) = x^4 + x^3 - x^2 + x - 2, \tag{4.103}$$

wobei jetzt mit „j" die komplexe Einheit bezeichnet ist, um diese vom Iterationsindex „i" zu unterscheiden.

Zur Bestimmung aller Nullstellen von $P(x)$ soll der QD-Algorithmus (m-File 4.10) an-gewendet werden. Es ergeben sich die in der Tabelle 4.15 angegebenen Werte, die jedoch nur intern in der MATLAB-Funktion erzeugt und nicht standardmäßig ausgegeben wer-den. Dies trifft auch auf die Tabellen 4.16 und 4.17 zu.

In der zweiten QD-Zeile entsteht das Element $q_2^{(2)} = 0$, d. h., der nächste Schritt ist wegen eines verschwindenden Nenners in (4.100) nicht mehr definiert. Um trotzdem

Tab. 4.15: QD-Algorithmus für das Polynom (4.103).

i	$e_i^{(1)}$	$q_i^{(1)}$	$e_i^{(2)}$	$q_i^{(2)}$	$e_i^{(3)}$	$q_i^{(3)}$	$e_i^{(4)}$	$q_i^{(4)}$	$e_i^{(5)}$
1	0	−1	−1	0	−1	0	−2	0	0
2	0	−2	0	⓪	1	−1	4	2	0
3	0								0

den QD-Algorithmus anwenden zu können, wird die Variablentransformation (4.102) erforderlich. Ein erster Versuch sei $z = x + 2$. Hieraus resultiert das transformierte Polynom

$$P(z) = z^4 - 7z^3 + 17z^2 - 15z.$$

Wie man unmittelbar erkennt, verschwindet jetzt der Koeffizient a_0, d. h., diese Transformation ist nicht brauchbar. Wir unternehmen einen weiteren Versuch mit $z = x + 3$. Das zugehörige transformierte Polynom lautet

$$P(z) = z^4 - 11z^3 + 44z^2 - 74z + 40. \tag{4.104}$$

Hierauf wird wieder der QD-Algorithmus angewendet. Dies führt auf die in der Tabelle 4.16 dargestellte Rechnung.

Tab. 4.16: QD-Algorithmus für das Polynom (4.104).

i	$e_i^{(1)}$	$q_i^{(1)}$	$e_i^{(2)}$	$q_i^{(2)}$	$e_i^{(3)}$	$q_i^{(3)}$	$e_i^{(4)}$	$q_i^{(4)}$	$e_i^{(5)}$
1	0	11.0000	−4.0000	0	−1.6818	0	−0.5405	0	0
2	0	7.000	−1.3247	2.3182	−0.8280	1.1413	−0.2560	0.5405	0
3	0	5.6753	−0.6570	2.8149	−0.5039	1.7132	−0.1190	0.7966	0
4	0	5.0183	−0.3886	2.9679	−0.3563	2.0982	−0.0519	0.9156	0
5	0	4.6297	−0.2518	3.0003	−0.2853	2.4025	−0.0209	0.9675	0
⋮	⋮	⋮	⋮	⋮	⋮	⋮	⋮	⋮	⋮
10	0	3.9631	−0.0266	2.5101	−0.7501	3.8869	−0.0001	0.9999	0
⋮	⋮	⋮	⋮	⋮	⋮	⋮	⋮	⋮	⋮
20	0	4.0050	0.0024	1.9747	−1.0435	4.0203	0.0000	1.0000	0
⋮	⋮	⋮	⋮	⋮	⋮	⋮	⋮	⋮	⋮
50	0	4.0000	−0.0000	1.3606	−2.7101	4.6394	0.0000	1.0000	0

Somit ergeben sich für das Polynom (4.104) die (einzigen) reellen Wurzeln zu

$$z_1 = 4.0000 \quad \text{und} \quad z_2 = 1.0000.$$

Um die noch vorhandenen konjugiert komplexen Nullstellen zu erhalten, muss man die Rechenvorschrift (4.101) anwenden. In der Tabelle 4.17 sind für einige ausgewählte Iterationsschritte die zugehörigen Wertepaare $r_i^{(3)}$ und $s_i^{(3)}$ angegeben.

Tab. 4.17: Koeffizienten des quadratischen Faktors von (4.104).

i	$r_i^{(3)}$	$s_i^{(3)}$
5	5.4027	7.1304
10	6.0369	9.7791
20	5.9950	10.0189
50	6.0000	10.0000

Damit ergibt sich für das Polynom (4.104) ein quadratischer Faktor zu

$$P_2(z) = z^2 - 6z + 10.$$

Seine komplexen Nullstellen sind

$$z_3 = 3 + j \quad \text{und} \quad z_4 = 3 - j.$$

Abschließend hat man die Rücktransformation $x = z - a$ auszuführen, um die tatsächlich gesuchten Nullstellen des Polynoms $P(x)$ zu erhalten. Man berechnet mit $a = 3$:

$$x_1 = z_1 - 3 = 4 - 3 = 1, \qquad x_2 = z_2 - 3 = 1 - 3 = -2,$$
$$x_3 = z_3 - 3 = 3 + j - 3 = j, \quad x_4 = 3 - j - 3 = -j. \qquad \Box$$

4.11 Aufgaben

Aufgabe 4.1. Die Folge $x_k \equiv e^{-e^k}$, $k = 0, 1, \ldots$, konvergiert für $n \to \infty$ offensichtlich gegen Null. Welche Konvergenzordnung besitzt sie?

Aufgabe 4.2. Es sei $g(x) \equiv \frac{x}{x+1}$ für $x \in (-1, \infty)$ gegeben.
1. Berechnen Sie den Fixpunkt von g im angegebenen Intervall.
2. Berechnen Sie g' in diesem Fixpunkt.
3. Zeigen Sie, dass für die Fixpunkt-Iteration (4.10) mit $x_0 > 0$ keine lineare Konvergenz vorliegt.

Aufgabe 4.3. Es ist die Nullstelle x^* von $f(x) \equiv x + (x + 1) \log_{10}(x) - 2$ zu bestimmen. Es gilt $x^* \approx 1.53$.
1. Geben Sie für das obige f vier einfache Iterationsvorschriften an, die auf der Fixpunkt-Iteration (4.10) basieren. Für welche der Iterationen erwarten Sie Konvergenz? (HINWEIS: Fixpunktsatz, Verwendung der angegebenen Information über x^*.)

2. Wählen Sie die günstigste Vorschrift aus 1. zur Berechnung von x^* mit einer absoluten Genauigkeit von 0.5×10^{-12} aus. (Begründung der Wahl, Konvergenzbeweis, MATLAB-Programm, geeignetes Abbruchkriterium.)

3. Zusätzlich zu 1. ist eine Iterationsvorschrift der Form $x_{k+1} = x_k - c\,f(x_k)$ zur Berechnung von x^* heranzuziehen. Dabei soll die Zahl c so bestimmt werden, dass eine möglichst „schnelle" Annäherung der Iterierten an x^* zu erwarten ist. (Begründung der Wahl von c, Fixpunktsatz, MATLAB-Programm.)

Aufgabe 4.4. Zur Berechnung einer einfachen Nullstelle x^* der Funktion $f(x)$ werde das unten angegebene Verfahren betrachtet.

$$
\begin{aligned}
&x_0 : \text{Startwert} \\
&y_{k+1} = x_k - \frac{f(x_k)}{f'(x_k)}, \\
&x_{k+1} = x_k - \frac{f(x_k)}{f'(x_k + \beta(y_{k+1} - x_k))}, \qquad k = 0, 1, 2, \ldots
\end{aligned}
$$

Lässt sich bei geeigneter Wahl von β kubische Konvergenz erzielen? Man bestimme gegebenenfalls den Wert von β!

Aufgabe 4.5. Bei gegebenem $a \in \mathbb{R}$, $a > 0$, ist $x^* = \sqrt{a}$ die Lösung der Funktionalgleichungen

$$
x = \phi_1(x) = \frac{a}{x} \quad \text{und} \quad x = \phi_2(x) = \frac{1}{2}\left(x + \frac{a}{x} \right).
$$

Zeigen Sie: Das durch $\phi_1(x)$ festgelegte Iterationsverfahren ist für jeden Startwert $x_0 > 0$, $x_0 \neq \sqrt{a}$, divergent, während die durch $\phi_2(x)$ bestimmte Iteration für jedes $x_0 \in \mathbb{R}$ gegen $\sqrt{a}$ konvergiert, wobei $\sqrt{a} < x_k < \cdots < x_1$ gilt, und die Konvergenzgeschwindigkeit durch

$$
\lim_{k \to \infty} \frac{x_{k+1} - \sqrt{a}}{(x_k - \sqrt{a})^2} = \frac{1}{2\sqrt{a}}
$$

beschrieben wird.

Aufgabe 4.6. Gegeben sei zur Bestimmung von $\sqrt{a}$ die Fixpunkt-Iteration (4.10) mit

$$
g(x) \equiv \frac{x^3 + 3ax}{3x^2 + a}.
$$

1. Es sei $L > 0$ beliebig vorgegeben. Bestimmen Sie die Menge M in Abhängigkeit von L, sodass

$$
\forall a \in M\, \exists\, \delta > 0 : \forall x \in [\sqrt{a} - \delta, \sqrt{a} + \delta] : |g(x) - \sqrt{a}| \leq L|x - \sqrt{a}|^3.
$$

Somit liegt hier die Konvergenzordnung 3 vor.

2. Untersuchen Sie numerisch die Konvergenzgeschwindigkeit der Iterationsfolge auf Konvergenzordnung 3.

Aufgabe 4.7. Gegeben seien die Iterationsvorschriften

$$x_{k+1} = g(x_k), \quad k = 0, 1, 2, \ldots, \quad \text{mit } g(x) \equiv x\,(2 - a\,x), \quad a > 0, \quad \text{und}$$

$$y_{k+1} = h(y_k), \quad k = 0, 1, 2, \ldots, \quad \text{mit } h(y) \equiv \frac{1}{2}\left(y + \frac{1}{a\,y}\right), \quad a > 0, \quad y \neq 0.$$

1. Bestimmen Sie die Fixpunkte von g und h.
2. Für welche Startwerte x_0 bzw. y_0 konvergieren die Folgen $\{x_k\}$ bzw. $\{y_k\}$? Wie lauten in Abhängigkeit von den Startwerten die jeweiligen Grenzwerte x^* und y^*? (Graphische Darstellung von g bzw. h, Vermutungen, Beweise, Ausnutzung von Monotonie-Eigenschaften).
3. Berechnen Sie sowohl $1/\sqrt{\pi}$ als auch $1/\pi$ unter Verwendung von 2. mit einer absoluten Genauigkeit von 5×10^{-13}. (Geeigneter Abbruchtest, vergleichende Gegenüberstellung beider Iterationen).

Aufgabe 4.8.
1. Man zeige, dass die Gleichung $x = \tan(x)$ eine eindeutige Lösung x^* in $(\pi, \frac{3}{2}\pi)$ besitzt.
2. Man zeige, dass die Fixpunkt-Iteration $x_{k+1} = \tan(x_k)$, $k = 0, 1, 2, \ldots$, für jede Wahl von $x_0 \neq x^*$ divergiert.
3. Man zeige, dass die Fixpunkt-Iteration $x_{k+1} = \arctan(x_k)$, $k = 0, 1, 2, \ldots$, für jede Wahl von $x_0 \neq x^*$ nicht gegen die gesuchte Nullstelle konvergiert.
4. Man bestimme eine Fixpunkt-Iteration, die gegen die gesuchte Nullstelle x^* konvergiert.
5. Man verwende die unter 4. gefundene Iterationsvorschrift, um die gesuchte Nullstelle auf mindestens 12 Dezimalstellen anzunähern.

Aufgabe 4.9. Es sei $f(x) = \tan^{-1}(x)$. Man bestimme den kleinsten positiven Startwert x_0, für den das Newton-Verfahren divergiert.

Aufgabe 4.10. Man versuche, für die unten angegebenen Funktionen die Nullstellen mit dem Newton-Verfahren zu berechnen:
1. $f(x) = x^4 - 6x^2 - 11$, $x_0 = 1.1$,
2. $f(x) = \begin{cases} \sqrt{x}, & x \geq 0, \\ -\sqrt{-x}, & x < 0, \end{cases} \quad x_0 \neq 0 \quad \text{beliebig}.$

Aufgabe 4.11. Gegeben sei eine Funktion $f \in C^2(\mathbb{R}, \mathbb{R})$ mit $f(x^*) = 0$.
1. Wenn das Newton-Verfahren für einen Startwert $x_0 \in \mathbb{R}$ mit $x_0 \neq x^*$ in einem Schritt die Lösung x^* bestimmt, wie muss dann $f'(x_0)$ aussehen?

2. Andererseits gelte $f''(x) > 0$ für alle $x \in \mathbb{R}$. Zeigen Sie, dass es keinen Startwert $x_0 \in \mathbb{R}$ mit $x_0 \neq x^*$ gibt, sodass das Newton-Verfahren in einem Schritt die Lösung $x^* \in \mathbb{R}$ berechnet.

Aufgabe 4.12. Man ermittle den positiven Minimierungspunkt der reellen Funktion $f(x) = x^{-2}\tan(x)$, indem die Nullstellen von $f'(x)$ mit dem Newton-Verfahren berechnet werden.

Aufgabe 4.13. Was wird mit der Iterationsformel

$$x_k = 2x_{k-1} - x_{k-1}^2 y$$

berechnet? Man identifiziere diese Vorschrift als Anwendung des Newton-Verfahrens auf eine spezielle Funktion.

Aufgabe 4.14. Um den Kehrwert einer Zahl a ohne Division zu berechnen, kann man $x = 1/a$ durch die Ermittlung einer Nullstelle der Funktion $f(x) = x^{-1} - a$ finden. Man schreibe ein kurzes Programm zur Bestimmung von $1/a$, in welchem das Newton-Verfahren auf $f(x)$ angewendet wird. In diesem Programm dürfen keine Divisionen oder Potenzbildungen verwendet werden. Welche Startwerte sind für positive Werte von a geeignet?

Aufgabe 4.15. Man entwickle eine auf dem Newton-Verfahren basierende Formel zur Berechnung von $\sqrt[3]{a}$ für $a > 0$. Anhand der Graphik der zugehörigen Funktion $f(x)$ bestimme man diejenigen Startwerte, für welche die Iteration konvergiert.

Aufgabe 4.16. Unter Verwendung der Taylor-Entwicklungen für die Funktionen $f(x+h)$ und $f(x + k)$ leite man die folgende Approximationsformel von $f'(x)$ her:

$$f'(x) \approx \frac{k^2 f(x + h) - h^2 f(x + k) + (h^2 - k^2) f(x)}{(k - h)kh}.$$

Mittels dieser Approximation leite man aus dem Newton-Verfahren eine ableitungsfreie Variante ab und wende diese als auch das Newton-Verfahren und die Sekanten-Methode auf ein selbstdefiniertes Problem an. Man interpretiere die erzielten Ergebnisse.

Aufgabe 4.17. Man zeige, dass die folgenden Funktionen auf den angegebenen Intervallen kontraktiv sind:
1. $(1 + x^2)^{-1}$ auf einem beliebigen Intervall,
2. $\frac{1}{2}x$ auf $1 \leq x \leq 5$,
3. $\tan^{-1}(x)$ auf einem beliebigen abgeschlossenen Intervall, welches die Null nicht enthält, und
4. $|x|^{\frac{3}{2}}$ auf $|x| \leq \frac{1}{3}$.

Zusätzlich bestimme man die besten Werte der Kontraktionskonstanten L.

Aufgabe 4.18. Es sei x^* eine einfache Nullstelle der Gleichung $f(x) = 0$. Gegeben sei weiter eine Iterationsfunktion $g(x)$ der Form

$$g(x) \equiv x + \varphi(x)f(x).$$

Man finde notwendige und hinreichende Bedingungen, die an die Funktion $\varphi(x)$ zu stellen sind, damit die Fixpunkt-Iteration $x_k = g(x_{k-1})$, $k = 1, 2, \ldots$, kubisch gegen x^* konvergiert, falls nur x_0 nahe bei x^* gewählt wird.

Aufgabe 4.19. Es sei p eine positive reelle Zahl. Man bestimme den Wert des folgenden Ausdruckes:

$$x = \sqrt{p + \sqrt{p + \sqrt{p + \cdots}}}.$$

HINWEIS: Es lässt sich x als Grenzwert $x = \lim_{k \to \infty} x_k$ interpretieren, wobei $x_1 = \sqrt{p}$, $x_2 = \sqrt{p + \sqrt{p}}$, etc. gilt.

Aufgabe 4.20. Es sei $p > 1$. Man bestimme den Wert des folgenden Kettenbruches:

$$x = \cfrac{1}{p + \cfrac{1}{p + \cfrac{1}{p + \cdots}}}.$$

Hierzu werde die bereits in der Aufgabe 4.19 aufgezeigte Idee verwendet.

Aufgabe 4.21. Man bestimme die Konvergenzordnungen der Folgen:

$$\text{1)} \quad x_k = (1/k)^{\frac{1}{2}}, \qquad \text{2)} \quad x_k = \sqrt[k]{k},$$

$$\text{3)} \quad x_k = \left(1 + \frac{1}{k}\right)^{\frac{1}{2}}, \qquad \text{4)} \quad x_k = \tan^{-1}(x_{k-1}).$$

Aufgabe 4.22. Es sei $g(x) \equiv x - 0.0001x^2$ und es werde die Fixpunkt-Iteration mit dem Startwert $x_0 = 1$ betrachtet.
1. Man zeige, dass $x_0 > x_1 > \cdots > x_k > x_{k+1} > \cdots$ gilt.
2. Man zeige, dass $x_k > 0$ für alle k ist.
3. Da die Folge $\{x_k\}$ fallend und nach unten beschränkt ist, besitzt sie einen Grenzwert. Man gebe diesen an.

Aufgabe 4.23. Wie verhält sich das Bisektionsverfahren, wenn es auf die reelle Funktion $f(x) = 1/(x - 2)$ angewendet wird und das zugrundeliegende Intervall a) $[3, 7]$ bzw. b) $[1, 7]$ ist?

Aufgabe 4.24. Für das Verfahren von Müller zeige man das Bestehen der Formel (4.56). Hierauf aufbauend bestimme man die zugehörige Konvergenzordnung.

Aufgabe 4.25. Man zeige, dass die Funktion

$$g(x) = x + \frac{\pi}{2} - \arctan(x)$$

keinen Fixpunkt besitzt, aber der *schwachen Kontraktionsbedingung*

$$|g(x) - g(y)| < |x - y| \quad \text{für alle } x, y \in \mathbb{R}, \ x \neq y,$$

genügt.

Aufgabe 4.26. Definition: Es sei x^* ein Fixpunkt der stetig differenzierbaren Funktion g. Man nennt x^* einen *anziehenden* Fixpunkt, falls es eine Umgebung $S(x^*)$ gibt, für die

$$|g'(x)| < 1 \quad \text{für } x \in S(x^*) \setminus \{x^*\} \tag{4.105}$$

gilt, und einen *abstoßenden* Fixpunkt, falls

$$|g'(x)| > 1 \quad \text{für } x \in S(x^*) \setminus \{x^*\} \tag{4.106}$$

gilt. $\qquad\qquad\qquad\qquad\qquad\qquad\qquad\qquad\qquad\qquad\qquad\qquad\square$

Man überzeuge sich, dass es eine Umgebung $U(x^*)$ eines anziehenden Fixpunktes x^* mit der Eigenschaft gibt, dass das Iterationsverfahren

$$x_{k+1} = g(x_k), \quad k = 0, 1, \dots,$$

für jeden Startwert $x_0 \in U(x^*)$ gegen x^* konvergiert.

Aufgabe 4.27. Es sei $P(x)$ ein Polynom vom Grad n, welches die reellen Nullstellen $\xi_1 \leq \xi_2 \leq \cdots \leq \xi_n$ besitzt.

Man zeige: Das Newton-Verfahren konvergiert für jeden Startwert $x_0 > \xi_n$ monoton gegen ξ_n und entsprechend für jeden Startwert $x_0 < \xi_1$ monoton gegen ξ_1.

Aufgabe 4.28. Wie weit muss man zwei kreisrunde Bierdeckel übereinander schieben, damit die gemeinsam überdeckte Fläche gerade die Hälfte eines Bierdeckels ausmacht?

Aufgabe 4.29. Gegeben sei die sogenannte *Kepplersche Gleichung*

$$f(x) = x - \varepsilon \sin(x) - \eta = 0, \quad 0 < |\varepsilon| < 1, \quad \eta \in \mathbb{R},$$

wobei ε und η gewisse Parameter darstellen.

1. Man zeige, dass für jedes ε und η genau eine reelle Wurzel $x^* = x^*(\varepsilon, \eta)$ existiert. Darüber hinaus gilt $\eta - |\varepsilon| \leq x^*(\varepsilon, \eta) \leq \eta + |\varepsilon|$.
2. Die Gleichung werde in die folgende iterierfähige Form überführt

$$x = g(x), \quad g(x) \equiv \varepsilon \sin(x) + \eta.$$

Man zeige, dass die zugehörige Fixpunkt-Iteration $x_{k+1} = g(x_k)$ für einen beliebigen Startwert x_0 konvergiert.

3. Es sei m eine solche ganze Zahl, dass $m\pi < \eta < (m+1)\pi$ gilt. Man zeige, dass das Newton-Verfahren mit dem Startwert

$$
x_0 \equiv
\begin{cases}
(m+1)\pi, & \text{falls } (-1)^m \varepsilon > 0, \\
m\pi, & \text{sonst}
\end{cases}
$$

garantiert gegen $x^*(\varepsilon, \eta)$ (monoton) konvergiert.

Aufgabe 4.30. In den frühen Tagen der Rechentechnik hatte man keine elektronischen Rechner, sondern nur mechanische Rechenmaschinen zur Verfügung. Die ältesten dieser Computerveteranen konnten multiplizieren, jedoch nicht dividieren. Versetzen Sie sich in diese Zeit und lösen die folgende Problemstellung.

1. Zur Berechnung des Reziproken $1/a$ einer positiven ganzen Zahl a entwickle man ein Iterationsverfahren, das nur auf Additionen und Multiplikationen basiert.

2. Für welche Startwerte x_0 konvergiert das unter 1. genannte Verfahren? Was passiert, wenn $x_0 < 0$ ist?

3. Da es in (binärer) Gleitpunktarithmetik ausreicht, das Reziproke der Mantisse von a zu finden, werde $\frac{1}{2} \le a < 1$ vorausgesetzt. Unter dieser Bedingung zeige man, dass die Iterierten x_k die folgende Ungleichung erfüllen

$$
\left| x_{k+1} - \frac{1}{a} \right| < \left| x_k - \frac{1}{a} \right|^2, \quad \text{für alle } n \ge 0.
$$

4. Unter Verwendung des Resultates in 3. schätze man die maximale Anzahl von Iterationsschritten ab, die dazu erforderlich sind, eine Approximation von $1/a$ mit einem Fehler kleiner als 2^{-48} zu erhalten. Als Startwert werde $x_0 = 3/2$ verwendet.

Aufgabe 4.31. Ein Kreiszylinder mit dem Radius R werde an den Enden durch je eine Halbkugel mit dem gleichen Radius ergänzt. Der so entstandene Körper sei „glatt", habe die Länge $L = 4R$ und bestehe aus einem homogenen Material der Dichte $\rho < 1$. Berechnen Sie, wie tief der Zylinder beim Schwimmen im Wasser eintaucht. Die Problemstellung führt auf eine nichtlineare Gleichung $f(x) = 0$ für die Eintauchtiefe x.

HINWEISE: Schwimmt der Zylinder, so sind seine Gewichtskraft und die Auftriebskraft entgegengesetzt orientiert und haben den gleichen Betrag. Der Betrag der Auftriebskraft ist gleich dem Betrag der Gewichtskraft des verdrängten Wassers.

Bestimmen Sie die Eintauchtiefe sowohl mit dem Newton-Verfahren (m-File 4.2) als auch mit dem Sekanten-Verfahren (m-File 4.3).

5 Nichtlineare Gleichungen in mehreren Variablen

5.1 Fixpunkte von Funktionen mehrerer Variablen

In diesem Kapitel betrachten wir anstelle einer *skalaren* nichtlinearen Gleichung das folgende System von n nichtlinearen Gleichungen

$$
\begin{aligned}
f_1(x_1, x_2, \dots, x_n) &= 0, \\
f_2(x_1, x_2, \dots, x_n) &= 0, \\
&\ \ \vdots \\
f_n(x_1, x_2, \dots, x_n) &= 0
\end{aligned}
\tag{5.1}
$$

in den n Unbekannten $x_1, \dots, x_n$. Die Funktionen $f_i : \mathbb{R}^n \to \mathbb{R}$, $i = 1, \dots, n$, seien vorgegeben.

Definiert man die Vektoren

$$
F(x_1, \dots, x_n) \equiv \big(f_1(x_1, \dots, x_n), \dots, f_n(x_1, \dots, x_n)\big)^T, \quad x \equiv (x_1, \dots, x_n)^T,
$$

dann lässt sich (5.1) abkürzend in der Vektorform

$$
F(x) = 0, \quad F : \mathbb{R}^n \to \mathbb{R}^n,
\tag{5.2}
$$

schreiben. Wie im Abschnitt 4.1 für eine skalare nichtlineare Funktion ausgeführt, wollen wir zuerst davon ausgehen, dass die Gleichung (5.2) bereits in einer sogenannten *iterierfähigen Form* (auch *Fixpunkt-Gleichung* genannt) vorliegt:

$$
x = G(x), \quad G : \mathbb{R}^n \to \mathbb{R}^n.
\tag{5.3}
$$

Die Überführung des Nullstellenproblems (5.2) in die Form (5.3) ist i. allg. nicht eindeutig und kann oftmals auf vielfältige Weise vorgenommen werden. Eine solche Möglichkeit ergibt sich stets (trivial) mit $G(x) \equiv x - F(x)$.

---

1 Bhaskara (1114–1185), auch als Bhaskara II und Bhaskara Acha-rya („Bhaskara der Lehrer") bekannt, war ein indischer Mathematiker und Astronom. Das Zitat stammt aus seinem Werk *Bijaganita* über algebraische Probleme.

https://doi.org/10.1515/9783112205624-005

Analog zum skalaren Fall definieren wir einen Fixpunkt wie folgt.

Definition 5.1. Es sei $G : D \subset \mathbb{R}^n \to \mathbb{R}^n$ eine gegebene Vektorfunktion. Gilt die Beziehung $G(x^*) = x^*$ für ein $x^* \in D$, dann sagt man, dass G einen *Fixpunkt* x^* in D besitzt. □

Der folgende Fixpunktsatz ist eine Erweiterung des Satzes 4.1 auf den n-dimensionalen Fall. Da es sich dabei insbesondere um einen Spezialfall des allgemeinen *Banachschen Fixpunktsatzes* in BANACH-Räumen handelt, verzichten wir hier auf seinen Beweis und verweisen auf die entsprechende Literatur (siehe z. B. die Monographie [3]).

Satz 5.1 (Variante des Banachschen Fixpunktsatzes). *Zu vorgegebenen Konstanten $a_1, a_2,$ ..., a_n und $b_1, b_2, \ldots, b_n$ sei $D \subset \mathbb{R}^n$ definiert zu*

$$D \equiv \{(x_1, x_2, \ldots, x_n)^T : a_i \leq x_i \leq b_i, \ i = 1, \ldots, n\}.$$

1. *Ist $G : D \subset \mathbb{R}^n \to \mathbb{R}^n$ eine stetige Abbildung und gilt*

$$G(x) \in D \quad \text{für alle } x \in D, \quad \text{(SELBSTABBILDUNG)} \tag{5.4}$$

dann besitzt G einen Fixpunkt $x^* \in D$.

2. *Es mögen darüber hinaus alle partielle Ableitungen 1. Ordnung von G existieren und stetig sein. Erfüllen diese mit einer Konstanten $L < 1$ die Beziehungen*

$$\left| \frac{\partial g_i(x)}{\partial x_j} \right| \leq \frac{L}{n} \quad \text{für alle } x \in D, \quad j = 1, 2 \ldots, n, \quad \text{(KONTRAKTION)} \tag{5.5}$$

dann besitzt G einen eindeutigen Fixpunkt $x^* \in D$.

Besitzt das Nullstellenproblem (5.2) mindestens eine Lösung x^*, dann lässt sich diese – unter gewissen noch zu präzisierenden Voraussetzungen – numerisch wie folgt berechnen. Man überführt (5.2) in ein äquivalentes Fixpunktproblem $x = G(x)$ und wendet die bereits aus dem Abschnitt 4.2 bekannte *Fixpunkt-Iteration* an, d. h., man wählt einen Startvektor $x^{(0)} = (x_1^{(0)}, x_2^{(0)}, \ldots, x_n^{(0)})^T \in D$ und erzeugt eine Vektorfolge $\{x^{(k)}\}_{k=0}^{\infty}$ mittels der Vorschrift

$$x^{(k)} = G(x^{(k-1)}), \quad k = 1, 2, \ldots, \tag{5.6}$$

beziehungsweise

$$x_1^{(k)} = g_1(x_1^{(k-1)}, x_2^{(k-1)}, \ldots, x_{i-1}^{(k-1)}, x_i^{(k-1)}, \ldots, x_n^{(k-1)}),$$
$$x_2^{(k)} = g_2(x_1^{(k-1)}, x_2^{(k-1)}, \ldots, x_{i-1}^{(k-1)}, x_i^{(k-1)}, \ldots, x_n^{(k-1)}),$$
$$\vdots$$

$$x_i^{(k)} = g_i\big(x_1^{(k-1)}, x_2^{(k-1)}, \ldots, x_{i-1}^{(k-1)}, x_i^{(k-1)}, \ldots, x_n^{(k-1)}\big), \tag{5.7}$$

$$\vdots$$

$$x_n^{(k)} = g_n\big(x_1^{(k-1)}, x_2^{(k-1)}, \ldots, x_{i-1}^{(k-1)}, x_i^{(k-1)}, \ldots, x_{n-1}^{(k-1)}, x_n^{(k-1)}\big).$$

Der folgende Konvergenzsatz für die Fixpunkt-Iteration (5.6) stellt das n-dimensionale Analogon zum Satz 4.2 dar.

Satz 5.2. *Die Voraussetzungen des Satzes 5.1 seien erfüllt. Dann konvergiert die durch die Vorschrift (5.6) definierte Vektorfolge $\{x^{(k)}\}_{k=0}^{\infty}$ für jeden beliebigen Startvektor $x^{(0)} \in D$ gegen den eindeutigen Fixpunkt $x^* \in D$ und es gilt die folgende Abschätzung für die Konvergenzgeschwindigkeit:*

$$\big\|x^{(k)} - x^*\big\|_{\infty} \le \frac{L^k}{1-L}\big\|x^{(1)} - x^{(0)}\big\|_{\infty}, \quad k = 2, \ldots.$$

Beweis. Siehe z. B. [3]. □

Bemerkung 5.1. Die Fixpunkt-Iteration bezeichnet man auch als *Gesamtschrittverfahren* oder *Jacobi-Verfahren* für nichtlineare Gleichungssysteme, da die zugehörige Iterationsvorschrift (5.7) einen ähnlichen Aufbau wie das Gesamtschrittverfahren (Jacobi-Verfahren) für lineare Systeme (2.160) besitzt. □

Die obige Bemerkung legt nun den Gedanken nahe, auch ein *Einzelschrittverfahren* (andere Bezeichnung: *Gauß-Seidel-Verfahren*) für nichtlineare Gleichungssysteme zu erklären. Hier verwendet man zur Berechnung von $x_i^{(k)}$ die bereits neu bestimmten Komponenten $x_1^{(k)}, \ldots, x_{i-1}^{(k)}$ anstelle der alten Komponenten $x_1^{(k-1)}, \ldots, x_{i-1}^{(k-1)}$. Die zugehörige Verfahrensvorschrift lässt sich explizit wie folgt darstellen:

$$x_1^{(k)} = g_1\big(x_1^{(k-1)}, x_2^{(k-1)}, \ldots, x_{i-1}^{(k-1)}, x_i^{(k-1)}, \ldots, x_n^{(k-1)}\big),$$

$$x_2^{(k)} = g_2\big(x_1^{(k)}, x_2^{(k-1)}, \ldots, x_{i-1}^{(k-1)}, x_i^{(k-1)}, \ldots, x_n^{(k-1)}\big),$$

$$\vdots$$

$$x_i^{(k)} = g_i\big(x_1^{(k)}, x_2^{(k)}, \ldots, x_{i-1}^{(k)}, x_i^{(k-1)}, \ldots, x_n^{(k-1)}\big), \tag{5.8}$$

$$\vdots$$

$$x_n^{(k)} = g_n\big(x_1^{(k)}, x_2^{(k)}, \ldots, x_{i-1}^{(k)}, x_i^{(k)}, \ldots, x_{n-1}^{(k)}, x_n^{(k-1)}\big).$$

Erwartungsgemäß führt der Übergang zum Einzelschrittverfahren oftmals zu einer Konvergenzbeschleunigung [55]. Es ist aber auch möglich, in Analogie zu den numerischen Techniken für lineare Gleichungssysteme ein nichtlineares *SOR-Verfahren* zu definieren. Die zugehörigen Konvergenzbetrachtungen sind jedoch recht umfangreich und würden den Rahmen dieses Textes sprengen (siehe u. a. [23]).

Wie im Falle skalarer nichtlinearer Gleichungen stellt auch für nichtlineare Gleichungssysteme die Konvergenzordnung (siehe (4.35)) ein wichtiges Kriterium für die Bewertung eines numerischen Verfahrens dar.

Definition 5.2. Eine Folge $\{x^{(k)}\} \subset \mathbb{R}^n$, die für $k \to \infty$ gegen x^* konvergiert, besitzt die *Konvergenzordnung* α und die *asymptotische Fehlerkonstante* β, wenn

$$\lim_{k \to \infty} \frac{\|x^{(k+1)} - x^*\|}{\|x^{(k)} - x^*\|^\alpha} = \lim_{k \to \infty} \frac{\|e^{(k+1)}\|}{\|e^{(k)}\|^\alpha} = \beta > 0 \tag{5.9}$$

gilt. Die Konvergenzordnung eines numerischen Iterationsverfahrens ist über die Konvergenzordnung der von diesem Verfahren erzeugten Folge definiert. □

Wie man sich leicht davon überzeugt, besitzen das nichtlineare Gesamtschrittverfahren (5.7) und das nichtlineare Einzelschrittverfahren (5.8) jeweils die Konvergenzordnung Eins. Es handelt sich somit um *linear konvergente* Techniken.

5.2 Newton-Verfahren

Oftmals ist es sehr schwierig, das Nullstellenproblem (5.2) in eine Fixpunktaufgabe (5.3) zu transformieren, deren erzeugende Funktion G den Voraussetzungen des Satzes 5.1 genügt. Deshalb ist ein systematischerer Weg erforderlich.

Im Abschnitt 4.3 haben wir bereits ausgeführt, dass für die numerische Behandlung (fast) aller nichtlinearen Probleme das Lokalisierungsprinzip und das Linearisierungsprinzip eine wichtige Rolle spielen. Auch im Falle der Nullstellensuche bei endlichdimensionalen Systemen nichtlinearer Gleichungen muss man dem Lokalisierungsprinzip Rechnung tragen und die Untersuchung auf eine relativ kleine Umgebung um die gesuchte Nullstelle $x^* \in \mathbb{R}^n$ beschränken (siehe z. B. die Aussagen der Sätze 5.1 und 5.2). Der Grund dafür ist, dass nichtlineare Gleichungen i. allg. mehr als eine Lösung besitzen. Im Beispiel 5.1 ist dies für ein zweidimensionales Problem beschrieben.

Beispiel 5.1. Gegeben sei das nichtlineare Gleichungssystem

$$f_1(x_1, x_2) = x_1^2 - 2x_1 - x_2 + 0.5 = 0,$$
$$f_2(x_1, x_2) = x_1^2 + 4x_2^2 - 4 = 0. \tag{5.10}$$

Der Graph der ersten Gleichung ist eine Parabel, während der Graph der zweiten Gleichung eine Ellipse ist. Die Schnittpunkte der beiden Graphen $x_1^* = (-0.2, 1.0)^T$ und $x_2^* = (1.9, 0.3)^T$ sind die gesuchten Lösungen von (5.10). In der Abbildung 5.1 ist diese Situation grafisch dargestellt. □

Konnten wir bei skalaren nichtlinearen Gleichungen das Linearisierungsprinzip dahingehend realisieren, dass die lineare Ersatzfunktion (hier die Tangente) mit der

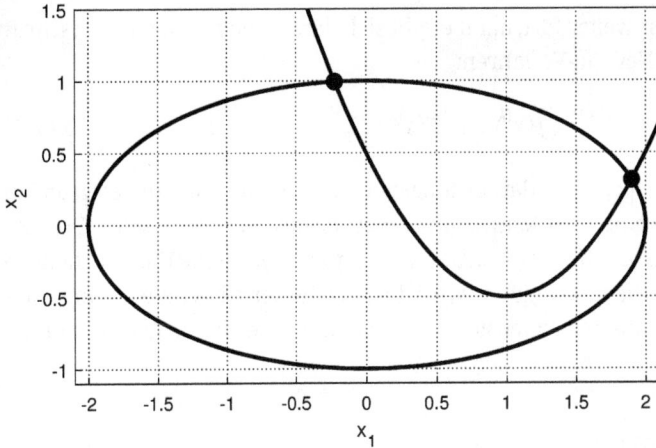

Abb. 5.1: Die Graphen des nichtlinearen Gleichungssystems (5.10).

Punkt-Richtungsgleichung bestimmt wurde, so ist das bei nichtlinearen Gleichungen in mehreren Variablen nicht ganz so einfach. Wir wollen deshalb einen anderen Weg zur Bestimmung einer linearen Ersatzfunktion in der Umgebung einer Lösung x^* einschlagen.

Es bezeichne $x^{(0)} \in \mathbb{R}^n$ einen Punkt in der Nähe von x^*. Die Taylor-Entwicklung von $F(x)$ um $x^{(0)}$ lautet

$$F(x) = F(x^{(0)}) + J(x^{(0)})(x - x^{(0)}) + O(\|x - x^{(0)}\|^2) \quad \text{für } x \to x^{(0)}. \tag{5.11}$$

Dabei bezeichnet $J(x)$ die Jacobi-Matrix von $F(x)$, die wie folgt erklärt ist:

$$J(x) \equiv \begin{bmatrix} \frac{\partial f_1(x)}{\partial x_1} & \frac{\partial f_1(x)}{\partial x_2} & \cdots & \frac{\partial f_1(x)}{\partial x_n} \\ \frac{\partial f_2(x)}{\partial x_1} & \frac{\partial f_2(x)}{\partial x_2} & \cdots & \frac{\partial f_2(x)}{\partial x_n} \\ \vdots & \vdots & & \vdots \\ \frac{\partial f_n(x)}{\partial x_1} & \frac{\partial f_n(x)}{\partial x_2} & \cdots & \frac{\partial f_n(x)}{\partial x_n} \end{bmatrix} \in \mathbb{R}^{n \times n}. \tag{5.12}$$

Streicht man in (5.11) die mit $O(\|x - x^{(0)}\|^2)$ gekennzeichneten Terme höherer Ordnung, dann ergibt sich die gesuchte lineare Ersatzfunktion zu

$$L(x) = F(x^{(0)}) + J(x^{(0)})(x - x^{(0)}). \tag{5.13}$$

Wie im eindimensionalen Fall wird die Nullstelle $x^{(1)}$ von $L(x)$ als erste Approximation der Nullstelle von $F(x)$ verwendet. Diese berechnet sich zu

$$x^{(1)} = x^{(0)} - J(x^{(0)})^{-1} F(x^{(0)}). \tag{5.14}$$

Setzt man diesen Prozess weiter fort, dann ergibt sich daraus die allgemeine Vorschrift für das n-dimensionale Newton-Verfahren:

$$x^{(k)} = x^{(k-1)} - J(x^{(k-1)})^{-1} F(x^{(k-1)}), \quad k = 1, 2, \dots \tag{5.15}$$

Im Kapitel 2 haben wir mehrfach darauf hingewiesen, dass aus Effektivitätsgründen die numerische Invertierung einer Matrix unbedingt vermieden werden sollte. Deshalb ist die Schreibweise (5.15) des Newton-Verfahrens nur für theoretische Untersuchungen geeignet. Bei der praktischen Anwendung wird die neue Iterierte über die Lösung eines linearen Gleichungssystems der Dimension $n \times n$ bestimmt, wie dies im Algorithmus 5.1 angegeben ist.

Algorithmus 5.1: Newton-Verfahren.

> 1. Schritt: Man löse das lineare Gleichungssystem $J(x^{(k-1)}) y^{(k-1)} = -F(x^{(k-1)})$.
> 2. Schritt: Man berechne die neue Iterierte $x^{(k)} = x^{(k-1)} + y^{(k-1)}$.

Die numerische Behandlung der im 1. Teilschritt des Newton-Verfahrens zu lösenden linearen Gleichungssysteme der Dimension $n \times n$ erfolgt üblicherweise mit Varianten der Gauß-Elimination (siehe Kapitel 2), da die linearen Systeme i. allg. keine spezielle Struktur besitzen, d. h. die Jacobi-Matrix ist voll besetzt und erfüllt darüber hinaus nicht die Konvergenzvoraussetzungen der Iterationsverfahren für lineare Gleichungssysteme. Nur in Ausnahmefällen kann das lineare System mit einem *inneren* iterativen Verfahren (Gesamt- oder Einzelschrittverfahren, SOR-Verfahren etc.) gelöst werden. Das Newton-Verfahren stellt dann das *äußere* Iterationsverfahren dar. Ausschlaggebend dafür ist, ob sich der Spektralradius der zugehörigen Iterationsmatrix im konkreten Fall berechnen oder abschätzen lässt.

Beispiel 5.2. Gegeben sei das nichtlineare Gleichungssystem

$$F(x) = \begin{pmatrix} f_1(x_1, x_2) \\ f_2(x_1, x_2) \end{pmatrix} = \begin{pmatrix} 2^{x_1} + x_1 - x_2 - 1 \\ x_1 \sin(\pi x_2) \end{pmatrix} = 0, \quad x = (x_1, x_2)^T.$$

Wir wollen mit dem Newton-Verfahren für den Startvektor $x^{(0)} = (1,1)^T$ die erste Iterierte $x^{(1)}$ und den zugehörigen Wert des Funktionenvektors $F(x^{(1)})$ bestimmen.

Es sind

$$f_1(x_1, x_2) = 2^{x_1} + x_1 - x_2 - 1, \quad f_2(x_1, x_2) = x_1 \sin(\pi x_2).$$

Daraus berechnen sich

$$\frac{\partial f_1}{\partial x_1} = (\ln 2)\, 2^{x_1} + 1, \quad \frac{\partial f_1}{\partial x_2} = -1, \quad \frac{\partial f_2}{\partial x_1} = \sin(\pi x_2), \quad \frac{\partial f_2}{\partial x_2} = x_1 \pi \cos(\pi x_2).$$

Die Jacobi-Matrix ergibt sich damit zu

$$J(x) = \begin{bmatrix} (\ln 2)\, 2^{x_1} + 1 & -1 \\ \sin(\pi x_2) & x_1 \pi \cos(\pi x_2) \end{bmatrix}.$$

Daraus folgt

$$J(x^{(0)}) = \begin{bmatrix} 2\ln 2 + 1 & -1 \\ 0 & -\pi \end{bmatrix}.$$

Das zu lösende lineare Gleichungssystem lautet

$$J(x^{(0)})y^{(0)} = -F(x^{(0)}) \quad \Longleftrightarrow \quad \begin{bmatrix} 2\ln 2 + 1 & -1 \\ 0 & -\pi \end{bmatrix} \begin{pmatrix} y_1^{(0)} \\ y_2^{(0)} \end{pmatrix} = -\begin{pmatrix} 1 \\ 0 \end{pmatrix}.$$

Man berechnet nun

$$y_2^{(0)} = 0, \quad (2\ln 2 + 1)y_1^{(0)} = -1, \quad y_1^{(0)} = -\frac{1}{1 + 2\ln 2} = -0.4196.$$

$$x^{(1)} = x^{(0)} + y^{(0)} = \begin{pmatrix} 1 \\ 1 \end{pmatrix} + \begin{pmatrix} -0.41906 \\ 0 \end{pmatrix} = \begin{pmatrix} 0.5809 \\ 1 \end{pmatrix}.$$

Für den zugehörigen Funktionsvektor ergibt sich

$$F(x^{(1)}) = \begin{pmatrix} 0.0767 \\ 0 \end{pmatrix} \qquad \qquad \square$$

Von P. Deuflhard (siehe z. B. [15]) wurde auf die folgende Invarianzeigenschaft des Newton-Verfahrens hingewiesen. Entscheidend hierfür ist die Beobachtung, dass die Lösung des Ausgangsproblems (5.2) äquivalent zur Lösung des Problems

$$G(x) \equiv A\,F(x) = 0 \tag{5.16}$$

ist, wobei $A \in \mathbb{R}^{n \times n}$ eine beliebige nichtsinguläre Matrix bezeichnet. Gleichzeitig ist auch die Newton-Folge $\{x^{(k)}\}_{k=0}^{\infty}$ bei gegebenem $x^{(0)}$ unabhängig von A, denn es gilt

$$G'(x)^{-1}G(x) = (A\,J(x))^{-1}A\,F(x) = J(x)^{-1}A^{-1}A\,F(x) = J(x)^{-1}F(x).$$

Da die Transformation $F \to G$ eine Affintransformation ist, sagt man, dass sowohl (5.2) als auch das Newton-Verfahren *affin-invariant* sind. Somit ist es sachgemäß, die Konvergenzeigenschaften des Newton-Verfahrens durch eine affin-invariante Theorie zu beschreiben. Die Aussage des Satzes 5.3 ist aus einer solchen Analyse hervorgegangen.

Satz 5.3. *Es sei $D \subset \mathbb{R}^n$ eine offene und konvexe Menge. Die gegebene Funktion $F \in \mathbb{C}^1[D, \mathbb{R}^n]$ besitze für alle $x \in D$ eine invertierbare Jacobi-Matrix $J(x)$. Für ein $\omega \geq 0$ gelte die folgende (affin-invariante) Lipschitz-Bedingung*

$$\left\| J(x)^{-1}(J(x+sv)-J(x))v \right\| \le s\omega\|v\|^2 \tag{5.17}$$

für alle $s \in [0,1]$, $x \in D$ und $v \in \mathbb{R}^n$, sodass $x + v \in D$. Des Weiteren existiere eine Lösung $x^* \in D$ der nichtlinearen Gleichung (5.2) und für den Startvektor $x^{(0)}$ gelte

$$\rho \equiv \left\| x^* - x^{(0)} \right\| \le \frac{2}{\omega} \quad und \quad B_\rho(x^*) \subseteq D,$$

wobei $B_\rho(x^*)$ eine offene Kugelumgebung von x^* bezeichnet.

Dann bleibt die durch das n-dimensionale Newton-Verfahren erzeugte Vektorfolge $\{x^{(k)}\}_{k=0}^\infty$ für $k > 0$ in $B_\rho(x^*)$ und konvergiert gegen x^*. Ferner besteht die Abschätzung

$$\left\| x^{(k+1)} - x^* \right\| \le \frac{\omega}{2}\left\| x^{(k)} - x^* \right\|^2, \quad für\ k = 0,1,\dots, \tag{5.18}$$

was impliziert, dass die Folge $\{x^{(k)}\}_{k=0}^\infty$ die Konvergenzordnung 2 besitzt. Schließlich ist die Lösung x^* in $B_{2/\omega}(x^*)$ eindeutig.

Beweis. Siehe z. B. [16]. □

Im Satz 5.3 wird die Existenz einer Lösung vorausgesetzt. Dies für ein konkretes Problem nachzuweisen und die Annahmen des Satzes zu überprüfen ist i. allg. kaum möglich. Derartige Aussagen sind nur eine „Tröstung" im folgenden Sinne. Wenn das mathematische Modell vernünftig aufgestellt ist, dann besitzt es mindestens eine Lösung. Durch Zusatzinformationen lässt sich dann ein Bereich angeben, in dem sich die gesuchte Lösung x^* befindet. Startet man nun das Newton-Verfahren mit einem Startvektor $x^{(0)}$, der nahe bei x^* liegt, dann wird das Verfahren (quadratisch) konvergieren. Anderenfalls wird man nach dem Prinzip „trial-and-error" vorgehen, d. h., einen neuen Startvektor wählen und hoffen, dass das Verfahren jetzt konvergiert.

Es verbleibt damit die Frage, wie schnell man anhand der Iterierten feststellen kann, ob tatsächlich Konvergenz bzw. Divergenz vorliegt. Die Grundlage für ein solches Konvergenzkriterium stellt, wie bei den linearen Gleichungssystemen, das Residuum $r(x^{(k)}) \equiv F(x^{(k)})$ dar. Die Vermutung liegt nahe, dass die Lösung des nichtlinearen Gleichungssystems (5.2) äquivalent zur Minimierung von $r(x)$ ist. Dann müsste aber das Residuum von Iterationsschritt zu Iterationsschritt normmäßig monoton kleiner werden. Auf dieser Annahme basiert der in der Praxis sehr häufig angewendete Monotonie-Test

$$\left\| r(x^{(k)}) \right\| \le \bar{\alpha}\left\| r(x^{(k-1)}) \right\|, \quad k = 1,2,\dots, \quad 0 < \bar{\alpha} < 1. \tag{5.19}$$

der aber nicht affin-invariant ist. Die Multiplikation von $F(x)$ mit einer nichtsingulären Matrix A kann das Ergebnis des Monotonie-Tests (5.19) beliebig verändern. Auf P. Deuflhard (siehe die Monographie [15]) geht die Idee zurück, anstelle von (5.19) den *natürli-*

chen Monotonie-Test

$$\left\| J(x^{(k-1)})^{-1} F(x^{(k)}) \right\| \le \alpha \left\| J(x^{(k-1)})^{-1} F(x^{(k-1)}) \right\|, \quad k = 1, 2, \ldots, \quad 0 < \alpha < 1, \quad (5.20)$$

zu verwenden, der affin-invariant und ebenfalls einfach zu realisieren ist. Auf der rechten Seite von (5.20) steht die Newton-Korrektur $y^{(k-1)}$ (siehe den Algorithmus 5.1) und auf der linken Seite steht die sogenannte *vereinfachte Newton-Korrektur* $\bar{y}^{(k)}$, die sich aus dem linearen Gleichungssystem

$$J(x^{(k-1)})\bar{y}^{(k)} = -F(x^{(k)})$$

berechnen lässt. Mit diesen Größen kann der natürliche Monotonie-Test (5.20) in der einfachen Form

$$\left\| \bar{y}^{(k)} \right\| \le \alpha \left\| y^{(k-1)} \right\| \tag{5.21}$$

aufgeschrieben werden. Die beiden zu lösenden linearen Gleichungssysteme

$$J(x^{(k-1)})y^{(k-1)} = -F(x^{(k-1)}) \quad \text{und} \quad J(x^{(k-1)})\bar{y}^{(k)} = -F(x^{(k)})$$

besitzen beide die gleiche Koeffizientenmatrix. Entsprechend den Ausführungen im Abschnitt 2.3 braucht für ihre Auflösung die *LU*-Faktorisierung von $J(x^{(k-1)})$ nur einmal berechnet zu werden (siehe den Algorithmus 2.5), d. h., für die Bestimmung von $\bar{y}^{(k)}$ ist lediglich eine Vorwärts- und eine Rückwärts-Substitution zusätzlich auszuführen.

In [15] wird gezeigt, dass im Konvergenzbereich des Newton-Verfahrens die Beziehung

$$\left\| \bar{y}^{(k)} \right\| \le \frac{1}{4} \left\| y^{(k-1)} \right\|$$

erfüllt ist. In unseren Testrechnungen hat sich jedoch gezeigt, dass es sinnvoll ist, den natürlichen Monotonie-Test viel schwächer zu formulieren und $\alpha = 0.95$ zu setzen. Falls dann dieser Test für ein k verletzt ist, d. h., falls

$$\left\| \bar{y}^{(k)} \right\| > 0.95 \left\| y^{(k-1)} \right\|$$

gilt, dann wird die Iteration abgebrochen und mit einem neuen Vektor $x^{(0)}$ gestartet.

Das Newton-Verfahren kann nun, wie im m-File 5.1 angegeben, als eine MATLAB-Funktion formuliert werden. Da die analytische Berechnung der partiellen Ableitungen in (5.12) sehr aufwendig und fehleranfällig ist, haben wir im m-File 5.1 bereits auf die im Abschnitt 5.3 beschriebene Diskretisierung (5.25) der Jacobi-Matrix zurückgegriffen. Diese ist im m-File 5.3 implementiert. Den Funktionenvektor $F(x)$ hat der Anwender als eine MATLAB-Funktion bereitzustellen.

m-File 5.1: newton.m

```
 1  function [x,nFx,i,ind] = newton(x0,TOL,N0)
 2  % function [x,nFx,i,ind] = newton(x0,[TOL,N0])
 3  % Berechnet eine Nullstelle von F(x) mit dem
 4  % Newton-Verfahren und dem natuerlichen Monotonie-
      Test
 5  %
 6  % x0: Startvektor,
 7  % TOL: Toleranz,
 8  % N0: maximale Iterationsschrittanzahl,
 9  % x: letzte Iterierte,
10  % i: benoetigte Anzahl an Iterationen,
11  % nFx: norm(F(x)),
12  % ind: Information ueber den Rechenverlauf, mit:
13  % ind=1: Verfahren konvergiert, 'Loesung' x ist
      berechnet,
14  % ind=2: maximale Iterationsschrittanzahl N0
      ueberschritten,
15  % ind=3: natuerlicher Monotonie-Test verletzt.
16  %
17  x=x0(:); i=0; n=length(x0);
18  if nargin < 2, TOL=1e-12; N0=100*n; end
19  while i < N0
20    Fx=F(x);
21    if norm(Fx) < TOL
22    % x ist 'Loesung'
23    ind=1; nFx=norm(F(x)); return
24    end
25    Jx=Fstrich(x);
26    % Loesung des linearen Gleichungssystems Jx*y=-Fx
27    [L,U,P]=lu(Jx);
28    z=L\(P*Fx);
29    y=-U\z;
30    xx=x+y;
31    Fxx=F(xx);
32    z=L\(P*Fxx);
33    yd=-U\z;
34    if norm(yd)>.95*norm(y), ind=3; nFx=norm(F(x));
        return,end
35    i=i+1; x=x+y;
```

```
36   end
37   % maximale Iterationsschrittanzahl N0 ueberschritten
38   nFx=norm(F(x));
39   ind=2;
```

Die im Abschnitt 4.9 beschriebenen numerischen Techniken zur Globalisierung des skalaren Newton-Verfahrens und seiner Modifikationen lassen sich direkt auf den mehrdimensionalen Fall übertragen. In den entsprechenden Formeln muss im Wesentlichen nur das Betrag-Zeichen durch das Norm-Symbol ausgetauscht werden. Wir wollen die Dämpfungsstrategie hier jedoch so modifizieren, dass der natürliche Monotonie-Test Anwendung finden kann. Der Ausgangspunkt ist wieder die abgeänderte Iterationsvorschrift (4.82)

$$x^{(k)} = x^{(k-1)} + \lambda_{k-1} y^{(k-1)},$$

wobei $0 < \lambda_{k-1} \leq 1$ der Dämpfungsfaktor und $y^{(k-1)}$ die Newton-Korrektur sind. Eine einfache Dämpfungsstrategie [16] besteht darin, den Dämpfungsfaktor λ_{k-1} so zu wählen, dass der natürliche Monotonie-Test (5.21) für $\alpha = 1 - \lambda_{k-1}/2$ erfüllt ist. Dies führt auf den Test

$$\|\bar{y}^{(k)}(\lambda_{k-1})\| \leq \left(1 - \frac{\lambda_{k-1}}{2}\right)\|y^{(k-1)}\|, \tag{5.22}$$

wobei

$$\bar{y}^{(k)}(\lambda_{k-1}) = -J(x^{(k-1)})^{-1} F(x^{(k-1)} + \lambda_{k-1} y^{(k-1)}) \tag{5.23}$$

die vereinfachte Newton-Korrektur des gedämpften Newton-Verfahrens ist. Im m-File 5.2 ist das gedämpfte Newton-Verfahren implementiert. Hier hat der Anwender einen Schwellenwert $\lambda_{\min} \ll 1$ vorzugeben. Gestartet wird i. allg. mit $\lambda_0 = 1$. In problematischen Fällen ist es angebracht, λ_0 nahe bei $\lambda_{\min}$ zu wählen. Ist der Monotonie-Test (5.22) nicht erfüllt, dann muss der Dämpfungsfaktor verkleinert werden. Eine Variante ist die Halbierungs-Strategie, d.h, man wählt λ_{k-1} entsprechend der Folge

$$\left\{1, \frac{1}{2}, \frac{1}{4}, \ldots, \lambda_{\min}\right\}$$

so lange, bis entweder der Monotonie-Test erfüllt ist oder $\lambda_{\min}$ unterschritten wird. Im Falle des Unterschreitens wird die Iteration abgebrochen. Erfüllt jedoch λ_{k-1} nach einer Halbierung den Monotonie-Test (5.22), dann wird im darauf folgenden Schritt

$$\lambda_k = \min(1, 2\lambda_{k-1})$$

gesetzt, um asymptotisch (mit $\lambda = 1$) die quadratische Konvergenz des Newton-Verfahrens zu erreichen.

m-File 5.2: newtond.m

```
1  function [x,nFx,i,ind] = newtond(x0,TOL,N0)
2  % function [x,nFx,i,ind] = newtond(x0,[TOL,N0])
3  % Berechnet eine Nullstelle von F(x) mit dem
       gedaempften
4  % Newton-Verfahren
5  %
6  % x0: Startvektor,
7  % TOL: Toleranz,
8  % N0: maximale Iterationsschrittanzahl,
9  % x: letzte Iterierte,
10 % nFx: norm(F(x)),
11 % i: benoetigte Anzahl an Iterationen,
12 % ind: Information ueber den Rechenverlauf, mit:
13 % ind=1: Verfahren konvergiert, 'Loesung' x ist
       berechnet,
14 % ind=2: maximale Iterationsschrittanzahl N0
       ueberschritten,
15 % ind=3: Abbruch wegen lambda < lambdamin.
16 %
17 x=x0(:);n=length(x0); i=0; la=1;
18 if nargin < 2, TOL=1e-12; N0=100*n; end
19 lamin=2^-30;
20 while i < N0
21 Fx=F(x);
22 if norm(Fx) < TOL
23 % x ist 'Loesung'
24 ind=1; nFx=norm(F(x)); return
25 end
26 Jx=Fstrich(x);
27 % Loesung des linearen Gleichungssystems Jx*y=-Fx
28 [L,U,P]=lu(Jx);
29 z=L\(P*Fx);
30 y=-U\z;
31 xx=x+la*y;
32 Fxx=F(xx);
33 z=L\(P*Fxx);
```

```
34  yd=-U\z;
35  % lambda-Steuerung
36  while norm(yd) > (1-la/2)*norm(y)
37      la=la/2;
38      if la < lamin, ind=3; nFx=norm(F(x)); return, end
39      xx=x+la*y;
40      Fxx=F(xx);
41      z=L\(P*Fxx);
42      yd=-U\z;
43  end
44  i=i+1; x=x+la*y; la=min(1,2*la);
45  end
46  % maximale Iterationsschrittanzahl N0 ueberschritten
47  nFx=norm(F(x));
48  ind=2;
```

Im Beispiel 5.3 wird gezeigt, wie sich die Dämpfung auf die Einzugsbereiche des Newton-Verfahrens auswirkt.

Beispiel 5.3. Gegeben sei das folgende zweidimensionale nichtlineare Gleichungssystem:

$$f_1(x_1, x_2) = x_1^2 + x_2 - 11 = 0,$$
$$f_2(x_1, x_2) = x_1 + x_2^2 - 7. \tag{5.24}$$

Dieses Problem wird in der Originalarbeit [34] als eine zu minimierende Funktion $f \in C^1(\mathbb{R}^2, \mathbb{R})$ formuliert.[2] Die zugehörige Optimierungsaufgabe ist äquivalent zum obigen Gleichungssystem. Das zugehörige Funktionengebirge ist in der Abbildung 5.2 sowie auf dem Cover dieses Bandes in Farbe dargestellt.

Das Problem besitzt die vier Nullstellen:

$$x^{(1)} = (3, 2)^T, \qquad\qquad x^{(2)} = (-2.8051, 3.1313)^T,$$
$$x^{(3)} = (3.5844, -1.8481)^T, \quad x^{(4)} = (-3.7793, -3.2832).$$

In der Abbildung 5.3 sind die Einzugsbereiche des ungedämpften und des gedämpften Newton-Verfahrens dargestellt. Wie im Falle skalarer Gleichungen (siehe das Beispiel 4.9) führt die Dämpfung dazu, dass die Einzugsbereiche der vier Nullstellen zusammenhängend sind. Die folgenden Symbole wurden zur Veranschaulichung verwen-

---

2 Diese Funktion ist nach dem Mathematiker David Mautner Himmelblau (1924–2011) benannt, der sie erstmals verwendete.

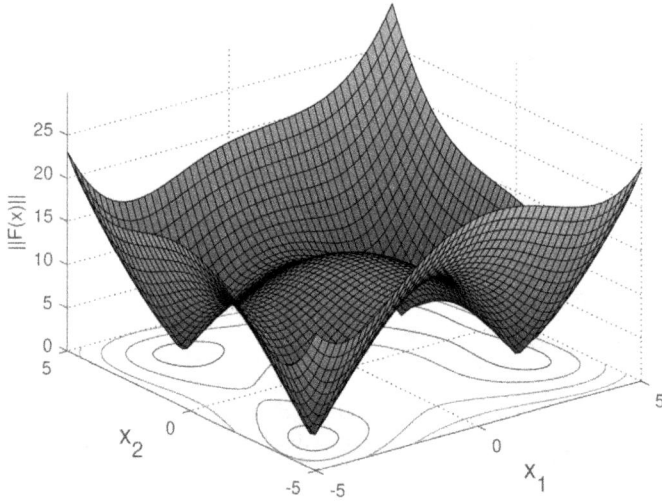

Abb. 5.2: Grafische Darstellung von (5.24).

det:

- • das Verfahren konvergiert gegen die Nullstelle $x^{(1)}$,
- ∗ das Verfahren konvergiert gegen die Nullstelle $x^{(2)}$,
- ◦ das Verfahren konvergiert gegen die Nullstelle $x^{(3)}$,
- △ das Verfahren konvergiert gegen die Nullstelle $x^{(4)}$. □

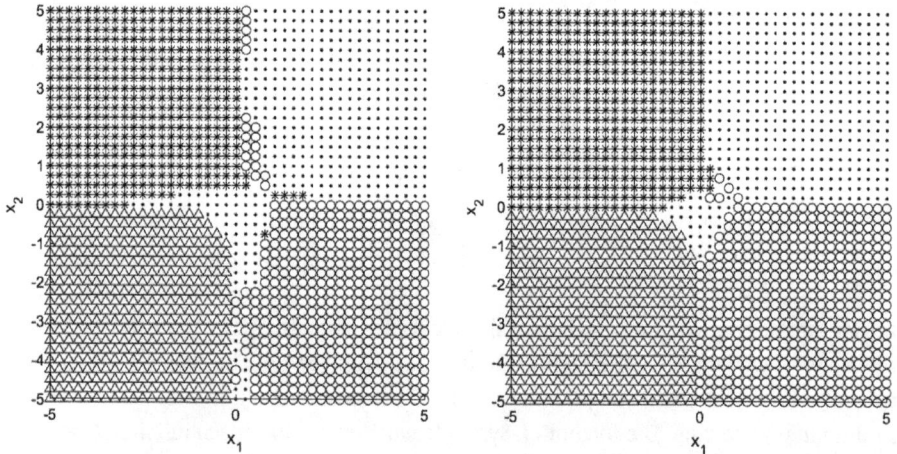

Abb. 5.3: (a) Einzugsbereiche des Newton-Verfahrens, (b) Einzugsbereiche des gedämpften Newton-Verfahrens.

In der Praxis wird i. allg. standardmäßig mit einem gedämpften Verfahren gerechnet. Des Weiteren kommt oftmals auch noch eine sogenannte *Regularisierung* zum Einsatz. Hierbei ändert man die Jacobi-Matrix durch Einführung eines zusätzlichen *Regularisierungsparameters* derart ab, dass im Falle einer fastsingulären Jacobi-Matrix diese durch eine nichtsinguläre Matrix geeignet ersetzt wird. So ist es möglich, in der Formel des Newton-Verfahrens

$$x^{(k)} = x^{(k-1)} + y^{(k-1)}, \quad y^{(k-1)} = -J(x^{(k-1)})^{-1}F(x^{(k-1)})$$

die Newton-Richtung $y^{(k-1)}$ durch die Richtung

$$\bar{y}^{(k-1)} \equiv -\big(\gamma_{k-1}J(x^{(k-1)}) + (1 - \gamma_{k-1})E_{k-1}\big)^{-1}F(x^{(k-1)})$$

zu ersetzen. Der Parameter $0 \le \gamma_{k-1} \le 1$ ist der im k-ten Iterationsschritt verwendete Regularisierungsparameter, während $E_{k-1} \in \mathbb{R}^{n\times n}$ eine beliebige nichtsinguläre Matrix bezeichnet. Offensichtlich geht das regularisierte Verfahren für $\gamma_{k-1} = 1$ in das gewöhnliche Newton-Verfahren über. Genauere Ausführung über die Regularisierung und ihre Kombination mit Dämpfungsstrategien findet man in der entsprechenden Literatur (siehe z. B. [15, 62, 71]).

5.3 Quasi-Newton-Verfahren

Das Newton-Verfahren (siehe das m-File 5.1) stellt eine recht aufwendige numerische Technik dar. Der wesentliche rechentechnische Aufwand *pro Iterationsschritt* lässt sich wie folgt angeben:

1. die Berechnung der n Funktionswerte $f_j(x^{(i)}), j = 1, \dots, n$,
2. die Bestimmung der n^2 partiellen Ableitungen $\frac{\partial f_j}{\partial x_k}(x^{(i)}), j, k = 1, \dots, n$, sowie
3. ein asymptotischer Rechenaufwand von $O(n^3)$ flops für die Lösung der anfallenden, i. allg. unstrukturierten linearen Gleichungssysteme mittels Gauß-Elimination unter Verwendung der partiellen Pivotisierung.

Des Weiteren besitzt das Verfahren noch eine wesentliche Schwachstelle: die Elemente der Jacobi-Matrix (5.12) müssen in aufwendiger Handarbeit (oder mit Programmsystemen, die auf der Formelmanipulation basieren wie MAPLE, MATHEMATICA oder MUPAD) analytisch, d. h. in geschlossener Form bestimmt werden! Mit anderen Worten, es liegt kein direkt implementierbares Verfahren vor. Diese analytische Vorarbeit kann jedoch durch eine numerische Approximation der partiellen Ableitungen mittels geeigneter Differenzenquotienten beseitigt werden. So ist z. B. die folgende Approximationsvorschrift naheliegend:

$$\frac{\partial f_j}{\partial x_k}(x^{(i)}) \approx \frac{f_j(x^{(i)} + h_k\, e^{(k)}) - f_j(x^{(i)})}{h_k}, \tag{5.25}$$

wobei $e^{(k)}$ den k-ten Einheitsvektor und h_k eine positive kleine reelle Zahl bezeichnen. Die angegebene Approximation muss nun für alle n^2 Elemente der Jacobi-Matrix realisiert werden. Pro Iterationsschritt fällt damit folgender Rechenaufwand an:

1. die Auswertung von $n^2 + n$ Funktionswerten, und
2. $O(n^3)$ flops für die numerische Lösung der linearen Gleichungen.

Im m-File 5.3 ist eine MATLAB-Funktion angegeben, mit der sich eine Differenzenapproximation der Jacobi-Matrix auf der Grundlage der Formel (5.25) berechnen lässt. Dabei bezeichnet die Konstante eps das in der Formel (1.61) definierte ε_{mach}.

m-File 5.3: Fstrich.m

```
1  function Fs=Fstrich(x)
2  % function Fs=Fstrich(x)
3  % Berechnet die Jacobi-Matrix mittels
4  % Differenzenapproximation
5  %
6  % x: Argument fuer F'(x),
7  % Fs: Differenzenapproximation von F'(x).
8  %
9  fw=F(x);
10 n=length(fw);
11 Fs=zeros(n);
12 he=sqrt(eps);
13 for j=1:n
14     h=(abs(x(j))+1e-3)*he;
15     xx=x; xx(j)=xx(j)+h;
16     fx=F(xx);
17     Fs(:,j)=(fx-fw)/h;
18 end
```

Dieser doch recht hohe Aufwand stellt eine beträchtliche Einschränkung für den Einsatz des Newton-Verfahrens in der Praxis dar, falls nicht n klein ist und die Funktionswerte einfach zu berechnen sind.

Eine wesentliche Effektivierung des Verfahrens ergibt sich mit der folgenden Verallgemeinerung des skalaren Sekanten-Verfahrens auf n Dimensionen, die unter dem Namen *Broyden[3]-Verfahren* bekannt ist. Der erste Iterationsschritt dieses Verfahrens unterscheidet sich signifikant von den folgenden Schritten, da zu diesem Zeitpunkt noch

---

3 Charles George Broyden (1933–2011), englischer Mathematiker.

nicht genügend Informationen vorhanden sind, um die eigentliche Broyden-Technik anwenden zu können. Im Folgenden wollen wir die einzelnen Iterationsschritte beschreiben.

1. Iterationsschritt

Es sei $x^{(0)}$ eine Startapproximation für die Lösung x^* von $F(x) = 0$. Die erste Iterierte $x^{(1)}$ wird mit dem gewöhnlichen Newton-Verfahren (5.15) berechnet. Ist die analytische Bestimmung von $J(x)$ zu kompliziert, dann verwendet man die Approximationsvorschrift (5.25).

Bevor wir den zweiten Iterationsschritt beschreiben, soll noch einmal das *skalare* Sekanten-Verfahren (4.24) betrachtet werden. Hier verwendet man anstelle von $f'(x_1)$ die numerische Approximation

$$f'(x_1) \approx \frac{f(x_1) - f(x_0)}{x_1 - x_0}.$$

Für Gleichungssysteme ist aber der zum obigen Nenner $x_1 - x_0$ entsprechende Ausdruck $x^{(1)} - x^{(0)}$ ein Vektor, sodass der zugehörige Quotient auf der rechten Seite nicht definiert ist. Es bietet sich deshalb an, die Matrix $J(x^{(1)})$ des Newton-Verfahrens durch eine Matrix J_1 mit der Eigenschaft

$$J_1(x^{(1)} - x^{(0)}) = F(x^{(1)}) - F(x^{(0)}) \tag{5.26}$$

zu ersetzen. Die Gleichung (5.26) definiert J_1 jedoch *nicht eindeutig*, da für alle Vektoren $r, s \in \mathbb{R}^n$, mit $s^T(x^{(1)} - x^{(0)}) = 0$, ebenfalls

$$\tilde{J}_1(x^{(1)} - x^{(0)}) \equiv (J_1 + rs^T)(x^{(1)} - x^{(0)}) = F(x^{(1)}) - F(x^{(0)})$$

gilt. Aus diesem Grunde ist noch eine weitere Bedingung an die Matrix J_1 erforderlich, die hier wie folgt angegeben werden soll

$$J_1 s = J(x^{(0)})s, \quad \text{falls} \quad s^T(x^{(1)} - x^{(0)}) = 0. \tag{5.27}$$

Es kann nun gezeigt werden (siehe die Aufgabe 5.6), dass die Bedingungen (5.26) und (5.27) die Elemente der Matrix J_1 eindeutig definieren. Des Weiteren lässt sich J_1 in der Form

$$J_1 = J(x^{(0)}) + \frac{[F(x^{(1)}) - F(x^{(0)}) - J(x^{(0)})(x^{(1)} - x^{(0)})](x^{(1)} - x^{(0)})^T}{\|x^{(1)} - x^{(0)}\|_2^2} \tag{5.28}$$

angeben.

2. Iterationsschritt

Bei der Bestimmung von $x^{(2)}$ wird nun in der Formel des Newton-Verfahrens anstelle von $J(x^{(1)})$ als Näherung die Matrix J_1 verwendet, d. h., man rechnet nach der Vorschrift

$$x^{(2)} = x^{(1)} - J_1^{-1} F(x^{(1)}).$$

i-ter Iterationsschritt ($i \geq 2$)

Definiert man nun

$$J_0 \equiv J(x^{(0)}), \quad y^{(i)} \equiv F(x^{(i+1)}) - F(x^{(i)}) \quad \text{und} \quad z^{(i)} \equiv x^{(i+1)} - x^{(i)},$$

dann kann der obige Prozess, wie im Algorithmus 5.2 angegeben, fortgesetzt werden.

Algorithmus 5.2: i-ter Iterationsschritt.

---

1. Schritt: Man berechne eine neue Approximation für die Jacobi-Matrix
$$J_{i-1} = J_{i-2} + \frac{(y^{(i-2)} - J_{i-2} z^{(i-2)}) \, z^{(i-2)^T}}{\|z^{(i-2)}\|_2^2}.$$
2. Schritt: Man berechne eine neue Iterierte $x^{(i)} = x^{(i-1)} + z^{(i-1)}$,
$$J_{i-1} z^{(i-1)} = -F(x^{(i-1)}).$$

Mit dem Algorithmus 5.2 wird ab dem zweiten Iterationsschritt die Anzahl der Funktionswertberechnungen von $n^2 + n$ (Newton-Verfahren) auf n reduziert. Zur Lösung des zugehörigen linearen Gleichungssystems

$$J_{i-1} z^{(i-1)} = -F(x^{(i-1)})$$

sind aber weiterhin $O(n^3)$ flops erforderlich. Berücksichtigt man dabei den Sachverhalt, dass sich durch die obige Approximation der partiellen Ableitungen – wie im skalaren Fall – die quadratische Konvergenz des Newton-Verfahrens in nur *superlineare* Konvergenz verschlechtert, dann kann der aufgezeigte Weg eigentlich nicht angeraten werden. Es ist aber noch eine beträchtliche Reduzierung des rechentechnischen Aufwandes möglich, da im Algorithmus 5.2 die Matrix J_{i-1} eine Rang-1 Modifikation der im vorangegangenen Iterationsschritt bestimmten Matrix J_{i-2} darstellt. Sie kann deshalb sehr effektiv mit der Formel von Sherman und Morrison (siehe den Abschnitt 2.4.3) berechnet werden.

Wir wollen die Formel von Sherman und Morrison zur Erinnerung noch einmal angeben. Für eine invertierbare Matrix $A \in \mathbb{R}^{n \times n}$ und Vektoren $u, v \in \mathbb{R}^n$ lautet sie:

$$\tilde{A}^{-1} \equiv (A - uv^T)^{-1} = A^{-1} + \alpha(A^{-1}u)(v^T A^{-1}), \quad \alpha \equiv \frac{1}{1 - v^T A^{-1} u}.$$

Wir setzen nun

$$\tilde{A} \equiv J_{i-1}, \quad A \equiv J_{i-2}, \quad v \equiv z^{(i-2)}, \quad u \equiv -\frac{y^{(i-2)} - J_{i-2}z^{(i-2)}}{\|z^{(i-2)}\|_2^2}.$$

Dann berechnen sich

$$J_{i-1}^{-1} = J_{i-2}^{-1} - \alpha \frac{J_{i-2}^{-1}(y^{(i-2)} - J_{i-2}z^{(i-2)})z^{(i-2)^T}J_{i-2}^{-1}}{\|z^{(i-2)}\|_2^2},$$

$$\alpha = \frac{1}{1 + z^{(i-2)^T}J_{i-2}^{-1}\frac{y^{(i-2)} - J_{i-2}z^{(i-2)}}{\|z^{(i-2)}\|_2^2}}.$$

Hieraus erhält man

$$J_{i-1}^{-1} = J_{i-2}^{-1} + \alpha \frac{(z^{(i-2)} - J_{i-2}^{-1}y^{(i-2)})z^{(i-2)^T}J_{i-2}^{-1}}{\|z^{(i-2)}\|_2^2}$$

$$= J_{i-2}^{-1} + \frac{(z^{(i-2)} - J_{i-2}^{-1}y^{(i-2)})z^{(i-2)^T}J_{i-2}^{-1}}{\|z^{(i-2)}\|_2^2(1 + z^{(i-2)^T}J_{i-2}^{-1}(\frac{y^{(i-2)} - J_{i-2}z^{(i-2)}}{\|z^{(i-2)}\|_2^2}))}$$

$$= J_{i-2}^{-1} + \frac{(z^{(i-2)} - J_{i-2}^{-1}y^{(i-2)})z^{(i-2)^T}J_{i-2}^{-1}}{\|z^{(i-2)}\|_2^2 + z^{(i-2)^T}J_{i-2}^{-1}(y^{(i-2)} - J_{i-2}z^{(i-2)})}$$

$$= J_{i-2}^{-1} + \frac{(z^{(i-2)} - J_{i-2}^{-1}y^{(i-2)})z^{(i-2)^T}J_{i-2}^{-1}}{\|z^{(i-2)}\|_2^2 + z^{(i-2)^T}J_{i-2}^{-1}y^{(i-2)} - \|z^{(i-2)}\|_2^2}.$$

Folglich ergibt sich die Rechenvorschrift

$$J_{i-1}^{-1} = J_{i-2}^{-1} + \frac{(z^{(i-2)} - J_{i-2}^{-1}y^{(i-2)})z^{(i-2)^T}J_{i-2}^{-1}}{z^{(i-2)^T}J_{i-2}^{-1}y^{(i-2)}} \tag{5.29}$$

und der Algorithmus 5.2 kann, wie im Algorithmus 5.3 angegeben, modifiziert werden.

Der Algorithmus 5.3 erfordert einen Aufwand von $O(n^2)$ flops, da nur Matrizenmultiplikationen auszuführen sind. Damit ergibt sich für einen Iterationsschritt ein Rechenaufwand von:

1. n Funktionswertberechnungen und
2. $O(n^2)$ flops zur Approximation der Inversen der Jacobi-Matrix.

Ein Vergleich mit dem gewöhnlichen Newton-Verfahren zeigt, dass der Rechenaufwand erheblich reduziert werden konnte. Des Weiteren liegt nun ein direkt implementierbares numerisches Verfahren vor, wenn der erste Iterationsschritt auf der Basis von Diffe-

Algorithmus 5.3: modifizierter *i*-ter Iterationsschritt.

---

1. Schritt: Man berechne eine neue Approximation für die Inverse der Jacobi-Matrix

$$J_{i-1}^{-1} = J_{i-2}^{-1} + \frac{(z^{(i-2)} - J_{i-2}^{-1} y^{(i-2)}) z^{(i-2)^T} J_{i-2}^{-1}}{z^{(i-2)^T} J_{i-2}^{-1} y^{(i-2)}}.$$

2. Schritt: Man berechne eine neue Iterierte $x^{(i)} = x^{(i-1)} - J_{i-1}^{-1} F(x^{(i-1)})$.

---

renzenapproximationen für die in der Jacobi-Matrix auftretenden partiellen Ableitungen realisiert wird. Das soeben beschriebene Verfahren ist unter dem Namen *Broyden-Verfahren* bekannt. Weiterführende Betrachtungen zu diesem wichtigen numerischen Verfahren findet der Leser u. a. in der Monographie von H. Schwetlick [71]).

Aus den obigen Betrachtungen lässt sich die im m-File 5.4 angegebene MATLAB-Funktion unmittelbar ableiten. Der Funktionenvektor $F(x)$ und die zugehörige Jacobi-Matrix $J(x)$ (bzw. eine Differenzenapproximation für diese) sind durch zwei MATLAB-Funktionen F sowie Fstrich bereitzustellen.

m-File 5.4: broyden.m

```
1  function [x,nFx,ind,i]=broyden(x0,TOL,N0)
2  % function [x,ind,i]=broyden(x0,[TOL,N0])
3  % Berechnet die Nullstelle von F(x) mit dem
4  % Broyden-Verfahren
5  %
6  % x0: Anfangsapproximation,
7  % TOL: Toleranz,
8  % N0:  max. Iterationsschrittzahl,
9  % x letzte Iterierte,
10 % nFx: norm(F(x)),
11 % ind=1 Verfahren konvergiert,
12 % ind=2 Maximale Iterationsschrittanzahl N0
13 %        ueberschritten.
14 %
15 n=length(x0); I=eye(n);
16 if nargin < 2, TOL=1e-12; N0=100*n; end
17 x=x0;
18 Jx=Fstrich(x); v=F(x);
19 % Berechnung der Inversen L=inv(Jx)
20 i=1; L=Jx\I; z=-L*v; x=x+z;
21 while i < N0
```

```
22    w=v; v=F(x);norm(v)
23    if norm(v) < TOL
24        % Loesung x berechnet
25        ind=1;nFx=norm(F(x)); return
26    end
27    y=v-w; s=-L*y; p=-z'*s;
28    L=L+1/p*(z+s)*(z'*L);
29    z=-L*v; x=x+z;
30    if norm(z) < TOL*(1+norm(x))
31        % Loesung x berechnet
32        ind=1;nFx=norm(F(x)); return
33    end
34    i=i+1;
35 end
36 nFx=norm(F(x));
37 ind=2; % Max. Iterationsschrittanzahl N0
       ueberschritten
```

5.4 Das Verfahren von Brown

Im Abschnitt 5.2 haben wir das Newton-Verfahren aus einer simultanen Linearisierung der Funktionen $f_1(x), \ldots, f_n(x)$ des nichtlinearen Gleichungssystems (5.1) hergeleitet.

Auf K. M. Brown [6] geht nun eine Technik zurück, bei der die Funktionen des Gleichungssystems (5.1) *nacheinander*, und nicht wie beim Newton-Verfahren simultan, linearisiert werden. Wir wollen dieses Verfahren hier kurz darstellen.

1. Teilschritt

Es sei $x^{(k-1)} \in \mathbb{R}^n$ wieder ein Vektor, der hinreichend nahe bei der Lösung x^* des Gleichungssystems (5.1) liegt. Im diesem Punkte $x^{(k-1)}$ werde jetzt nur die erste Komponente $f_1(x)$ des Funktionenvektors $F(x)$ in eine genäherte Taylorreihe entwickelt. Der Ausdruck *genähert* soll darauf hinweisen, dass die (analytischen) partiellen Ableitungen durch Differenzenquotienten approximiert sind. Wie bei der Herleitung des Newton-Verfahrens sind nach dem Lokalisierungsprinzip hier auch nur Vektoren $x \in \mathbb{R}^n$ zugelassen, die in einer kleinen Umgebung von x^* liegen. Dann kann man in der Taylor-Entwicklung wieder alle Terme höherer Ordnung weglassen, da diese nur einen kleinen Beitrag im Vergleich zu den Termen nullter und erster Ordnung liefern. Es resultiert

$$f_1(x) \approx l_1(x) \equiv f_1\big(x^{(k-1)}\big) + f_{1(x_1;h)}\big(x^{(k-1)}\big)\big(x_1 - x_1^{(k-1)}\big)$$
$$+ \cdots + f_{1(x_n;h)}\big(x^{(k-1)}\big)\big(x_n - x_n^{(k-1)}\big), \tag{5.30}$$

wobei die Größen $f_{1(x_j;h)}(x^{(k-1)})$ durch die Differenzenapproximationen

$$f_{i(x_j;h)}(x^{(k-1)}) \equiv \frac{f_i(x^{(k-1)} + h_{k-1}e^{(j)}) - f_i(x^{(k-1)})}{h_{k-1}} \approx \frac{\partial f_i}{\partial x_j}(x^{(k-1)}) \qquad (5.31)$$

definiert sind (mit $i = 1$). In (5.31) bezeichnet $e^{(j)}$ den j-ten Einheitsvektor. Die Schrittweite h_{k-1} ist so zu wählen, dass $h_{k-1} = O(\|F(x^{(k-1)})\|)$ gilt. Da nach Voraussetzung $x^{(k-1)}$ hinreichend nahe bei x^* liegt, kann $l_1(x)$ als lineare Ersatzfunktion für $f_1(x)$ verwendet werden, d. h., an die Stelle der Gleichung $f_1(x) = 0$ tritt die Gleichung $l_1(x) = 0$. Diese werde nun nach derjenigen Variablen aufgelöst, deren approximierte partielle Ableitung den größten Betrag besitzt. Wir wollen beispielhaft annehmen, dass dies für x_n zutrifft. Somit erhalten wir

$$x_n = x_n^{(k-1)} - \sum_{j=1}^{n-1} \frac{f_{1(x_j;h)}^{(k-1)}}{f_{1(x_n;h)}^{(k-1)}}(x_j - x_j^{(k-1)}) - \frac{f_1^{(k-1)}}{f_{1(x_n;h)}^{(k-1)}}, \qquad (5.32)$$

mit $f_{1(x_j;h)}^{(k-1)} \equiv f_{1(x_j;h)}(x^{(k-1)})$ und $f_1^{(k-1)} \equiv f_1(x^{(k-1)})$. Bei der Implementierung des Verfahrens werden nach der Berechnung der Konstanten

$$\frac{f_{1(x_j;h)}^{(k-1)}}{f_{1(x_n;h)}^{(k-1)}}, \quad j = 1,\dots,n-1, \quad \text{und} \quad \frac{f_1^{(k-1)}}{f_{1(x_n;h)}^{(k-1)}}$$

diese im Computer für die weitere Verwendung zwischengespeichert.

Von Brown wurde unter den üblichen Konvergenzbedingungen des Newton-Verfahrens (siehe z. B. den Satz 5.3) gezeigt, dass mindestens eine nichtverschwindende partielle Ableitung existiert und folglich auch deren Differenzenapproximation nicht Null ist. Somit ist die Vorschrift (5.32) wohldefiniert. Die Auswahl einer Komponente des Vektors x anhand der betragsgrößten (approximierten) partiellen Ableitung hat einen ähnlichen Effekt zur Folge wie die partielle Pivotisierung bei der Gauß-Elimination. Sie führt zu einer Verbesserung der numerischen Stabilität des Verfahrens.

Der Darstellung (5.32) ist zu entnehmen, dass x_n eine lineare Funktion der anderen $n - 1$ Variablen $x_1,\dots,x_{n-1}$ ist. Zur Vereinfachung der späteren Ausführungen wollen wir die rechte Seite der Formel (5.32) mit $L_n(x_1,\dots,x_{n-1})$ bezeichnen und abkürzend $L_n^{(k-1)} \equiv L_n(x_1^{(k-1)},\dots,x_{n-1}^{(k-1)})$ schreiben.

2. Teilschritt

Es werde eine neue Funktion g_2 der $n - 1$ Variablen $x_1,\dots,x_{n-1}$ definiert, die sich wie folgt auf die zweite Funktion $f_2(x)$ des Gleichungssystems (5.1) bezieht

$$g_2(x_1,\dots,x_{n-1}) \equiv f_2(x_1,x_2,\dots,x_{n-1},L_n(x_1,x_2,\dots,x_{n-1})). \qquad (5.33)$$

Weiter sei

$$g_2^{(k-1)} \equiv f_2(x_1^{(k-1)}, \ldots, x_{n-1}^{(k-1)}, L_n^{(k-1)}).$$

Wir bestimmen nun für die nichtlineare Funktion g_2 eine (lokal gültige) lineare Ersatz-funktion $l_2(x_1, \ldots, x_{n-1})$, indem die Funktion g_2 in eine genäherte Taylorreihe entwickelt und diese durch Vernachlässigung aller Terme höherer Ordnung linearisiert wird. Anschließend löst man die Gleichung

$$l_2(x_1, \ldots, x_{n-1}) = 0$$

nach derjenigen Variablen auf, deren (approximierte) partielle Ableitung $g_{2(x_{n-1};h)}$ den größten Betrag besitzt (dies sei z. B. für x_{n-1} der Fall). Es ergibt sich

$$x_{n-1} = x_{n-1}^{(k-1)} - \sum_{j=1}^{n-2} \frac{g_{2(x_j;h)}^{(k-1)}}{g_{2(x_{n-1};h)}^{(k-1)}} \left(x_j - x_j^{(k-1)} \right) - \frac{g_2^{(k-1)}}{g_{2(x_{n-1};h)}^{(k-1)}}. \tag{5.34}$$

Die Approximation der partiellen Ableitung $g_{2(x_j;h)}^{(k-1)}$ ist hierbei gegeben zu

$$g_{2(x_j;h)}^{(k-1)} \equiv \frac{g_2(x_1^{(k-1)}, \ldots, x_{j-1}^{(k-1)}, x_j^{(k-1)} + h_{k-1}, x_{j+1}^{(k-1)}, \ldots, x_{n-1}^{(k-1)}) - g_2^{(k-1)}}{h_{k-1}}. \tag{5.35}$$

Die Formel (5.34) zeigt, dass x_{n-1} eine lineare Funktion der restlichen $n-2$ Variablen ist. Wir kürzen die rechte Seite von (5.34) mit $L_{n-1}(x_1, \ldots, x_{n-2})$ ab. Die berechneten Quotienten $g_{2(x_j;h)}^{(k-1)}/g_{2(x_{n-1};h)}^{(k-1)}, j = 1, \ldots, n-2$, sowie $g_2^{(k-1)}/g_{2(x_{n-1};h)}^{(k-1)}$ sollten wiederum zwischengespeichert werden.

3. Teilschritt

Wir definieren

$$g_3(x_1, \ldots, x_{n-2}) \equiv f_3(x_1, \ldots, x_{n-2}, L_{n-1}, L_n),$$

mit

$$L_{n-1} \equiv L_{n-1}(x_1, \ldots, x_{n-2}) \quad \text{und} \quad L_n \equiv L_n(x_1, \ldots, x_{n-2}, L_{n-1}(x_1, \ldots, x_{n-2})).$$

Jetzt werden wiederum folgende Basisschritte angewendet:
1. genäherte Taylor-Entwicklung von g_3 im Punkte $(x_1^{(k-1)}, \ldots, x_{n-2}^{(k-1)})$,
2. Bestimmung der linearen Ersatzfunktion l_3 für g_3,

3. Auflösung der Gleichung $l_3(x_1, \ldots, x_{n-2}) = 0$ nach x_{n-2}, wenn x_{n-2} diejenige Variable bezeichnet, deren zugehörige approximierte partielle Ableitung $g_{3(x_{n-2};h)}$ den größten Absolutbetrag besitzt, und

4. Bezeichnung der rechten Seite der resultierenden Gleichung mit L_{n-2}. Diese ist eine Linearkombination der noch verbleibenden $n-3$ Variablen.

Die obige Strategie wird nun fortgesetzt, d. h., aus jeder Gleichung des Systems (5.1) wird sukzessive eine Variable eliminiert. In jedem Teilschritt erhalten wir einen neuen linearen Ausdruck L_{n-j} für eine der Variablen, sagen wir x_{n-j}, in Termen der restlichen $n-j-1$ Variablen $x_1, x_2, \ldots, x_{n-j-2}, x_{n-j-1}$. Dieser lineare Ausdruck wird nun in den zuvor definierten linearen Ausdrücken $L_{n-j+1}, L_{n-j+2}, \ldots, L_{n-1}, L_n$ anstelle von x_{n-j} verwendet. Schließlich wird in jedem Teilschritt des Verfahrens ein weiterer linearerer Ausdruck zu dem bereits bestehenden linearen System hinzugefügt. Während des $(j+1)$-ten Teilschrittes ist es erforderlich, g_{j+1} bzw. f_{j+1} für verschiedene Argumente zu berechnen. Die Werte der letzten j Komponenten des Argumentes von f_{j+1} erhält man dabei durch Rücksubstitution in das bisher konstruierte lineare System $L_n, L_{n-1}, \ldots, L_{n-j+1}$. Die Punkte, die substituiert werden müssen, sind $(x_1^{(k-1)}, \ldots, x_{n-j}^{(k-1)}) \equiv X_{n-j}^{(k-1)}$ und $X_{n-j}^{(k-1)} + h_{k-1} e^{(i)}$, $i = 1, \ldots, n-j$. Diese Argumente werden benötigt, um die Größen $g_{j+1}^{(k-1)}$ und $g_{j+1(i;h)}^{(k-1)}$, $i = 1, \ldots, n-j$, zu bestimmen, die für die Elimination der $(j+1)$-ten Variablen – wir nehmen wiederum beispielhaft an, dies sei x_{n-j} – mittels der oben beschriebenen Basisschritte erforderlich sind. Für jedes j ist das Ergebnis des Prozesses die $(j+1)$-te Variable x_{n-j}, die als eine Linearkombination L_{n-j} der verbleibenden $n-j-1$ Variablen dargestellt ist.

n-ter Teilschritt

An dieser Stelle liegt

$$g_n \equiv f_n(x_1, L_2, L_3, \ldots, L_n) \tag{5.36}$$

vor, wobei sich die L_j durch Rücksubstitution in das folgende $(n-1)$-zeilige Dreieckssystem ergeben

$$L_i = x_i^{(k-1)} - \sum_{j=1}^{i-1} \frac{g_{n-i+1(x_j;h)}^{(k-1)}}{g_{n-i+1(x_i;h)}^{(k-1)}} \left(L_j - x_j^{(k-1)}\right) - \frac{g_{n-i+1}^{(k-1)}}{g_{n-i+1(x_i;h)}^{(k-1)}},$$

$$i = n, n-1, \ldots, 2, \tag{5.37}$$

mit $g_1 \equiv f_1$ und $L_1 \equiv x_1$. Man erkennt unmittelbar, dass g_n jetzt nur noch von x_1 abhängt. Nach Anwendung der Basisschritte auf (5.36) ergibt sich

$$x_1 = x_1^{(k-1)} - \frac{g_n^{(k-1)}}{g_{n(x_1;h)}^{(k-1)}}. \qquad (5.38)$$

Die nach (5.38) bestimmte Größe x_1 verwenden wir als neue Approximation $x_1^{(k)}$ für die erste Komponente x_1^* des Lösungsvektors x^*. Nun werde x_1 umbezeichnet zu L_1 und das gestaffelte System (5.37) gelöst, um verbesserte Approximationen auch für die anderen Komponenten von x^* zu erhalten. Wir verwenden hier als $x_j^{(k)}$ denjenigen Wert, der sich für L_j bei der Lösung von (5.37) ergibt.

Das durch die Teilschritte 1 bis n beschriebene numerische Verfahren wird als *Verfahren von Brown* bezeichnet. Da es auf fortlaufenden Substitutionen basiert, kann bei der Konstruktion des Argumentes der Funktionen g_i jeweils die neuste Information über den Wert der dort eingehenden Komponenten x_j berücksichtigt werden. Dies ist ein sehr ähnliches Vorgehen wie beim Einzelschrittverfahren (Gauß-Seidel-Verfahren) für lineare und nichtlineare Gleichungssysteme (siehe (2.170) bzw. (5.8)).

Um die Konvergenz des Verfahrens von Brown zu untersuchen, wollen wir folgende Voraussetzungen postulieren.

Voraussetzung 5.1 (Schwache Voraussetzung). Es sei x^* eine Nullstelle der Vektorfunktion F. Die Jacobi-Matrix $J(x)$ von $F(x)$ sei stetig in

$$\bar{S}(x^*;R) \equiv \{x \in \mathbb{R} : \|x - x^*\|_\infty \le R\}, \quad R > 0,$$

und nichtsingulär in x^*. □

Voraussetzung 5.2 (Starke Voraussetzung). Es sei $K \ge 0$. Zusätzlich zur schwachen Voraussetzung 5.1 möge für $J(x)$

$$\|J(x) - J(x^*)\|_\infty \le K \|x - x^*\|_\infty \quad \text{für alle } \|x - x^*\|_\infty \le R$$

erfüllt sein. □

Es gilt nun der

Satz 5.4. *Die Vektorfunktion F erfülle die Voraussetzung 5.1 (schwache Voraussetzung). Dann existieren positive Konstanten r und ε, sodass für $x^{(0)} \in S(x^*;r)$ und $|h_k| \le \varepsilon$ das auf die Problemstellung (5.2) angewendete Verfahren von Brown eine Folge $\{x^{(k)}\}_{k=0}^\infty$ erzeugt, die gegen x^* konvergiert.*

Erfüllt F die Voraussetzung 5.2 (starke Voraussetzung) und gilt $h_k = O(|f_1(x^{(k)})|)$, dann besitzt das Verfahren von Brown mindestens die Konvergenzordnung 2.

Beweis. Siehe die Arbeit von K. M. Brown und J. E. Dennis, Jr. [7]. □

Bei der Implementierung des Verfahrens ist es sinnvoll, nicht für alle Komponenten $x_j^{(k-1)}$ die gleiche Diskretisierungsschrittweite h_{k-1} zu verwenden. Bezeichnet $h_j^{(k-1)}$

diejenige Schrittweite, die in (5.31) bzw. (5.35) zur Komponente $x_j^{(k-1)}$ gehört, dann hat sich die folgende modifizierte Schrittweitenstrategie als günstig erwiesen

$$
\begin{aligned}
h_j^{(k-1)} &\equiv \max \{a_{ij}^{(k-1)}, 5 \cdot 10^{-\nu+2}\} \quad \text{mit} \\
a_{ij}^{(k-1)} &\equiv \min \{\max (|f_1^{(k-1)}|, |g_2^{(k-1)}|, \ldots, |g_i^{(k-1)}|), 0.001 \cdot |x_j^{(k-1)}|\},
\end{aligned}
\tag{5.39}
$$

wobei mit ν wiederum die relative Maschinengenauigkeit bezeichnet wird.

Es soll jetzt der *rechentechnische Aufwand* des Verfahrens von Brown untersucht werden. Hierzu wollen wir die Anzahl der Funktionswertberechnungen in einem Iterationsschritt bestimmen. Der erste Teilschritt erfordert $n+1$ Auswertungen von f_1, der zweite Teilschritt n Auswertungen von f_2, der dritte $n-1$ Auswertungen von f_3 etc. Somit ergibt sich insgesamt ein Aufwand von

$$
\sum_{i=2}^{n+1} i = \frac{n^2 + 3n}{2} \quad \text{Funktionswertberechnungen.}
$$

Dies sieht recht günstig im Vergleich mit dem diskretisierten Newton-Verfahren (siehe (5.15), (5.25)) aus, das $n^2 + n$ Funktionsauswertungen pro Iterationsschritt benötigt. Es muss jedoch der Richtigkeit halber darauf hingewiesen werden, dass im Verfahren von Brown noch eine Reihe zusätzlicher Funktionswertberechnungen auszuführen sind, nämlich die Berechnung der linearen Funktionen L_j. Deshalb wird das Verfahren von Brown sicher nur dann zu echten Einsparungen im Aufwand führen, wenn die f_i sehr aufwendig zu bestimmende Funktionen sind, d. h., falls eine durchschnittliche Gleichung des Systems (5.1) mehr als n^2 Multiplikationen erfordert. Viele Systeme in der Praxis weisen eine mindestens so komplizierte Struktur auf, insbesondere dann, wenn das nichtlineare Gleichungssystem bei der Lösung nichtlinearer Zweipunkt-Randwertprobleme gewöhnlicher Differentialgleichungen mittels Schießverfahren entsteht (siehe hierzu [29]).

Da das Verfahren von Brown zu jedem Zeitpunkt mit nur einer Gleichung $f_i = 0$ arbeitet und die hier gewonnenen Informationen sofort bei der Behandlung der nächsten Gleichung $f_{i+1} = 0$ mit eingehen, kann die *Effektivität* des Verfahrens durch eine geschickte Anordnung der Gleichungen im System (5.1) beeinflusst werden. Die Gleichungen sollten nämlich vor dem eigentlichen Rechenprozess so angeordnet werden, dass die linearen oder nur schwach nichtlinearen Gleichungen am Anfang des Systems zu stehen kommen. Die Information aus den linearen Gleichungen wird dann unverfälscht auf die nächsten Gleichungen übertragen, da der Linearisierungsprozess und die damit verbundene Approximation entfällt. Eine solche Strategie verbessert die Effektivität des Newton-Verfahrens natürlich nicht, da alle Gleichungen $f_i = 0$, $i = 1, \ldots, n$, hier simultan behandelt werden.

Bemerkung 5.2. Es gibt in der Literatur inzwischen eine Reihe von Modifikationen des Verfahrens von Brown, die unter dem Begriff *Newton-ähnliche Verfahren vom Elimi-*

nationstyp (siehe z. B. [11, 71]) bekannt sind. Insbesondere ermöglichen die modernen Techniken die Aufspaltung des Gleichungssystems (5.2) in eine bestimmte Anzahl von Blöcken, d. h.,

$$0 = F(x) = \begin{cases} F_{p_1}(x) \\ F_{p_2}(x) \\ \vdots \\ F_{p_m}(x) \end{cases}$$

mit $p_1 + p_2 + \cdots + p_m = n$ und $F_{p_k}(x) = 0$, bestehend aus p_k skalaren Gleichungen. Ein solches Block-Verfahren, die sogenannte *Generalized Brent Method* (GBM), wird z. B. von M. Hermann und D. Kaiser vorgeschlagen und bei der Lösung nichtlinearer Zweipunkt-Randwertprobleme eingesetzt [29, 30]. □

5.5 Nichtlineares Ausgleichsproblem

5.5.1 Problemstellung

In den vorangegangenen Abschnitten wurde ausschließlich das Nullstellenproblem (5.2) betrachtet. Wir wollen jetzt die *Minimierungsaufgabe*

$$\min_{x \in \mathbb{R}^n} g(x), \quad g : \mathbb{R}^n \to \mathbb{R}, \tag{5.40}$$

untersuchen und diese in den Zusammenhang mit dem Nullstellenproblem stellen.

Gesucht ist eigentlich eine *globale Minimumstelle* von g auf $\mathbb{R}^n$, d. h. ein Vektor $x^* \in \mathbb{R}^n$, für den

$$g(x) \geq g(x^*) \tag{5.41}$$

für alle $x \in \mathbb{R}^n$ gilt. Da sich diese globale Minimumstelle aber nur unter sehr einschränkenden Voraussetzungen finden lässt, wollen wir uns auf die Bestimmung von *lokalen Minimumstellen* beschränken. Ein Vektor $x^* \in \mathbb{R}^n$ heißt lokale Minimumstelle von g, falls eine offene Umgebung S von x^* existiert, sodass

$$g(x) \geq g(x^*) \tag{5.42}$$

für alle $x \in \mathbb{R}^n \cap S$ gilt. Offensichtlich stellt jede globale Minimumstelle auch eine lokale Minimumstelle dar, während die Umkehrung dieser Aussage i. allg. nicht zutrifft. Eine notwendige Bedingung für das Vorliegen einer lokalen bzw. globalen Minimumstelle ist im Satz 5.5 angegeben.

Satz 5.5. *Es seien $S \subseteq \mathbb{R}^n$ eine offene Menge und die Funktion $g : S \to \mathbb{R}$ stetig differenzierbar. Des Weiteren bezeichne $x^* \in S$ eine lokale Minimumstelle von g auf S. Dann gilt*

$$g'(x^*)^T \equiv \text{grad } g(x^*) = 0. \tag{5.43}$$

Beweis. Wir wollen annehmen, dass $x^* \in S$ eine lokale Minimumstelle von g ist und für diese grad $g(x^*) \neq 0$ gilt. Dann gibt es ein $z \in \mathbb{R}^n$ mit grad $g(x^*)^T z < 0$; zum Beispiel $z = -$ grad $g(x^*)$. Die stetige Differenzierbarkeit von g garantiert die Existenz der Richtungsableitung $g'(x^*, z)$ von g in Richtung von z. Für diese gilt

$$g'(x^*, z) \equiv \lim_{t \to 0} \frac{g(x^* + tz) - g(x^*)}{t} = \text{grad } g(x^*)^T z < 0.$$

Somit gibt es ein $\rho > 0$, sodass für alle $t \in (0, \rho]$ die Beziehungen

$$x^* + tz \in S \quad \text{und} \quad \frac{g(x^* + tz) - g(x^*)}{t} < 0$$

erfüllt sind. Folglich ist $g(x^* + tz) < g(x^*)$ für alle $t \in (0, \rho]$, was unserer Annahme widerspricht. □

Es seien wie bisher $S \subset \mathbb{R}^n$ eine offene Menge und $g : S \to \mathbb{R}$ eine stetig differenzierbare Funktion. Dann wird ein Vektor $x^* \in S$ *stationärer Punkt* der Funktion g genannt, wenn $g'(x^*) = 0$ gilt. Ist g in S zweimal stetig differenzierbar, dann kann x^* mittels der zweiten Ableitung $g''(x^*)$ genauer charakterisiert werden. Im Weiteren bezeichne $H(x^*) \in \mathbb{R}^{n \times n}$ die *Hesse[4]-Matrix* von g in x^*, durch die $g''(x^*)$ im Sinne von

$$g''(x^*)zw \equiv z^T H(x^*)w, \quad z, w \in \mathbb{R}^n,$$

repräsentiert wird. Es gilt nun die folgende Aussage.

Satz 5.6. *Die Funktion $g : S \subset \mathbb{R}^n \to \mathbb{R}$ sei zweimal stetig differenzierbar. Ist x^* ein stationärer Punkt, für den $H(x^*)$ positiv definit ist, dann handelt es sich bei x^* um eine lokale Minimumstelle von g auf S.*

Beweis. Da die Hesse-Matrix in x^* stetig und positiv definit ist, gibt es um x^* eine (offene) Kugel $B_r(x^*)$ mit dem Radius $r > 0$, sodass für alle $x \in B_r(x^*)$ die Matrix $H(x)$ weiterhin positiv definit ist. Für einen nichtverschwindenden Vektor z, mit $\|z\| < r$, haben wir $x^* + z \in B_r(x^*)$ und $x + tz \in B_r(x^*)$, für $t \in (0, 1)$. Somit ergibt sich

$$g(x^* + z) = g(x^*) + \text{grad } g(x^*)^T z + \frac{1}{2} z^T H(x + tz)z.$$

---

4 Ludwig Otto Hesse (1811–1874), deutscher Mathematiker.

Da grad $g(x^*) = 0$ und $H(x + tz)$ positiv definit ist, folgt daraus

$$g(x^* + z) = g(x^*) + \frac{1}{2}z^T H(x + tz)z > g(x^*),$$

womit die Behauptung gezeigt ist. $\qquad\qquad\qquad\qquad\qquad\qquad\qquad$ $\square$

Wir wollen uns jetzt wieder dem Nullstellenproblem zuwenden. In Verallgemeinerung von (5.2) soll aber davon ausgegangen werden, dass das Gleichungssystem auch mehr Gleichungen als Unbekannte enthalten kann, d. h. wir betrachten die Gleichung

$$F(x) = 0, \quad F : \mathbb{R}^n \to \mathbb{R}^m, \quad m \geq n. \tag{5.44}$$

Gilt $m = n$, dann ist jede Nullstelle x^* von (5.44) auch eine Lösung des Quadratmittelproblems

$$\min_{x \in \mathbb{R}^n} g(x) \equiv \frac{1}{2}\|F(x)\|_2^2. \tag{5.45}$$

Gilt andererseits $m > n$, dann ist die Gleichung (5.44) i. allg. nicht lösbar und man kann nur noch eine verallgemeinerte Lösung im Sinne des Quadratmittelproblems (5.45) bestimmen. Damit ist jedes Verfahren zur Minimierung von g auch zur Lösung von (5.2) geeignet.

5.5.2 Gauß-Newton-Verfahren

Die bekannten Minimierungstechniken lassen sich grob in zwei Klassen einteilen, und zwar in die *Newton-artigen Verfahren* und die *Abstiegsverfahren*. Ein wichtiger Vertreter der Newton-artigen Verfahren ist das *Gauß-Newton-Verfahren*. Hier approximiert man wie beim Newton-Verfahren in jedem Iterationsschritt die nichtlineare Vektorfunktion F durch eine lineare affine Ersatzfunktion

$$g(x) = \frac{1}{2}\|F(x)\|_2^2 \approx \frac{1}{2}\|F(x^{(k)}) + J(x^{(k)})(x - x^{(k)})\|_2^2, \tag{5.46}$$

wobei $J(x) \equiv F'(x) \in \mathbb{R}^{m \times n}$ wiederum die Jacobi-Matrix von $F(x)$ bezeichnet. Daraus ergibt sich unmittelbar das linearisierte Quadratmittelproblem

$$\min_{x \in \mathbb{R}^n} \frac{1}{2}\|F(x^{(k)}) + J(x^{(k)})(x - x^{(k)})\|_2^2, \tag{5.47}$$

dessen Lösung $x = x^{(k+1)}$ die nächste Iterierte ergibt.

Zur Lösung von (5.47) können nun die im zweiten Band (Kapitel 3) dieses Textes dargestellten numerischen Techniken zum Einsatz kommen. Formal lässt sich die Lösung $x^{(k+1)}$ mithilfe der Pseudo-Inversen $J(x^{(k)})^+$ von $J(x^{(k)})$ in der Form

$$x^{(k+1)} = x^{(k)} - J(x^{(k)})^+ F(x^{(k)}) \tag{5.48}$$

darstellen. Besitzt $J(x^{(k)})$ vollen Spaltenrang, dann gilt:

$$J(x^{(k)})^+ = (J(x^{(k)})^T J(x^{(k)}))^{-1} J(x^{(k)})^T. \tag{5.49}$$

Unter der Voraussetzung, dass die Jacobi-Matrix $J(x^{(k)})$ vollen Rang besitzt, kann man nun die Darstellung (5.49) in (5.48) einsetzen und erhält die Iterationsvorschrift

$$x^{(k+1)} = x^{(k)} - (J(x^{(k)})^T J(x^{(k)}))^{-1} J(x^{(k)})^T F(x^{(k)}). \tag{5.50}$$

In der Praxis wird man natürlich nicht diesen formalen Weg beschreiten, sondern zur Lösung des linearen Quadratmittelproblems (5.47) diejenigen Techniken verwenden, die auf einer QR-Faktorisierung von $J(x^{(k)})$ basieren (siehe Band 2, Kapitel 3).

Im Falle, dass ein System der Form (5.2) vorliegt, d. h., dass die Anzahl der Gleichungen mit der Anzahl der Unbekannten übereinstimmt, lässt sich $J(x^{(k)})^T J(x^{(k)})$ faktorweise invertieren. Es resultiert

$$x^{(k+1)} = x^{(k)} - J(x^{(k)})^{-1} J(x^{(k)})^{-T} J(x^{(k)})^T F(x^{(k)}).$$

Daher ist dann (5.50) mit dem Newton-Verfahren

$$x^{(k+1)} = x^{(k)} - J(x^{(k)})^{-1} F(x^{(k)})$$

zur Lösung von (5.2) identisch.

Bezüglich der Konvergenz des Gauß-Newton-Verfahrens gilt die Aussage des Satzes 5.7 (siehe auch [27]).

Satz 5.7. *Es bezeichne $\mathcal{S} \subset \mathbb{R}^n$ eine offene und konvexe Menge. Die nichtlineare Funktion $F : \mathcal{S} \to \mathbb{R}^m$, $m \geq n$, sei stetig differenzierbar und die zugehörige Jacobi-Matrix $J(x)$ besitze für alle $x \in \mathcal{S}$ vollen Rang. Weiter werde angenommen, dass das lineare Quadratmittelproblem (5.47) eine Lösung $x^* \in \mathcal{S}$ besitzt und dass Konstanten $\omega > 0$ und $0 \leq \alpha < 1$ existieren, sodass die folgenden zwei Ungleichungen erfüllt sind:*

$$\left\| J(x)^+ (J(x + tv) - J(x)v) \right\|_2 \leq t\omega \|v\|_2^2 \tag{5.51}$$

für alle $t \in [0,1]$, $x \in \mathcal{S}$ und $v \in \mathbb{R}^n$ mit $x + v \in \mathcal{S}$, und

$$\left\| J(x)^+ F(x^*) \right\|_2 \leq \alpha \left\| x - x^* \right\|_2 \tag{5.52}$$

für alle $x \in \mathcal{S}$.

Gilt dann für einen vorgegebenen Startvektor $x^{(0)} \in \mathcal{S}$:

$$\rho_1 \equiv \left\| x^{(0)} - x^* \right\|_2 < 2 \frac{(1 - \alpha)}{\omega} \equiv \rho_2, \tag{5.53}$$

dann verbleibt die durch das Gauß-Newton-Verfahren (5.50) definierte Vektorfolge $\{x^{(k)}\}_{k=0}^{\infty}$ *in der offenen Kugel* $S_{\rho_1}(x^*)$ *und konvergiert gegen* x^*. *Für die Konvergenzgeschwindigkeit dieser Folge gilt*

$$\|x^{(k+1)} - x^*\|_2 \le \frac{\omega}{2} \|x^{(k)} - x^*\|_2^2 + a \|x^{(k)} - x^*\|_2. \tag{5.54}$$

Offensichtlich ergibt sich quadratische Konvergenz für Probleme der Form (5.2). Schließlich ist die Lösung x^* *in der offenen Kugel* $S_{\rho_2}(x^*)$ *eindeutig.*

Beweis. Für $x, y \in S$ lautet die Lagrangesche Form des Mittelwertsatzes der Integralrechnung

$$F(y) - F(x) - J(x)(y - x) = \int_{t=0}^{1} (J(x + t(y - x)) - J(x))(y - x) \, dt. \tag{5.55}$$

Wir betrachten nun den Ausdruck

$$\|J(x)^+ (F(y) - F(x) - J(x)(y - x))\|_2.$$

Dieser lässt sich unter Verwendung von (5.55) und der Lipschitz-Bedingung (5.51) wie folgt abschätzen

$$\|J(x)^+ (F(y) - F(x) - J(x)(y - x))\|_2$$
$$\le \left\| \int_{t=1}^{1} J(x)^+ (J(x + t(y - x)) - J(x))(y - x) \, dt \right\|_2 \tag{5.56}$$
$$\le \int_{t=0}^{1} t\omega \|y - x\|_2^2 \, dt = \frac{\omega}{2} \|y - x\|_2^2.$$

Da wir die Existenz einer Lösung x^* des Quadratmittelproblems (5.47) vorausgesetzt haben, ist die Beziehung

$$g'(x^*) = 2J(x^*)^T F(x^*) = 0$$

erfüllt. Des Weiteren gilt:

$$J(x)^+ J(x) = I_n \quad \text{für alle } x \in S.$$

Mit diesen Vorbereitungen können wir nun schreiben

$$x^{(k+1)} - x^* = x^{(k)} - x^* - J(x^{(k)})^+ F(x^{(k)})$$
$$= J(x^{(k)})^+ (F(x^*) - F(x^{(k)}) - J(x^{(k)})(x^* - x^{(k)})) - J(x^{(k)})^+ F(x^*).$$

Daraus ergibt sich bei Verwendung von (5.56) und (5.52)

$$\left\| x^{(k+1)} - x^* \right\|_2 \leq \left(\frac{\omega}{2} \left\| x^{(k)} - x^* \right\|_2 + \alpha \right) \left\| x^{(k)} - x^* \right\|_2.$$

Falls $0 < \left\| x^{(k)} - x^* \right\|_2 \leq \rho_1$ ist, folgt daraus

$$\left\| x^{(k+1)} - x^* \right\|_2 \leq \left(\frac{\omega \rho_1}{2} + \alpha \right) \left\| x^{(k)} - x^* \right\|_2.$$

Der Ausdruck in den runden Klammern auf der rechten Seite ist wegen der Voraussetzung (5.53) kleiner als Eins. Da der Startvektor $x^{(0)}$ nach Voraussetzung so zu wählen ist, dass $\left\| x^{(0)} - x^* \right\|_2 = \rho_1$ gilt, ist $\left\| x^{(k)} - x^* \right\|_2 < \rho_1$ für alle $k > 0$ erfüllt und die Folge $\{x^{(k)}\}_{k=0}^{\infty}$ konvergiert gegen x^*.

Um die Eindeutigkeit der Lösung x^* in der Kugel $S_{\rho_2}(x^*)$ zu zeigen, nehmen wir an, dass eine weitere Lösung x^{**}, mit $x^{**} \neq x^*$, des Quadratmittelproblems dort existiert. Wir setzen $x^{(0)} = x^{**}$ und erhalten aus (5.54)

$$\left\| x^{**} - x^* \right\|_2 \leq \frac{\omega}{2} \left\| x^{**} - x^* \right\|_2^2 + \alpha \left\| x^{**} - x^* \right\|_2$$

$$= \left(\alpha + \frac{\omega}{2} \left\| x^{**} - x^* \right\|_2 \right) \left\| x^{**} - x^* \right\|_2.$$

Die Voraussetzung (5.53) impliziert, dass der Klammerausdruck auf der rechten Seite echt kleiner als Eins ist. Somit ergibt sich der Widerspruch

$$\left\| x^{**} - x^* \right\|_2 < \left\| x^{**} - x^* \right\|_2,$$

woraus folgt, dass $x^{**} = x^*$ gelten muss. □

Beispiel 5.4. Gegeben seien die folgenden zwei Gleichungen in einer Unbekannten

$$x + 1 = 0, \quad \lambda x^2 + x - 1 = 0,$$

wobei $\lambda \in \mathbb{R}$ ein freier Parameter ist. In Vektorform nimmt dieses Problem die Gestalt

$$F(x) = \begin{pmatrix} x + 1 \\ \lambda x^2 + x - 1 \end{pmatrix} = 0 \tag{5.57}$$

an. Damit ergibt sich

$$g(x) = \frac{1}{2} \left\| F(x) \right\|_2^2 = \frac{1}{2} (x + 1)^2 + \frac{1}{2} (\lambda x^2 + x - 1)^2.$$

Daraus berechnet man

$$g'(x) = x + 1 + (\lambda x^2 + x - 1)(2\lambda x + 1)$$

$$= 2\lambda^2 x^3 + 3\lambda x^2 + 2(1 - \lambda)x.$$

Somit ist $x = 0$ ein stationärer Punkt der Funktion g. Für die zweite Ableitung ergibt sich

$$g''(x) = 6\lambda^2 x^2 + 6\lambda x + 2(1 - \lambda),$$

woraus $g''(0) = 2(1 - \lambda)$ folgt. Nach dem Satz 5.6 ist für $\lambda < 1$ der Punkt $x = 0$ eine lokale (in unserem Falle auch globale) Minimumstelle von g.

Um das Gauß-Newton-Verfahren anwenden zu können, muss $J(x)$ berechnet werden. Man erhält

$$J(x) = \begin{pmatrix} 1 \\ 2\lambda x + 1 \end{pmatrix}.$$

Diese „Matrix" besitzt vollen Spaltenrang, sodass sich $J(x)^+$ nach der Formel (5.49) wie folgt berechnet

$$J(x)^+ = \left(\frac{1}{\alpha}, \frac{2\lambda x + 1}{\alpha} \right), \quad \alpha \equiv \frac{1}{1 + (2\lambda x + 1)^2}.$$

Somit nimmt das Gauß-Newton-Verfahren für das Problem (5.57) die Gestalt

$$
\begin{aligned}
x^{(k+1)} &= x^{(k)} - \frac{x^{(k)} + 1 + (2\lambda x^{(k)} + 1)(\lambda(x^{(k)})^2 + x^{(k)} - 1)}{\alpha^{(k)}} \\
&= x^{(k)} - \frac{2\lambda^2 (x^{(k)})^3 + 3\lambda (x^{(k)})^2 + 2(1 - \lambda)x^{(k)}}{\alpha^{(k)}}
\end{aligned}
\tag{5.58}
$$

an, mit $\alpha^{(k)} \equiv \frac{1}{1+(2\lambda x^{(k)}+1)^2}$.

Ist $\lambda \neq 0$ und $x^{(k)} \approx 0$, dann lässt sich (5.58) in der Form

$$x^{(k+1)} = x^{(k)} + (\lambda - 1)x^{(k)} + O\left((x^{(k)})^2\right) = \lambda x^{(k)} + O\left((x^{(k)})^2\right)$$

schreiben. Offensichtlich konvergiert das Gauß-Newton-Verfahren für $|\lambda| < 1$, und zwar linear. Ist $\lambda = 0$, dann ergibt sich nach (5.58)

$$x^{(k+1)} = x^{(k)} - x^{(k)} = 0,$$

d. h., die Lösung wird in einem Iterationsschritt gefunden. □

Es gibt aber auch Probleme, bei denen das Gauß-Newton-Verfahren noch nicht einmal lokal gegen die Lösung des nichtlinearen Quadratmittelproblems (5.45) konvergiert. Dieses Verhalten lässt sich wie folgt erklären. Bei einer schlecht konditionierten Matrix $J(x^{(k)})$ kann der Vektor $\triangle x^{(k)} \equiv x^{(k+1)} - x^{(k)}$ betragsmäßig sehr groß sein. Die Linearisierung (5.46) setzt aber voraus, dass $\triangle x^{(k)}$ betragsmäßig klein ist. Im Abschnitt 5.5.4 ist eine Modifikation des Gauß-Newton-Verfahrens mittels der Trust-Region-Strategie beschrieben, die auf das bekannte Levenberg-Marquardt-Verfahren führt und in einem solchen Fall noch relativ gute Ergebnisse liefert.

5.5.3 Abstiegsverfahren

Das im vorangegangenen Abschnitt beschriebene Gauß-Newton-Verfahren lässt sich mit

$$p^{(k)} \equiv -\left(J(x^{(k)})^T J(x^{(k)})\right)^{-1} J(x^{(k)}) F(x^{(k)})$$

in der Form

$$x^{(k+1)} = x^{(k)} + p^{(k)}$$

schreiben.

Die Klasse der *Abstiegsverfahren* geht von dem allgemeineren Ansatz

$$x^{(k+1)} = x^{(k)} + t_k\, p^{(k)} \tag{5.59}$$

aus, wobei $p^{(k)} \in \mathbb{R}^n$ die *Abstiegsrichtung* und t_k die *Schrittweite* im k-ten Iterationsschritt bezeichnen. Ein Vektor $p \in \mathbb{R}^n$ wird dabei Abstiegsrichtung von g in einem Punkt $x \in \mathbb{R}^n$ genannt, falls es ein $\rho > 0$ gibt mit

$$g(x + tp) < g(x) \quad \text{für alle } t \in (0, \rho].$$

Ist g stetig differenzierbar und gilt

$$\operatorname{grad} g(x)^T p < 0, \tag{5.60}$$

so ist p eine Abstiegsrichtung von g in x. Dies lässt sich wie folgt zeigen. Wir setzen $\Phi(t) \equiv g(x + tp)$ und entwickeln $\Phi(t)$ in eine Taylorreihe

$$\Phi(t) = \Phi(0) + t\Phi'(0) + O(t^2). \tag{5.61}$$

Es sind

$$\Phi(0) = g(x) \quad \text{und} \quad \Phi'(0) = \operatorname{grad} g(x)^T d.$$

Damit ergibt sich aus (5.61)

$$\frac{\Phi(t) - \Phi(0)}{t} = \operatorname{grad} g(x)^T d + O(t).$$

Somit existiert ein $\rho > 0$, sodass unter Beachtung von (5.60) die Beziehung

$$\frac{\Phi(t) - \Phi(0)}{t} < 0 \quad \text{für alle } t \in (0, \rho]$$

gilt, d. h., $g(x + tp) < g(x)$ und p ist eine Abstiegsrichtung von g in x.

Die geometrische Bedeutung der Abstiegsbedingung (5.60) besagt, dass der Winkel γ zwischen p und dem negativen Gradienten von g in x kleiner als $\pi/2$ ist.

Beispiele für Abstiegsrichtungen sind:

1. $p = -\operatorname{grad} g(x)$, die Richtung des steilsten Abstiegs. Demzufolge wird das resultierende Verfahren (5.59) auch *Verfahren des steilsten Abstiegs* (engl.: *steepest descend method*) oder auch *Gradientenverfahren* genannt.
2. $p = -M \operatorname{grad} g(x)$, $M \in \mathbb{R}^{n \times n}$ positiv definit. Offensichtlich gilt in diesem Falle

$$\operatorname{grad} g(x)^T p = -\operatorname{grad} g(x)^T M \operatorname{grad} g(x) < 0.$$

Der allgemeine Aufbau eines Abstiegsverfahrens ist im Algorithmus 5.4 dargestellt.

Algorithmus 5.4: Ein allgemeines Abstiegsverfahren.

INPUT: Startvektor $x^{(0)}$, zu minimierende Funktion $g(x)$

$k = 1$

while spezielles Abbruchkriterium nicht erfüllt

      Bestimme eine Abstiegsrichtung $p^{(k)}$ mit $\operatorname{grad} g(x^{(k)})^T p^{(k)} < 0$.

      Bestimme eine Schrittweite t_k mit $g(x^{(k)} + t_k p^{(k)}) < g(x^{(k)})$.

      Setze $x^{(k+1)} = x^{(k)} + t_k p^{(k)}$; $k = k + 1$

end

Üblicherweise wird an die Iterierten $x^{(k)}$ und $p^{(k)}$ im Algorithmus 5.4 eine sogenannte *Winkelbedingung* gestellt. Sie besagt, dass eine Konstante $C > 0$ existieren muss, sodass für alle $k \in \mathbb{N}$ die Beziehung

$$-\operatorname{grad} g(x^{(k)})^T p^{(k)} \geq C \|\operatorname{grad} g(x^{(k)})\|_2 \|p^{(k)}\|_2 \tag{5.62}$$

erfüllt ist. Bezeichnet γ_k wie oben den Winkel zwischen $p^{(k)}$ und $-\operatorname{grad} g(x^{(k)})$, dann impliziert diese Winkelbedingung, dass

$$\cos \gamma_k = -\frac{\operatorname{grad} g(x^{(k)})^T p^{(k)}}{\|\operatorname{grad} g(x^{(k)})\|_2 \|p^{(k)}\|_2}$$

gleichmäßig größer als Null ist. Offensichtlich erfüllt der Vektor $p^{(k)} = -\operatorname{grad} g(x^{(k)})$ die Winkelbedingung.

Das allgemeine Abstiegsverfahren besitzt in der Wahl der Abstiegsrichtung $p^{(k)}$ und der Schrittweite t_k große Variabilität. Ist $p^{(k)}$ eine Abstiegsrichtung, dann gilt wegen

$$g(x^{(k)} + t\,p^{(k)}) - g(x^{(k)}) = t\,(p^{(k)})^T \operatorname{grad} g(x^{(k)}) + O(t^2), \quad t \to 0,$$

dass $g(x^{(k)} + t\,p^{(k)}) < g(x^{(k)})$ für hinreichend kleine $t > 0$ sein muss. Somit stellt $x^{(k)} + t\,p^{(k)}$ eine Verbesserung gegenüber $x^{(k)}$ dar. Jedoch muss dies nicht zwangsläufig zur Konvergenz des Abstiegsverfahrens in ein lokales Minimum führen (gewählte Schrittweiten können zu klein sein). Dies ist der Grund, warum man nur sogenannte *effiziente* Schrittweiten in Betracht zieht. Sind $\mathcal{L}(g, y) \equiv \{x \in \mathbb{R}^n : g(x) \leq y\}$ die Niveau-Menge von g und $y \in \mathbb{R}^n$ sowie $p \in \mathbb{R}^n$ eine Abstiegsrichtung, dann wird eine Schrittweite t effizient genannt, falls

$$g(x + t\,p) \leq g(x) - C_E \left(\frac{p^T \operatorname{grad} g(x)}{\|p\|_2} \right)^2$$

für alle $x \in \mathcal{L}(g, g(x^{(0)}))$ mit einer von x und p unabhängigen Konstanten C_E gilt.

Eine einfach zu implementierende Schrittweitenregel, die zu einer effizienten Schrittweite führt, basiert auf der *Armijo-Goldstein-Bedingung*. Es sei $\mu \in (0, 1)$ eine von x und p unabhängige Konstante, sodass die sogenannte Armijo-Goldstein-Bedingung

$$g(x^{(k)} + t_k\,p^{(k)}) - g(x^{(k)}) \leq \mu\,t_k\,(p^{(k)})^T \operatorname{grad} g(x^{(k)}) \tag{5.63}$$

erfüllt ist. Die linke Seite von (5.63) konvergiert gegen Null, sodass

$$\lim_{k \to \infty} t_k\,(p^{(k)})^T \operatorname{grad} g(x^{(k)}) = 0$$

gilt. Des Weiteren möge mit $\nu > 0$ eine Mindestschrittweite durch die Beziehung

$$t_k \geq -\nu\, \frac{(p^{(k)})^T \operatorname{grad} g(x^{(k)})}{\|p^{(k)}\|_2^2} \tag{5.64}$$

festgelegt sein. Dann gilt

$$g(x^{(k)} + t_k\,p^{(k)}) \leq g(x^{(k)}) + \mu \left(-\nu\, \frac{(p^{(k)})^T \operatorname{grad} g(x^{(k)})}{\|p^{(k)}\|_2^2} \right) (p^{(k)})^T \operatorname{grad} g(x^{(k)})$$

$$= g(x^{(k)}) - \mu\,\nu \left(\frac{(p^{(k)})^T \operatorname{grad} g(x^{(k)})}{\|p^{(k)}\|_2^2} \right)^2.$$

Somit ist in diesem Falle $C_E = \mu\,\nu$.

Um nun zu einer vorgegebenen Abstiegsrichtung p eine Schrittweite zu bestimmen, kann die Armijo[5]-Goldstein[6]-Bedingung wie im Algorithmus 5.5 angegeben, verwendet

---

5 Larry Armijo ist ein amerikanischer Mathematiker, der vor allem für die Entwicklung der sogenannten *Armijo Line Search* bekannt ist. Es gibt kaum Details über seine akademische Laufbahn, Institutionen und Lebensdaten.

6 Allan A. Goldstein (1925–2022), Mathematiker an der University of Washington. Er war ein Pionier auf den Gebieten nichtlineare Optimierung und Numerische Mathematik.

Algorithmus 5.5: Armijo-Goldstein-Suche.

INPUT: $\mu \in (0,1), \nu > 0, \alpha, \beta$ mit $0 < \alpha \ll \beta$,

1. Schritt: Setze $j := 0$ und wähle einen Startwert

$$t_0 \in [\alpha \, \frac{|p^T \, \mathrm{grad} \, g(x)|}{\|p\|_2^2}, \beta \, \frac{|p^T \, \mathrm{grad} \, g(x)|}{\|p\|_2^2}];$$

2. Schritt: Berechne $t(j) = (1/2)^j \, t_0$;

3. Schritt: Ist $g(x + t(j)p) \leq g(x) + \mu t(j) \, p^T \, \mathrm{grad} \, g(x)$, dann setze $t := t(j)$ und stoppe das Verfahren

4. Schritt: Setze $j := j + 1$ und gehe zu Schritt 2.

werden. Dazu seien $\mu \in (0,1), x \in \mathcal{L}(g, g(x^{(0)}))$ und p eine Abstiegsrichtung in x. Des Weiteren mögen α und β zwei Konstanten sein, mit $0 < \alpha \ll \beta$. Zur speziellen Wahl dieser Konstanten gibt es in der Literatur verschiedene Vorschläge. So werden von Spellucci [75] die folgenden Werte angegeben: $\mu = 10^{-2}, \alpha = 10^{-4}$ und $\beta = 10^4$.

Im Satz 5.8 sind Bedingungen angegeben, für die die Armijo-Goldstein-Suche in endlich vielen Iterationen zu einer Schrittweite t führt, für die die Bedingungen (5.63) und (5.64) erfüllt sind.

Satz 5.8. *Zu einem vorgegebenen $x^{(0)} \in \mathbb{R}^n$ sei die Niveaumenge $\mathcal{L}(g, g(x^{(0)}))$ kompakt. Die Ableitung g' möge auf $\mathcal{L}(g, g(x^{(0)}))$ existieren und dort Lipschitz-stetig sein. Für $x \in \mathcal{L}(g, g(x^{(0)}))$ und $p \in \mathbb{R}^n$ mit $\mathrm{grad} \, g(x)^T p < 0$ führt der Algorithmus 5.5 nach endlich vielen Iterationsschritten zu einer Schrittweite t, mit der (5.63) und (5.64) erfüllt sind.*

Beweis. Siehe die Monographie von W. Alt [2]. □

Eine andere häufig verwendete Schrittweitenstrategie ist die *Wolfe*[7]-*Powell*[8]-*Linien-suche*. Hier versucht man eine Schrittweite t_k zu bestimmen, für die die beiden Bedingungen

$$g(x^{(k)} + t_k p^{(k)}) - g(x^{(k)}) \leq \mu t_k (p^{(k)})^T \, \mathrm{grad} \, g(x^{(k)}) \tag{5.65}$$

und

$$(p^{(k)})^T \, \mathrm{grad} \, g(x^{(k)} + t_k p^{(k)}) \geq \nu (p^{(k)})^T \, \mathrm{grad} \, g(x^{(k)}) \tag{5.66}$$

---

7 Philip Wolfe (geb. 1927), US-amerikanischer Mathematiker. Ihm wurde im Jahre 1992 der renommierte *John von Neumann Theory Prize* (Operations Research Society of America and The Institute for Management Sciences) verliehen.

8 Michael James David Powell (geb. 1936), englischer Mathematiker. Im Jahre 1982 erhielt er den *Dantzig Prize* (Mathematical Optimization Society) und 1999 den *Senior-Whitehead-Preis* (London Mathematical Society).

mit $\mu \in (0, 1/2)$ und $\nu \in (a, 1]$ erfüllt sind. Die Bedingung (5.65) entspricht der Forderung (5.63) und soll ebenfalls eine hinreichend große Reduktion der Zielfunktion garantieren. Mit (5.66) wird analog zu (5.64) eine Mindestschrittweite abgesichert. Eine algorithmische Umsetzung der Wolfe-Powell-Liniensuche sowie zugehörige Konvergenzresultate findet man ebenfalls in der Monographie von W. Alt [2].

5.5.4 Levenberg-Marquardt-Verfahren

Zum Abschluss wollen wir noch einmal auf das im Abschnitt 5.5.2 dargestellte Gauß-Newton-Verfahren zurückkommen. Wie bereits bemerkt, besteht ein Nachteil dieses Verfahrens darin, dass die Bestimmung der Abstiegsrichtung $p^{(k)}$ problematisch wird wenn $J(x^{(k)})$ keinen maximalen Rang besitzt oder aber bei vollem Rang schlecht konditioniert ist. In beiden Fällen ist dann $J(x^{(k)})^T J(x^{(k)})$ nicht mehr positiv definit.

Einen Ausweg bietet in diesem Falle die Anwendung der *Trust-Region-Strategie*, die zu dem *Levenberg*[9]*-Marquardt*[10]*-Verfahren* führt. Die Abstiegsverfahren als auch die Trust-Region-Verfahren erzwingen in jedem Iterationsschritt die Abstiegsbedingung

$$g(x^{(k+1)}) < g(x^{(k)}),$$

indem die Richtung und die Länge des Schrittes entsprechend gesteuert wird. Jedoch wird bei den Abstiegsverfahren zuerst die Abstiegsrichtung und dann der jeweilige Abstand bestimmt, während die Trust-Region-Strategien zuerst den maximalen Abstand festlegen und dann erst die geeignete Richtung.

Die Grundlage jedes Trust-Region-Verfahrens ist ein „Modell" $m_k(p)$, das im k-ten Iterationsschritt die Funktion $g(x)$ in einer Umgebung der Iterierten $x^{(k)}$ hinreichend gut approximiert. Üblicherweise wird den Betrachtungen ein quadratisches Modell

$$m_k(p) = g(x^{(k)}) + \text{grad } g(x^{(k)})^T p + \frac{1}{2} p^T B(x^{(k)}) p \tag{5.67}$$

zugrunde gelegt. Dabei setzen die Trust-Verfahren vom Newton-Typ $B(x^{(k)}) \equiv H(x^{(k)})$.

Der Approximation (5.67) wird nur in einem beschränkten Gebiet (engl. *trust region*) um die aktuelle Iterierte $x^{(k)}$, das durch die Beziehung

$$\|p\|_2 \leq \triangle_k$$

---

9 Kenneth Levenberg (1919–1973), US-amerikanischer Mathematiker. Im Jahre 1943 schlug er einen Algorithmus für die nichtlineare Kleinste-Quadrate-Approximation vor. Er entwickelte ein mathematisches Modell, das von der Boeing Aircraft Co. bei der Konstruktion des Passagierflugzeugs Boeing 737 verwendet wurde.

10 Donald W. Marquardt (1929–1997), US-amerikanischer Mathematiker und Statistiker.

definiert ist, vertraut. Dies beschränkt die Länge des Schrittes von $x^{(k)}$ nach $x^{(k+1)}$. Der Wert $\triangle_k$ wird nun vergrößert, wenn man feststellt, dass sich das Modell in *guter* Übereinstimmung mit der Zielfunktion befindet und verkleinert, falls das Modell eine *schlechte* Approximation darstellt.

Im k-ten Iterationsschritt ist die Optimierungsaufgabe

$$\min_p m_k(p) = \min_p \left[g(x^{(k)}) + \text{grad } g(x^{(k)})^T p + \frac{1}{2} p^T B(x^{(k)}) p \right] \tag{5.68}$$

unter der Nebenbedingung $\|p\|_2 \leq \triangle_k$ zu lösen. Es kann nun die folgende Aussage gezeigt werden.

Satz 5.9. *Ein Vektor $p^* \in \mathbb{R}^n$ mit $\|p^*\|_2 \leq \triangle_k$ ist genau dann globale Lösung des Problems* (5.68), *wenn es ein $\lambda \geq 0$ gibt, sodass gilt:*
1. $(B(x^{(k)}) + \lambda I) p = -\text{grad } g(x^{(k)})$,
2. $\lambda(\triangle_k - \|p^*\|_2) = 0$, *d. h.* $\|p^*\|_2 = \triangle_k$ *für $\lambda > 0$,*
3. $(B(x^{(k)}) + \lambda I)$ *ist positiv semidefinit.*

Ist $(B(x^{(k)}) + \lambda I)$ positiv definit, dann ist p^* die eindeutige Lösung von (5.68).

Beweis. Siehe z. B. [2, 43]. □

Hat man $B(x^{(k)}) = H(x^{(k)})$ gewählt und ist diese Matrix positiv definit sowie $\triangle_k$ hinreichend groß, dann ist die Lösung von (5.68) auch die Lösung von

$$H(x^{(k)}) p = -\text{grad } g(x^{(k)}),$$

d. h., p^* stellt eine Newton-Richtung dar. Anderenfalls ist

$$\triangle_k \geq \|p^{(k)}\|_2 \equiv \|(H(x^{(k)}) + \lambda I)^{-1} \text{grad } g(x^{(k)})\|_2.$$

Für $\triangle_k \to 0$ ergibt sich daraus

$$\lambda \to \infty \quad \text{und} \quad p^{(k)} \to -\frac{1}{\lambda} \text{grad } g(x^{(k)}).$$

Wenn λ zwischen 0 und ∞ variiert, wird sich somit die zugehörige Abstiegsrichtung $p^{(k)}$ zwischen der Newton-Richtung und einem Vielfachen des negativen Gradienten bewegen.

Um die Größe $\triangle_k$ des Vertrauensbereichs adaptiv steuern zu können, definiert man das *Reduktionsverhältnis ρ_k* zu

$$\rho_k \equiv \frac{g(x^{(k)}) - g(x^{(k)} + p^{(k)})}{g(x^{(k)}) - m_k(p^{(k)})} \quad \left(= \frac{\text{aktuelle Reduktion}}{\text{geschätzte Reduktion}} \right). \tag{5.69}$$

Ist ρ_k groß, zum Beispiel $\rho_k > 3/4$, dann wird $\triangle_k$ im nächsten Iterationsschritt vergrößert. Ist andererseits ρ_k klein, zum Beispiel $\rho_k < 1/4$, dann wird $\triangle_k$ im folgenden Schritt verkleinert. Jedoch wird $p^{(k)}$ nur akzeptiert, wenn ρ_k nicht zu klein ist.

Eine mögliche Variante der Trust-Region-Strategie ist im Algorithmus 5.6 angegeben. An dieser Stelle wird jedoch auf ein Abbruchkriterium verzichtet, da am Ende dieses Abschnittes einige Bemerkungen dazu folgen.

Algorithmus 5.6: Ein allgemeines Trust-Region-Verfahren.

> INPUT: Startapproximation $x^{(1)}$, minimale Schrittlänge $\triangle_{max}$,
> Anfangsradius $\triangle_1 \in (0, \triangle_{max}]$ des Vertrauensbereiches,
> Konstante $\alpha \in [0, 1/4]$;
>
> $k = 1$;
>
> **while** spezielles Abbruchkriterium nicht erfüllt
>
> Bestimme die Lösung $p^{(k)}$ der restringierten Optimierungsaufgabe
>
> $\min_p m_k(p) = g(x^{(k)}) + \text{grad } g(x^{(k)})^T p + \frac{1}{2} p^T B(x^{(k)}) p$,
> $\|p\|_2 \leq \triangle_k$;
>
> Berechne das Reduktionsverhältnis
>
> $$\rho_k \equiv \frac{g(x^{(k)}) - g(x^{(k)} + p^{(k)})}{m_k(0) - m_k(p^{(k)})};$$
>
> AKTUALISIERUNG VON $x^{(k)}$:
>
> **if** $\rho_k < \frac{1}{4}$ **then** $x^{(k+1)} = x^{(k)}$ (Schritt nicht erfolgreich)
>
> **else** $x^{(k+1)} = x^{(k)} + p^{(k)}$ (Schritt erfolgreich);
>
> AKTUALISIERUNG VON $\triangle_k$:
>
> **if** $\rho_k < \frac{1}{4}$ **then** $\triangle_{k+1} = \frac{1}{4}\triangle_k$;
>
> **if** $\rho_k > \frac{3}{4}$ **and** $\|p^{(k)}\|_2 = \triangle_k$ **then** $\triangle_{k+1} = \min(2\triangle_k, \triangle_{max})$;
>
> **if** $\frac{1}{4} \leq \rho_k \leq \frac{3}{4}$ **then** $\triangle_{k+1} = \triangle_k$;
>
> $k = k + 1$;
>
> **end**

Beispiel 5.5. Gegeben sei die unrestringierte Optimierungsaufgabe

Bestimme das Minimum der Funktion

$$g(x_1, x_2) = 4x_1^3 + 6x_1^2 + 36x_1 + 4x_2^3 + 24x_2. \tag{5.70}$$

Die Startapproximation sei $x^{(1)} = (2, 1)^T$, der Anfangsradius des Vertrauensbereiches $\triangle_1 = 1$ und $B(x^{(k)}) = H(x^{(k)})$.

Man berechnet

$$g(x^{(1)}) = 156, \quad \text{grad } g(x) = \begin{pmatrix} 12x_1^2 + 12x_1 + 36 \\ 12x_2^2 + 24 \end{pmatrix}, \quad \text{grad } g(x^{(1)}) = \begin{pmatrix} 108 \\ 36 \end{pmatrix},$$

$$H(x) = \begin{bmatrix} 24x_1 + 12 & 0 \\ 0 & 24x_2 \end{bmatrix}, \quad H(x^{(1)}) = \begin{bmatrix} 60 & 0 \\ 0 & 24 \end{bmatrix}.$$

Für die Newton-Richtung ergibt sich

$$p^{(N)} = -H(x^{(1)})^{-1} \text{grad } g(x^{(1)}) = -\begin{bmatrix} 60 & 0 \\ 0 & 24 \end{bmatrix}^{-1} \begin{pmatrix} 108 \\ 36 \end{pmatrix}$$

$$= -\begin{pmatrix} \frac{108}{60} \\ \frac{36}{24} \end{pmatrix} = -\begin{pmatrix} 1.8 \\ 1.5 \end{pmatrix}.$$

Da $\|p^{(N)}\|_2 = 2.3431 > 1$, kann die Newton-Richtung nicht verwendet werden.

Im ersten Trust-Region-Schritt ist nun ein λ so zu bestimmen, dass $\|p\|_2 = 1$ gilt, wobei p die Lösung der folgenden Gleichung ist

$$\begin{bmatrix} 60 + \lambda & 0 \\ 0 & 24 + \lambda \end{bmatrix} \begin{pmatrix} p_1 \\ p_2 \end{pmatrix} = -\begin{pmatrix} 108 \\ 36 \end{pmatrix}.$$

Als Lösung ergibt sich unmittelbar

$$p_1 = -\frac{108}{60 + \lambda}, \quad p_2 = -\frac{36}{24 + \lambda}.$$

Damit ist

$$\|p\|_2^2 = \left(\frac{108}{60 + \lambda} \right)^2 + \left(\frac{36}{24 + \lambda} \right)^2,$$

d. h. λ muss die Beziehung

$$\left(\frac{108}{60 + \lambda} \right)^2 + \left(\frac{36}{24 + \lambda} \right)^2 = 1 \tag{5.71}$$

erfüllen. Dies ist eine nichtlineare skalare Gleichung für λ.

Die nachfolgenden Berechnungen wurden mit doppelter Genauigkeit (d. h. in der Menge $\mathcal{R}(2,53,1021,1024)$) durchgeführt und die Zwischenresultate auf 6 Stellen gerundet.

Der Aufruf

```
[x,i,ind] = sekante(45,32,1e-6,1e-6,50)
```

des Sekanten-Verfahrens (siehe das m-File 4.3) zur Berechnung einer Nullstelle der Gleichung (5.71) führt in 4 Iterationsschritten zu der numerischen Lösung $\lambda \approx 59.6478$. Mit diesem Wert ergibt sich $p^{(1)} = (-0.902649, -0.430376)^T$. Weiter erhält man

$$m_1(p^{(1)}) = g(x^{(1)}) + (p^{(1)})^T \operatorname{grad} g(x^{(1)}) + \frac{1}{2}(p^{(1)})^T H(x^{(1)})p^{(1)}$$
$$= 156 - 112.980 + 26.6659 = 69.6859.$$

Nun ist

$$x^{(2)} = x^{(1)} + p^{(1)} = \begin{pmatrix} 1.09735 \\ 0.569624 \end{pmatrix},$$

sodass sich der zugehörige Funktionswert zu $g(x^{(2)}) = 66.4256$ berechnet. Das Verhältnis zwischen aktueller und geschätzter Reduktion ist

$$\rho_1 = \frac{g(x^{(1)}) - g(x^{(2)})}{g(x^{(1)}) - m_1(p^{(1)})} = \frac{156 - 66.4256}{156 - 69.6859} = 1.03777.$$

Im Algorithmus 5.6 ist die Bedingung $\rho_1 \geq 1/4$ erfüllt, sodass ein erfolgreicher Schritt vorliegt. Für den Radius des Vertrauensbereiches ergibt sich schließlich der neue Wert $\triangle_2 = 2\triangle_1 = 2$. Damit ist der erste Iterationsschritt des Trust-Region-Verfahrens abgeschlossen. $\square$

Der erste Trust-Region-Algorithmus wurde von K. Levenberg [44] und D. W. Marquardt [47] entwickelt. Im ursprünglichen Algorithmus wird

$$B(x^{(k)}) \equiv J(x^{(k)})^T J(x^{(k)})$$

gesetzt und die Gleichung

$$(B(x^{(k)}) + \lambda_k I)p = -\operatorname{grad} g(x^{(k)})$$

für unterschiedliche Werte von λ_k gelöst. Eine Strategie besteht zum Beispiel darin, $\lambda_{k+1} = 1/10 \lambda_k$ zu setzen, wenn das mit λ_k berechnete p zu einer hinreichend guten Reduktion führt. Anderenfalls wird $\lambda_{k+1} = 10 \lambda_k$ gesetzt und der Schritt wiederholt.

Das Levenberg-Marquardt-Verfahren lässt sich aber auch als ein Trust-Region-Verfahren realisieren. Diese Idee geht auf J. J. Moré [52] zurück. Hierzu wendet man die Trust-Region-Strategie auf das Problem (5.45) an und ersetzt $g''(x)$ durch $J(x)^T J(x)$. Im k-ten Iterationsschritt hat man entsprechend (5.68) die Optimierungsaufgabe

$$\min_p m_k(p) = \min_p \left[g(x^{(k)}) + (J(x^{(k)})^T F(x^{(k)}))^T p + \frac{1}{2} p^T J(x^{(k)})^T J(x^{(k)}) p \right] \quad (5.72)$$

unter der Nebenbedingung $\|p\|_2 \leq \triangle_k$ zu lösen. Es kann leicht gezeigt werden, dass dieses Problem äquivalent zu dem Problem

$$\min_p \frac{1}{2} \|F(x^{(k)}) + J(x^{(k)})p\|_2^2, \quad \|p\|_2 \leq \triangle_k, \quad (5.73)$$

ist. Das Problem (5.73) ist identisch mit dem linearen Quadratmittelproblem (5.47), das beim Gauß-Newton-Verfahren (siehe Abschnitt 5.5.2) zu lösen ist, jedoch hier unter der Restriktion $\|p\|_2 \leq \triangle_k$.

In den Algorithmen 5.4 und 5.6 wurde auf die spezielle Angabe geeigneter Abbruchkriterien verzichtet. Wir wollen dies hier nachholen. Dabei beziehen wir uns auf Vorschläge von P. E. Gill, W. Murray und M. H. Wright (siehe [21]). Es sei TOL $\leq 10^{-r}$, wobei r die Anzahl der geforderten geltenden Dezimalstellen bezeichne, eine vom Anwender vorzugebende relative Genauigkeitsschranke. Damit TOL nicht zu klein ist, möge auf alle Fälle TOL $\geq \nu$ gelten, wobei wie bisher ν die relative Maschinengenauigkeit bezeichnet. Ein Problem gilt nun im numerischen Sinne als erfolgreich behandelt, wenn die folgenden drei Kriterien erfüllt sind:

$$\text{TEST 1:} \quad \left|g(x^{(k)}) - g(x^{(k-1)})\right| \leq \text{TOL}(1 + |g(x^{(k)})|),$$

$$\text{TEST 2:} \quad \left\|x^{(k)} - x^{(k-1)}\right\|_2 \leq \sqrt{\text{TOL}}(1 + \|x^{(k)}\|_2), \tag{5.74}$$

$$\text{TEST 3:} \quad \left\|\text{grad } g(x^{(k)})\right\|_2 \leq \sqrt[3]{\text{TOL}}(1 + |g(x^{(k)})|).$$

Deshalb kann ein Algorithmus abgebrochen werden, wenn alle drei Tests positiv beantwortet werden. Die Verwendung der Quadratwurzel im Test 2 nimmt Bezug auf eine Taylor-Entwicklung in der Umgebung des Lösungspunktes:

$$g(x^{(k-1)}) \approx g(x^{(k)}) + O(\|x^{(k-1)} - x^{(k)}\|_2^2).$$

Die kubische Wurzel im Test 3 stellt eine Abschwächung gegenüber der theoretisch begründbaren Quadratwurzel dar. Nach Gill et al. wäre die Verwendung der Quadratwurzel zu restriktiv.

Neben den eigentlichen Abbruchkriterien (Test 1–Test 3) sollte eine Implementierung jedoch noch weitere Tests enthalten, die die Endlichkeit des Algorithmus garantieren (siehe auch Kapitel 1). Mögliche Varianten sind:

$$\text{TEST 4:} \quad \left\|\text{grad } g(x^{(k)})\right\|_2 \leq \nu,$$

$$\text{TEST 5:} \quad k \geq k_{\max}, \tag{5.75}$$

wobei $k_{\max}$ die vom Anwender vorzugebende maximale Anzahl der Iterationsschritte bezeichnet.

5.6 Deflationstechniken

Nichtlineare Probleme besitzen i. allg. mehrere (isolierte) Lösungen. Wurde mit den bisher dargestellten numerischen Techniken bereits eine solche Lösung x^{1*} approximiert, dann ist man häufig an der Berechnung weiterer Lösungen $x^{2*}, \ldots, x^{m*}$ interessiert. Wir wollen jetzt eine Technik beschreiben, mit der sich dieses Vorhaben realisieren lässt. Sie wurde von K. M. Brown und W. B. Gearhart [8] entwickelt und wird *Deflationstechnik* genannt.

Es sei $r \in \mathbb{R}^n$ ein gegebener Vektor. Wir wollen mit $S_r \subset \mathbb{R}^n$ eine offene Menge bezeichnen, deren Abschließung den Vektor r enthält.

Definition 5.3. Eine für alle $x \in S_{x^*}$ definierte Matrix $M(x; x^*) \in \mathbb{R}^{n \times n}$ wird *Deflationsmatrix* genannt, falls für jede differenzierbare Funktion $F : \mathbb{R}^n \to \mathbb{R}^n$ mit $F(x^*) = 0$ und nichtsingulärer Jacobi-Matrix $J(x^*)$ die Beziehung

$$\lim_{i \to \infty} \inf \| M(x^{(i)}; x^*) F(x^{(i)}) \| > 0 \tag{5.76}$$

gilt, wobei $\{x^{(i)}\}_{i=0}^{\infty}$ eine beliebige Folge ist, die gegen x^* konvergiert und deren Folgenelemente in S_{x^*} liegen. □

Die Deflationsmatrizen besitzen eine wichtige Eigenschaft. Jede gegen eine *einfache* (isolierte) Nullstelle x^* von (5.2) konvergente Folge $\{x^{(i)}\}_{i=0}^{\infty}$ erzeugt im Sinne von (5.76) keine Nullstelle der wie folgt abgeänderten Funktion

$$\tilde{F}(x) \equiv M(x; x^*) F(x). \tag{5.77}$$

Man sagt, dass die Funktion $\tilde{F}$ aus F durch *Abdividieren* von x^* entsteht. Um m einfache Nullstellen $x^{1*}, \ldots, x^{m*}$ abzudividieren, hat man entsprechend die Funktion

$$\tilde{F} \equiv M(x; x^{1*}) \cdots M(x; x^{m*}) F(x) \tag{5.78}$$

zu konstruieren.

Definition 5.4. Eine Matrix $M(x; r)$ wird genau dann *dominant* genannt, wenn für jedes $r \in \mathbb{R}^n$ und jede Folge $\{x^{(i)}\}_{i=0}^{\infty} \to r, x^{(i)} \in S_r$, gilt:
Ist für eine Folge $\{u^{(i)}\}_{i=0}^{\infty}, u^{(i)} \in \mathbb{R}^n$, die Beziehung

$$\lim_{i \to \infty} \| x^{(i)} - r \| M(x^{(i)}; r) u^{(i)} = 0$$

erfüllt, dann folgt unmittelbar $\lim_{i \to \infty} u^{(i)} = 0$. □

Der folgende Satz ist für die Konstruktion von Deflationsmatrizen von Bedeutung.

Satz 5.10. *Ist die Matrix $M(x; x^*) \in \mathbb{R}^{n \times n}$ dominant, dann handelt es sich um eine Deflationsmatrix.*

Beweis. Siehe die Arbeit von K. M. Brown und W. B. Gearhart [8]. □

Wir wollen nun 2 Klassen von Deflationstechniken für nichtlineare Gleichungssysteme untersuchen. Auf der Grundlage von Satz 5.10 ist es relativ einfach nachzuweisen, dass die zu diesen Klassen gehörenden Matrizen auch tatsächlich Deflationsmatrizen sind.

Bei der ersten Verfahrensklasse handelt es sich um die *Normdeflation*. Sie ist durch Matrizen vom Typ

$$M(x; x^{i*}) \equiv \frac{1}{\|x - x^{i*}\|} A \tag{5.79}$$

charakterisiert, wobei $\| \cdot \|$ eine beliebige Vektornorm und $A \in \mathbb{R}^{n \times n}$ eine nichtsinguläre Matrix bezeichnen. Als Definitionsgebiet der zugehörigen modifizierten Funktion (5.78) kann jetzt

$$\mathbb{R}^n - \bigcup_{i=1}^m \{x^{i*}\}$$

verwendet werden. Es liegt nahe, bei praktischen Problemen das Abdividieren von Nullstellen mit $A = I$, d. h. mit der Einheitsmatrix zu versuchen. Führt dies zu keinen akzeptablen Resultaten, dann sollte man eventuell eine andere nichtsinguläre Matrix wählen.

Die zweite Verfahrensklasse ist die *Skalarproduktdeflation*. Hier werden in (5.78) als Deflationsmatrizen $M(x; x^{i*})$ Diagonalmatrizen verwendet, deren j-tes Diagonalelement durch

$$m_{jj} \equiv \frac{1}{(a_j^i)^T (x - x^{i*})} \tag{5.80}$$

gegeben ist, wobei $a_1^i, \ldots, a_n^i$ nichtverschwindende Vektoren sind, mit $i = 1, \ldots, m$. Setzt man

$$C(a_j) \equiv \{y \in \mathbb{R}^n : (a_j^i)^T y = 0, \ i = 1, \ldots, m\},$$

dann ist das Definitionsgebiet für (5.78)

$$\mathbb{R}^n - \bigcup_{i=1}^m \bigcup_{j=1}^n [C(a_j^i) + \{x^{i*}\}].$$

Werden die Vektoren a_j^i in der Form

$$a_j^i \equiv \operatorname{grad} f_j|_{x = x^{i*}} \tag{5.81}$$

verwendet, dann ergibt sich daraus die sogenannte *Gradientendeflation*. Diese spezielle Deflationsform hat sich in der Praxis bei der Anwendung des Newton-Verfahrens zur numerischen Bestimmung von Nullstellen der Gleichung $\tilde{F}(x) = 0$ als günstig erwiesen. Die j-te Komponente von $\tilde{F}$ in (5.78) nimmt bei der Gradientendeflation die Gestalt

$$\tilde{f}_j(x) = \frac{f_j(x)}{\prod_{i=1}^m (\operatorname{grad} f_j(x^{i*}))^T (x - x^{i*})} \tag{5.82}$$

an. Man sollte bei der praktischen Realisierung von (5.82) jedoch für den Gradienten eine Differenzenapproximation

$$\frac{\partial \tilde{f}_i}{\partial x_j} \approx \frac{\tilde{f}_i(x + he^{(j)}) - \tilde{f}_i(x)}{h}$$

verwenden, um unnötige analytische Vorarbeit zu vermeiden.

Bisher wurden die Deflationstechniken nur unter dem Gesichtspunkt betrachtet, dass eine einfache (isolierte) Nullstelle abzudividieren ist. Wir wollen jetzt auch *mehrfache* (isolierte) Nullstellen zulassen. Zur Vereinfachung der Darstellung möge F hinreichend glatt sein. Mit $F^{(k)}$ werde die k-te Fréchet-Ableitung von F bezeichnet.

Definition 5.5. Existiert ein Einheitsvektor $v \in \mathbb{R}^n$ mit

$$F^{(k)}(r)v^k = 0 \quad \text{für alle } k = 1, 2, \dots,$$

dann wird F an der Stelle $x = r$ *flach* genannt. □

Die Bedeutung dieser Definition wird klar, wenn man den skalaren Fall betrachtet. Es sei $f : \mathbb{R} \to \mathbb{R}$ eine skalare nichtlineare Funktion mit einer Nullstelle x^*. Ist nun f an der Stelle $x = x^*$ nicht flach, dann kann man recht einfach zeigen, dass eine ganze Zahl k existiert, sodass die abgeänderte Funktion $\tilde{f}(x) \equiv \frac{1}{(x-x^*)^k} f(x)$ keine Nullstelle mehr in $x = x^*$ besitzt. Für die numerischen Berechnungen ist es deshalb nicht erforderlich, die Vielfachheit einer gegebenen Nullstelle zu kennen, um die abgeänderte Funktion zu konstruieren. Vielmehr dividiert man nach der Berechnung von x^* fortgesetzt durch $(x - x^*)$. Immer, wenn diese Nullstelle durch das Iterationsverfahren noch einmal erzeugt wird, dividiert man wieder durch $(x - x^*)$. Falls f nicht flach in $x = x^*$ ist, wird man schließlich bei einer abgeänderten Funktion angelangen, die diese Nullstelle x^* nicht mehr besitzt.

Für den mehrdimensionalen Fall gilt entsprechend der folgende Satz.

Satz 5.11. *Es werde vorausgesetzt, dass $F : \mathbb{R}^n \to \mathbb{R}^n$ unendlich oft differenzierbar ist und $F(x^*) = 0$ gilt. $M(x; x^*) \in \mathbb{R}^{n \times n}$ sei eine dominante Matrix (insbesondere ist M dann eine Deflationsmatrix). Falls F an der Stelle $x = x^*$ nicht flach ist, existiert eine ganze Zahl K, sodass für jede Folge $\{x^{(i)}\}_{i=0}^{\infty} \to x^*$, $x^{(i)} \in U_{x^*}$, die Beziehung*

$$\lim_{i \to \infty} \inf \left\| M(x^{(i)}; x^*)^K F(x^{(i)}) \right\| > 0 \tag{5.83}$$

gilt.

Beweis. Siehe wieder die Arbeit von K. M. Brown und W. B. Gearhart [8]. □

Aus dem Satz 5.11 folgt, dass man mit einer dominanten Matrix eine mehrfache Nullstelle auf ähnliche Weise behandeln kann, wie man dies im skalaren Fall mit der Deflation $1/(x - x^*)$ tut. Setzt man zusätzlich noch voraus, dass die Deflationsmatrizen

$M(x; r)$ und $M(x; s)$ für zwei beliebige Vektoren $r, s \in \mathbb{R}^n$ kommutieren, dann lässt sich das oben für die Deflation $1/(x - x^*)$ in $\mathbb{R}$ beschriebene Verfahren direkt auf mehrfache Nullstellen im $\mathbb{R}^n$ übertragen. Offensichtlich besitzen die Matrizen der Normdeflation und der Skalarproduktdeflation diese Eigenschaft.

Für die numerische Umsetzung der Deflationstechnik bietet sich nun die folgende Strategie an:

1. Sind ein nichtlineares Gleichungssystem der Form (5.2) sowie ein Startvektor $x^{(0)}$ gegeben, dann wird eine der bekannten Lösungstechniken (Newton-Verfahren, Broyden-Verfahren, Brown-Verfahren) verwendet, um eine erste Nullstelle x^{1*} zu approximieren.

2. Ausgehend von dem gleichen Startvektor $x^{(0)}$ versucht man auf der Basis einer der Deflationstechniken eine weitere Nullstelle von (5.2) zu berechnen.

3. Wurde im zweiten Schritt eine neue Nullstelle x^{2*} gefunden, dann wendet man die Deflationstechnik wiederum an, um eine dritte Nullstelle zu finden. Stets beginnend mit $x^{(0)}$ wird dieser Prozess so lange fortgesetzt, bis

   3.1. alle Nullstellen (bzw. die vom Anwender benötigte maximale Anzahl von Null-stellen) gefunden wurde,

   3.2. der Prozess gegen „unendlich" divergiert,

   3.3. die vom Anwender vorgegebene Schranke für die maximale Anzahl von Ite-rationsschritten überschritten wurde,

   3.4. die Iterierten sich einer Stelle annähern, an der die Jacobi-Matrix $J(x)$ von $F(x)$ singulär wird.

4. lässt sich keine weitere Nullstelle mehr finden, dann bleiben nur noch folgende Möglichkeiten offen:

   4.1. Wechsel des Startvektors,

   4.2. Wechsel des Iterationsverfahrens,

   4.3. Wechsel der Deflationstechnik.

Abschließend wollen wir zur Demonstration ein Beispiel angeben.

Beispiel 5.6. Gegeben sei das folgende nichtlineare Gleichungssystem

$$f_1(x_1, x_2) \equiv x_1^2 - x_2 - 1 = 0,$$
$$f_2(x_1, x_2) \equiv (x_1 - 2)^2 + (x_2 - 0.5)^2 - 1 = 0. \tag{5.84}$$

Zur numerischen Approximation einer ersten Lösung x^{1*} soll das Broyden-Verfahren (siehe Abschnitt 5.3) mit dem Startvektor $x^{(0)} \equiv (1.3, 0.8)^T$ angewendet werden. Ruft man das m-File 5.4 unter Verwendung einer MATLAB-Funktion F für den zugehörigen Funktionenvektor sowie dem m-File 5.3 zur Berechnung einer Differenzenapproximation von $J(x)$ mit dem Befehl

```
[x1app,it,ind]=broyden([1.3 0.8]',1e-10,1e-6,50)
```

auf, dann erhält man nach it=11 Iterationsschritten die folgende Approximation für die erste Nullstelle des Gleichungssystems (5.41):

$$\tilde{x}^{1*} = (1.546343, 1.391176)^T.$$

Zur Bestimmung einer weiteren Nullstelle x^{2*} von F wird nun $\tilde{x}^{1*}$ abdividiert.

Verwendet man hierzu die Normdeflation mit der zugehörigen Deflationsmatrix (5.79) und der 2-Norm $\| \cdot \|_2$, dann konvergiert das Broyden-Verfahren (m-File 5.4) unter Verwendung des gleichen Startvektors $x^{(0)}$ in 6 Iterationsschritten gegen die zweite Nullstelle von (5.41):

$$\tilde{x}^{2*} = (1.067346, 0.1392277)^T.$$

Soll das Abdividieren der ersten Nullstelle mit der Skalarproduktdeflation erfolgen, dann hat man die Vektoren a_1^1 und a_2^1 (siehe Formel (5.81)) zu berechnen. Es ergeben sich:

$$a_1^1 = \begin{pmatrix} 3.092686 \\ -1 \end{pmatrix} \quad \text{und} \quad a_2^1 = \begin{pmatrix} -0.9073142 \\ 1.782353 \end{pmatrix}.$$

Bildet man mit den Vektoren a_1^1 und a_2^1 die Deflationsmatrix (5.80), mit dieser wiederum die modifizierte Funktion (5.77) und wendet auf $\tilde{F}(x) = 0$ das Broyden-Verfahren mit dem Startvektor $x^{(0)}$ an, dann erhält man nach 7 Iterationsschritten die folgende Näherung für die zweite Nullstelle von (5.84):

$$\tilde{x}^{2*} = (1.067346, 0.1392276)^T.$$

Somit führen beide Deflationstechniken in diesem Falle zu der gleichen Approximation für die zweite Nullstelle. $\quad\square$

5.7 Zur Kondition nichtlinearer Gleichungen

Für lineare Systeme (2.2) wurde im Abschnitt 2.5.3 die Konditionszahl (2.107) definiert. Anhand der Formeln (2.112) und (2.119) zeigten wir, dass cond(A) die Empfindlichkeit der Lösung x eines linearen Gleichungssystems gegenüber Störungen in den Problemdaten A und b beschreibt. Zum Abschluss dieses Kapitels soll der Frage nachgegangen werden, ob sich auch im Falle nichtlinearer Gleichungssysteme eine solche Kenngröße angeben lässt. In der Fachliteratur findet man sehr wenig Hinweise zu dieser Thematik. Nenneswerte Beiträge sind nur in den Arbeiten von W. C. Rheinboldt[11] [61] und H. Woź-

---

[11] Werner C. Rheinboldt (1927–2024), deutscher Mathematiker. Er war Inhaber des Andrew W. Mellon Lehrstuhls für Mathematik an der Universität Pittsburgh und von 1976 bis 1978 Präsident der Society for Industrial and Applied Mathematics (SIAM). Die Schwerpunkte seiner Forschung lagen auf dem Gebiet der Numerischen und Angewandten Mathematik, insbesondere den iterativen Techniken.

niakowski [89] enthalten. Wir wollen hier kurz die Ergebnisse des erstgenannten Autors darstellen. Hierzu werde das nichtlineare Gleichungssystem (5.2) in der etwas modifizierten Form

$$F(x) = b, \quad b \in \mathbb{R}^n, \tag{5.85}$$

aufgeschrieben. Für eine vorgegebene Abbildung $F : D_F \subset \mathbb{R}^n \to \mathbb{R}^n$ und eine zugehörige Teilmenge $C \subset D$ definieren wir die folgenden Größen

$$\begin{aligned}
\text{glb}_C(F) &\equiv \sup\{\alpha \in [0, \infty] : \|F(x) - F(y)\| \geq \alpha\|x - y\| \ \forall x, y \in C\}, \\
\text{lub}_C(F) &\equiv \inf\{\alpha \in [0, \infty] : \|F(x) - F(y)\| \leq \alpha\|x - y\| \ \forall x, y \in C\}.
\end{aligned} \tag{5.86}$$

Man beachte, dass in der Definition von „lub" der Wert $\alpha = \infty$ zugelassen ist. Offensichtlich impliziert $\text{glb}_C(F) > 0$ die Eineindeutigkeit von F auf C. Ist F eine affine Abbildung auf $C = \mathbb{R}^n$, d.h., $F(x) = Ax - b$ und A ist nichtsingulär, dann ergibt sich $\text{lub}_C(F) = \|A\|$ und $\text{glb}_C(F) = 1/\|A^{-1}\|$. Dies legt die folgende Definition einer Konditionszahl für (5.85) nahe:

$$\text{cond}_C(F) \equiv \begin{cases} \dfrac{\text{lub}_C(F)}{\text{glb}_C(F)}, & \text{falls } 0 < \text{glb}_C(F), \ \text{lub}_C(F) < \infty, \\ \infty & \text{sonst.} \end{cases} \tag{5.87}$$

Für den nichtsingulären affinen Fall reduziert sich (5.87) auf die bekannte Konditionszahl (2.107). Es ist nun interessant festzustellen, dass mit (5.87) ein zu (2.119) analoges Resultat für das nichtlineare Problem (5.85) gilt.

Satz 5.12. *Für $F : D_F \subset \mathbb{R}^n \to \mathbb{R}^n$ gelte $\text{glb}_C(F) > 0$ auf einer Menge $C \subset D$. Es sei weiter $G : D_G \subset \mathbb{R}^n \to \mathbb{R}^n$, $C \subset D_G$, eine beliebige Abbildung, die nahe bei F liegt, d.h., die Differenz $E : C \subset \mathbb{R}^n \to \mathbb{R}^n$, $E(x) \equiv F(x) - G(x) \ \forall x \in C$, erfülle*

$$\text{lub}_C(E) < \text{glb}_C(F). \tag{5.88}$$

Existieren nun Lösungen $x^* \in C$ von (5.85) und $y^* \in C$ von $G(y) = c$, dann sind sie eindeutig. Des Weiteren gilt für jedes $x^{(0)} \in C$, $x^{(0)} \neq x^*$, die Abschätzung

$$\frac{\|x^* - y^*\|}{\|x^* - x^{(0)}\|} \leq \frac{\kappa}{1 - \kappa \frac{\text{lub}_C(E)}{\text{lub}_C(F)}} \left[\frac{\|b - c\|}{\|b - F(x^{(0)})\|} + \frac{\text{lub}_C(E)}{\text{lub}_C(F)} + \frac{\|E(x^{(0)})\|}{\|b - F(x^{(0)})\|} \right], \tag{5.89}$$

wobei $\kappa \equiv \text{cond}_C(F)$.

Beweis. Siehe die Arbeit von W. C. Rheinboldt [61]. □

Im linearen Fall kann $C = \mathbb{R}^n$ und $x^{(0)} = 0$ gesetzt werden. Die Abschätzung (5.89) reduziert sich dann auf (2.119). Für den obigen Satz musste die Existenz der beiden Lösungen x^* und y^* vorausgesetzt werden, während sich dies bei Matrizen sofort aus der Eineindeutigkeit der Abbildungen ergibt.

Die Abschätzung (5.89) zeigt wie im Falle linearer Gleichungen, dass die Konditionszahl (5.87) eine Kenngröße für die Empfindlichkeit einer Lösung der Gleichung (5.85) gegenüber kleinen Störungen in den Problemdaten F und b darstellt. Diese Konditionszahl hängt aber auch vom Definitionsgebiet C ab. Offensichtlich gilt

$$\text{cond}_{C_1}(F) \leq \text{cond}_{C_2}(F), \quad \text{falls} \quad C_1 \subset C_2. \tag{5.90}$$

Es lassen sich nur relativ wenige Klassen nichtlinearer Abbildungen unmittelbar angeben, für die die Konditionszahl bei vorgegebenen Mengen C bekannt ist. Eine solche Klasse stellen die gleichmäßig monotonen, Lipschitz-stetigen Abbildungen dar, die in den Anwendungen recht häufig anzutreffen sind. Diese Abbildungen erfüllen mit einem $\beta > 0$

$$\left(F(x) - F(y)\right)^T (x - y) \geq \beta \|x - y\|_2^2, \quad \|F(x) - F(y)\|_2 \leq \gamma \|x - y\|_2 \quad \forall x, y \in D,$$

sodass man für jede Menge $C \subset D$ die Beziehung $\text{cond}_C(F) \leq \gamma/\beta$ erhält.

Durch die Ungleichung (5.90) wird man dazu angeregt, das asymptotische Verhalten der Konditionszahl zu untersuchen, wenn sich C zu einem Punkt zusammenzieht. Für hinreichend glatte Abbildungen F lässt sich das folgende Resultat zeigen.

Satz 5.13. *Es seien $F : D \subset \mathbb{R}^n \to \mathbb{R}^n$ eine gegebene stetig differenzierbare Abbildung und $z \in \text{int}(D)$ ein Punkt, für den $J(z)$ nichtsingulär ist. Dann existiert zu jedem hinreichend kleinen $\varepsilon > 0$ eine Konstante $\delta > 0$, sodass die abgeschlossene Kugel $B_\delta \equiv \{x : \|x - z\| \leq \delta\}$ in D liegt und die folgenden Ungleichungen erfüllt sind*

$$\left| \text{lub}_{B_\delta}(F) - \|J(z)\| \right| \leq \varepsilon, \quad \left| \text{glb}_{B_\delta}(F) - \|J(z)^{-1}\|^{-1} \right| \leq \varepsilon. \tag{5.91}$$

Beweis. Siehe die Arbeit von W. C. Rheinboldt [61]. □

Die Formel (5.91) impliziert nun

$$\left| \frac{\text{cond}_{B_{\delta(\varepsilon)}}(F) - \text{cond}(J(z))}{\text{cond}(J(z))} \right| = O(\varepsilon) \quad \text{für } \varepsilon \to 0. \tag{5.92}$$

Somit stimmt im Punkt z (d. h. lokal) die Konditionszahl der Abbildung F mit der Konditionszahl der Jacobi-Matrix $J(z)$ überein. Dies wiederum führt zu dem wichtigen Resultat:

Resultat. Ist in einer Lösung x^* von $F(x) = b$ die Jacobi-Matrix $J(x^*)$ schlecht konditioniert (aber nichtsingulär), dann kann erwartet werden, dass kleine Störungen von F und b diese Lösung x^* signifikant verändern.

Die obige Aussage bestätigt sich in fast allen numerischen Rechnungen. Der Satz 5.13 liefert die notwendige theoretische Begründung dafür.

5.8 Aufgaben

Aufgabe 5.1. Gegeben sei das nichtlineare Gleichungssystem

$$F(x) \equiv \begin{pmatrix} x_1 - 0.1x_1^2 - \sin x_2 \\ x_2 - \cos x_1 - 0.1x_2^2 \end{pmatrix} = \begin{pmatrix} 0 \\ 0 \end{pmatrix}.$$

1. Zur Lösung dieses Gleichungssystems werde das Verfahren $x^{(k+1)} = G(x^{(k)})$ betrachtet, mit

$$G(x) \equiv x - B^{-1}F(x), \quad B \equiv \begin{bmatrix} 0.8 & -0.6 \\ 0.6 & 0.8 \end{bmatrix}$$

und dem Startvektor $x^{(0)} = (0.75, 0.75)^T$. Durch Anwendung der Sätze 5.1 und 5.2 zeige man die Konvergenz dieses Verfahrens und gebe eine a priori Fehlerabschätzung an. Als zugrundeliegende Norm wähle man die Maximumnorm.
2. Zur Lösung dieses Systems wende man das Newton-Verfahren mit den zwei verschiedenen Startvektoren $x^{(0)} = (0.75, 0.75)^T$ und $x^{(0)} = (10, 10)^T$ an.
3. Als weitere Lösungstechnik verwende man das Broyden-Verfahren mit

$$x^{(0)} = \begin{pmatrix} 0.75 \\ 0.75 \end{pmatrix}, \quad J(x^{(0)}) \approx J_0 = \begin{bmatrix} 0.8 & -0.6 \\ 0.6 & 0.8 \end{bmatrix}.$$

4. Man interpretiere die erzielten numerischen Ergebnisse.

Aufgabe 5.2. Das mehrdimensionale Newton-Verfahren kann wie folgt zur Berechnung der Inversen einer nichtsingulären Matrix $A \in \mathbb{R}^{n \times n}$ verwendet werden. Definiert man die Funktion $F : \mathbb{R}^{n \times n} \to \mathbb{R}^{n \times n}$ durch

$$F(X) = I - AX,$$

wobei $X \in \mathbb{R}^{n \times n}$ gilt, dann ist $F(X) = 0$ genau dann, wenn $X = A^{-1}$ ist. Da sich die Jacobi-Matrix von $F(X)$ zu $J(X) = -A$ bestimmt, nimmt das Newton-Verfahren hier die Form

$$X^{(k)} = X^{(k-1)} - J(X^{(k-1)})^{-1}F(X^{(k-1)}) = X^{(k-1)} + A^{-1}(I - AX^{(k-1)})$$

an. Nun ist aber A^{-1} die zu bestimmende Größe, sodass es sich anbietet, in der obigen Formel die aktuelle Approximation $X^{(k-1)}$ von A^{-1} zu verwenden. Es resultiert dann die Iterationsvorschrift

$$X^{(k)} = X^{(k-1)} + X^{(k-1)}(I - AX^{(k-1)}).$$

Man führe nun die folgenden Teilaufgaben aus:

1. Für die Residuen-Matrix

$$R^{(k-1)} \equiv I - AX^{(k-1)}$$

und die Fehler-Matrix

$$E^{(k-1)} \equiv A^{-1} - X^{(k-1)}$$

zeige man, dass

$$R^{(k)} = \left(R^{(k-1)}\right)^2 \quad \text{und} \quad E^{(k)} = E^{(k-1)} A E^{(k-1)}$$

gilt. Folglich liegt quadratische Konvergenz vor.

2. Man schreibe ein MATLAB-Programm, mit dem sich die Inverse einer vorgegebenen Matrix A unter Ausnutzung der obigen Formel berechnen lässt. Ein geeigneter Startwert ist dabei

$$X^{(0)} = \frac{1}{\|A\|_1 \cdot \|A\|_\infty} A^T.$$

Man teste das Programm an einigen zufällig ausgewählten Matrizen und vergleiche die Genauigkeit sowie die Effizienz dieser Strategie mit den konventionellen numerischen Verfahren zur Bestimmung der Inversen einer Matrix, wie z. B. der LU-Faktorisierung (siehe hierzu auch Abschnitt 2.3).

Aufgabe 5.3. Die folgenden zwei nichtlinearen Systeme besitzen in der Lösung singuläre Jacobi-Matrizen. Lässt sich trotzdem das Broyden-Verfahren anwenden? Wie wird hierdurch die Konvergenzgeschwindigkeit beeinflusst?

1.
$$3x_1 - \cos(x_2 x_3) = 0.5, \quad e^{-x_1 x_2} + 20 x_3 = \frac{3 - 10\pi}{3},$$
$$x_1^2 - 625 x_2^2 = 0;$$

2.
$$x_1 - 10 x_2 = -9, \quad \sqrt{3}(x_3 - x_4) = 0, \quad (x_2 - 2x_3 + 1)^2 = 0,$$
$$\sqrt{2}(x_1 - x_4)^2 = 0.$$

Aufgabe 5.4. Gegeben sei das Gleichungssystem

$$x_1 + x_2 = 2, \quad x_1^{16} + x_2^{16} = 3.$$

Man berechne $x_1^{64} + x_2^{64}$ auf 6 Dezimalstellen genau.

Aufgabe 5.5.

1. Gegeben sei das Gleichungssystem

$$x_1 + x_2 = 3, \quad x_1^2 + x_2^2 = 9.$$

Man führe zwei Iterationsschritte mit dem Broyden-Verfahren aus. Der Startvektor sei $x^{(0)} = (2, 7)^T$.

2. Man setze die Iteration aus 1. fort, bis $\|x^{(k+1)} - x^{(k)}\| \leq \sqrt{\epsilon_{mach}}$ ist. Wie sieht die Endmatrix J_k aus und wie gut stimmt sie mit $J(x^*)$, x^* exakte Lösung des Systems, überein?

Aufgabe 5.6. Man zeige, dass die Bedingungen (5.26) und (5.27) die Matrix J_1 eindeutig definieren und dass diese sich in der Form (5.28) angeben lässt.

Aufgabe 5.7. Gegeben sei ein nichtlineares Gleichungssystem $F(x) = 0$ sowie eine Startapproximation $x = x^{(0)}$. Definiert man

$$G(x, t) \equiv F(x) - e^{-t} F(x^{(0)}), \quad 0 \leq t < \infty,$$

dann ist $G(x^{(0)}, 0) = 0$ und $G(x, t) \to F(x)$ für $t \to \infty$.

1. Man zeige: ist $x(t)$ die Lösung von $G(x(t), t) = 0$, dann erfüllt $x(t)$ auch das Anfangswertproblem für ein System von n gewöhnlichen Differentialgleichungen 1. Ordnung

$$J(x) \frac{dx}{dt} = -F(x), \quad x(0) = x^{(0)}, \quad 0 \leq t < \infty,$$

wobei $J(x)$ wieder die Jacobi-Matrix von $F(x)$ bezeichnet.

2. Man zeige: Die Anwendung des Newton-Verfahrens auf das System $F(x) = 0$ ist äquivalent zur Lösung des obigen Anfangswertproblems mit dem Euler(vorwärts)-Verfahren (zum Euler-Verfahren siehe z. B. [28]) unter Verwendung der Schrittweite $h = 1$.

Aufgabe 5.8. Unter Verwendung des Newton-Verfahrens und der Deflationstechnik versuche man, alle 9 Lösungen des folgenden Gleichungssystems zu berechnen:

$$7x^3 - 10x - y - 1 = 0, \quad 8y^3 - 11y + x - 1 = 0.$$

Der Startvektor sei $x^{(0)} = (0, 0)^T$.

Aufgabe 5.9. Die Gleichung $f(x, y) \equiv x^2 - 2xy + 4y^2 - 2y - 1 = 0$ beschreibt eine Kurve 2. Ordnung in der Ebene.

1. Zeigen Sie, dass durch f eine Ellipse gegeben ist.

2. Berechnen Sie die Ellipsenpunkte mit dem kleinsten und mit dem größten Abstand vom Koordinatenursprung.

   Beweisen Sie: Die gesuchten Ellipsenpunkte sind Lösungen des nichtlinearen Gleichungssystems

$$x(x - 2y) + 2y(2y - 1) = 1, \quad x(x + 1 - 4y) + y(x - y) = 0.$$

   Berechnen Sie die gesuchten Ellipsenpunkte mit dem Newton-Verfahren. Verschaffen Sie sich mithilfe der MATLAB geeignete Startwerte (plot, ginput). Weisen Sie die Extremaleigenschaften der von Ihnen ermittelten Ellipsenpunkte auch theoretisch nach.

Aufgabe 5.10. Das mehrdimensionale Newton-Verfahren kann auch dazu verwendet werden, einen Eigenwert λ und den dazugehörigen Eigenvektor x einer Matrix $A \in \mathbb{R}^{n \times n}$ zu berechnen. Definiert man die Funktion $F : \mathbb{R}^{n+1} \to \mathbb{R}^{n+1}$ zu

$$F(x, \lambda) \equiv \begin{pmatrix} Ax - \lambda x \\ x^T x - 1 \end{pmatrix},$$

dann gilt $F(x, \lambda) = 0$ genau dann, wenn λ ein Eigenwert und x der zugehörige Eigenvektor sind. Die Jacobi-Matrix von $F(x)$ bestimmt sich offensichtlich zu

$$J(x, \lambda) = \begin{bmatrix} A - \lambda I & -x \\ 2x^T & 0 \end{bmatrix}.$$

Das Newton-Verfahren nimmt deshalb für die obige Gleichung die folgende Gestalt an:

$$\begin{pmatrix} x^{(k)} \\ \lambda^{(k)} \end{pmatrix} = \begin{pmatrix} x^{(k-1)} \\ \lambda^{(k-1)} \end{pmatrix} + \begin{pmatrix} s^{(k-1)} \\ \delta^{(k-1)} \end{pmatrix},$$

wobei der Vektor $(s^{(k-1)}, \delta^{(k-1)})^T$ die Lösung des linearen Gleichungssystems

$$\begin{bmatrix} A - \lambda^{(k-1)} I & -x^{(k-1)} \\ 2(x^{(k-1)})^T & 0 \end{bmatrix} \begin{pmatrix} s^{(k-1)} \\ \delta^{(k-1)} \end{pmatrix} = - \begin{pmatrix} Ax^{(k-1)} - \lambda^{(k-1)} x^{(k-1)} \\ (x^{(k-1)})^T x^{(k-1)} - 1 \end{pmatrix}$$

darstellt. Man schreibe ein MATLAB-Programm, das zu einer vorgegebenen Matrix A unter Verwendung der obigen Strategie ein Eigenpaar (x, λ) berechnet. Als geeignete Startwerte kann man einen beliebigen normalisierten nichtverschwindenden Vektor $x^{(0)}$ (d. h., mit der Eigenschaft $(x^{(0)})^T x^{(0)} = 1$) und $\lambda^{(0)} = (x^{(0)})^T A x^{(0)}$ verwenden (Begründung!). Man teste das Programm an einigen zufällig ausgewählten Matrizen und vergleiche die Genauigkeit sowie die Effizienz dieser Strategie mit den konventionellen numerischen Verfahren zur Bestimmung eines einzelnen Eigenpaares, wie z. B. der Potenzmethode (siehe hierzu auch Abschnitt 3.2). Man beachte dabei, dass das Newton-Verfahren nicht notwendigerweise gegen den dominanten Eigenwert konvergiert.

Aufgabe 5.11. Vier Federn seien entsprechend der folgenden Abbildung in einem Rahmen angeordnet:

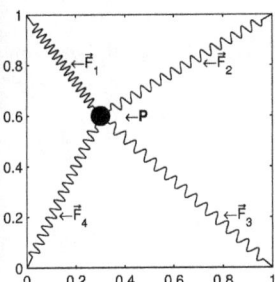

Gesucht wird die Ruhelage des Punktes P bei folgender Annahme für die Federkräfte $\vec{F}_i$:

$$\vec{F}_i = \left(a_i + \frac{1}{2} b_i s_i \right) (\vec{Q}_i - \vec{P}), \quad a_i, b_i > 0, \quad s_i = \|\vec{Q}_i - \vec{P}\|_2^2,$$

mit $Q_1 \equiv (0,1)$, $Q_2 \equiv (1,1)$, $Q_3 \equiv (1,0)$ und $Q_4 \equiv (0,0)$.

1. Das Problem führt auf ein nichtlineares Gleichungssystem

$$F(x) = 0, \quad F : \mathbb{R}^2 \to \mathbb{R}^2, \quad x = (x_1, x_2)^T \tag{5.93}$$

   für die Koordinaten von P. Leiten Sie (5.93) her!

2. Überführen Sie (5.93) auf einfache Weise in eine solche iterierfähige Form

$$x = G(x), \quad G : \mathbb{R}^2 \to \mathbb{R}^2, \tag{5.94}$$

   die im Falle von $0 < b_i \le c\, a_i$, $0 < c < 1/2$, die Konvergenz der aus (5.94) abgeleiteten Fixpunkt-Iteration $x^{(k+1)} = G(x^{(k)})$ in einer geeigneten Norm für beliebige Startvektoren $x^{(0)}$ garantiert (HINWEIS: Banachscher Fixpunktsatz).

3. Berechnen Sie die Lösung für $a_1 = 10$, $a_2 = 100$, $a_3 = 22$, $a_4 = 50$, $b_1 = 0.4$, $b_2 = 1.2$, $b_3 = 0.2$ und $b_4 = 0.54$. Wählen Sie einen geeigneten Startvektor $x^{(0)}$ (Begründung!). Schätzen Sie ab, wie viele Iterationsschritte notwendig sind, um x^* mit einer Genauigkeit von 10^{-4} zu berechnen. Welche Kräfte muss die Rahmenkonstruktion aufnehmen?

Aufgabe 5.12. Gegeben sei das nichtlineare Zweipunkt-Randwertproblem für eine skalare Differentialgleichung 2. Ordnung

$$u''(x) = \frac{10}{1 + u(x)^2}, \quad u(0) = 2, \quad u(1) = 1.$$

Ferner sei $n \in \mathbb{N}$ und $h = \frac{1}{n+1}$. Ersetzt man unter Verwendung von

$$u''(x) = \frac{1}{h^2}\left(u(x - h) - 2u(x) + u(x + h)\right) - h^2 \frac{u^{(4)}(\zeta)}{12}$$

an den Stellen $x_k = k\,h$, $k = 1, \ldots, n$, die zweite Ableitung $u''(x)$ durch den Differenzenausdruck

$$\frac{1}{h^2}\left(u(x - h) - 2u(x) + u(x + h)\right),$$

so führt das obige Randwertproblem auf das nichtlineare Gleichungssystem

$$T\,y \equiv h^2 f(y) - \begin{bmatrix} 2 \\ 0 \\ \vdots \\ 0 \\ 1 \end{bmatrix}, \quad y \equiv \begin{bmatrix} y_1 \\ y_2 \\ \vdots \\ y_n \end{bmatrix}, \quad f : \mathbb{R}^n \to \mathbb{R}^n, \quad f_i(y) = \frac{10}{1 + y_i^2}.$$

Dabei sind die y_k Näherungen für $u(x_k)$ und $T \in \mathbb{R}^{n \times n}$ ist eine symmetrische Tridiagonalmatrix.

1. Geben Sie T an.
2. Zeigen Sie mithilfe des Banachschen Fixpunktsatzes, dass das nichtlineare Gleichungssystem genau eine Lösung besitzt.
   (HINWEIS: Überführen Sie das Gleichungssystem in eine geeignete Fixpunktform $y = G(y)$, $\| \cdot \| = \| \cdot \|_2$, $\lambda_i(T) = -2 + 2\cos\frac{i\pi}{n+1}$, $i = 1, \ldots, n$.)
3. Berechnen Sie die Lösung des nichtlinearen Gleichungssystems mithilfe der auf 2. basierenden Fixpunkt-Iteration.

Literatur

[1]   *Theoria motus corporum coelestium in sectionibus conicis solem ambientium.* Perthes, F. and Besser, I. H., Hamburg, 1809.
[2]   W. Alt, *Nichtlineare Optimierung – Eine Einführung in Theorie, Verfahren und Anwendungen*, Vieweg Verlag, Wiesbaden, 2002.
[3]   K. Atkinson and W. Han, *Theoretical Numerical Analysis*, Springer Verlag, New York, Berlin, Heidelberg, 2001.
[4]   R. Barrett, M. Berry, T. F. Chan, J. Demmel, J. Donato, J. Dongarra, V. Eijkhout, R. Pozo, Ch. Romine, and H. Van der Vorst, *Templates for the Solution of Linear Systems: Building Blocks for Iterative Methods*, SIAM, Philadelphia, 1994.
[5]   C. Brezinski and M. Redivo-Zaglia, Reuben Louis Rosenberg (1909–1986) and the Stein–Rosenberg theorem, *Electron. Trans. Numer. Anal.* **58** (2023), A1–A38.
[6]   K. M. Brown, A quadratically convergent Newton-like method based upon Gaussian elimination, *SIAM J. Numer. Anal.* **6** (1969), 560–569.
[7]   K. M. Brown and J. E. Dennis, On the second order convergence of Brown's derivative-free method for solving simultaneous nonlinear equations, Technical Report 71-7, Yale University, Dept. Computer Sciences, New Haven, Connecticut, 1971.
[8]   K. M. Brown and W. B. Gearhart, Deflation techniques for the calculation of further solutions of nonlinear systems, *Numer. Math.* **16** (1971), 334–342.
[9]   R. L. Burden and J. D. Faires, *Numerical Analysis*, Brooks/Cole Publishing Company, Pacific Grove et al., 1997.
[10] R. M. Corless, G. H. Gonnet, D. E. G. Hare, D. J. Jeffrey, and D. E. Knuth, On the Lambert W function, *Adv. Comput. Math.* **5** (1996), no. 1, 329–359.
[11] M. Y. Cosnard, A comparison of four methods for solving systems of nonlinear equations, Technical Report 75-248, Department of Computer Science, Cornell University, Ithaca, 1975.
[12] M. Dehghan and M. Hajarian, Some derivative free quadratic and cubic convergence iterative formulas for solving nonlinear equations, *Comput. Appl. Math.* **29** (2010), no. 1, 19–30.
[13] T. J. Dekker, A floating point technique for extending the aviable precision, *Numer. Math.* (1971), 224–242.
[14] J. W. Demmel, *Applied Numerical Linear Algebra*, SIAM, Philadelphia, 1997.
[15] P. Deuflhard, *Newton Methods for Nonlinear Problems. Affine Invariance and Adaptive Algorithms*, Springer Verlag, Berlin, Heidelberg et al., 2004.
[16] P. Deuflhard and A. Hohmann, *Numerische Mathematik I*, Walter de Gruyter, Berlin, New York, 2002.
[17] A. Edelman, The complete pivoting conjecture for gaussian elimination is false, *Math. J.* **2** (1992), 58–61.
[18] J. G. F. Francis, The QR transformation: a unitary analogue to the LR transformation, part I and II, *Comput. J.* **4** (1961), 265–272.
[19] R. Freund and N. Nachtigal, QMR: A quasi-minimal residual method for non-hermitian linear systems, *Numer. Math.* **60** (1991), 315–339.
[20] A. Genz, Z. Lin, Ch. Jones, D. Luo, and Th. Prenzel, Fast Givens goes slow in MATLAB, *ACM SIGNUM Newsl.* **26** (1991), no. 2, 11–16.
[21] P. E. Gill, W. Murray, and M. H. Wright, *Practical Optimization*, Academic Press, Inc., New York, 1981.
[22] G. H. Golub and C. F. Van Loan, *Matrix Computations*, The John Hopkins University Press, Baltimore and London, 1996.
[23] K. Graf Finck von Finckenstein, *Einführung in die Numerische Mathematik, Band 1*, Carl Hanser Verlag, München, 1977.
[24] M. Grau-Sánchez, M. Noguera, and J. M. Gutiérrez, On some computational orders of convergence, *Appl. Math. Lett.* **23** (2010), no. 4, 472–478.
[25] J. F. Grcar, Mathematicians of Gaussian elimination, *Not. Am. Math. Soc.* **58** (2011), no. 6.

https://doi.org/10.1515/9783112205624-006

[26] A. Greenbaum, *Iterative Methods for Solving Linear Systems*, Front. Appl. Math. 17, SIAM, Philadelphia, 1997.

[27] M. Hanke-Bourgeois, *Grundlagen der Numerischen Mathematik und des Wissenschaftlichen Rechnens*, Vieweg + Teubner, Wiesbaden, 2009.

[28] M. Hermann, *Numerik gewöhnlicher Differentialgleichungen, Anfangswertprobleme und lineare Randwertprobleme, Band 1*, De Gruyter Verlag, Berlin and Boston, 2017.

[29] M. Hermann, *Numerik gewöhnlicher Differentialgleichungen, Nichtlineare Randwertprobleme, Band 2*, De Gruyter Verlag, Berlin and Boston, 2018.

[30] M. Hermann and D. Kaiser, Shooting methods for two-point BVPs with partially separated endconditions, *Z. Angew. Math. Mech.* **75** (1995), 651–668.

[31] M. Hermann and M. Saravi, *A First Course in Ordinary Differential Equations: Analytical and Numerical Methods*, Springer India, New Delhi, Heidelberg, New York, Dordrecht, London, 2014.

[32] N. Herrmann, *Höhere Mathematik für Ingenieure 1 und 2*, Oldenbourg Verlag, München, 1995.

[33] N. J. Higham, *Accuracy and Stability of Numerical Algorithms*, SIAM, Philadelphia, 1996.

[34] D. Himmelblau, *Applied Nonlinear Programming*, McGraw-Hill, 1972.

[35] A. S. Householder, *The Theory of Matrices in Numerical Analysis*, Blaisdell Publishing Company, New York, 1964.

[36] P. Jain, Steffensen type methods for solving nonlinear equations, *Appl. Math. Comput.* **194** (2007), no. 2, 527–533.

[37] W. Kahan, *Gauss–Seidel methods of solving large systems of linear equations*, PhD thesis, University of Toronto, Toronto, Canada, 1958.

[38] W. Kahan, *IEEE Standard 754 for Binary Floating-Point Arithmetic*, Lecture Notes, University of California, Elect. Eng. & Computer Science, 1996.

[39] A. Kielbasinski and H. Schwetlick, *Numerische lineare Algebra*, VEB Deutscher Verlag der Wissenschaften, Berlin, 1988.

[40] V. N. Kublanovskaya, On some algorithms for the solution of the complete eigenvalue problem, *Ž. Vyčisl. Mat. Mat. Fiz.* **1** (1961), 555–570.

[41] U. Kulisch, *Memorandum über Computer, Arithmetik und Numerik*, Universität Karlsruhe, Institut für Angewandte Mathematik, Karlsruhe, 1996.

[42] H. Kung and J. F. Traub, Optimal order of one-point and multipoint iteration, *J. Assoc. Comput. Math.* **21** (1974), 643–651.

[43] C. T. Lelley, *Iterative Methods for Optimization*, SIAM, Philadelphia, 1999.

[44] K. Levenberg, A method for the solution of certain problems in least squares, *Q. Appl. Math.* **2** (1944), 164–168.

[45] G. R. Lindfield and J. E. T. Penny, *Numerical Methods Using MATLAB*, Ellis Horwood, New York, London et al., 1995.

[46] Z. Liu, Q. Zheng, and P. Zhao, A variant of steffensen's method of fourth-order convergence and its applications, *Appl. Math. Comput.* **216** (2010), no. 7, 1978–1983.

[47] D. W. Marquardt, An algorithm for least-squares estimation of nonlinear parameters, *SIAM J. Appl. Math.* **11** (1963), 431–441.

[48] B. Martin, Graphic potential of recursive functions, in: *Computers in Art, Design, and Animation*, R. A. Earnshow, ed., Springer Publisher, New York et al., 1989, pp. 109–129.

[49] A. Meister, *Numerik linearer Gleichungssysteme. Eine Einführung in moderne Verfahren*, Vieweg Verlag, Braunschweig und Wiesbaden, 1999.

[50] D. Mitsotakis, *Computational Mathematics, An Introduction to Numerical Analysis and Scientific Computing with Python*, CRC Press, Boca Raton, Florida, 2023.

[51] C. B. Moler, *Numerical Computing with MATLAB*, SIAM, Philadelphia, 2004.

[52] J. J. Moré, *The Levenberg–Marquardt algorithm: implementation and theory*, Lect. Notes Math. 630, Springer Verlag, Berlin, 1977, pp. 105–116.

[53] D. E. Müller, A method for solving algebraic equations using an automatic computer, *Math. Tables Aids Comput.* **10** (1956), 208–215.

[54] J. Neumann and H. Goldstine, Numerical inverting of matrices of high order, *Bull. Am. Math. Soc.* **53** (1947), no. 11, 1021–1099.

[55] J. M. Ortega and W. C. Rheinboldt, *Iterative Solution of Nonlinear Equations in Several Variables*, Academic Press, New York, 1970.

[56] A. M. Ostrowski, On the linear iteration procedures for symmetric matrices, *Rend. Mat. Appl.* **14** (1954), 140–163.

[57] A. M. Ostrowski, *Solution of Equations and Systems of Equations*, Academic Press, New York, 1966.

[58] M. L. Overton, *Numerical Computing with IEEE Floating Point Arithmetic*, SIAM, Philadelphia, 2001.

[59] C. Paige and M. Saunders, Solution of sparse indefinite systems of linear equations, *SIAM J. Numer. Anal.* **12** (1975), 617–629.

[60] E. Reich, On the convergence of the classical iterative procedures for symmetric matrices, *Ann. Math. Stat.* **20** (1949), 448–451.

[61] W. C. Rheinboldt, On measures of ill-conditioning for nonlinear equations, Technical Report TR-330, University of Maryland, Computer Science Center, 1974.

[62] W. C. Rheinboldt, *Methods for Solving Systems of Nonlinear Equations*, SIAM, Philadelphia, 1998.

[63] P. Roth, *Arithmetica Philosophica. Oder schöne neue wolgegründete Überauß Künstliche Rechnung der Coß oder Algebrae*, Johann Lantzenberger, Nürnberg, 1608.

[64] H. Rutishauser, Der Quotienten-Differenzen-Algorithmus, *Z. Angew. Math. Phys.* **5** (1954), 233–251.

[65] H. Rutishauser, Solution of eigenvalue problems with the LR transformation, *Natl. Bur. Stand., Appl. Math. Ser.* **49** (1958), 47–81.

[66] H. Rutishauser, *Vorlesungen über Numerische Mathematik*, Birkhäuser Verlag, Basel und Stuttgart, 1976.

[67] Y. Saad, *Iterative Methods for Sparse Linear Systems*, PWS Publishing Company, Boston et al., 1996.

[68] J. B. Scarborough, *Numerical Mathematical Analysis*, Johns Hopkins Press, Baltimore and London, 1930.

[69] H. R. Schwarz and N. Köckler, *Numerische Mathematik*, Vieweg + Teubner, Wiesbaden, 2009.

[70] H. R. Schwarz, H. Rutishauser, and E. Stiefel, *Numerik symmetrischer Matrizen*, B. G. Teubner Verlag, Leipzig, 1968.

[71] H. Schwetlick, *Numerische Lösung nichtlinearer Gleichungen*, VEB Deutscher Verlag der Wissenschaften, Berlin, 1979.

[72] J. Sherman and W. J. Morrison, Adjustment of an inverse matrix corresponding to a change in one element of a given matrix, *Ann. Math. Stat.* **21** (1950), no. 1, 124–127.

[73] R. D. Skeel, Iterative refinement implies numerical stability for Gaussian elimination, *Math. Comput.* **35** (1980), 817–832.

[74] F. Soleymani, Optimal fourth-order iterative methods free from derivatives, *Miskolc Math. Notes* **12** (2011), no. 2, 255–264.

[75] P. Spellucci, *Numerische Verfahren der nichtlinearen Optimierung*, Birkhäuser Verlag, Basel und Stuttgart, 1993.

[76] P. Stein and R. Rosenberg, On the solution of linear simultaneous equations by iteration, *J. Lond. Math. Soc.* **23** (1948), 111–118.

[77] P. Stein and R. L. Rosenberg, On the solution of linear simultaneous equations by iteration, *J. Lond. Math. Soc.* **23** (1948), 111–118.

[78] G. W. Stewart, *Matrix Algorithms. Vol. I: Basic Decompositions*, SIAM, Philadelphia, 1998.

[79] M. Tapia-Romero, A. Meneses-Viveros, and E. Hernandez-Rubio, Parallel QR factorization using Givens rotations in MPI-CUDA for multi-GPU, *Int. J. Adv. Comput. Sci. Appl.* **11** (2020), no. 5, 636–645.

[80] R. Thukral, New eight-order derivative-free methods for solving nonlinear equations, *Int. J. Math. Math. Sci.* (2012). DOI: https://doi.org/10.1155/2012/493456.

[81] J. F. Traub, *Iterative Methods for the Solution of Equations*, Prentice Hall, Englewood Cliffs, New Jersey, 1964.

[82] L. Trefethen and R. Schreiber, Average case analysis of gaussian elimination, *SIAM J. Matrix Anal. Appl.* **11** (1990), 335–360.

[83] L. N. Trefethen and D. Bau III, *Numerical Linear Algebra*, SIAM, Philadelphia, 1997.

[84] Ch. W. Ueberhuber, *Numerical Computation I, Methods, Software, and Analysis*, Springer Verlag, Berlin, Heidelberg, 1997.

[85] S. Weerakoon and T. G. I. Fernando, A variant of Newton's method with accelerated third-order convergence, *Appl. Math. Lett.* **13** (2000), 87–93.

[86] J. H. Wilkinson, *The Algebraic Eigenvalue Problem*, Clarendon Press, Oxford, 1965.

[87] J. H. Wilkinson, Note on matrices with a very ill-conditioned eigenproblem, *Numer. Math.* **19** (1972), 176–178.

[88] M. A. Woodbury, Inverting modified matrices. Memorandum rept. 42, Statistical Research Group, Princeton University, Princeton, NJ, 1959.

[89] H. Woźniakowski, Numerical stability for solving nonlinear equations, *Numer. Math.* **27** (1977), 373–390.

[90] D. M. Young, *Iterative Solution of Large Linear Systems*, Academic Press, New York, 1971.

[91] R. Zurmühl and S. Falk, *Matrizen und ihre Anwendungen, Teil 2*, Springer Verlag, Berlin, Heidelberg et al., 1986.

Liste der verwendeten Symbole

$\forall x$	für alle x
$\exists y$	es gibt ein y
$\{x : \dots\}$	Menge aller x mit ...
$\tilde{x}$	Näherung für die exakte Größe x
$\delta(\tilde{x})$	absoluter Fehler von $\tilde{x}$
$\varepsilon(\tilde{x})$	relativer Fehler von $\tilde{x}$
$a \equiv$ Ausdruck	a ist durch Ausdruck definiert
$a \approxeq$ Ausdruck	a ergibt sich in linearer Näherung aus Ausdruck, d. h. alle quadratischen und in höheren Potenzen stehenden kleinen Größen werden in Ausdruck vernachlässigt
$a \approx$ Ausdruck	a wird durch Ausdruck angenähert
$|x|$	Betrag von x
$\text{sign}(a)$	Vorzeichen von a bzw. Signumfunktion
$\mathbb{R}, \mathbb{C}$	Menge der reellen bzw. komplexen Zahlen
$\mathbb{R}^n, \mathbb{C}^n$	Menge der reellen bzw. komplexen n-dimensionalen Vektoren
$\mathbb{R}^{n \times m}$	Menge der reellen $(n \times m)$-dimensionalen Matrizen
$\mathcal{R}(\beta, t, L, U)$	Menge der Maschinenzahlen zur Basis β mit der Mantissenlänge t und dem Exponentenbereich $[-L, U]$
$\text{rd}(x)$	gerundeter Wert von x
$\text{fl}(x \,\square\, y)$	maschinenintern realisierte Gleitpunkt-Operation $\square \in \{+, -, \times, /\}$
ν	relative Maschinengenauigkeit
$\varepsilon_{\text{mach}}$	Maschinenepsilon
$\triangle$-Matrix	Dreiecksmatrix
1-$\triangle$-Matrix	Dreiecksmatrix, deren Hauptdiagonale nur aus Einsen besteht
$\text{diag}(d_1, \dots, d_n)$	Diagonalmatrix mit den Diagonalelementen $d_i, i = 1, \dots, n$
A^T	Transponierte der Matrix A
A^{-1}	Inverse der Matrix A
A^+	(Moore-Penrose) Pseudo-Inverse der Matrix A
$e^{(k)}$	k-ter Einheitsvektor
I, I_n	Einheitsmatrix ohne und mit Dimensionsangabe
$\|x\|, \|A\|$	beliebige Norm eines Vektors x oder einer Matrix A
$\|x\|_a, \|A\|_a$	spezielle Norm eines Vektors x oder einer Matrix A
$\det(A)$	Determinante der Matrix A
$\rho(A)$	Spektralradius der Matrix A
$\text{cond}(A), \text{cond}_a(A)$	Konditionszahl der Matrix A ohne und mit Kennzeichnung der verwendeten Norm $\|A\|_a$
$\mathcal{B}$	Iterationsmatrix des Gesamtschrittverfahrens
$\mathcal{L}$	Iterationsmatrix des Einzelschrittverfahrens
$\mathcal{L}_\omega$	Iterationsmatrix des SOR-Verfahrens
$\mathbb{C}[a, b]$	Raum der auf dem Intervall $[a, b]$ stetigen reellwertigen Funktionen
$\mathbb{C}^m[a, b]$	Raum der auf dem Intervall $[a, b]$ m-fach stetig differenzierbaren reellwertigen Funktionen
$f'(x)$	erste Ableitung der Funktion $f(x)$
$f^{(m)}(x)$	m-te Ableitung der Funktion $f(x)$
$\text{grad}\, f$	Gradient von $f(x_1, \dots, x_n)$
$\triangle^n x_k$	n-te vorwärtsgenommene Differenz
$\nabla^n x_k$	n-te rückwärtsgenommene Differenz
$\delta^n x_k$	n-te zentrale Differenz
$f[x_i, x_{i+1}, \dots, x_{i+k}]$	n-te dividierte Differenz von $f(x)$ bezüglich der Stützstellen $x_i, \dots, x_{i+k}$

https://doi.org/10.1515/9783112205624-007

$P_n(x)$	Polynom vom maximalen Grad n
$\deg(P)$	Grad des Polynoms $P(x)$
T. h. O.	Abkürzung für *Terme höherer Ordnung*

Stichwortverzeichnis

Abbrechen 28
Abdividieren 348
Abstiegsrichtung 338
Abstiegsverfahren 270, 333, 338, 339
Ähnlichkeitstransformation 169
– orthogonale 169
Aitkens Δ^2-Prozess 261
Algorithmus
– numerischer 3
Algorithmus von Archimedes 12
A-Norm 149
Approximationsfehler 6
Armijo-Goldstein-Bedingung 340
Arnoldi-Algorithmus 152
Ausgabedaten 2
Auslöschung 10, 21, 197, 240

Banach, Stefan 223
Begleitmatrix 166
Beispiel
– abartiges 272
BiCG-Verfahren 154
Bi-CGSTAB-Verfahren 155
Bisektionsverfahren 244
Boolesche Größe 74
Brown, K. M. 325, 348
Brown-Verfahren 329
Broyden, Charles 320
Broyden-Verfahren 320

Cauchy-Bunjakowski-Schwarzsche Ungleichung 100
Cauchy-Schwartzsche Ungleichung 100
CG-Verfahren 148
– vorkonditioniertes 150
CGNE-Verfahren 151
CGNR-Verfahren 151
CGS-Verfahren 155
Cholesky, André-Louis 87, 89
Cholesky-Faktorisierung
– rationale 87
– traditionelle 88
Cholesky-Verfahren 89, 159
Chopping 28
Computer 2
Cramer, Gabriel 47
Cramersche Regel 47

Dämpfungsfaktor 269
Darstellung
– halblogarithmische 25
Davidenko-Verfahren 279
Deflation
– nach Wieland 185
– von Wurzeln 284
Deflationsmatrix 348
Deflationstechnik 183, 348
Determinante 73
Determinanten-Methode 47
Diagonaldominanz
– strikte 133
Diagonalmatrix 50, 87
Diagonalstrategie 74, 87
Differenz
– dividierte 267
– vorwärtsgenommene 261
Division
– synthetische *siehe* Horner-Schema
Dreiecksmatrix
– obere 50
– untere 65, 87

Effizienz-Index 249
Eigenpaar 164
Eigenraum 169
Eigenvektor 164, 211
Eigenwert 164
– dominanter 174
– schlecht konditionierter 168
Eigenwertproblem
– allgemeines 164
– spezielles 164
Einfache Iteration 147
Eingabedaten 2
Eingabefehler 5
Einschritt-Verfahren 241
Einzelschrittverfahren 136, 161
– nichtlineares 307
Einzugsbereich 249
Elementaralgorithmus 22
Eliminationsschritt 53
Eliminationsverfahren 48
Exponentenüberlauf 28, 175, 240
Exponentenunterlauf 27, 175

https://doi.org/10.1515/9783112205624-008

Fast Givens Transformation 203
Fehler 7
– absoluter 7, 10, 13
– relativer 7, 10, 13, 114
– unvermeidbarer 6, 24
Fehlerarten 5
– Approximationsfehler 6
– Eingabefehler 5
– Rundungsfehler 6
– Software- und Hardwarefehler 7
Fehlergleichung 248
Fehlerkonstante
– asymptotische 177, 308
Fehlermatrix 115
Fehlerniveau
– unvermeidbares 112
Fehlervektor 130
Fehlervektor-Iteration 130
Festpunktzahl 24
Fixpunkt 222, 306
– abstoßender 303
– anziehender 303
Fixpunkt-Gleichung 222, 305
Fixpunkt-Iteration 224, 306
floating point operation 29
flop 48
Form
– iterierfähige 130, 222, 305
– quadratische 85
Formel
– von Sherman und Morrison 96, 160
– von Sherman, Morrison und Woodbury 97
Fortsetzungsverfahren 274
Frobenius-Matrix 55, 215
Fundamentalsatz der Algebra 220
Funktion
– flache 350

Gauß-Seidel-Verfahren 136
– nichtlineares 307
Gauß, Carl Friedrich 49, 56, 66, 78, 333
Gauß-Elimination 49, 56, 66, 68, 78, 310
Gauß-Newton-Verfahren 333
Gauß-Transformation 55
Gaußscher Multiplikator 53
Generalized Brent Method 331
Gerschgorin-Kreise 170
– spaltenorientierte 172
– zeilenorientierte 171

Gesamtschrittverfahren 132, 161
– nichtlineares 307
Givens-Rotation 187
Givens-Spiegelung 190
Gleichung
– charakteristische 165
Gleitpunkt-Arithmetik 30
Gleitpunkt-Operation 29, 32
Gleitpunktzahl 24
– normierte 25
GMRES-Verfahren 152
GMRES(m)-Verfahren 153
Goldstine, Hermann Heine 1
Gradientendeflation 349
Gradientenverfahren 339
Grundrechenoperation
– arithmetische 29

Hardwarefehler 7
Hauptuntermatrix
– führende 85
Heron-Verfahren 237
Hesse-Matrix 332
Hessenberg-Matrix 215
Hölder-Norm 99
Höldersche Ungleichung 99
Homotopieverfahren 274
Horner, William George 281
Horner-Schema 281
– quadratisches 288

IEEE-Formate
– erweiterte 39
IEEE-Standard 754-85 38
inner product 54
Instabilität
– natürliche 16
– numerische 20, 22
Intervall-Analyse 7
Invertierung 78
Irrtum
– menschlicher 7
Iteration
– einfache 147
Iterationsgeschwindigkeit 130
Iterationsverfahren 48, 127
– lineares 130
– nichtstationäres 148
– stationäres 147

iterative refinement 82

Jacobi-Verfahren 132
– nichtlineares 307
Jordansche Normalform 128

Kahan-Summation 155
Kahan-Trick 84, 155
Kepplersche Gleichung 303
Kern 105
Kompaktspeicherung 91, 126
Kondition 16, 352
Konditionszahl 110, 168
– absolute 18
– eines Eigenwertes 167
– nichtlineare 353
– relative 18
Kontraktion 223
Konvergenz 125, 130
– globale 249, 269
– lineare 177, 250
– lokale 249, 268
– quadratische 177, 250, 252
– superlineare 177, 259
Konvergenzgeschwindigkeit 177
Konvergenzmaß 130
Konvergenzordnung 177, 308
– approximierte numerische 249
– numerische 249
Korrekturgleichung 81
Krylow-Teilraum 148

LDL^T-Faktorisierung 87
Levenberg-Marquardt-Verfahren 338, 346
Linearisierungsprinzip 231
Lösung
– isolierte 232
Lokalisierungsprinzip 231
low-level arithmetic 127
LR-Algorithmus 208
LR-Cholesky-Verfahren 216
LU-Faktorisierung 56, 156, 157

Mantissenlänge
– doppelte 84
Marquardt, Donald W. 342
Maschinenepsilon 30
Maschinengenauigkeit
– relative 16, 28

Maschinenzahl 25
Matrix
– ähnliche 169
– bidiagonale 92
– dominante 348
– dünnbesetzte 195
– fastsinguläre 74, 109, 110
– involutorische 196
– konvergente 128
– nichtsinguläre 105
– orthogonale 64, 105, 188, 196
– positiv definite 75, 85
– positiv semidefinite 103
– reguläre 47, 86
– schwach besetzte 127
– spaltenorthogonale 105
– sparse 195
– strikt diagonaldominante 74
– symmetrische 75, 85, 103, 168, 196
– tridiagonale 91, 157
– unipotente 55
– zeilenorthogonale 105
Matrixbüschel 164
Matrixnorm 19
– allgemein 100
– Frobenius-Norm 101
– Gesamtnorm 101
– Grenzennorm 102
– kompatible 101
– natürliche 102
– Spaltensummennorm 101
– Spektralnorm 104
– submultiplikative 101
– verträgliche 24, 101
– Zeilensummennorm 101
– zugeordnete 102
Matrixpaar 164
Matrix-Zerlegung 129
Matrizengleichung 77
Mehrschritt-Verfahren 241
Menge der Maschinenzahlen 25
Methode
– der konjugierten Gradienten 148
Minimierungsaufgabe 331
Minimumstelle
– globale 331
– lokale 331
MINRES-Verfahren 150
Mises-Rayleigh-Verfahren 214

Mises-Verfahren
- einfaches 214
Modellierung
- mathematische 16
Monotonie-Test 312
- natürlicher 313
Müller-Verfahren 242
Muller's method 242
Multiplikator
- Gaußscher 53

Nachiteration 81, 125
NaN (Not a Number) 39
Neumann, John von 1
Neumannsche Reihe 113
Newton, Isaac 233, 235, 333
Newton-artiges Verfahren 333
Newton-Korrektur 313
- vereinfachte 313
Newton-Verfahren 231, 333
- n-dimensional 310
- gedämpftes 269
- Invarianzeigenschaft 311
- modifiziertes 256, 257
- skalar 233
Newton-ähnliches Verfahren
- vom Eliminationstyp 330
Niveau-Menge 340
Norm
- äquivalente 100
Normalgleichungen 151
Normdeflation 349
Nullraum 105
Nullstelle 221, 280
- einfache 232, 348
- isolierte 232
- mehrfache 255, 350
Numerische Mathematik 2

Operation
- ungültige 39
- wesentliche 47
outer product 54
Overflow 28

Permutationsmatrix 63
Permutationsvektor 67
Pivot-Strategie 62
Pivotelement 53

Pivotisierung
- partielle 62
- vollständige 63, 116, 157
Pivotzeile 53
Polynom
- charakteristisches 165
Polynomfaktor 280
Potenzmethode
- Grundverfahren 174
- inverse 179
Problem
- gut konditioniertes 16, 112
- korrekt gestelltes 8
- mathematisches 2
- schlecht konditioniertes 16, 112, 167
Problemstellung
- mathematische 2
Produkt
- dyadisches 54
Punkt
- stationärer 332
Punkt-Richtungsgleichung 232

QD-Algorithmus
- positiver 296
QD-Verfahren 291
QMR-Verfahren 154
QR-Faktorisierung 192, 198
QR-Iteration 208
Quadratmittelproblem 333
Quotienten-Differenzen-Verfahren 291

Rang 105, 160
Rang-1 Modifikationsformel 96
Rang-m Modifikationsformel 97
Rayleigh-Quotient 181
Rechenaufwand 50, 58, 77, 78, 89, 192, 198, 211
Rechnen
- numerisches 2
Reduktionsverhältnis 343
Regula Falsi 247
Regularisierung 319
Regularisierungsparameter 319
Relaxationsparameter 140
- optimaler 145
Relaxationsverfahren 139
Residuenvektor 81, 110
Residuum 81, 269
Restmatrix 53

Resultate 2
Rounding 28
Rückwärtsanalyse 32, 115
Rückwärts-Substitution 51
Runden 28
Rundung
– symmetrische 28
– unsymmetrische 28
Rundungsfehler 6, 23, 115
Rundungsfehleranalyse 117

Satz
– von Ostrowski-Reich 144
– von Stein 143
Schießverfahren 330
Schnelle Givens-Transformation 203
Schrittweite 338
– effiziente 340
Sekanten-Verfahren 238
Selbstabbildung 223
Sherman-Morrison-Formel 322
Shift-Parameter 210
Shift-Strategie 210
– explizite 211
– implizite 211
Singularität
– numerische 256
Singulärwert 104
Singulärwertzerlegung 104
Skalarprodukt 54
Skalarproduktdeflation 349
Skalenfaktor 76
Skalierung 76
– implizite 77
Softwarefehler 7
SOR-Verfahren 140, 161
– nichtlineares 307
Spaltenpivot-Strategie 62
Spaltenpivotisierung
– relative 77
Spaltensummenkriterium 133
Spaltentausch 62
span 105
Spektralradius 127
Stabilität
– natürliche 16
– numerische 20, 22
Steffensen, Johan Frederik 263
Steffensen-Verfahren 263

Stelle
– geltende 7
Stetigkeit
– der Wurzeln 166
Suche im Haken 63
Suchrichtung 148
SVD 104
SYMMLQ-Verfahren 150
System
– gestaffeltes 50
– positiv definites 85

Teil
– symmetrischer 143
Transformationsmatrix 50
– von Gauß 55
– von Givens 187
– von Householder 196
trial and error 176, 269
Tridiagonalmatrix 91, 360
Trust-Region-Strategie 338, 342
Trust-Region-Verfahren 344
Tschebyschow 155
Tschebyschow-Iteration 155

Überrelaxation 140
Umspeicherung 63
Underflow 27
Unterrelaxation 140

Vektoren
– M^{-1}-orthogonale 149
Vektoriteration 174
Vektornorm 24
– allgemein 99
– Euklidische Norm 99
– ℓ_1-Norm 99
– Maximumnorm 99
Verfahren
– der bikonjugierten Gradienten 154
– direktes 48
– hybrides 252
– iteratives 49
– von Brown 329
– von Müller 242, 259
Verfahren des steilsten Abstiegs 339
Vergleich 63
Vermutung von Kung und Traub 249
Vertauschungsmatrix 64, 156

Vielfachheit 255, 280
Vietasche Wurzelsätze 5
Vollrang 105
Vorkonditionierer 147
Vorwärts-Substitution 51

Wachstumsfaktor 115, 123
Wertebereich 105
Wilkinson, James Hardy 32, 115, 123, 192, 210
Wilkinson Diagramm 192
Wilkinsonsche Rückwärtsanalyse 32
Winkelbedingung 339
Wolfe-Powell-Liniensuche 341
Wurzel 166, 221, 280
– einfache 232

– isolierte 232
– mehrfache 255

Zeilenpivot-Strategie 62
Zeilensummenkriterium 133
Zeilentausch 62
Zerlegung
– C-reguläre 143
– einer Matrix 129, 132
Ziffer
– signifikante 7, 115
Zweipunkte-Gleichung 232
Zweischritt-Verfahren 241

www.ingramcontent.com/pod-product-compliance
Lightning Source LLC
Chambersburg PA
CBHW061927190326
41458CB00009B/2676